新媒体广告教程

NEW MEDIA ADVERTISING COURSE

杨海军 著

復旦大學出版社

编者的话

互联网与新媒体的蓬勃发展，彻底改变了世界，也改变了传媒。无论业界或学界，传媒业都面临被重新定义和形塑的命运，因应一个时代大课题：生存还是毁灭？

本系列——新媒体内容创作与运营实训教程——就是对这一大课题的小回应。编辑出版这套教程，基于三个设想：

第一，总结并传播新媒体领域的新实践、新经验、新思想，反哺学界；

第二，致力于呈现知识与技能的实用性、操作性、针对性，提供干货；

第三，加强学界与业界、实践与学术的成果转化，增进协作。

为此，本系列进行了诸多探索和尝试：作者群体融合业界行家与学界专家，内容结合案例精解与操作技能，行文力求简洁通俗，体例追求学练合一。

作为创新与开放的新系列，难免有粗陋疏忽之处，敬请读者诸君指正。

目录

>>> 1 新媒体广告概论

新媒体广告是以数字化技术为基础的广告表现形态，呈现从信息传播到品牌传播的发展趋向，有信息的交互性、内容的广泛性、形式的多样性、品牌信息的整合性、信息管理的即时性、信息的反馈性和选择的个性化等特征。新媒体广告依托新媒体平台划分为不同类型，表现出不同的类型特质。新媒体广告突破了时间和空间的限制，以平台交易为特征的互动广告、程序化购买、计算广告等广告形式的大量运用，改变了广告的传播生态，创新了广告的传播价值。

1.1 新媒体广告的概念

伴随着媒体技术的发展和营销环境的变化，广告的内涵和外延也在不断衍化。新媒体广告既是人们对广告功能的重新阐释，对营销传播的本质从不同视角解读历时性认知的领域，也是人们根据媒介技术的创新和运用，对广告的传播价值即时性解读的范畴。

1.1.1 新媒体时代的广告

广告作为建立在营销传播理念上的一种信息沟通与传播手段，从其诞生之日起就与媒介保持着紧密的联系与互动。从纸媒、广播、电视、互联网到当下蓬勃发展的移动互联网，现代广告都始终站在媒介技术革新的最前沿，在每一种媒介形态的变革及更新换代过程中，广告都是最先得到感知和应用的。新媒体广告是商品经济产业化的核心推动力量，是社会发展进步的晴雨表，是时代的弄潮儿。

进入以互联网和数字技术为主导的新媒体时代，传统媒体的市场份额不断下滑，媒体生态逐渐衍变。媒体的碎片化、多元化以及不同媒体之间的创新性融合宣告了新媒体时代的到来。一方面，新媒体对传统媒体造成冲击，传统媒体的受众资源及注入资本不断缩减；另一方面，传统媒体以海纳百川的姿态迎接了新媒体时代的到来。传统的纸质媒体与新兴媒体的融合，促使报纸网络版、手机版和电子杂志等新形态出现。曾经占据统治地位的传统电视媒体演变成今天的数字电视及多屏终端，其经营从依赖广告费收入逐渐发展为电视收视收费、平台利益分成等多元形式。专门化的电视购物频道悄然兴起，抢走了传统电视广告很大一部分市场，媒体技术的变革使现代广告的生存环境和广告生态发生了颠覆性的变化。

以数字技术为基础的新媒体时代的到来是人类有史以来最为深远的一次媒介革命，新媒体不仅意味着数字化、移动互联等技术性层面的变革，也对社会文化、大众的思维方式及心理层面造成较深远的影响。媒介形态的变化和媒介技术的革新使严重依赖媒介的现代广告的存在方式不断被质疑，现代广告的运作模式、概念及内涵等随着媒介技术的更新换代也在不断转移和演变。

首先，广告传播的互动性增强。新媒体打破了传统媒体时代单向度的信息传播模式，广告受众可以与广告发布者进行更加便捷深入的互动性交流，从而让广告受众具有更强的参与感，使广告客户的信任度和接受度有了较高的提升。

其次，广告的表现形式多元化。随着互联网及数字技术的不断革新发展，新媒体广告的表现形式越来越趋于多元化，新媒体广告的受众层次也越来越趋于多样化，新媒体广告的传播渠道也呈现出丰富多元的特点。

最后，广告的边界日益模糊。数字新媒体技术的广泛运用使广告的发展突破了时间和空间的限制，也突破了以创意为核心、以策划为主体的传统经营模式和经营理念。以平台交易为特征的互动广告、程序化购买、计算广告等广告形式大量运用，线上和线下广告活动的广泛开展，广告的公关属性、营销特质、品效合一等都得到较为充分的展现，广告的功能不断扩展，边界日益模糊。

1.1.2 新媒体时代广告内涵的演变

从约翰·肯尼迪到阿尔伯特·拉斯克尔，19 世纪上半叶的美国广告大师们一直推崇“广告是一种平面推销术”[①]。广告被视为一种简单直接的推销工具，这是传统营销时代的广告人基于报纸媒体的技术运用对广告最直接的解读。随着新媒体时代的到来，广告的内涵也在与时俱进地发生着改变。关于广告的科学含义，不同的专家学者和研究机构都有不同的理解。其中，影响较大的是 1948 年美国营销协会定义委员会(The Committee on Definitions of the American Marketing Association)为广告所下的定义：广告是由可确认的广告主，以任何方式付款，对其观念、商品或服务所作之任何方式付款的非人员性的陈述和推广[②]。该定义最重要的价值是指出了在广告中必须要有可以确认的广告主，同时强调了广告是“付费的”和“非人员性的

① 约翰·肯尼迪(John Kennedy, 1864—?)，19 世纪初美国著名广告文案撰稿人，1904 年进入美国当时极有影响的洛德暨托马斯广告公司工作，当年提出“广告是一种平面推销术”的概念。他认为，广告应像一个挨门挨户进行推销的推销员，广告所说的应该像推销员对消费者口头所讲的东西。广告不一定非要十分漂亮和悦目，重要的是讲清楚为什么购买者值得花钱买某种产品，一则好的广告应该是合情合理而不必多加修饰的销售工具。同时代的广告人阿尔伯特·拉斯克尔和克劳德·霍普金斯都信奉“广告是一种平面推销术”。

② 参见 Ralph S. Alexander and the Committee on Defintions, *Marketing Definitions*, Chicago: American Marketing Association, 1965。

陈述和推广”。这些表述都论及了现代广告的一些重要特征。

丁俊杰教授在他所著的《现代广告通论》一书中，给广告下的定义是：广告是付费的信息传播形式，其目的在于推广商品和服务，影响消费者的态度和行为，博得广告主预期的效果。广告活动的构成要素有广告主、广告代理商、广告媒介、受众（消费者）、广告信息等[①]。该定义从广告的营销和传播功能以及广告市场多角关系的互动来理解广告的内涵，对广告特征的描述更接近现代广告的本质。

综合以上行业组织、专家学者对现代广告的定义，可以发现不同主体对现代广告内涵的理解具有一些共性：广告必须有可识别的广告主；广告主在一定程度上控制着广告活动；广告通过一定的媒介进行传播；广告所传播的不单单是关于有形产品的信息，还包括关于服务和观念的信息；广告（一般指商业广告）是有偿的；广告是由一系列有组织的活动构成的；广告是劝服性的信息传播活动。由此可知，现代意义上的广告是一个包括广告主、广告媒介、广告信息和广告产品等多种要素在内的信息传播活动。需要特别指出的是，这些共性的表述是建立在对传统广告媒体认知的基础之上的判断。

进入移动互联网时代后，随着媒体生态环境与社会文化语境的快速变革，既有的广告形态已不再适应新的媒体环境。在新的营销传播环境下，重新审视现代广告的内涵和外延成为一项必要任务。新媒体广告多角关系的重构，新媒体广告生产方式和传播方式的创新，新媒体广告互动性、主动性、多元性传播特征的显现等，都为人们重新理解现代广告的内涵提供了崭新的视角。舒咏平教授认为，从学理上看，广告应归属于品牌传播，广告内涵的演进趋向应是品牌传播。所谓品牌传播，他认为是一种操作性的实务，即通过广告、公关、新闻报道、人际交往、产品或服务销售等传播手段，极大地

① 丁俊杰：《现代广告通论：对广告运作原理的重新审视》，中国物价出版社 1997 年版，第 6 页。

提高品牌在目标受众心目中的认知度、美誉度、和谐度[1]。但是，他并不主张简单地以“品牌传播”取代约定俗成的“广告”概念，而是主张将“品牌传播”理念作为“广告”内涵演进的主要取向，从而成为广义的、新生的“广告”，即依然冠以“广告”之名，却行“品牌传播”之实。从而使得“广告”内涵与时俱进，“广告”概念也相应地得以周延使用[2]。在新媒体环境下，由媒介融合带来的营销传播方式的变革也必然导致对广告的内涵和外延的认知观念变化。广告传播的信息价值是认知广告内涵的出发点，广告传播的品牌价值则是理解广告内涵的新视角。

新媒体的互动性决定了不仅受众可以选择广告信息，广告主更可以利用便捷的自媒体自主传播广告信息，从而使新媒体双向对称的传播特性得以凸显。新媒体为广告主提供了自主、便捷地传播广告信息的条件，这些广告信息不仅包括直接的、功利的产品信息，还包括突出广告主良好形象的品牌信息，新媒体促使广告的内涵向品牌传播演进。在新旧媒体共存的环境下，新媒体广告的内涵既包括传统媒体上付费的信息传播活动，还应包括广告主关于新媒体的品牌传播概念。

1.1.3 新媒体广告的定义

相对于传统媒体广告，新媒体广告的概念受到越来越多学者和广告人的关注。美国得克萨斯大学广告学系早在 1995 年就提出了“新广告”的概念，并认为未来的社会、经济和媒体环境将发生巨大的变化，广告的定义不应该被局限在传统媒体的范围内。从商业的角度来讲，广告是买卖双方的信息沟通与交流，是广告客户通过大众媒体、个性化媒体或互动媒体与消费者进行的信息交流行为。在我国，较早地将“新媒体”与“广告”相结合的是北京大学的陈刚教授，他在《后广告时代——网络时代的广告空间》一文中

---

① 舒咏平、吴希艳编：《品牌传播策略》，北京大学出版社 2007 年版，第 20 页。
② 舒咏平：《品牌传播论》，华中科技大学出版社 2010 年版，第 178 页。

提出了“后广告”的概念。他认为，在人们熟知的广告前加一个“后”字并不意味着一种决裂，之所以提出后广告的概念，只是为了表明作为一个怀疑者、思考者，同时也希望是一个建设者的态度，那就是在受到网络时代各种新的因素不断渗透与影响而不断变化的广告空间里寻找并探索一个新的世界秩序与生存逻辑[①]。互联网引发并实现了第五次媒介革命，作为这次媒介革命核心的互动“后广告”就是在此时提出的。陈刚教授对广告的含义也作了更加明确的界定，他认为，一方面，“后广告”并未脱离现代广告，它只不过是传统广告的延续；另一方面，“后广告”也是适应未来媒体环境的更具互动性的广告形式。2002 年，陈刚教授出版的《新媒体与广告》一书，结合其创意传播管理理论，对新媒体广告的内涵和外延作了进一步阐释。

2007 年之后，我国关于新媒体广告的相关研究论文开始陆续出现，如舒咏平的《新媒体广告趋势下的广告教育革新》、刘国基的《新媒体广告产业政策的应对》、吴辉的《时髦话题的理性思索——我国新媒体广告研究综述》、宋亚辉的《广告发布主体研究——基于新媒体广告的实证分析》等。这些论文结合新媒体语境，对现代广告进行了重新思考与定位，并在新媒体的大环境下提出了关于现代广告的一些新思路和新主张，一般认为新媒体广告具有数字化、平台化和品牌化的趋势或特征。

根据新媒体广告的实际运用情况，结合学者们的研究成果，可以给新媒体广告作一个界定：新媒体广告是以数字化技术为基础，运用多媒体平台的整合优势资源，采用多元互动的方式，向特定受众精准传递广告主的商品、服务、品牌信息的媒介传播形态。新媒体广告具有广告信息多层次传播、广告与内容营销共生、广告传播手段多元化、广告信息的创新传播等显著特征。在实际运用中，新媒体广告具有在广告主和受众之间建立信任关系，通过用户画像实现精准传播，运用数据分析推动品效合一的传播功能。

---

① 陈刚：《后广告时代——网络时代的广告空间》，《现代广告》2001 年第 7 期。

1.1.4 新媒体时代广告传播的特点

新媒体时代的到来打破了广告信息发布者与广告受众之间的边界，任何组织和个人都可以成为广告信息的发布者。因此，越来越多的广告主开始重视运用新媒体进行广告信息的传播与发布，借助新媒体传播平台可以明确广告的目标受众，以最小的广告成本投入获得最大的广告收入。新媒体广告传播的特点表现在以下四个方面。

1. 广告信息的多层次传播

在移动互联网时代，信息的交互方式产生了很大的改变，在复杂多元的媒介环境中，新媒体广告的显著特点主要表现为：通过广告信息的多层次传播，实现互动传播价值与舆论引导。

首先，广告信息的多层次传播可最大限度地实现传播价值。相比传统媒体广告的一次传播，新媒体广告可以形成二次传播、三次传播、病毒传播等多种形式。尤其是自媒体时代，万物皆媒，内容制作、内容分发及商业模式这三个核心环节被再次推倒并重新建构。在这样一个过程中，衡量一个广告影响力的重要标尺就是广告信息能否在各个环节被用户分享。从这个意义上讲，广告信息多层次传播背后的逻辑是广告信息的多元立体传播，即广告信息传播呈现出的意见和主张通过有效互动、群体认知和多层传播，从而实现最大限度的传播价值。

其次，广告主可以借助新媒体的传播手段和传播技术实现多层次传播，进而增加广告的影响力。当一则广告在社交媒体进行传播时，受众会对广告内容进行筛选过滤，那些被受众认可的内容，其传播过程会自动延续并转化为广告舆论的形态继续扩大影响力。因此，广告不再仅仅是一种单纯的信息传递，而是通过新媒体的多层传播转换成一种具有选择性和共识性的广告意见和主张，实现了信息的即时互动，使广告信息以群体传播和多元传播的方式延伸下去，并在更广大的范围和空间里继续发挥广告舆论的引导作用。

2. 广告与内容营销共生

广告与内容营销共生是基于互联网平台的新广告传播观，其实现基础是受众信任关系的建立和广告精准传播策略的实施。

首先，受众参与与受众信任关系的建立是广告与内容共生的基础。在新媒体环境下，广告的平台传播和内容生产相互支撑，广告式传播与社会化传播共生。借助社交平台的强大功能和影响力，新的广告生态得以形成，广告传播的本质变得更加立体和丰富，广告内容生产与潜在消费者之间的互动共谋成为常态。受众参与对话式多元互动传播和受众信任关系稳固建立式可持续传播成为现代广告传播的主要路径，同时也是广告和基于互联网的内容营销的共生基础。

其次，广告多场景精准营销的实施，使广告与内容营销共生的功能价值不断提高。新媒体运用所带来的多场景精准传播，使广告与公关、营销和品牌传播之间的关联更加密切，打破了过去媒体、广告、公关之间的分工界限，广告与内容营销的共生有了更丰富的实践场景。广告传播的最终目的是达成与利益相关者的有效沟通，沟通需要互动，单向式的传统广告无法构成互动式沟通，新媒体广告在互动沟通上有着较明显的渠道优势、空间优势和创意优势。新媒体广告环境下，广告与受众的新型关系逐渐建构起来，广告多场景传播平台的搭建和广告精准营销策略的实施，都会使广告与内容营销共生的功能价值得以提升。

3. 广告传播手段的多元化

广告传播的手段和方法逐渐多元化，这是实现广告传播目标和传播价值的重要路径。

首先，广告传播手段的多元化是广告传播的本质特性之一。在遥远的古代社会，广告借助口头叫卖、招牌、幌子、声响等原始广告形态在狭小的范围内传播，与当时的生产力发展水平相适应，广告的传播方法较简单、手段较单一。19 世纪初的传统媒体时代，以报纸、杂志为代表的平面媒体推崇的是广告的推销术，广告的文案魅力与传播效果被放到首位，广告大师们有关广告创意、营销、定位理论与方法运用的讨论，也多是围绕平面广告的传播特性来进行的。以广播、电视为代表的电子媒体的出现，使广告传播的时间和空间得到拓展和延伸，广告的立体传播以及高密度、高频次传播成为常态。以创意为核心、策划为主体、市场调研为起点，以效果监测为终点的广告运营流程为广告传播手段的多元化提供了更多可能。

其次，广告传播手段多元化是数字媒体时代广告创新传播的基本要求。在数字媒体时代，以微博、微信为代表的移动数字平台广告的大量投放，极大地改变了广告的传播形态和传播方式，传播形式的互动性、媒介形态的多元性和广告内容的多样性成为广告传播的显著特点。广告的社区传播、群际传播和场景传播使广告的传播速度更加迅速快捷，广告的覆盖领域更加广泛深入，广告传播的效果也更精准可控。新媒体广告传播手段的多元化是媒介技术推动、营销手段变革、传播方式创新的必然结果。

4. 广告信息的创新传播

新媒体时代是一个交互式传播的时代，尽管传播的手段和形式变了，但传播的核心逻辑依然没有变化，即理解消费者的心理需求并创造出能真正被他们认可的价值。

首先，以兴趣为导向的主动参与式广告信息消费成为常态。在传统媒体时代，广告主通过广告创意和强势传播吸引消费者注意、引发消费兴趣、勾起消费欲望、强化广告记忆、促成购买行动，广告信息的单向传递是广告和消费者建立联系的主要方式。互联网和数字技术的兴起彻底改变了人们获取、接受信息的方式，消费者不再仅仅把目光聚焦于报纸或电视广告，也不会轻易受到精心设计的广告的影响而采取购买行动。消费者不仅养成了主动使用媒体搜索广告和发布广告的习惯，而且以兴趣为导向的主动参与式广告消费也成为常态。通过搜索、共享、创造、分享广告信息，实现广告产品或服务与自身心理期待价值的关联，广告信息的创新传播有了更强大的动力。

其次，广告市场多角关系的有序互动为广告信息的创新传播提供了无限可能。在互联网平台上，广告主信息平台的建构、媒介信息渠道的搭建、消费者信息路径的获取，改变了广告单向传播中信息不对称的状况，广告市场的多角关系实现了有序互动，尤其是广告主、消费者、媒介、交易平台多方共同参与了广告内容的生产，为广告信息的创新传播提供了无限可能，广告信息的创新传播能够更好地彰显信息价值和品牌价值，成为新媒体时代广告传播的又一显性特征。

1.2 新媒体广告的类型

新媒体广告是以数字化技术为基础，多元主体参与，多种内容形态共存的广告传播形态，广告信息的生产、创新、传播仍然是新媒体广告发展的核心推动力量。按照广告信息的识别度划分，新媒体广告可分为直接广告和间接广告；按照广告信息的功能划分，新媒体广告可以分为暗示类、体验类、发布类、推荐类、计算类、整合类广告；按照广告信息依存的媒体形态划分，新媒体广告可以分为手机广告、数字电视广告等。

1.2.1 按广告信息的识别度分

1. 直接广告

在现代广告学理论上，直接广告和间接广告并没有十分明确的定义，也没有非常明确的范围划分。确切来讲，直接广告是传统媒介形态和传统营销意义上的广告，即消费者相对比较熟悉的，在报纸、杂志、广播、电视这四大传统广告媒体上接触到的直接宣传产品、品牌或服务的广告形态。这种广告的辨识度较高，广告主通过广告媒体，在特定的时间利用特定的版面把带有产品或品牌信息的内容直接、强制地传递给受众，以期达到快速提高销售额、市场占有率和提升产品或服务知名度及美誉度的传播效果。它的特点是传播时间和版面相对固定、传播目的性相对单一、传播形式的直观性和信息接受的强制性等。目前，新媒体直接广告可分为：以告知消费者促销信息为目的的活动信息广告;以刺激消费者购买、提高市场渗透率为目的的促销广告;以提升品牌和产品认知度驱动消费者购买为目的的产品广告;以提升品牌形象和品牌知名度为目的的品牌广告。与传统媒体广告相比,这些新媒体广告的表现形态没有太多改变,只是传播渠道发生了较大变化。

(1) 品牌图形广告

品牌图形广告是新媒体直接广告的重要形式,主要投放在综合门户网站、垂直类专业网站上,它的功能是增强产品或品牌的曝光率。按照它在网络平台上呈现的位置和形式,可以分为横批广告、按钮广告、弹出广告、浮动标识广告、流媒体广告、"画中画"广告、通栏广告、全屏广告、对联广告、视窗广告、导航条广告、焦点幻灯广告、弹出式广告和背投广告等多种形态。

(2) 数字户外广告

传统户外广告是在建筑物外表或街道、车站、广场等户外公共场所设立的霓虹灯、广告牌、海报等。户外广告可以在相对固定的地点长时间地展示企业的形象及品牌,在区域空间内对提高企业和品牌的知名度十分有效。伴随着数字技术的发展,户外广告也开始大量运用新材料、新技术、新设备以提升广告的传播效果,并使其成为美化市容的独特城市景观。顶尖的广告创意、绝佳的地理位置和超大的广告尺寸被奉为经典户外广告的制胜关键。新型户外广告包括汽车车身广告、候车亭广告、地铁站广告、电梯广告、高立柱广告、三面翻广告、墙体广告、楼顶广告、霓虹灯、LED 显示屏等多种类型。户外广告的画面更大、冲击力更强、千人成本最低,在人们必经的生活商圈、社区空间中形成了强制性的高频率到达。相较于传统的户外静态媒体广告,数字户外媒体的智能化使线下各终端屏幕通过网络互联,在广告投放、管理、监测上具有更多的高科技优势。尽管如此,因缺乏广告技术的强有力支撑、广告内容平台的资源共享及利益博弈背后的条块分割,户外广告在较大的公共空间多以硬广告的形式存在。

2. 间接广告

间接广告即企业将产品、品牌信息融入新闻宣传、公关活动、娱乐栏目、网络游戏等形式的传播活动中的广告形式。间接广告具有目的多样性、内容植入性、传播巧妙性、接受不自觉性等特点，可以使受众在接触这些广告信息的同时，潜移默化地接受商品或服务信息。

新媒体中的间接广告主要以植入式广告为主。按照广告植入平台类型的不同，新媒体间接广告可分为视频植入式广告、游戏植入式广告等。

(1) 视频植入式广告

视频植入式广告发展得较为成熟，可以根据植入的时间和场景分为多种类型。

从植入方式看，视频植入式广告的形式有产品植入、品牌植入、企业符号植入等。①产品植入，包括产品名称、标志、产品包装等；②品牌植入，包括品牌名称、LOGO、品牌包装、专卖店或品牌广告语、品牌理念等；③企业符号植入，包括企业场所、企业家、企业文化、企业理念、企业精神、企业员工、企业行为识别等。

从植入形式看，视频植入式广告的形式有道具植入、台词植入、场景植入、音效植入、剧情植入、题材植入、文化植入等。①道具植入，指在视频中广告产品以道具的形式出现；②台词植入，指产品或品牌名称出现在视频台词中；③场景植入，指将产品或品牌信息的实物在特定画面或场景中展示，以产品信息、人物活动和画面设计勾连起相互之间的关系，如视频短剧中出现的户外广告牌、招贴画等带有广告信息的固定场景；④音效植入，指通过旋律、歌词、画外音、电视广告等要素的音效暗示，引导受众联想特定品牌或服务；⑤剧情植入，指包括设计剧情片段和专场戏等形式的植入广告；⑥题材植入，指专为某一品牌拍摄，重点介绍品牌的发展历史、文化理念的影视剧，多以品牌故事的展开实现题材植入；⑦文化植入，它植入的不仅仅是产品或品牌信息，更多的是倡导或引领，是一种文化思想或一种文化理念，通过文化元素的设计和文化符号的提炼阐释广告产品的文化内涵。

(2) 游戏植入式广告

游戏植入式广告(in game advertising,简称 IGA)是在游戏中出现的商业广告,它以游戏的用户群体为目标对象,依照固定的条件,在游戏某个适当的时间和某个适当的位置出现的广告形态。新媒体游戏一般都是以视频形式呈现,因此,游戏植入式广告的植入方式与视频植入广告相似,也包括道具植入、台词植入、场景植入、题材植入等主要形式。但是,由于游戏的交互性特征,游戏植入式广告成为一种特殊的植入方式。常见的游戏植入广告包括横幅广告(banner)、插屏广告(interstitial)和激励视频(rewarded video)。插屏广告和横幅广告容易打断用户的游戏行为,激励视频则是一种互动性较强的特殊的广告植入形式,在游戏中,用户可以自主选择是否观看视频,观看后才可以获得一定的奖励,同时保障了用户体验以及广告变现效率的最大化。在互联网平台上,投放激励视频广告的游戏产品获得 App Store 高分评价的几率较高,游戏体验的沉浸感较强,激励视频是游戏植入式广告中综合体验最佳的广告形式之一。

1.2.2 按广告信息的功能划分

按照广告信息的功能,可以将新媒体广告分为以下五大类。

1. 整合类新媒体广告

整合类新媒体广告是指广告主或品牌自身建立的,可向受众提供较全面、完整的品牌信息的媒体平台广告。这类广告信息量较丰富,各类广告资源的整合较为全面,广告传播的平台主要是企业的品牌网站。企业网站作为企业的自有媒体,可以充分利用各种广告形式展示企业的产品信息、服务信誉、品牌形象等。整合类新媒体广告包括企业的品牌专区、品牌故事和品牌形象广告等。

2. 推荐类新媒体广告

推荐类新媒体广告是基于互联网数据平台的计算,依据消费者的浏览偏好和消费习惯定向推送的广告。推荐类新媒体广告利用新媒体相互链接的特点，通过消费者画像选择性地向目标受众推送与其消费能力相匹配的广告。推荐类新媒体广告可以利用热点事件和节庆假日开展有目的、有重点、有目标的品牌信息推荐服务，从而将相关信息送达有需求的消费者或受众。推荐类的广告一般由推荐的信源优化、推荐的中介渠道和推荐的目标受众三个环节组成。

3. 发布类新媒体广告

发布类新媒体广告是广告企业针对目标受众，直接在互联网平台上发布的有关商品信息或品牌服务的广告。它类似于传统媒体的广告发布形式，在新的媒介环境中进行产品或品牌信息的发布。这类广告基于数字化技术而实现，主要呈现方式有户外超大视频广告、楼宇视频广告、车载视频广告、互联网平台上具有明显识别性的广告等。

4. 体验类新媒体广告

体验类新媒体广告通过对广告虚拟消费场景的营造，使消费者获得广告产品消费的体验，进而实现消费的广告形式。在新媒体时代，从产品经济到体验经济，从消费者的生理需求到心理需求，企业广告在传递产品信息的同时也越来越注重消费者的体验和感受。体验营销就是从消费者的心理感受出发，为消费者设置特定的体验场景，使消费者在观看广告的过程中获得真实的产品消费体验，以促进销售。体验类新媒体广告利用新媒体平台多元互动的特性，以独特的创意和逼真的场景设定有效地传递信息，最终实现与消费者心理期待的高度契合。

5. 暗示类新媒体广告

暗示类新媒体广告是指在新媒体平台上发布的、对消费者心理进行诱导的广告表现形式。广告主通常在不影响受众正常使用媒体的情况下，重点选择人们关注的信息进行造势，巧妙地植入有关产品或品牌的信息；通过事件描述、话语引领、品牌故事建构与企业广告主张或品牌传播理念相关联，对受众进行潜移默化的影响，从而实现产品的销售。暗示类新媒体广告一般包括植入式广告、新闻类软文广告、博客广告等。

1.2.3 按广告媒体的形态分类

按照广告媒体的形态，可以将新媒体广告分为以下几大类。

1. 数字电视广告

数字电视(DTV)是指从电视节目采集、录制、播出到发射、接收全部采用数字编码与数字传输技术的新一代电视，是在数字技术基础上把电视节目转换成数字信息，以码流形式进行传播的电视形态。数字电视广告是指依附于数字技术并在数字电视这一媒体形态上传播的广告。数字电视广告大的分类主要有 EPG(electronic program guide)广告、互动广告、增值业务广告。最基本的表现形式有开机画面广告、换台广告、VOD(video on demand)点播广告、超链接广告、字幕广告等。

(1) EPG 广告

EPG 即电子节目菜单，EPG 广告即运营商在 EPG 的各个界面上发布的广告，具体有下面四类。①开机画面广告，即所有数字电视用户打开机顶盒之后显示在电视机上的画面，大小为全屏，形式为 GF 图片或 HTM 格式，广告在开机后播放，长度为 3—5 秒；②主服务菜单广告(也称为门户广告)，一般出现在 EPG 主服务菜单的任意位置，用户进行 EPG 操作时即可接触广告信息，大小为 1/4 屏左右，形式为图片格式，广告时间为用户进行 EPG 主菜单操作的时间，广告长度依用户的操作时间长短不等；③频道列表广告，一般出现在 EPG 频道列表菜单的任意位置，用户通过 EPG 转换频道时即可接触广告信息，大小为 1/4 屏左右，形式为图片格式，广告时间为用户进行 EPG 频道操作的时间，广告长度依用户操作菜单时间长短不等；④节目预告广告，一般出现在 EPG 节目预告菜单的任意位置，用户通过 EPG 浏览节目预告时即可接触广告信息，大小为 1/4 屏左右，形式为图片格式，广告时间为用户选择 EPG 节目预告的时间，广告长度依用户操作菜单时间长短不等。

(2) 互动广告

互动广告与传统广告有很大区别，它添加了更多的互动元素，可以让用户更主动地接触广告信息，具体有下面四类。①角标广告，即用户正常收看电视节目的同时，在电视屏幕上出现一个广告角标，若用户对广告信息感兴趣，就可以通过遥控器激活更多的广告信息；②VOD点播广告，即观众回看电视节目、点播电视剧或电影时，在影片开始前插入的视频广告，一般时长为30秒或15秒；③超链接广告，指通过后台设置，在观众观看电视时从电视下角跳出的动态Flash广告，用户需要时，可以点击直接观看广告；④字幕广告，指在播出广告时电视下方出现的字幕广告形式，消费者可通过即时通信工具实现互动，可滚动播放。

(3) 增值业务广告

2008年年初，国务院办公厅联合国家发改委、科技部、财政部、税务总局等六部委发布了"1号文件"，提出了若干鼓励政策。"1号文件"明确了中国数字电视产业发展的总目标，提出了优化中国数字电视产业发展投资环境和加强税收优惠支持等一系列措施，推动了中国数字电视的发展进程。随着有线网络双向改造的完成，数字电视广告能够实现真正的双向互动；后台数据库能够收集、分析用户的使用资料；在充分了解用户消费偏好的基础上，能实现定向发送广告和数据库信息。数字电视平台能够在传统的频道收视之外向用户提供文字消息、电视邮箱、电视BBS等多种形式的增值服务。

用户使用增值服务时，多处于主动寻求信息的状态，因此，在增值业务平台上向用户传送广告信息，能够起到良好的传播效果，具体有下面三类。①文字消息广告。文字消息是在屏幕上方或下方播出的滚动字幕，它不仅具备公告通知的功能，而且支持个性化的消息通知。作为广告媒介使用时，它传递的信息较为简单，但形式灵活，并且可以向指定用户或指定频道发送消息。②电视邮箱广告。电视邮箱能够储存用户接收到的信息，广告主既可在电视邮箱的界面上直接发布广告，也可以通过电视邮箱发布文字＋图片形式的广告。③电视BBS广告。电视BBS即电视论坛，用户能够通过手机短信或互联网将文字内容实时显示在电视机上。

2. 手机广告

手机广告是指广告发布者通过手机媒体平台进行商品或服务信息传播的广告形式。手机广告的功能特点和其他类型的广告没有太大的区别，一般也是通过付费在移动媒体平台上传播商业信息，旨在通过这些商业信息影响受众的消费行为和态度。不同的是，手机广告具有较强的移动性和定位功能，实际上是一种伴随式、互动式的网络广告。随着智能手机的普及以及5G时代的到来，手机的多媒体功能被进一步强化，广告的类型不断增多，广告的传播效果也得到进一步提升。

(1) 手机短信广告

短信广告是将广告内容以手机短信的形式发送出去，包括文字短信和彩信，基于运营商直接提供的短信接口实现与客户指定号码进行短信批量发送和自定义发送的目的。手机短信广告包括短信群发广告、短信定向广告和短信分发广告等，多为企业或个人通过发送短信息的形式将产品、服务等信息发送至手机用户，从而达到广告信息有效到达并产生影响的目的。手机短信广告往往把打折信息、促销活动、新品发布等相关信息发送到目标客户的手机上，为企业树立品牌形象或占有市场创造商机，也使企业降低广告开支，节约了成本。

(2) 手机电视广告

手机电视广告的出现与手机电视业务的发展直接关联，所谓手机电视广告，就是广告主利用具有操作系统和流媒体视频功能的智能手机发布广告信息的广告传播形式。手机电视广告具体有以下三类。①门户广告，即在通信运营商的手机电视门户上投放的广告，门户是用户使用手机电视业务的必经之路，访问量很高，运营商也充分注意控制门户的内容，提高门户的形象。在手机电视门户上投放广告是一种集中覆盖、打造品牌的方式，但由于手机电视门户版面有限，有吸引力的资源并不是很多。②分散式广告，即可通过以下手段聚合分散的受众：一是同类内容聚合，即把每个视频节目都贴上类型标签，广告主挑选某一类型的节目投放广告；二是建立视频网站联盟，即广告主可在某一类型的众多视频网站上投放足够多的广告；三是利用用户智能定位技术，即系统根据用户的属性来分配广告内容，不同的用户在广告位上看到的是不同广告。③精准投放广告，即基于数据库的"一对一"广告，通过系统平台识别出用户的身份和特征，并记录下用户在手机电视平台上的消费行为轨迹，以精准投放广告。

(3) 间隙广告

间隙广告是一种用户在下载手机电影或游戏时在屏幕上突然出现的广告。它通常会打断用户正在进行的工作，强迫性地形成广告发布的间隙，其中以视频广告形式最为常见。由于间隙广告带有一定的强迫性，容易使受众反感，因此，对于试图通过广告建立企业良好形象和品牌美誉度的广告主来说，选择这种广告传播信息需要特别谨慎。

(4) 手机游戏广告

手机游戏广告指在手机游戏中插入的广告，目前以条幅广告形式最为常见，广告信息通常以横幅形式出现在手机屏幕的上方。开发者在应用中加入一个或多个互动广告位代码，即可自动播放平台提供的各种广告。手机广告的优势在于广告发布与销售渠道铺货可以同步完成，用户看到视频或图片形式的广告产品后，如果感兴趣就可以直接拨打销售电话提供订购信息，并可直接使用手机支付相关费用。

(5) 多媒体移动广告

基于移动网络技术的新媒体终端和平台的发展，使多媒体移动广告的信息传播功能得到优化，多媒体移动广告即面向手机、笔记本、PDA(personal digital assistant，掌上电脑)等移动终端推送的广告，使广告的立体传播效应得到提升。多媒体移动广告的传播路径以数字技术为支撑，以广播方式传送广播电视信号，技术实现方式为卫星覆盖、地面补点。结合地面数字技术，多媒体移动广告的传播对象不仅包括居家的人群，还包括依附各种交通设施为生活奔波的移动大军。多媒体移动广告以移动目标人群为对象，移动电视、车载电视、地铁电视等也成为多媒体移动广告的主要载体。

1.3 新媒体广告的特征

新媒体广告相对于传统媒体广告具有更多的传播优势，在新的媒介环境下，新传播技术的广泛运用凸显了新媒体广告的时代特征。

1.3.1 广告信息交互性传播

广告信息的交互性是新媒体广告的基本特征。互联网上的广告互动性传播方式比传统广告更为直接和有效，广告信息的发送者和接受者在网络传播中能实现即时的双向互动，广告传播的内涵在信息交互过程中也得到了新的扩展。广告信息发布者根据受众的需求，抓住消费者的心理特征，可以通过信息交互即时调整自己的广告策略。广告接受者则可以及时反馈自己的真实想法和感受，发表评论性意见，广告信息的传播不再是单向劝服，而是一种对话式沟通。

新媒体广告具有强大的主动搜索功能，用户针对自己的产品或服务需求可以主动上网寻找信息。网络无线的虚拟空间可以使广告主把产品的信息详尽地传送到网上，这些资料还可以扩展到企业形象等相关内容。新媒体广告不仅在产品与消费者之间架起了一座桥梁，更在营销品牌传播方面构建起一种沟通互动的传播模式，使企业与消费者之间形成“一对一”的营销关系。

1.3.2 数据库与粉丝圈层传播

在新媒体环境中，数据库的建立与粉丝圈群的形成为广告的互动传播提供了便利。一方面，广告作企业竞争的工具，信息产品是它的核心要素，新媒体时代，广告信息产品的生产、储存、分发和传播大多在以数据库为基础的数据交易平台上进行，企业和受众之间的信息交互行为已进化为双向的、互动的、参与式的数据库驱动的沟通行为，数据库传播的特征十分明显。

另一方面，广告信息的传播时间和空间与受众的消费偏好紧密地结合在一起。特别是在社群互动中，受众不仅是广告信息的接受者，也是广告信息的发布者或分享者，通过广告信息的发布和分享，受众主动形成了以共同兴趣爱好和共同的消费偏好为基础的粉丝圈群。在群中，他们主动表态对各种品牌的体验，形成舆论社群，全面摆脱了企业通过广告发布控制话语的状态，形成粉丝圈层传播的新景观。

1.3.3 内容和形式创新传播

新媒体广告信息传播平台有较强的延展性，相比传统媒体在链接功能上有了许多重大突破，在推广新产品、宣传企业形象、提高企业知名度等方面都能找到与此相匹配的广告传播信息渠道。互联网等新媒体集多种传播形式于一身，信息储存功能和分发功能十分强大，能超越传统媒体的物理时空限制，发布大量的广告信息。例如，LED 液晶显示屏能持续滚动播出多条广告信息，并且能播放集文字、声音、画面为一体的专题或系列广告等。新媒体广告在内容展示的形式上也有多元创新，从黑白广告到彩色广告，从平面广告到立体广告，从产品名称、商标到具象符号，从企业品牌形象到企业文化、经济、风俗、信仰、规范等，都可以通过广告信息的精准到达实现传播目标。同时，新媒体广告通过独特的构思和独到的创意，也可使广告信息异质性传播形式达到极致，更为丰富多彩的视觉传达广告形式可更精准地贴近消费者的心理期待。

1.3.4 与生俱来的原创特质

新媒体广告的特质之一就是与生俱来的原创性。这里的原创性特指广告传播理念的创新。新媒体广告的发展理念改变了以广告主、创意人和媒体为中心的广告信息传播理念，以受众为中心的传播理念催生了分众、小众的广告传播思路。媒体资源的重新组合、广告信息传播主体的重新审视、广告信息传播空间和时间的开发和利用，都围绕受众中心这一命题展开。例如，分众传媒就是一种新兴媒体，具有原创性，它之所以是原创性的，是因为它把原有的媒体形态嫁接到特定的空间，形式上是嫁接，理念上却是原创的。它的发展理念就是更精准、更有效、更方便和更快捷地为受众提供高品质的广告信息服务。

1.3.5 品牌信息的整合性

品牌信息的整合性是新媒体广告的显著特点。舒咏平在其主编的《新媒体广告》一书中指出，新媒体广告的品牌信息整合既包括阶段性的、以营销目标实现为主的整个营销传播所涉及的各类信息，又包括相对稳定、战略性的品牌信息，如品牌历史、品牌实力、品牌理念、品牌的产品线、品牌动态、品牌服务等，从而使得新媒体广告既具有即时的促销功效，又具有从长远着眼的品牌形象建树之意义①。新媒体的快速发展使新媒体广告的市场细分网格化，在不同类别的市场细分网格内，受众更倾向于接受信息来源明确、能够得到互相印证的企业品牌信息。例如，无论哪种类型的消费者接触互联网广告，都可以通过链接来了解详细的品牌信息内容，也可以与企业直接进行品牌信息互动，这些信息最后都会被整合汇聚，使消费者对企业的品牌认知度和品牌形象心理认同得到进一步提升。

1.3.6 信息管理的即时性和可控性

新媒体广告之所以能够进行即时信息管理，主要是基于新媒体广告互动技术的成熟。消费者通过即时沟通减少了购买的焦虑，商家通过信息追踪可以即时调整产品策略。与传统广告相对静止的传播模式不同，新媒体广告可以与消费者进行实时、动态的联系，实现信息沟通管理，如可以进行个体咨询答疑、受众投诉处理、受众发帖管理和品牌危机公关等。

新媒体广告信息管理的一个重要路径就是加强广告信息的有效反馈。

① 舒咏平：《新媒体广告》，高等教育出版社2010年版，第8页。

广告信息的有效反馈加强了受众对媒体控制的体验感，消费广告信息时心理可控性的增加也使受众获得了对媒体使用的公平感。新媒体广告把媒体选择权更多地交到了受众的手中，消费者可以更多地参与企业的营销活动，受众既可以主动掌控产品或品牌信息而不受时间和空间的限制，也可以选择自己接受的广告信息方式和类型，甚至可以向广告商定制广告或产品，从而提高广告的传达效率。

思考题

1. 如何理解新媒体广告的概念?
2. 试述从传统媒体时代到新媒体时代广告内涵的演变过程。
3. 根据广告信息的识别度，新媒体广告主要可以分为哪些类型?
4. 如何理解软广告和硬广告?
5. 新媒体广告主要有哪些特征?
6. 简述新媒体广告的传播特点。

2 新媒体广告运作

新媒体环境、新媒体平台和新媒交互体验是影响新媒体广告运作的主要因素。新媒体广告的宏观环境主要由社会的经济、科技、文化、政治、法律等环境构成；微观环境则主要由广告传播体制、传播媒介、广告产业、广告主、广告对象及竞争品牌等因素构成。新媒体广告传播平台的建立及背后的利益博弈决定着新媒体广告的运行模式和运行方向，新媒体环境下广告交互体验的策略和方法对广告市场多角关系的重新建构及新媒体广告的运行理念产生了重大影响。

2.1 媒介融合及广告生态环境

2019 年 1 月 25 日，习近平总书记在中共中央政治局第十二次集体学习时强调，推动媒体融合，要坚持一体化发展方向，通过流程优化、平台再造，实现各种媒介资源、生产要素有效整合，实现信息内容、技术运用、平台终端、管理手段共融互通，催化融合质变、放大一体效能，打造一批具有强大影响力、竞争力的新型主流媒体。党的十九大报告提出要打造文化产业新业态，推动文化产业与相关产业的融合。中央一系列政策措施的出台，为媒介融合与广告生态营造了新的环境，也为新媒体广告的快速发展铺平了道路，创造了机遇。

2.1.1 新媒体广告的宏观环境

广告环境是指影响和制约广告活动策略、计划的诸种因素，包括宏观环境和微观环境。广告的宏观环境主要指影响广告活动产生、发展的战略要素环境，如政治环境、经济环境、文化环境等。在媒介融合的背景下，广告业的发展与广告行业所处的政治、经济、文化、科技及自身行业环境密不可分。新媒体广告的发展明显受制于社会环境的综合影响，其中既有广告业内部微观环境的影响，也有外部宏观环境的影响，两者共同构成新媒体广告发展的新生态环境。

1. 政治环境

(1) 国际政治环境的深刻变化

冷战结束后，经济全球化、世界多极化的进程加速，国际关系体系从以欧美为核心逐渐向以亚洲为核心转换，中华民族的复兴和大国崛起的步伐也不断加快。党的十八大以来，中国立足本国国情，把握世界发展趋势，坚持走中国特色的社会主义道路，面对世界百年未有之大变局和实现中华民族伟大复兴的历史使命，坚持多边关系的大国外交，倡导构建人类命运共同体、共建“一带一路”和“共商、共建、共享”的全球治理观。中国经济发展模式引起了世界的关注，人类命运共同体的发展理念得到普遍赞同，中国的制度优势在重大突发公共卫生事件中得以凸显。世界格局的变革融入中国经验和中国智慧，为中国企业走出国门营造了新的政治生态环境，也为新媒体广告的快速发展创造了有利条件。

(2) 我国政治文明生态的优化

伴随着改革开放进程的不断深化，我国的政治文明生态不断优化，良好的政治经济环境对我国广告产业结构的升级换代起到了积极的推动作用。国家行政管理部门对新媒体环境下的广告行业的发展给予高度重视。2011

年，国家发改委第9号令发布，自2011年6月1日起实行《产业结构调整指导目录》，把新媒体广告创意、广告策划、广告设计、广告制作列为鼓励类。这是新媒体广告业第一次享受国家鼓励类政策，此举为广告业发展提供了强有力的政策支持。

(3) 上海广告产业发展的四项基本原则

2016年12月，上海市工商行政管理局、上海市发展和改革委员会联合发布了《关于促进本市广告业持续发展的指导意见》，把广告业作为现代服务业和文化产业的重要组成部分，并指出了广告业在服务经济转型升级、引导扩大消费、助推经济增长、繁荣社会文化中发挥的积极作用。同时，提出广告产业发展的四项基本原则。

第一，要坚持创新发展、品牌引领。聚焦创新、创意制高点，推动广告领域的技术创新、业态创新、内容创新、模式创新和管理创新。第二，要坚持融合发展、转型升级。促进广告业与上下游关联产业、周边产业的融合、联动发展，构建新型广告产业生态圈；促进产业结构调整、链条延伸，实现产业升级发展。第三，要坚持集聚发展、统筹引导。以国家级广告园区和市级文创园区为主要载体，加强资源统筹、政策优化和公共服务，促进广告产业要素资源的交流、整合、聚集。第四，要坚持市场主导、规范发展。强化企业主体地位，尊重和发挥市场在资源配置中的决定性作用；加快完善广告监管体系，推进广告市场秩序的社会共治。

同时，《关于促进本市广告业持续发展的指导意见》对广告业发展提出具体明确的目标：紧紧围绕上海的城市发展总目标，以创新为动力，以创意为核心，以文化为内涵，力争把上海建设成亚太地区的广告创意设计中心、广告科技创新高地、广告人才集聚高地和跨国广告企业营运中心。

2. 经济环境

中国广告业的发展与中国特色社会主义市场经济的发展紧密相连，产业结构的适时调整和广告市场不断优化，是保障国民经济可持续发展的重要推动力量。进入21世纪，我国广告市场的规模不断扩大，广告营业额持续稳步增长。

(1) 广告产业发展新平台快速拓展

近10年来,伴随着新媒体技术的广泛运用,广告产业的增长方式和增长速度都出现了新的变化。首先,互联网信息技术带动传统产业升级的影响直接反映在产业规模的增长上,新兴产业不断涌现,催生新的经济增长点,文化传媒产业成为其中不可忽视的一支力量,广告产业是文化产业的重要组成部分,也是推动文化产业快速发展的最为活跃的因素之一。其次,传媒产业的结构性调整走向深化,互联网不但对传统媒体产生了替代及叠加效应,也通过媒体融合形成聚合力,使传媒产业保持整体稳定增长的态势,广告产业发展所依附的平台得以快速拓展,新的广告业态不断呈现。

(2) 在线视频广告市场规模不断扩大

2019年8月23日,清华大学传媒经济与管理研究中心、央视市场研究(CTR)、中国广视索福瑞媒介研究(CSM)与社会科学文献出版社联合发布《传媒蓝皮书:中国传媒产业发展报告(2019)》。报告显示,2018年,我国传媒产业总体规模首次突破2万亿元大关。报告还指出,中国传媒产业整体格局在保持稳健发展的同时也在进行深度结构性调整。在传媒核心产业的细分领域中,超过千亿元级别的细分市场有4项,分别为移动数据及互联网业务、网络广告、网络游戏、广播电视广告。新媒体广告的生态环境进一步优化,网络视听行业的市场规模在2018年首次超过广播电视的广告收入,实现了相对数据的位置交叉。短视频在5G格局下被看好,在线视频市场的规模不断扩大。

(3) "智能+"广告立体传播新格局逐步构建

随着媒介融合的不断深入,新媒体广告发展进入快速增长期。传统的电视和报纸广告经营均遭遇了前所未有的巨大危机。进入大众自媒体传播时代,大众媒体、平台化媒体、自媒体等传媒形态并存且相互竞争,5G网络在2019年迎来商业化的新元年,技术因素影响再次重塑了中国传媒产业的格局。在此影响下,短视频平台内容的综合发展逐渐成为大趋势,电商营销和网红带货成为新的风口。在媒体融合方面,“智能+”的立体传播新格局正在构建之中,广告的智能化程度不断提高。

(4) 中国成为全球第二大广告市场

根据国家市场监督管理总局(以下简称市场监管总局)2020 年 3 月发布的年度广告数据显示,2019 年,我国(大陆地区,下同)广告市场总体规模达到 8 674.28 亿元,较上年增长了 8.54%,占国内生产总值(GDP)的 0.88%,维持在近五年来第二高位增长,较上一年度净增 682.8 亿元(图 2-1)。这显示出广告行业对国民经济增长作出了巨大贡献。按最新的全国人口计算,2019 年全国人均广告消费额为 619.57 元,相比于 2010 年的人均 181.55 元,增长幅度为 341.26%,市场活跃度显著提升①。

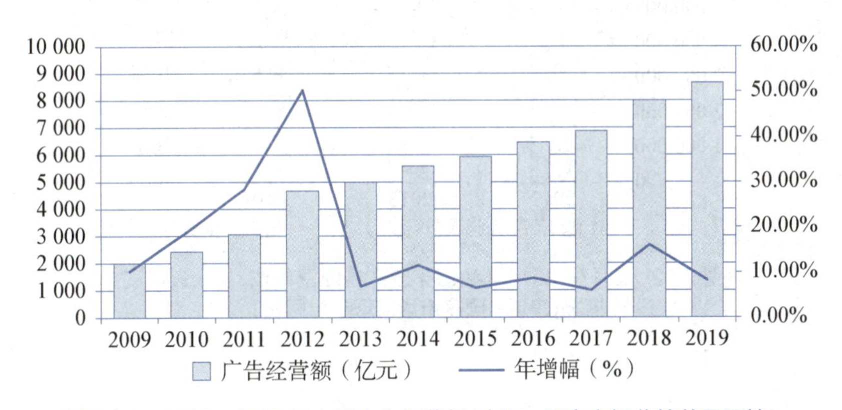

图 2-1 2009—2019 年中国广告经营额(来源:国家市场监管总局网站)

根据市场监管总局的统计,2019 年,我国广告经营单位数量依然保持了 18.69%的增幅,广告经营单位户数增长了 25.72 万户。同年,广告从业人员的增幅为 6.32%,将近 600 万人次(图 2-2)②。2019 年,广告从业人员结构与 2018 年相比呈现了较大的变动,其中,管理人员、创意设计人员、业务人员等的增幅呈现较大回落(图 2-3)。一方面是因为传统广告从业者饱和

---

①《2019 中国广告年度数据报告:广告市场总体规模达 8 674.28 亿元》,2020 年 3 月 24 日,广告门,https://www.adquan.com/post-13-293111.html,最后浏览日期:2021 年 3 月 1 日。

② 同上。

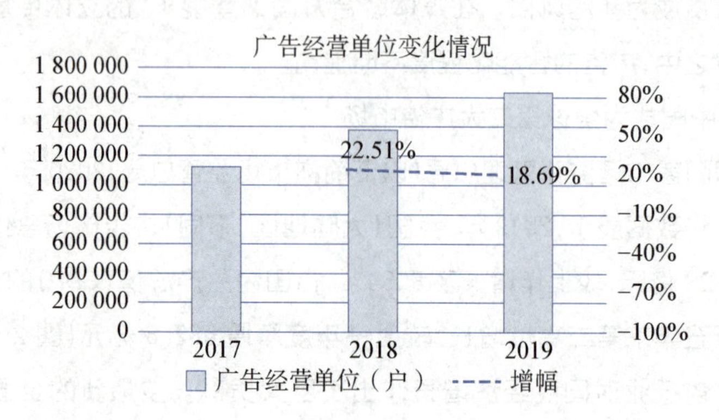

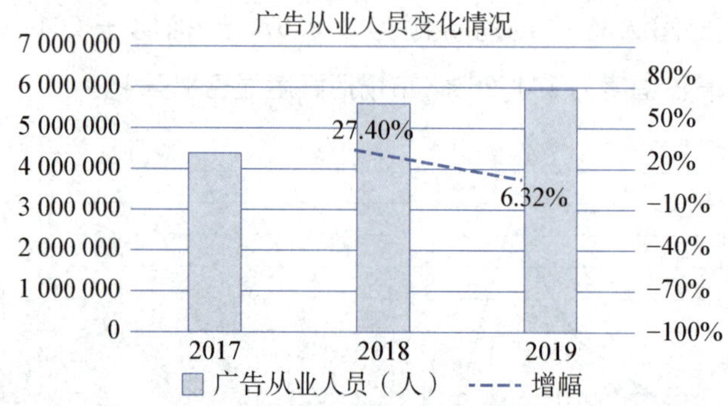

图 2-2　2017—2019 年我国年度广告经营单位、从业人员变化情况（来源：国家市场监管总局网站）

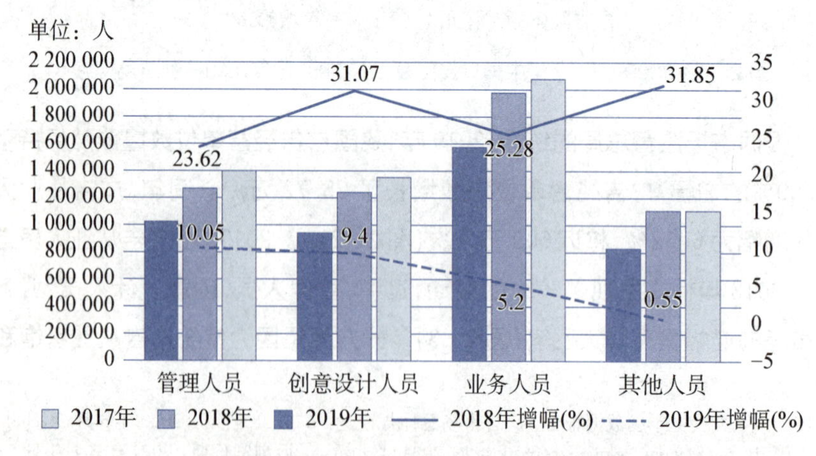

图 2-3　2017—2019 年广告从业人员业务结构（来源：国家市场监管总局网站）

后，跨行业流失现象逐渐减缓；另一方面则是由于以抖音、快手为代表的短视频和新兴社交媒体平台扩容基本结束，开始进入营收期，传统和新兴广告从业者的人员结构调整都趋于平稳。

随着我国经济的飞速发展，广告经营额年均递增30%左右，广告业成为我国改革开放以来发展最快的行业之一，目前，我国已经发展成为全球第二大广告市场。在广告营业额持续增长的同时，互联网广告的市场份额进一步扩大，尤其是移动广告成为拉动广告增长的新动力。各传统互联网门户纷纷推出了自己的移动端平台，并借助公众号、直播、短视频、在线广播等新形式进一步吸引流量。视频网站则利用创新的广告形式与植入花样，给网综、网剧赋予了更多的商业价值。2015—2019年，中国广告的市场规模持续扩大，新媒体广告显示出强劲的发展势头。

3. 文化环境

21世纪以来，党和国家领导人多次谈到文化环境建设问题，特别是党的十八大以来，党和国家领导人对坚持中国特色社会主义道路和文化自信的问题进行了多次论述，深度阐释了文化理念和文化观，为新媒体广告文化建设指明了方向。

(1) 基于文化自信的新媒体广告文化生态建设

在2014年2月24日的中央政治局第十三次集体学习中，习近平总书记提出要增强文化自信和价值观自信。2016年5月和6月，习近平总书记又连续两次对文化自信加以强调，指出“我们要坚定中国特色社会主义道路自信、理论自信、制度自信，说到底是要坚持文化自信”。在庆祝中国共产党成立95周年大会的讲话中，习近平总书记还对文化自信特别加以阐释，指出“文化自信是更基础、更广泛、更深厚的自信”。坚持文化自信，是中国文化环境建设的特殊需要和时代要求。中国历史悠久，有优秀传统文化的底蕴，还有在中国革命、建设、改革的伟大实践过程中孕育的革命文化和社会主义先进文化。这种在优秀传统文化基础上的继承和发展夯实了今天文化建设的根基，奠定了新媒体时代文化自信的基调，也为新媒体广告文化生态建设指明了方向。

(2)“讲导向、传递正能量”的新媒体广告文化价值取向

国家工商总局在颁布的《广告产业发展“十三五”规划》中特别指出，强调和落实关于广告讲导向的总要求，发挥广告传递正能量的作用。国民经济的持续增长使人民的生活水平不断提高，人们对物质文化生活的需求得到满足的同时，对精神文化的需求也日益增长。面对消费者日益高涨的多元文化消费需求，政府管理部门、广告主、媒介、广告人和受众共同担负起建构新媒体广告文化环境的重任。传播积极理性的广告消费主张，倡导健康多元的广告消费文化理念，加强广告舆论的引导，成为新媒体广告时代下广告文化环境的特色风景。

(3) 以创新融合为重点的新媒体广告文化国际传播

世界经济一体化和中国坚持多边贸易的战略为新媒体时代国际广告文化的传播创造了良好的市场环境。新媒体时代的中国广告企业已认识到营销全球化是现代国际营销的重要特点，国际文化的趋同倾向是一种潮流，但广告人也深刻理解国别文化差异仍然是文化主体和主流。近年来，中国广告企业在新媒体国际广告传播实践中强化了对他国文化或异域文化的尊重和认同，加强了对他国文化或异域文化的研究，根据不同文化差异的特点和对文化刺激反应的不同敏感与激烈程度，建立全球国别文化差异分类体系，以便广告主体更好地策划和实施跨文化广告，降低文化风险。同时，建立全球国别文化禁忌和文化风险核对表，坚持以受众为中心的广告沟通观，减少和消除国际广告跨文化传播风险。在新媒体时代的国际广告跨文化传播中，树立“创新、协调、绿色、开放、共享”的发展理念，以创新驱动和融合发展为重点，提高广告集约化、专业化、国际化发展水平，强化中国广告企业在跨文化国际广告传播中的能力和水平。

(4) 建立产学研协同机制，培育广告业创新文化

国家工商总局在《广告产业发展“十三五”规划》中提出，培育广告业创新文化，建设与我国社会主义市场经济文化特征相适应的广告业创新文化

和理论。规划中提出了具体的实施方案：总结创新成果，提升创新价值，支持创新项目申报国家和地方社会科学重点课题；鼓励软科学、自然科学与广告领域的跨学科研究，以及原创性、基础性研究和应用性研究，支持广告企业建设高水平研究机构。2019 年 6 月 16 日，由上海市广告协会与上海大学共同组建的上海广告研究院成立，研究院整合了业界和学界的优质资源，在建立产学研协同机制、培养广告创新文化等方面进行了很多有益尝试。

建设新媒体广告文化的举措和实践为我国现阶段新媒体广告创新文化氛围的形成和成果的产出创造了良好的条件。目前，我国新媒体广告文化建设成果不断推出，新媒体广告文化生态建设初见成效。

2.1.2 广告业的微观环境

新媒体广告的传播既是一种社会政治经济现象，也是一种社会文化现象，新媒体广告传播的微观环境由广告的传播体制、广告主、广告传播媒介、广告创意公司、广告对象构成。广告的微观环境指影响广告传播活动具体实施的要素环境，如行业竞争环境、人才环境、业务运作环境等。

1. 新媒体环境下广告行业的背景

广告产业的发展与媒体生态环境的变迁息息相关，广告行业的竞争与媒介生态的结构变化直接关联。自中国当代广告业复苏以来，由报纸、杂志、电视和广播构成的传统媒体生态环境始终是广告的主要传播渠道，也是广告竞争的主要战场。在传统媒体时代，我国广告行业入行门槛较低，参与广告市场竞争的企业众多，但大多规模较小，行业低端市场竞争激烈，基本处于完全竞争的状态。伴随着数字技术的日益演进，大量新的媒体形态、传播渠道不断涌现。同时，我国经济转型和产业升级的加速推进也使广告业的竞争日趋激烈。

(1) 广告行业的经营规模持续扩大

《2020年中国广告行业分析报告——市场规模现状与发展趋势分析》[①]提供的数据显示,2013—2019年广告行业的经营规模持续扩大,从2013年的44.5万户逐年增长至2019年的163.31万户,2019年同比增长18.7%。其中,外商投资企业数量同比增长60.8%。从这些数据可以看出,中国广告市场具有较强的内生力,对外资广告企业也具有较大的吸引力。

(2) 广告渠道结构分化明显

2019年,细分广告市场持续分化,从渠道结构看,互联网作为新兴广告渠道,营业额维持相对高的增速。同年,互联网广告营业额为4 367亿元,同比增长18.2%;电商依然是互联网广告收入的第一渠道,占比36%。作为传统的广告渠道,电视台及广播电台广告受互联网媒体的冲击,2019年的经营额均减少,分别为1341亿元、128.82亿元,同比下降14.3%和5.7%。其中,电视台广告经营额创下自2009年以来的最大跌幅。得益于新媒体经营和活动经营等多元化广告收入,报社、期刊社的广告经营额扭转了营业额下跌的局面,2019年的营业额分别为373.52亿元、67.58亿元,同比增长19.5%和15.0%[②]。从相关数据来看,广告市场的渠道结构不断处于调整之中,市场分化较为明显。

2. 新媒体环境下广告行业的竞争

伴随着新媒体广告市场规模的不断增长和渠道结构的分化加剧,新媒体环境下的广告行业竞争呈现出差异化、专业化、渠道化的特征。

(1) 专业化竞争

专业化竞争是新媒体广告竞争的常态。随着新媒体广告公司数量的不

---

① 《2021年中国广告行业分析报告——市场规模现状与发展趋势分析》,2021年1月10日,中国报告网,http://baogao.chinabaogao.com/guanggaochuanmei/391955391955.html,最后浏览日期:2021年3月1日。

② 同上。

断增多，依托新媒体平台进行的专业化竞争日趋激烈，在同类产品的营销中，广告企业的目标对象专一、分工高度细化、经营高度专业化，能最大限度地保证广告业的高质量和高水准，使广告企业求生存、谋发展的坚固基石更加牢靠。因此，技术服务专业化、团队运作专业化、内容生产专业化成为新媒体广告专业化竞争的主要内容。

(2) 差异化竞争

差异化竞争成为新媒体环境下广告企业重要的生存之道。在专业化服务的制约下，避免同质化竞争是广告企业规避风险的首要选择。对同质化消费市场的充分洞察，对大数据平台支撑消费市场的细分和针对自身竞争优势进行的差异化定位，都是使新媒体广告企业在激烈的市场竞争中立于不败之地的重要法宝。此外，对广告传播渠道的争夺也成为新媒体环境下广告企业竞争的关键。

(3) 渠道化竞争

在新媒体环境中，受众的使用习惯也在不断地发生改变，各种媒介终端不断发展，广告营销的方式也发生很大变化。例如，搜索引擎广告是利用搜索引擎进行网络营销和推广的一种综合、有效的方法。搜索引擎营销不仅能使消费者更便捷地通过搜索引擎获得有价值的信息，而且使企业能够及时、准确地将各种产品和服务的广告信息传递给目标客户群，挖掘更多潜在客户，并为客户群提供帮助。利用这个机会让用户检索，企业实现了更高的转化率。搜索引擎营销大致可分为四种主要的营销模式，即搜索引擎登录、搜索引擎优化(search engine optimization，简称 SEO)、关键词广告和竞价排名。由此可见，利用新媒体的矩阵优势，形成线上和线下的合力传播，对目标消费者广告传播渠道进行争夺，是新媒体环境下广告企业参与市场竞争的主要手段和方法。

3. 新媒体广告形式的变化

在新媒体环境下，媒介产业形成了新的信息生产传播形态，媒介经营与管理出现了集团化的运作方式。资源共享，交互传递，技术平台的相互支撑以及市场占有率的提高，都导致新媒体广告形态发生较大的变化。

(1) 广告形态的变化

首先是广告投放的精准定向。媒介技术的发展以及受众的多元化要求广告主在投放广告时有更加精准的定位，这样才能不断地抓住消费者，扩大市场份额。这就要求广告主根据产品的特性以及目标消费群体向不同类型的受众发送内容，进行精准的定向投放。在这个过程中抓住受众的差异性，缩小了目标受众的成本，进而提高了接触目标受众的频率，广告营销的可转换率得到了提高。新媒体技术的不断发展，为广告只投向目标受众的理想变为现实提供了技术上的支持，也相对固化了精准定向投放广告的形态。

其次是网络数字平台广告。网络技术和数字平台的广告投放不同于报纸、杂志等传统媒体的广告，它的传播速度更快，有效性更高，受众的记忆点清晰。媒介融合带来技术上的变化，使受众不再是被动地接受信息，而是由被动变为主动，更注重产品的体验与参与性，吸引了受众的主动接触，提高了目标受众的覆盖面。这种互动性的增强更多地得益于数字平台的开发和运用。例如，前文提到的搜索引擎广告不仅符合媒介融合背景下受众的媒介使用习惯，还契合了受众的媒介接触心理，平台的强大功能也使网络数字平台广告的形态日益丰富。

最后是移动终端广告。移动终端的出现使受众的碎片化时间得到了有效利用，相比于传统媒介的广告时间，广告的碎片化投放状态大大提高了广告信息的到达率。移动终端中出现大量的广告虽然在一定程度上也会引起受众的反感，但如果把故事性植入商品并隐藏在广告中，为广告信息赋予文化情景，通常能够降低受众对广告的防卫和戒备心理，吸引受众的更多注意。此外，移动终端广告作为伴随性广告，在特定人群中有较好的传播效果。

(2) 新型广告形式的出现

第一种是社交化媒体群广告。社交媒体的出现带动了社交群体中广告的出现。社交媒体通过用户的社会交往，由一个自媒体衍生出无数个群体，群体与个人、群体与群体的交织实现了信息不间断的有效传播。在媒介融合时代，受众根据个人需求投入到自己感兴趣的品牌消费信息中，避免了许多不必要的信息接触。社交化媒体将拥有类似兴趣点的用户聚集，形成最佳的广告目标群体。

第二种是多场景植入式广告。植入式广告是把产品或服务中具有代表性的视听符号融入影视或舞台作品的一种广告方式，通过给观众留下场景印象，最终达到广告传播的目的。植入式广告是随着电影、电视、游戏等的发展而兴起的一种广告形式，它是在影视剧情、游戏中有意识地植入企业的产品或服务信息，以达到潜移默化地影响受众的广告传播效果。常见的场景广告植入物有商品、标识、VI（visual identity，视觉识别）、CI（corporate identity，企业形象识别）、包装、品牌名称以及企业吉祥物等。由于受众对硬广告有天生的抵触心理，把商品或服务融入特定场景进行展现，能够取得较好的传播效果。这种广告形式得到企业和受众的普遍喜爱，目前，新媒体技术的发展为植入式广告出现在人类活动的任何场景提供了可能。

4. 新媒体发展对广告生态环境的影响

（1）广告产业政策的影响

首先是国家广告产业政策的引领和支撑。国家工商总局等相关部委发布的相关政策关注到了新媒体发展对广告产业生态重构可能产生的影响。在国家广告产业政策调整和产业发展规划中，对新媒体广告发展与新广告产业生态的建构都有明确的引领，国家宏观经济的发展和媒介融合战略的实施对新媒体广告新业态的形成产生了较大影响。推动广告技术创新和研发是建设新媒体广告产业生态的重要路径。

其次是广告行业专项规划的出台和实施。“十一五”规划提出，要推进产业结构优化升级，增强产业自主创新能力，提高产业集中度，推动区域协调发展。促进广告业优化升级也是构建新媒体广告产业生态的重要目标。国家工商总局发布的《广告产业发展“十二五”规划》提出，要加快广告业技术创新，鼓励广告企业加强广告科技研发，加速科技成果转化，提高运用广告新设备、新技术、新材料、新媒体的水平，促进数字、网络等新技术在广告服务领域的应用;还特别指出要鼓励开发新的广告发布形式,运用新的广告载体,促进广告产业的优化升级。国家工商总局发布的《广告产业发展“十三五”规划》提出,加快广告业技术创新,鼓励广告企业加强科技研发,提高运用广告新设备、新技术、新材料的水平,促进人工智能、虚拟现实、全息投影等以数字、网络为支撑的各种新技术在广告服务领域的应用等。这些相关措施的实施,都对广告产业的创新和新广告生态的构建和发展起到了积极的推进作用。

(2) 广告市场多角关系的重构

首先是广告投放精准理性。在新的媒介生态环境中,数字技术突破了范围的瓶颈,广告主对广告传播的精准化要求有所提升,对媒体的选择标准不断趋于理性、多元,倾向于寻找对目标市场更有作用力的媒体数字平台来传播广告主张和实现广告理想。

其次是跨媒体广告投放。在新的广告市场多角关系中,媒体的平台功能被有效放大,跨媒体广告投放成为新常态,以“互联网+广告”为核心,实现跨媒介、跨平台、跨终端的整合服务成为广告产业发展新景观。伴随着数字技术的不断发展进步,大量新媒体数字平台出现,多种媒体平台分流了企业的广告投放和时间预算,跨媒体的广告投放成为均衡新媒体广告生态的重要因素。

最后是消费分化与受众聚合。在媒介融合的背景下,受众的主动性增强,呈现需求多元化、个性化的趋势。微博、微信等新兴的网络平台满足了受众快节奏的生活方式和个性化的需求,数字平台强大的搜索和链接功能也使互动广告不断占据广告信息传播载体的份额。消费分化促进了某种特征的消费者的聚合,广告受众共同的消费需求和爱好成为圈层广告精准投放的重要依据。

(3) 新媒体广告创新机制的形成

首先,创意人才的高度聚集是新媒体广告生态形成的重要推动力量。在媒介融合的背景下,信息传递更加专业化。大规模的信息传递、新型媒介终端的出现以及广告主素质与专业水准的提升，迫使广告从业者提升自身的素质，提升专业水准。优秀的本土广告公司开始注重吸纳、培养视野不只局限于广告专业领域，而是能够从整个传播战略角度出发，为企业提供发展策略的高端广告创意人才。新媒体专业人才的集聚不仅成为广告经营单位的核心竞争力，也使新媒体广告市场多角关系的结构趋向合理。

其次，新媒体广告内容生产的创新要不断为受众提供有价值、有意义的广告信息内容。在新媒体环境中，广告企业和从业者的创新主体地位得到强化，依靠创新实现增值、体现价值成为广告传播的重要目标。媒介融合产生了多种传播渠道，为广告传播开辟了新的出路。基于互联网、手机媒体以及数字电视平台等各种平台的传播方式，为大量植入式广告和软文广告提供了性价比较高的发布平台。在这样的媒介生态环境中，广告和内容的界限逐渐模糊，广告呈现出内容化的趋势。广告内容生产的创新就是为受众提供满足其生活形态、生活方式的信息内容，内容即广告，广告即内容。

最后，是媒介联动与产业的融合。在新媒体环境下，利用"互联网＋广告"的创新媒介形式形成不同性质和领域间的媒介联动，使传统媒体与新兴媒体深度融合，逐步形成形态灵活、技术先进、具有竞争力的融合型广告新媒体。在新媒体技术驱动下，广告业内部要素间的融合发展加快，广告企业与电子商务、新型物流等经济业态的融合发展进入快车道。在广告业与互联网产业融合发展的过程中，数字广告的程序化交易管理也逐步规范，新的数字广告生态日渐形成。

2.2 基于媒体的平台传播

新媒体广告平台是基于媒介融合环境，利用新媒体平台提供的多媒体形式，将广告信息与媒体形式无缝结合进行融合性传播的信息平台。新媒体广告平台的信息整合能力强大，能够最大限度地传递广告信息，并实现与受众的即时互动,最终将反馈的信息进行收集、整理、分析挖掘及综合利用。

2.2.1 新媒体广告平台

1. 平台及交互场域

(1) 物理空间的平台

随着时代的发展,“平台”一词的内涵日渐丰富。在计算机领域,平台的概念源自操作系统,用户通过操作系统来驱动各种硬件设备,实现人与硬件的对话,使应用软件完成各种既定的任务。除此之外,人们日常生活中也可以看到很多类似的平台,例如,信用卡是面向商家和消费者的信用平台,房屋中介是面向买家和卖家的中介平台。平台的运营有时通过物理空间实现,有时则需要技术或数据库支撑。

(2) 交互场域的平台

随着新媒体技术的发展,平台逐渐摆脱了以往的物理属性,向着虚拟属性延伸。但总体来说,它仍是通过一定的“通用介质”,如标准、技术、载体、空间等,使双边或多边主体实现互融互通,这是平台的基本内涵和功能内核[①]。从概念可以看出,平台起到了一种桥梁衔接的作用,在一方主体和另一方主体之间搭建了一个扁平的、通用的交互场域,并使两者能够自由竞争和共同发展。

2. 新媒体平台

(1) 作为“通用介质”的平台

在传播学中,关于平台,学界也提出了不少理论模型,包括媒介平台、信息平台、关系平台等。黄升民教授认为,平台首先要具备统一的传输方式,它的“通用介质”包括数字技术、通用传输协议、互联网等,能够使文字、声音、图像等信息进行无障碍地传播和交互,用户可以通过任何一种多媒体终

---

① 黄升民、谷虹:《数字媒体时代的平台建构与竞争》,《现代传播(中国传媒大学学报)》2009年第5期。

端(如手机、个人电脑、有线数字电视等)作为平台的接入口,平台不仅能容纳多种不同的应用,还能兼容不同的信息获取终端。将信息平台作为媒介融合理论支持的谷虹教授认为,“信息平台就是建立在海量端点和通用介质基础上的交互空间,它通过一定的规则和机制促进海量端点之间的协作与交互”①。

(2) 根植于基础平台之上的应用平台

新媒体平台就是根植于基础平台之上的应用平台。与平台一样,新媒体平台是多种媒体形式的连接者。在媒介融合的背景下,媒体由传统媒体向复杂多变的新媒体形式变化;原来单一形式的传统媒体也向电子化和多媒体化转型。依托高速发展的新媒体技术,传统媒体和新媒体更好地汇聚、融合,包括一切媒介及其相关要素,如媒体形态、传播手段、组织结构等。这样一来,传播内容也能够以多种表现形式呈现,好的传播内容更是可以反复传播,提高信息的达到率。新媒体平台上的信息传播是由所有人面向所有人进行的传播,这里不分生产者和消费者,不分传播者和接收者。因此,新媒体平台也具备双向沟通、不确定性、多角度和去中心化的特点,参与主体也可以随时转换角色。

3. 新媒体广告平台

(1) 广告匹配与资源共享

在媒介融合的背景下,新媒体广告与传统的广告形式相比,出现了多元化的运作模式。新媒体平台的形成对于广告内容信息而言,不是把文字、图像和声音等分离开来,而是拥有了更多广告来匹配新媒体等多种媒介。因此,在新媒体平台的运作过程中,广告与多种媒体的匹配就成为显性问题。新媒体广告平台可以将传统媒体的广告信息进行聚合整理,真正做到资源共享。媒介是信息的载体,对于广告媒介来说,新媒体平台为广告信息提供了多种多样的媒介载体,而且将多种媒介形式进行融合,使广告信息能与互

---

① 谷虹:《信息平台的概念、结构及三大基本要素》,《中国地质大学学报》(社会科学版)2012年第3期。

联网、手机、移动智能终端等新媒体传播渠道有效结合，展示模式也更加多样化，资源共享是新媒体平台的特质。

(2) 广告联盟的成立与广告链接能力的提升

从广告的融合传播来说，新媒体广告平台的构建拓展了广告空间，使链接能力更强。多种媒体的连接打破了之前媒介之间的传播壁垒，媒介与广告的连接在新媒体平台上更为顺畅，不同媒介上衍生出不同形式的广告信息，再通过不同平台进行传播，有效地提升了广告传播力。例如，网络广告联盟的建立就是广告新媒体平台运作的结果。网络广告联盟指集合中小网络媒体资源组成的联盟，平台通过联盟帮助广告主实现广告投放，并进行广告投放数据的监测和统计，广告主则按照网络广告的实际效果向联盟会员支付广告费用的网络广告组织投放形式。该联盟又称联盟会员，如中小网站、个人网站、WAP(wireless application protocol，即无线应用协议)站点等。目前，国内较为活跃的网络广告联盟平台有盟聚平台广告、微信朋友圈广告、微信公众号广告、QQ广告、腾讯新闻信息流广告、腾讯视屏信息流广告、百度信息流广告、知乎效果广告、今日头条广告等。其中，盟聚平台广告就是整合了腾讯社交流量、微盟内部流量、第三方移动流量、融合DSP(demand side platform，即需求方平台)和AD Network(advertising network，即在线广告联盟)程序化流量优势的新媒体广告平台。

(3) 广告的无缝隙融合传播与受众体验的增强

新媒体广告平台的建立使受众不再是纯粹的信息传播对象，他们既是信息的接受者，也是信息传播的参与者和传播者。在新媒体环境中，受众主动搜索信息和消费信息的欲望越来越强烈，他们可以更便捷地在广告平台上与广告多元主体互动，实现广告信息传播的价值最大化，这也是新媒体广告平台可以实现广告无缝隙传播的前提。新媒体广告平台是基于媒介融合环境，利用新媒体平台的技术和流量支撑，整合多媒体资源，最大限度地传递广告信息，与受众进行互动，通过信息反馈系统进行受众信息收集、挖掘及利用，并在这一过程实现广告信息与媒体形式无缝结合的融合性传播。

在媒介融合的环境下，基于媒体平台的广告运作使广告活动的开展不会仅仅选择单一的媒体形式，而是使用多种媒体表现形式的组合来增强传播效果。新媒体广告平台通过受众的互动体验，可以即时收集受众反馈的意见，形成信息数据库，通过大数据挖掘来定制对应的营销策略，满足广告客户多样化的广告需求。

2.2.2 新媒体广告平台的特点

新媒体广告平台依托于媒介融合的技术和资源，它自身的发展逐步具备了与传统广告平台不同的特点，主要体现为广告合作的跨媒体性，广告信息的高依附性，广告创意与技术的兼具性，终端平台的智能化、移动化、系统化等特点。

1. 广告合作的跨媒体性

在传统媒体时代，报纸、杂志、电视、广播等媒介之间的广告运作相对比较独立，媒介形式不同，受众接触广告信息的终端也各有鲜明的特征。

(1) 广告媒体链接能力和组合能力提升

在新媒体环境下，单一的媒体形式已经不足以吸引受众的注意力，受众选择媒体的自由度也更大，要想尽可能地扩大广告的覆盖面，就不得不提升媒介的链接能力和组合能力，通过广告跨媒体合作，最终更多地占据受众的生活场域。通过数字技术的支撑，建立庞大的媒体数据库，使广告信息可以得到重复使用。跨媒体的平台合作既可以提高媒体自身的竞争力，还能使媒体与受众之间的联系更加紧密，并使广告取得最佳的传播效果。

(2) 广告媒体的跨界合作能力增强

在新媒体环境下，广告媒体的跨界合作能力增强。例如，东方卫视推出的《女神的新衣》，充分发挥了传统电视媒体与新兴媒体的跨界合作优势，依靠新颖的内容建设和先进的媒介技术，最大限度地将广告传播进行组合优化。以“女明星与设计师 24 小时制衣＋明星 T 台走秀＋商家竞拍”三个环节吸引电视受众，每期节目被商家竞拍走的“新衣”即时在天猫商城的商家店铺上线销售，真正做到了“看到即买到”(图2-4)。商家通过电视节目和明星效应为自己的服装做广告，电视台会以天猫商城的实际销售量为依据监测节目效果，广告通过电视和电商营销实现无缝对接。这种跨媒体的合作既是服装商家的广告平台，也是明星与服装设计师提高曝光率的平台，还提高了电视节目的收视率，同时对电商也是一种广告宣传，实现了多方共赢。

图2-4 《女神的新衣》在天猫上的广告

2. 广告信息的高依附性

广告信息的高依附性主要是通过平台的运作显现出来，并在特定平台的实际运用中得到强化。在内容平台上，广告信息的融入主要体现在植入的内容场景中，广告信息的高依附性与特定平台的传播内容密切相关。

(1) 广告信息依附于平台运作的全过程

媒介融合是不同的媒介形态融合在一起，质变后产生新媒介形态的过程。从新媒体平台的视角看，媒介融合不仅指媒介形态，还包括其相关要素，如传播手段、组织结构、功能价值等。新媒体平台的融合内容丰富，主要包括网络融合、内容融合、终端融合等。相应地，新媒体广告平台的形成也对应在不同层面，包括网络广告平台、内容广告平台、终端广告平台等，落脚点是依附新媒介形态的新广告形态。从广告平台运作的全过程看，包括广告内容生产、广告信息传播以及到达信息终端被受众接收的各个环节，广告信息在传播的整个过程中都对这些平台有很高的依附性，它的外显形式即对新媒介形态的依附性。

(2) 广告信息依附于特定的平台应用

在内容平台上，广告信息的融入主要体现于内容场景的植入，如电视节目、影视剧、网络游戏(图 2-5)等。如果广告植入恰到好处，倒不失为一种有效的广告形式，前提是不会影响受众对被植入内容的正常观看和欣赏，不会引发他们的抵触情绪，强调的不仅仅是简单的信息植入，而且是深度的平台融入。网络平台主要由网络运营商提供，它连接着内容平台和终端平台，也是信息传播的基础平台。例如，中国移动、中国联通和中国电信占有重要的资源，可以凭借技术优势在自己的平台上推送广告信息，一般形式为页面弹窗广告，通过提供增值服务而获取广告费用。广告信息在终端平台上的呈现主要通过“三屏合一”的形式。除了手机屏、电脑屏、电视屏，还包括一些户外终端平台，广告可以嵌入终端平台的应用，用户在使用应用时会加载广告信息(图 2-6)。

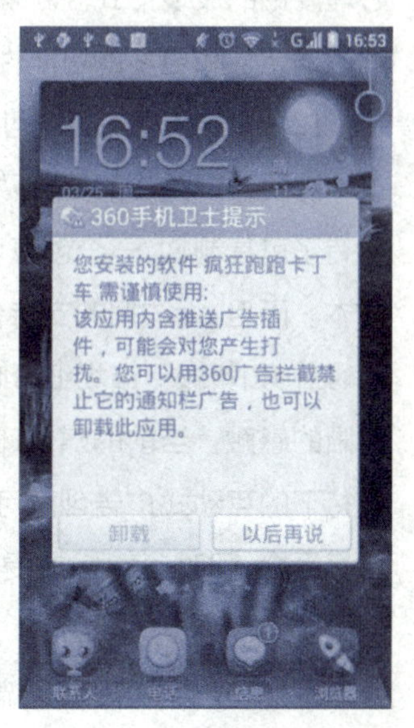

图 2-5 赛车游戏中的米其林广告植入　　图 2-6 手机应用附带的广告插件

3. 广告创意与技术的兼具性

在传统媒体时代，为了较好地满足人们足不出户即可完成商品信息传播的愿望，广告创意和广告技术的运用都在相对固定的模式中完成。到了新媒体时代，广告创意受到技术的限制，创意方案也会根据技术变革中新媒体呈现的特点进行适当调整，广告创意和技术的运用场景更为多变和复杂。

(1) 广告平台创意的不确定性与可能性增加

从广告运作的角度来说，传统的媒体广告平台既浪费人力、物力、财力，广告信息的覆盖人群也不是很大，且相对固定，广告创意容易形成以创意大师为中心的、相对稳定的创意风格与创意路径。新媒体时代，广告信息由单项传递向多元化互动传播发展，在多元广告主体互动的新媒体广告平台上，数字化技术给了广告创意巨大的发挥空间，更多、更好的创意可以依托新媒体技术表达和阐释广告主题，而且也给了品牌更加全面、更富于感官刺激和心理震撼的表现形式。新媒体平台技术的运用创新则给广告创意带来更多的不确定性和更多的可能性。

(2) 广告创意内容的可复制性增强

需要特别关注的是，新媒体带来了信息传输的统一数字化，广告创意内容有了可复制性，一个创意可以适用于不同的媒介终端，这大大降低了广告成本。而且，大数据的支持使商品的广告创意卖点比传统媒体时代更加明确、独特和新颖。市场细分也使广告创意带给消费者或受众更加个性化和清晰的感触。当前的媒体环境下，新媒体广告更加注重互动性。平台技术支持下的互动式广告创意可以让广告信息更加有效、快捷、低成本地传播给目标受众，同时还能增加受众对广告产品的体验，让受众的信息反馈更加准确。

例如，麦当劳在法国曾推出过一则名为“Come as you are interactive event”的户外广告(图 2-7)，即在广场上设一个装置，一面是显示屏，显示麦当劳餐厅场景的普通电子海报，海报中的人物从头到脚都可以随机切换组

图 2-7　麦当劳在法国推出的户外广告

合；另一面是海报的纸质平面版，身体部位同样可以贴换“互动”。路人可以钻进装置中，选择海报中相应的人物脸部和角度进行重新拍摄。确定后，路人的脸部就会被切换到大屏幕的海报中，而且还能在官网中查看，还可以通过即时打印设备做成纸质版，贴心的工作人员可以将体验者的大头照贴到另一面海报墙上。无论是大屏幕还是海报墙，随着人们身体各个部位及服饰的切换可以产生不一样的视觉效果，参与者从路人可以变成真正的海报模特。这种新奇效果引发了行人的参与，并调动他们积极地将照片上传到社交网站。这个案例说明，好的创意加上先进的技术设备，可以实现受众真正的参与互动。

4. 终端平台的智能化、移动化、系统化

每一次媒介技术的进步都会丰富广告业的终端载体平台。在这一过程中，终端平台的智能化、移动化和系统化功能逐步得到强化。

(1) 终端平台的智能化

在一对多的大众传播时代，广告主要集中在传统媒体平台，而且在面向受众时呈现的内容都是一致的。例如，同一天出版的报纸，受众看到的新闻内容或广告信息大体是一致的。数字新媒体兴起后，伴随着科技的进步，终端广告平台越来越智能化，新媒体广告凭借各种终端设备实现了高科技、多媒介的融合。比如户外新媒体广告，依靠现代 LED、LCD 液晶屏或触摸屏（图 2－8）以及一些感应设备，让受众可以与广告实现真正的智能化互动体验。

图 2－8　户外触摸屏

（2）平台终端的移动化

新媒体广告终端平台的移动化主要依靠移动互联网技术，如智能手机、平板电脑等移动终端，还包括像谷歌眼镜及苹果公司的 iWatch 等可穿戴移动设备（图 2－9）。这些移动广告平台充分利用了受众的碎片化时间，将广告信息传递到用户身边。终端变化的驱动力，除了技术的发展，更重要的是受众需求的推动。新媒体广告的终端平台为了满足受众的不同需求而变得越来越个性化，比如，同样的网站和手机报纸呈现给每个用户的界面和内容可以不同。用户可以在终端设备上进行个人定制，广告投放者也会根据用户的操作习惯给予不同的广告内容呈现。从个人触媒角度来说，智能移动个性化的终端平台既能快速地适应市场变化，又能满足受众各自的需求，将

图 2-9 谷歌眼镜(左)和苹果手表(右)

广告信息最大限度地传播出去。

(3) 平台内容建设的系统化

新媒体广告平台内容建设的系统化建立在数字化基础上。黄升民教授认为,平台模式是一种具有高度破坏性的竞争方式,是以对传统产业造成颠覆性和整体重构来获得发展的[①]。例如,谷歌云计算模式对微软个人电脑的挑战,维基百科对传统百科全书产业的颠覆。因此,他认为在未来媒介的融合下,趋势必然是平台之间的竞争。此外,新媒体广告平台的建设和数字化信息技术使得广告内容以数字化形式在不同平台之间进行传播。在传播过程中,还可以依靠大数据、云计算等手段建立内容数据库,这样就提高了信息的重复使用率,进而为新媒体平台的系统化内容建设提供了保障。

2.2.3 新媒体广告平台的构成

从媒介融合的角度来看新媒体广告平台的构成,大体可以分为内容平台、网络平台和终端平台。从广告媒介的角度来看,根据媒介的特性,在传统的媒体环境中,广告媒介由大众传播广告媒介、户外广告媒介、网络广告媒介和直销广告媒介等构成。新媒体广告平台的构成大致可以从网络广告

① 黄升民、谷虹:《三网融合背景下的"全战略"反思与平台化趋势》,《现代传播(中国传媒大学学报)》2010 年第 9 期。

平台、移动广告平台和户外新媒体广告平台三个方面论述。

1. 网络广告平台

网络广告平台以互联网技术为支持，形式丰富多样并且高效，传播速度快，广告信息覆盖范围广，平台效应突出。

(1) 主要形式

网络平台的主要形式包括门户网、社交媒体平台、网络电视平台、电子邮件、视频、网络游戏植入、富媒体、电子报刊等。其中，富媒体是近几年来比较受广告商青睐的广告形式，它具备声音、图像、文字等多媒体组合的媒介形式，因此被称为富媒体。与传统的网络广告形式相比，富媒体采用最新的网络媒体技术，幅面大、感官刺激强烈，能够提高广告的互动性，提供更广泛的创意空间；它还允许用户在广告界面上直接留下数据，从而有效地促进了用户与广告的交互。

(2) 典型案例

奔驰 smart 在 2013 年为推广“smart BRABUS tailor made”高品质专属定制车型，推出了“10 亿组合随你变”的主题广告。该广告选取了粉色、篮球、沙滩三个元素，定制了与三元素相匹配的三款车型，根据新浪微博用户的属性，将这三款车型广告与微博用户头像结合，以浮层形式让不同属性的用户看到相应的车型广告(图 2－10)。例如，青春、可爱的女性用户看到的是粉色车型和自己的微博头像及活动文字；与沙滩和阳光匹配的古铜色车型，推送给喜欢户外和沙滩的用户；用洛杉矶湖人队和篮球定位的紫色车型，将会呈现给喜欢篮球的用户。这种将产品信息通过 UGC(user generated content，即用户生成内容)的形式个性化地呈现在不同用户的面前，微博的嵌入还能促使用户参与活动的分享，形成二次传播。同时，这种浮层窗口的富媒体形式动感、活泼，也带来了较高的曝光度。

2. 移动广告平台

(1) 主要形式

移动广告平台主要指依靠移动媒体的发展而产生的广告平台，以手机

图 2-10　奔驰 smart 富媒体广告

等移动终端为载体，起决定作用的是来自移动运营商以及终端应用开发商。在这个平台上的主要广告形式有短信、彩信广告以及手机应用广告等。其中，效果比较突出的是手机应用广告，例如，微信朋友圈信息流广告依靠的就是移动广告平台，载体则是微信应用。

(2) 典型案例

手机应用广告一般采用嵌入或内置在移动应用平台上的形式，但还存在一种手机广告精准分配平台，颠覆了传统手机广告模式，比较典型的是"秒赚"应用(图 2-11)。在"秒赚"，商家投放广告可以不支付广告费，用户看广告还能赚钱。它采用大数据技术对广告进行精准投放，排除非目标客户，减少广告浪费，提高了转化率。而且，"秒赚"对商家采用商品冲抵广告

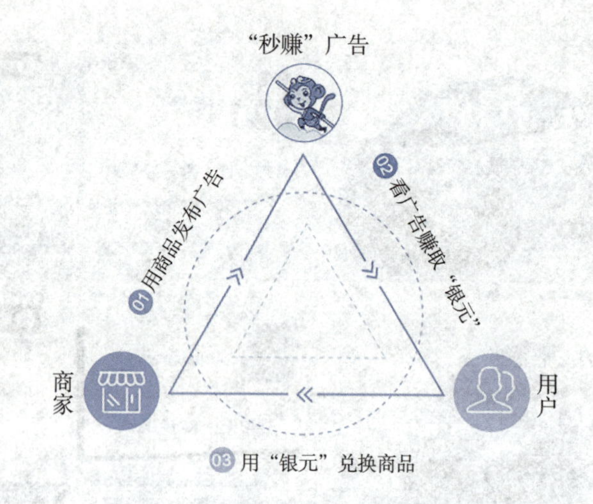

图 2－11 “秒赚”广告的核心商业模式

费的方式，减少了现金开支，同时培养目标人群直接兑换商品的习惯，从而实现二次购买。“秒赚”将企业主投放的广告费的 70% 直接分配给看广告的用户，用户每看一条广告便会获得 7 分钱奖励，每天最多可以获得 12 元的奖励。“秒赚”将用户的碎片时间转变为财富，创造了一个广告财富再分配的平台。这种交易模式让更多的中小型商家获得了发展途径，也激发了用户观看广告的需求。虽然目前这种广告模式还刚刚起步，存在一定的发展困难和问题，但这种创新的移动广告平台对推动广告行业乃至中小企业的发展都有着极为重要的意义。

3. 户外新媒体广告平台

(1) 主要形式

户外新媒体广告平台是有别于传统户外媒体形式（广告牌、灯箱、车体等）的新型广告平台，主要有户外 LED 屏、机场 LCD 屏、公交车载电视、楼宇液晶电视、电梯移动屏、户外投影设备等载体。户外的新媒体广告形式包括视频广告、投影广告、触摸广告、体验广告等，它们会利用便携的移动通信、高清显示技术等对产品的感官效果进行设计，这种互动因素还能吸引人气，提升媒体价值。

(2) 典型案例

随着技术的进步,很多新媒体技术被用于广告户外宣传。例如,借助裸眼 3D 技术可以让人们感受到仿佛面对商品实体的逼真感官体验(图 2-12)。户外投影除了在实体建筑上进行平面投影或 3D 投影,目前全息投影技术也被越来越多地用于商品展示,以全新、酷炫的方式给消费者带来不一样的视觉体验(图 2-13)。还有 AR(augmented reality)增强现实技术,男士日用洗护品牌“凌仕”就曾采用该技术,在英国维多利亚国际机场推出了名为“天使坠落”的香水互动广告。当机场乘客站在特定的区域内,一个虚拟的“凌仕天使”从天而降,与乘客在大屏幕中进行互动,“天使”也会通过表情和肢体动作进行仿真回应,很好地突出并展示了男士香水的产品特点和魅力。除此之外,二维码、LBS(location based service,基于位置的服务)等新媒体技术还能将户外媒体与移动互联网媒体进行串联,使两大广告新媒体平台进行融合,实现多屏体验互动,增强广告效果。

图 2-12 乐视 3D 商品展示

图 2-13　耐克跑鞋全息投影展示

2.2.4　新媒体平台对广告运作的影响

广告运作是广告运营的重要环节。丁俊杰教授认为广告运作“是在现代广告中广告发起、规划、执行的全过程”①。广告运作是广告主体的主要行为，涉及广告主、广告代理公司、媒体三方，包括广告调查、广告策划、广告表现、广告发布、广告效果测定等基本环节。在媒介融合的背景下，新技术带来媒介的多样化和互动性变化，形成了新的媒介环境，受众的触媒习惯产生变化，广告定位也随之改变。新媒体广告平台的形成改变了传统广告市场的结构，对广告运作的广告策划、媒介投放及效果监测都产生了相应的影响。

1. 对广告定位的影响

(1) 受众定位

新媒体分化了受众群体，受众的消费行为呈现出个性化、交互性、参与性、体验式等特征。首先是注重受众体验的个性化新媒体不断涌现，数字电子产品更新换代的周期持续缩短，功能越来越强，增值服务越来越多。其次是受众消费也趋向多元化，不确定性增强，模糊度增高。因此，新媒体广告

① 丁俊杰：《广告学导论——现代广告运作原理与实务》，中南大学出版社 2003 年版，第 122 页。

平台在受众定位上，既要增强核心受众群体的黏性，又要捕捉和把握碎片化的受众，通过平台运作的聚合力实现关联受众的精准化营销传播。

(2) 内容定位

基于数字媒体技术的文本、音频、视频产品及品牌信息会在目标受众周围形成信息传播的场域，时刻对目标受众产生信息冲击。而受众接受信息具有一定的限度，信息饱和或信息膨胀都不利于广告的传播效果。因此，新媒体广告平台的广告运作对广告内容与目标受众的匹配性、关联性和粘连性要求更高，对广告内容个性化地表现广告主题也有程序化模式运营的要求。从新媒体平台广告的实际运作看，定制化内容、数据化内容及个性化内容成为平台广告内容建设的重要组成部分，而且在广告内容表现上仍要突出以消费者为中心的创作理念，增强广告语言的号召力、广告创意的冲击力和广告诉求的亲和力。这样一来，不仅能使消费者较长时间地浏览广告页面，而且能够通过主动搜索对广告内容进行体验，最终促成购买行为。

2. 对广告策划的影响

(1) 以数据分析为依据的广告策划

新媒体环境下，受众掌握着接收信息的主动性，因此，新媒体广告运作需要考虑受众对信息接收方式的喜好和习惯，了解受众的触媒习惯，根据新媒体广告平台的媒体特性进行广告策划。前文提到，新媒体广告的平台运作在内容建设方面要考虑与受众消费偏好的匹配性，这也是广告策划应首要考虑的内容。除此之外，广告策划还要考虑媒体特性与广告信息的匹配性、受众群体与广告信息的匹配性、广告创意风格与广告受众、广告平台和广告信息传播的匹配性，通过数据库的建立、数据的抓取和数据的分析，全方位地掌握受众的触媒习惯，广告策划的平台效应才能得到最大限度的发挥。

(2) 以受众消费偏好为导向的广告策划

娱乐性和参与性是新媒体平台带给广告策划的两个显性影响。首先，在生活节奏加快和生活压力增大的情形下，受众越来越占据信息选择的主导地位，越来越倾向于带有娱乐性的广告，除了心理和精神的需求，这与以抖音、快手为代表的网络短视频平台的泛娱乐化倾向也有直接关联。在新媒体平台上，娱乐化内容增多，受众对广告信息的娱乐性也有了较多的期许。在广告的创意表现中，如何使广告更有趣、更具观赏性、更能够在轻松愉快的互动中与受众建立起亲密关系，成为新媒体平台广告策划关注的重点。其次，在新媒体平台的建构下，广告类型增多，体验式、植入式广告等被广告主大力推崇。而且，在数字化趋势下，商品在广告策划过程中出现自营销的广告创意，能促使受众从产品的生产就开始主动参与，积极进行消费体验。受众不但关注商品本身的使用价值，还关心品牌背后的故事，新媒体广告平台按照受众的这种需求进行广告策划，使受众在新媒体广告运作的多元互动中不断分享这种体验，从而通过多场域的个人化传播形成强大的链条式广告效应。

3. 对广告投放和效果监测的影响

(1) 全时段、全覆盖的广告投放

在没有技术的支持下，传统广告业通常会依托统计学意义上的整体指数来决定广告的投放。而且，传统媒介受传播技术和传播时空性的限制，必须对传播时间段进行划分，根据不同时间段能接触媒介的受众进行信息内容定位。在媒介融合的大环境下，新媒体广告平台为广告提供了多种媒介组合方式进行投放，不仅是目标受众在众多的媒介选择中可能接触的时段或版面，广告主还可以选择与自己的品牌形象相符合、与目标受众的需求相吻合的媒介，覆盖目标消费群体的生活时空。再加上新媒体平台上可以进行数据挖掘和关联分析，广告主能够根据受众的触媒习惯合理安排广告投放的排期和频次，选择最佳的媒体平台及媒介组合进行投放，制定最佳营销策略，获得更高的受众接触率。

(2) 实时的广告效果监测与反馈

传统广告的效果监测只能凭借经验或通过对投放媒体的数据监测完成，难以捕捉消费者的情感变化，以消费者访谈或发放问卷的方式进行的效果资料的收集也存在不够全面和不准确等缺陷。而大数据技术能够从新媒体广告平台上进行数据抓取和收集，建立科学的测评体系。例如，广告投放后若有消费者浏览，服务器便可以获得相关数据，通过一定周期的数据累积，广告主便可以据此对广告投放进行优化。利用新媒体广告平台上的效果监测，可以有效地与消费者沟通，研究消费者的动态。例如，明确哪些人对该品牌有兴趣，哪些人是该领域的意见领袖等。这种富有情感共鸣的测评指标能快速且低成本地对广告效果进行实时监测与反馈。

2.3 基于用户的体验传播

新媒介技术使得视觉和影像的全景可视化传播模式逐渐形成，作为新兴媒体广告的一种，交互式体验广告突破了传统广告单一和压迫式灌输的形式，通过一定的情节和环境氛围设定，充分调动受众的视听等感官体验，使广告产品生动真实地呈现在受众面前，带给受众独特的心理感受和美好的参与体验，从而使广告达到理想的传播效果。

2.3.1 新媒体环境下广告的交互体验

交互体验式广告注重激发受众的情感、思维、行动等多方面的体验，情境创意是否能吸引受众参与体验，是否能完整地传播广告信息，与选择何种交互体验的形式息息相关。

1. 实体体验

实体体验是通过视觉、触觉、嗅觉等感官来传递体验信息，它包含动态环境媒体交互体验和静态环境媒体交互体验两种形式。商家通过精心策划实体体验活动来让消费者参与互动，拉近消费者和品牌的距离，提高他们对品牌的认知度。

(1) 动态环境媒体交互体验式广告

环境媒体是指从媒体广告发布的具体环境出发，充分利用媒体环境的物理特性和广告信息的关联度，并与消费者进行互动沟通的具有广告新思维的媒介载体。动态环境媒体交互体验式广告主要是指运行过程中呈流动状态的交互体验广告，如交通工具外部的广告包装、公共空间动态的创意化改造等。区别于传统媒体广告的创意模式，动态环境交互体验式广告是将广告的创意、媒体环境、媒体信息和广告产品的功能信息融为一体的创意性思维。

随着新媒体交互技术的发展，越来越多的新媒体交互体验式广告被设计和投放，新媒体环境广告的交互体验式设计一般都具有较强的趣味性，以激发受众对产品的关注度和参与兴趣，提供良好的体验感受，使受众产生愉悦心理，对产品印象加深的同时刺激他们的购买欲望。例如巴西著名药品连锁店 Droga Raia 的公益性广告，策划者在广告箱里安装喷雾设施，当好奇的路人把脸凑近广告牌想一探究竟时，喷雾蒸汽就会像人打喷嚏一样从广告画面中模特的鼻孔里喷射出来，让受众体验到“流感就在空气中”(图 2 - 14)。这则广告属于典型的动态环境广告，它将传统的广告与目标受众紧密地结

图 2 - 14　巴西药品连锁店 Droga Raia 的公益广告

合在一起,形成一种互动体验的关系。

(2) 静态环境媒体交互体验式广告

这是一种静止状态的环境媒体交互体验广告,如在道路、街区、等候场所以及交通工具内部等环境的广告。静态环境的媒体分布区域内人流量大,受众覆盖面积广,一则优秀的互动体验广告往往能够切合广告产品的特性,让受众潜移默化地接受产品信息。公共场所的新媒体广告往往空间较大,展示性较强,尤其是街区的交叉路口及过街天桥两侧,在不违反管理条例的前提下进行创意改造,很容易形成强烈的视觉冲击。德国公益组织米索尔基金会 MISEREOR 一直致力于解决国际上贫穷地区儿童的监禁与饥饿问题,根据欧洲地区人们刷卡消费的习惯,米索尔基金会在广告公司 Kolle Rebbe 的协助下设计了一台创意捐款机,在普通的刷卡机里嵌入一台互动机器,屏幕上会随机切换两个画面:受众可以用银行卡切断绳子,让被捆住的双手重获自由;也可以切下一块面包,让贫困地区的饥饿儿童填饱肚子。很多小朋友在家长的帮助下参与了解救行动,在"切"的动作发生时,两欧元将从捐助者的银行卡中自动扣除,完成慈善捐款(图 2-15)。一个简单的互动消费体验让捐助者可以体会到,自己小小的一份力量带来的意义却是非凡的。

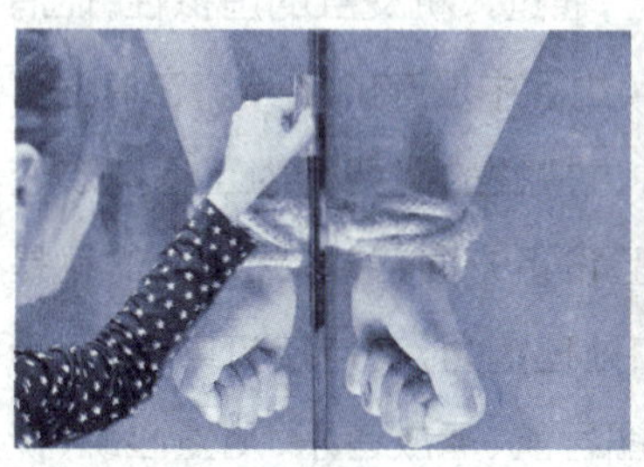

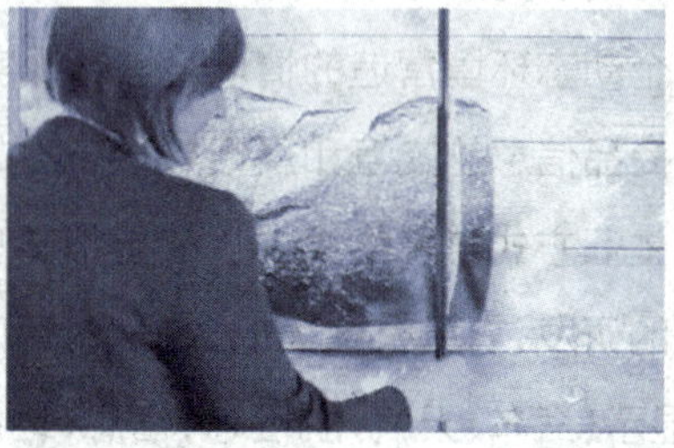

图 2-15 德国公益组织米索尔基金会与 Kolle Rebbe 公司设计的互动捐款机

2. 虚拟体验

虚拟体验是一种全新的人机交互方式,它以多种交互行为的感知和构想为基本特征，体验者不仅能够在虚拟环境中通过虚拟现实仿真技术感受现实世界中人们经历的所有生存行为，而且能够突破空间、时间及其他客观限制，感受在现实世界中无法亲身经历的体验。虚拟体验是数字技术与新媒介发展的时代产物，它能让消费者在一个虚拟的网络媒体环境下进行互动体验和情感交流。在新媒体环境下，广告作为一种虚拟体验的表达，具有能让受众自发地认识和体会广告商品的功能和附加价值，是一种独特模式。虚拟体验大致可分成图像虚拟体验型、消费行为虚拟体验型和娱乐情感虚拟体验型三种。

(1) 图像虚拟体验型广告

指通过虚拟形象与实际形象认同，结合广告产品给受众提供不同形象的改变。在体验中，消费者通过对自我形象的认知，可以在虚拟互动体验中得到乐趣，并积极主动地接受产品的商业信息。例如，率先在网上推出虚拟试衣系统的优衣库，受众看到喜欢的衣服便可选择一个和自己身材比例相近的模特来进行试穿，点击模特身上的不同部位可以查看服装的上身效果(图 2－16)。整个互动过程增加了受众体验的趣味性，并巧妙地传达了商业信息，激发了受众的购买欲望。

(2) 消费行为虚拟体验型广告

这是以消费为中心的一种广告体验，通过人机交互的虚拟性，让消费者在一个动态环境营造的情境下进行现实生活中没有的体验。它增强了消费者与商品信息的交互和反馈效果，这种虚拟性的消费行为正逐渐改变着人们的生活方式与思维模式。在虚拟体验设备方面，最具代表性的就是智能手表的研发，它具有强大的数据收集和处理能力，支持接打电话、语音回短信、显示(汽车、天气、航班等)信息、地图导航、播放音乐、测量心跳、计步等几十种功能；它还可以收集佩戴者所在环境的数据信息并进行提示，显示如空气质量、温度、湿度、噪音等参数。这种全方位的健康和运动追踪设备促进了人们生活方式的量化和融合，提升了消费者的自我意识。随着全球虚拟设备市场销售份额的逐年递增，人机交互的虚拟体验型广告市场也随之

图 2-16 优衣库的 4D 虚拟试衣间

不断扩展。虚拟消费体验设备中的健身手环和运动追踪器(图 2-17)变得越来越常见,目前约占虚拟设备销售量的三分之一,未来还将有新的智能设备大量涌现。这类具备虚拟体验的智能设备有望成为未来消费市场的主流,虚拟体验型广告也将伴随这个潮流成为未来广告市场的重要组成部分。

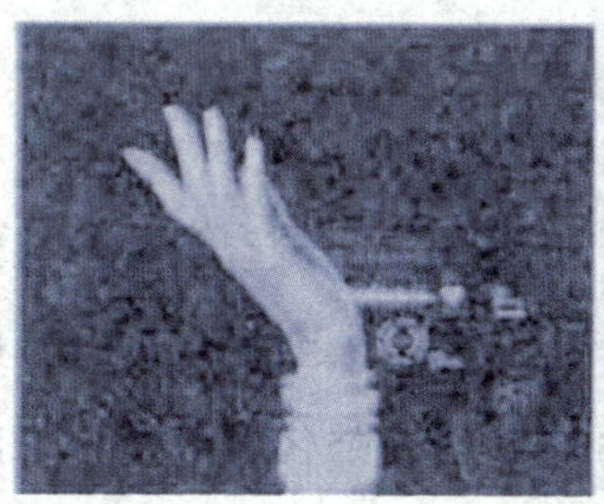
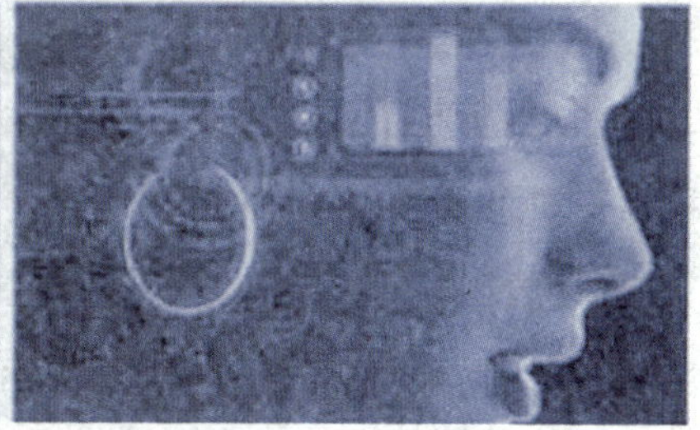

图 2-17 智能手环和耳环

(3) 娱乐情感虚拟体验型广告

消费者在这类广告的虚拟空间中通过身份的体验、事件的体验、参与体验等，可以获得享受、满意、惊喜等独特的情感体验。例如根据网络热门小说《鬼吹灯》改编的电影《鬼吹灯之寻龙诀》，在电影上映之前推出了交互体验 App(图 2-18)，让“鬼吹灯迷”可以在虚拟世界中体验一把“冥界的摸金历险”。App 的设置以线性通关游戏为主，与之对应的是模拟自电影的地图、证据、考验、宝藏大门等道具。在游戏的体验过程中，受众可以看到电影的预告片和剧情、剧照等资料，让受众提前对电影有更直观的体验，而且通过游戏中的娱乐互动，还可以加强电影的宣传，提高受众的观影兴趣。

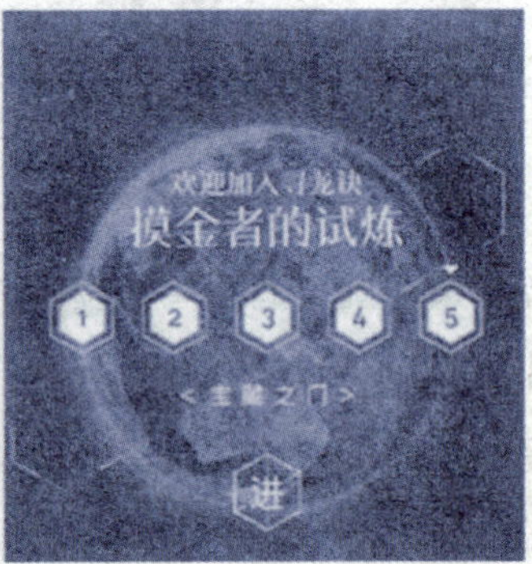

图 2-18 《鬼吹灯之寻龙诀》App 的界面

2.3.2 交互体验广告存在的问题

相对于较为成熟的传统媒体广告，交互体验式广告起步较晚，在运营模式、产品投放和创意策略等方面都存在着明显的不足，亟待进一步的发展和完善。特别需要注意的是，很多交互体验广告强化了广告创意的环节，忽视了场景互动与受众心理体验的匹配性，因此很难达到理想的传播效果。一些交互体验广告在题材选择和表现形式上也可能遭受广告伦理的拷问。

1. 互动体验形式单一

从市场分布和体验设计形态上来看，我国大部分广告的互动体验设计都是对传统媒体信息量的放大或简单改造，并没有使产品信息和互动资源完美结合，多数是鼓励用户参与互动广告来获得奖品。而这种互动奖励与产品缺乏相关联系，浪费了广告经费和媒体资源，不仅不利于受众产生愉悦的体验，也容易引起他们的抵触情绪和审美疲劳。因此，互动体验形式的单一使新媒体广告的传播能力也随之下降，继而难以树立广告产品和企业的良好形象。

2. 线上互动与线下营销组合的分离

线上互动广告与线下其他营销组合活动的割裂分离是交互体验广告遭受诟病的重要原因。即便交互体验广告通过网络平台获取了大量的受众关注，但如果与线下其他营销组合活动不相关、不匹配，就难以形成营销传播的合力，对企业的产品宣传和形象塑造也达不到应有的效果。互动体验式广告如果不能使要素资源充分整合，充分展示要素符号，并使线上与线下营销组合形成合力，其互动和体验效果也会大打折扣。

3. 行业规范和监管缺位

在相当长的一段时间内，人们在互联网上发布广告信息没有门槛限制，网络广告发布的真实性难以得到有效的审查和监管。目前，大量的虚假广告信息充斥于网络，大量互动体验式广告打着“参与就能获得大奖”的旗号吸引受众参与，以获取高点击率，极大地损害了受众的权益，也阻碍了交互体验式广告的健康发展。2016 年 7 月 4 日，《互联网广告管理暂行办法》经国家工商行政管理总局局务会议审议通过，自 2016 年 9 月 1 日起施行。这在一定程度遏制了互联网广告的乱象，但监管的盲区仍会使不良的互动体验式广告继续寻找生存的空间。

2.3.3 新媒体环境下广告交互体验的策略

1. 信息技术和艺术设计的结合

在新媒体环境下，交互体验性设计以受众体验为中心，通过人性化设计满足受众的物质和精神需求，为受众提供人与产品更深层次的互动及高层次的参与体验，让受众与产品真正产生情感上的交流，深刻体会产品背后的设计内涵，引导受众从认识产品到交流互动，再到体验认可产品。因此，广告从业者从技术上要大胆尝试各种新的媒介技术，在创意设计方面要大胆突破传统设计框架，只有信息技术和艺术设计真正结合起来，创造出生动有趣的交互体验环境，才能充分激发受众积极主动地参与广告传播互动体验环节的热情。

2. 线上互动与线下营销相结合

消费者通过线上互动体验后，商家需要将虚拟互动体验者转变为现实中的消费者，使线上体验与线下营销充分融合，将虚拟体验转换成商品价值。例如，星巴克的 SNS(social networking services，即社会性网络服务)营销模式，通过线上的一系列活动，包括品牌形象、虚拟分店开幕、虚拟见面礼、新产品推广以及赠送实体店消费电子券等，与线下营销活动充分配合。这种线下营销模式并没有让受众觉得是在做广告，自然的互动效果非常符合星巴克的价值理念，也成功地将虚拟体验转换成商品价值。

3. 行业规范和监管机制的健全

在新媒体广告环境中，广告监管面临着很多新的情况，也存在监管滞后和监管不到位的问题，尤其是违规的互动体验广告大多隐藏在虚拟网络背后，巨大的信息量给执法人员的调查取证带来很大的不便，可以通过以下措施建立广告行业规范和健全监督机制。第一，通过调研，制定新媒体广告行业服务行为规范和新媒体广告行为分类规范，充分发挥行业组织的作用，对新媒体行业进行规范管理；第二，建立和优化行业监管平台，通过人工智能进行广告筛查等监测工作，及时发现违规广告，掌握违规证据，为广告监管执法提供精准的证据支持；第三，对违规的互动体验广告发布监测警示，追究广告经营发布者的相关责任，提醒消费者谨慎对待平台发布的广告信息；第四，不断完善行业网络监管平台功能，提高网络监管的覆盖范围，建设广告监管网络关键词库，重点监管违法、违规广告多发区和重灾区；第五，提高监管人员的技术运用和政策解读能力，加强实际操作训练，不断提升高科技监测手段并有效提升监管力度。

思考题

1. 户外新媒体平台具有哪些特点？
2. 简述新媒体时代广告生态环境的变化。
3. 简述媒介融合环境下广告形式的变化。
4. 如何看待网络运营商的弹窗广告？
5. 移动广告平台的应用广告怎样比较容易被受众接受？
6. 新媒体广告平台的建构对广告运作主体间的关系会带来哪些影响？

3 新媒体广告与社会

新媒体广告与社会的关系主要体现为广告与人的关系，广告价值伦理判断是衡量广告社会影响力的重要指标。在新媒体环境下，广告伦理的内涵和外延均发生相应的变化。新媒体广告伦理的建构在企业文化塑造、消费文化引领、社会公益文化的传播过程中得以实现，通过新媒体广告监管和新媒体广告文化传播彰显其社会意义。

3.1 新媒体广告伦理

媒体伦理是指公众、群体或组织在使用传播媒介时需要遵循的规范与道德约束，根据不同的主体可以划分为新闻伦理、传播伦理、广告伦理等。新媒体的发展使媒介伦理的内容边界有所延展，它规制的对象和范围发生了改变，媒介经营与管理中的责任和义务也被重新划分。新媒体广告伦理的建构与新媒体技术的推进、新媒体规制的制定和新媒体运营方式的创新直接关联。

3.1.1 新媒体广告伦理概述

1. 广告伦理与道德

现代广告伴随着商品经济的发展而出现，在社会各个领域发挥它特定的信息传播作用。作为一种经济、文化现象，现代广告通过影响受众的思想观念进而影响他们的消费行为，具有社会、文化、经济等多种功能。广告道德伦理是审视广告功能的重要坐标。

(1) 广告伦理

广告尤其是商业广告从其诞生之日起就致力于谋求经济利益的最大化，因此，广告经常与社会伦理道德、社会文化产生冲突与碰撞，虚假广告、恶俗广告、儿童不宜广告(图 3－1)、性别歧视广告、恶意竞争广告等在生活中屡见不鲜。这些现象对广告道德伦理认知造成了一定的挑战。

图 3－1 一则关于棒棒糖的儿童不宜广告

首先，广告传播需要以一定的道德伦理价值体系作为参照。在广告实践中，广告伦理问题因难以规避而引起广告教育工作者、文化研究学者、广告管理部门、伦理学家的重视。他们结合广告传播中出现的问题，对广告伦理问题有不同的解读，但总体看是沿着两条路径阐释广告伦理问题：一条路径是用中国传统的文化道德伦理观念观照广告传播中的问题；另一条路径则是根据市场原则和广告传播规律来认识广告伦理问题，研判的是广告传播的合规性及广告的社会影响力问题。从某种意义上讲，广告伦理关注的核心问题是如何在广告传播的经济效益和社会效益间的平衡点上找到广告伦理的实践价值和社会意义。

其次，广告伦理价值在广告实践活动中被发现并被认知。广告实践活动可以分为微观的个人行为、中观的企业行为和宏观的社会制度行为。我国有学者基于此对广告伦理概念作出界定："研究广告活动中以善恶为标准、依靠广告行为主体的内在道德修养和外在道德规范维系的、协调广告活动涉及的个人、组织及社会等各利益主体之间的关系，以及对广告活动本身进行评判的原则规范、道德意识和行为活动的总称。"[①]这一概念较好地厘清了广告伦理研究的层次，对理解广告伦理在广告传播实践中的运用提供了较好的思路。从更宽泛的社会意义上看，广告伦理具有自觉性、多层次性、社会性等表现特点，同时也具有认识、调节、教育和规约等功能特征。

(2) 广告道德

首先，广告道德的内涵指广告的行为规范和道德原则。广告道德指广告活动中的行为主体在社会经济活动中应当遵循的行为规范和道德原则。广告道德遵循的行为规范包括广告活动中的行为准则和行为要求，主要包括两方面内容。第一，广告传递的信息要真实准确。广告活动传达的信息涉及商品的生产者、性能、产地、用途、质量、价格等信息，这是广告道德关注的主体，一定要真实、准确。第二，广告传播中承诺的服务要守约和兑现。广告传播中服务的有效期限、服务的条款和标准、服务的承诺等必须真实而直观，不能以任何借口欺骗消费者。广告中的道德原则除了法律原则和社会道德原则，还应遵守商业道德原则。马克思主义政治经济学领域的学者们预见，过度的商业活动会使人类的视野变得狭窄，诱发人们不良的面向。按照研究者的观点，在商业社会中，受追求自身利益最大化的广告目的驱使，广告活动的公平和公正性会受到人性贪婪欲望的挑战。因此，按照商业经营的规则来约束商业经营者的行为，保证广告活动的公平和公正，也是广

① 苏士梅、崔书颖：《广告伦理学》，河南大学出版社 2010 年版，第 43 页。

告道德关注的范畴。

其次，广告道德的实践要坚持正确的广告导向。广告内容健康、形式优美、尊重社会风俗习惯、有利于社会稳定，是坚持广告导向的具体表现，也是实践广告道德的现实要求。在广告活动中坚持职业道德和社会道德是坚持正确广告导向的基本保证。在市场经济中，广告对社会的经济发展、社会风尚和人们的思想道德都有重要的影响。有学者认为："广告道德由特定的社会经济关系决定，它是广告从业者在从事广告活动中应遵循的思想行为准则，是沟通广告从业者职业行为与社会公德的桥梁和纽带。"①换句话说，广告道德主要是一种职业道德，也是一种社会道德。广告道德是广告活动中的必要组成部分，是广告活动健康良好发展的必要条件，是审查和评价商业广告活动的重要工具。

2. 新媒体广告伦理

(1) 新媒体的显性特征

新媒体是对依托于数字化、网络化信息处理技术和通信网络的新兴信息媒介的总称。新媒体主要有四个显性特征：第一，依托于数字化、网络化、平民化信息处理技术；第二，有专业信息网络机构主导；第三，以各种数字化信息处理终端为输出装置；第四，通过向大规模用户提供交互式信息和娱乐服务以获取经济利益的各种新型传媒形态的组合。新媒体的这些显性特征为认知新媒体广告的伦理价值提供了坐标，例如，新媒体的平民化信息处理技术向用户提供娱乐化服务，为广告的传播提供了价值判断，也为新媒体广告伦理的价值分析提供了认知视角。

(2) 新媒体广告伦理的价值

基于互联网的新媒体广告具有及时性、互动性、虚拟性和海量性等特点，这也使广告原有的弊端有了滋生的空间和土壤。在新媒体平台上，传播环境的改变使得新媒体道德伦理失范事件增多，呈现出比传统媒体时代更

① 陈正辉：《广告伦理学》，复旦大学出版社 2008 年版，第 38 页。

加多元化、复杂化的特点。预防新媒体广告传播的失范，既要靠制度从外部进行约束，又要靠新媒体广告伦理从内部进行约束。在新媒体广告环境下，自媒体有了很大的发展空间，广告的传播主体也日趋多元化，但这并不意味着新媒体广告传播没有禁区，而是需要针对业界实践建构一些核心广告伦理理念，并形成基本的伦理共识。因此，新媒体广告伦理的研究显得十分必要和有价值。从新媒体广告伦理建构的现实需求看，尊重事实、尊重知识产权、尊重隐私、尊重社会公益应该是新媒体广告伦理价值呈现的重要内容。

3. 新媒体广告伦理的定义及特征

(1) 新媒体广告伦理

新媒体广告伦理指对新媒体广告传播活动进行评判的原则规范、道德意识和行为的总称，核心内容是新媒体平台上各个利益主体之间的关系认知、价值判断与社会评价。

(2) 新媒体广告伦理的特征

新媒体广告伦理主要具有功利性、人文性、自主性、开放性和虚拟性等特征。

功利性是广告伦理的本质，新媒体广告伦理当然也不例外。人文性指的是新媒体广告作为一种反映社会的观念文本，其中渗透着强烈的人文色彩。自主性是指新媒体广告的发布主体更加多元化，被关注的方式与时间更具“量身定制”的色彩。开放性包含两方面的内容：一方面是指新媒体时代的通信网络具有开放性，另一方面指随着网络技术的发展，广告、公关以及新闻等的特征和边界变得越发模糊。虚拟性是指在新媒体时代，互联网主体之间本身具有虚拟性，通过互联网传递的广告伦理等信息也具有虚拟性。

3.1.2 新媒体广告伦理的失范

1. 新媒体广告伦理失范

广告的真实性指广告传播的关于产品或服务的核心事实及语言表达技

巧应合乎真实性。新媒体广告的传播平台更加宽广，方法更加灵活，形式更加多样，有时这些传播优势反而会影响消费者准确理解广告内容。新媒体广告伦理失范主要表现为真实性缺失、思想性缺失及审美性缺失等。

(1) 真实性的缺失

举例而言，网络创意的尺度过大、网络语言的不规范性和虚拟场景的运用都会造成受众的认知误区，引起受众对广告真实性的怀疑，甚至因理解的偏差造成对受众的欺骗。真实性的缺失是新媒体广告伦理失范中最重要、最普遍的现象。

(2) 思想性的缺失

广告的最终目的是实现销售，但新媒体广告活动的各主体仍应遵循公平、公正的经营理念，承担相应的社会责任，传递积极、健康、正面、向上的思想内容，与负面、恶俗的内容划清界限。近年来，有一些新媒体广告为了追求新、奇、异的视觉冲击力，致使广告传播缺乏思想性，造成一定的负面社会影响。例如，2010 年 8 月，中国平安保险公司宁波分公司围绕伊春空难制作的手机短信广告（图 3－2）就被网友指责违背了广告的伦理道德。

今天收到106575586266发来的短信，内容如下：“关注伊春，愿意外不再有，出行前勿忘投保交通意外险，当天航班可保。3分钟网上投保。WWW.PINGAN.COM【中国平安(86.40,0.26,0.30%)(46.51,0.00,0.00%)】。

图 3－2　中国平安保险公司宁波分公司根据伊春空难制作的手机短信广告

(3) 审美性的缺失

新媒体广告伦理审美性的缺失主要表现为内容美的缺失和形式美的缺失。在网络平台上，色情、低俗广告的存在就是广告内容美缺失的表现，这类广告是对内容健康、格调高雅的广告的一种挑战。许多网络小广告缺乏创意设计、制作粗糙、配色格调不高、缺乏形式美，这是对受众视觉、听觉、互动参与行为的极大不尊重。美国心理学家吉尔福特就提出了视觉（V：

vision)、听觉(A：auditory)、符号(S：symbol)、语义(M：semanteme)和行为(B：behavior)组成的智力三维结构模型，在新媒体中传播的广告恰好可以实现对这些因素的综合应用和对美的表现[①]。虽然现实中存在审美性因人而异的情况，但从社会认知来看，无论是内容美还是形式美，仍然会有一个大致的“共同认知标准线”，逾越了这条审美线，可能就会造成新媒体广告伦理失范问题。

2. 新媒体广告伦理失范的原因

(1) 广告经济属性的片面误读

新媒体广告环境中，一些广告主和广告公司看重短线利益，缺乏经营长久利益的远见，漠视公众和社会利益，背离了广告伦理道德的原则，利用色情、暴力甚至虚假、欺骗广告来谋取自身的经济利益。这是对新媒体广告经济属性的片面误读，造成新媒体广告中的利益和道德冲突不断，与传统广告时代相比更是愈演愈烈。新媒体广告的经济属性较为显性，新媒体平台广告交易的主体多元，利益纠葛较为复杂，新媒体的快速发展使新媒体广告的生存竞争较为激烈，这些因素也是致使新媒体广告伦理失范现象时有发生的最直接原因。

(2) 网络广告技术运用误区

网络和新媒体具有很强的匿名性，发布信息的主体身份的缺失容易造成信息传递的暧昧性和虚伪性。首先，对于消费者而言，他们并不清楚许多网络和新媒体广告的来源和发布者的真实身份，这样就给消费者维权带来了很大困难。其中的典型案例就是很多新媒体用户碰到“弹窗”广告或“病毒”广告后饱受困扰却“哭诉无门”。其次，网络和新媒体与传统媒体时代相比，信息发布者的准入门槛更低。典型案例就是当下微信朋友圈的“代购”广告现象(图 3－3)，店家只要拥有一部手机和无线网络，注册一个微信号就可以对自己的产品进行宣传和售卖。但是，低门槛给卖家带来便利的同时，

① 屠忠俊：《网络广告教程》，北京大学出版社 2004 年版，第 23 页。

也造成了信任危机,在目前缺乏第三方监管或第三方监管不到位的情况下,如何保证卖家广告的真实性和产品的质量,是一个非常重要且亟待解决的问题。

图 3-3 反映微信朋友圈代购现象的漫画

(3) 相关法律法规不完善

新媒体的发展和更新速度较快,新媒体广告新形态常常是传播一段时间后,与此配套的法律法规或管理条例才可能颁布,政策法规的滞后性成为新媒体广告管理的难点。例如,微信朋友圈“集赞”赠礼物等类型的促销广告在存在很长一段时间后仍然不在法律法规的管辖范围内;再如,目前较为流行的微信私人账号进行的售卖行为,一旦出现问题,消费者也很难维权。因此,消费者在这些领域一旦遇到虚假与欺骗广告,就得不到相关法律法规的保护。这些行为在特定环境或特定时间段都会成为造成广告伦理失范的原因。

(4) 广告行业自律体系不健全

相比于欧美等市场经济体制成熟的国家,目前我国商品市场中的行业自律体系尚不完善,广告传播中的假冒伪劣现象时有出现,这是阻碍我国新媒体广告市场健康运转的一个主要障碍。例如,在每年的“3·15”晚会的集中打假之前,各大企业都会对伪劣产品和虚假广告进行“集中整治”。这种现象的存在，一方面说明广告行业的自律体系监管不到位，为虚假广告存在提供了可乘之机，漏网之鱼不在少数；另一方面，说明广告行业的自律体系不健全，才有了“3·15”晚会这样的公开监督平台。消费者虽然很期待这一平台的信息发布，但一年一次的特殊监管仍从另一个侧面反映出我国新媒体广告行业的自律体系建设尚需付出更多的努力。

3.1.3 新媒体广告伦理失范的表现形式

1. 虚假欺骗型广告

在传统媒体时代，虚假欺骗型广告比较好识别，主要表现为内容信息的虚假或叙述表现形式的夸张失真，或对消费者传播具有歧义的信息误导消费者。在新媒体时代，虚假欺骗型广告因新媒体技术的开放性和自主性而有了新的滋生土壤。在新媒体时代，虚假欺骗型广告主要有新闻广告、信息虚假或缺失重要信息的广告以及利用目标软件下载位置的隐蔽性迷惑用户下载其他软件的广告(图 3-4)等。

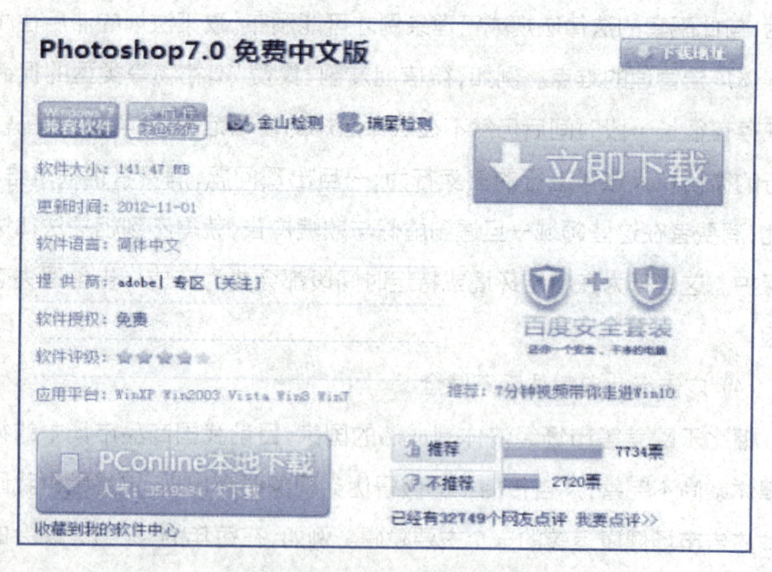

图 3-4 软件下载位置迷惑型广告

2. 侵扰绑定型广告

在网络广告传播平台，弹窗广告、垃圾邮件、捆绑软件等像“病毒”一样给网民带来不少侵扰。侵扰绑定型广告是指不管受众主观意愿上是否接受，广告传播者都会利用技术手段达到强迫受众接收广告、阅读广告信息的效果。例如，许多网民使用 QQ 邮箱注册一些门户网站的会员，随后他们使用的邮箱就变成广告传播者侵扰用户的通路，广告传播者往往会利用技术手段使邮箱变成订阅广告的“垃圾箱”（图 3－5）。

今天（1 封）

广告邮件 AD (...	京东JD.com：家电风暴引爆五一，惊喜抢先看！50吋液晶电视跌破3000

上周（1 封）

支付宝提醒	，支付宝电 子对账单(2015.03.01-2015.03.31) - 帮助中心

更早（23 封）

亚马逊Kindl...	您的Kindle设备已支持显示特惠信息 - 尊敬的客户：您好！为了让您第一时
爱奇艺会员	《狼图腾》《有种你爱我》《第七子》等院线大片上线，会员任性随意看！
Amazon.cn	与最新英语语音训练大全(附光盘1张)同时购买的其他商品 -
1号店信使	下单抽奖iWatch，纸巾吉尼斯创纪录
Amazon.cn	您的亚马逊订单"最新英语语音训练大全(附光盘1张)" 已经发货! -
Amazon.cn	国学名著讲读系列:论语讲读 -

图 3－5　网民电子邮箱变为接收广告的“垃圾箱”

3. 不正当竞争型广告

不正当竞争型广告主要包括关键词误导广告、不正当比较广告和不正当促销广告。其中，对于不正当比较广告，我国《广告法》第十二条明确规定：“广告不得贬低其他商品经营者的经营和服务。”比较广告的极端案例是“3Q 大战”（图 3－6），指 2012 年奇虎 360 和腾讯 QQ 双方“明星产品”之间的

图 3－6　“3Q 大战”

“互掐”，高潮时达到逼迫用户“二选一”的“不共存”的地步。与传统媒体时代的广告相比，新媒体广告的不正当竞争手段更加多样，竞争程度也更加激烈。

4. 侵犯隐私型广告

大数据时代的到来使各平台对用户“行为数据”的采集成为常态，这些数据也常常被商家利用。从服饰、食品到服装，在所有用户留下浏览和点击痕迹的地方，经过一定时间的积累后，都会形成对用户属性和喜好的计算、判断及推荐。消费者被精准画像，其中潜在的隐私问题也就变得突出起来。例如，图书读者有可能会因为阅读内容的数据记录而被推荐购买涉及健康、性问题、安全问题等类型的书籍，他们的阅读偏好被一览无余(图 3 - 7)。

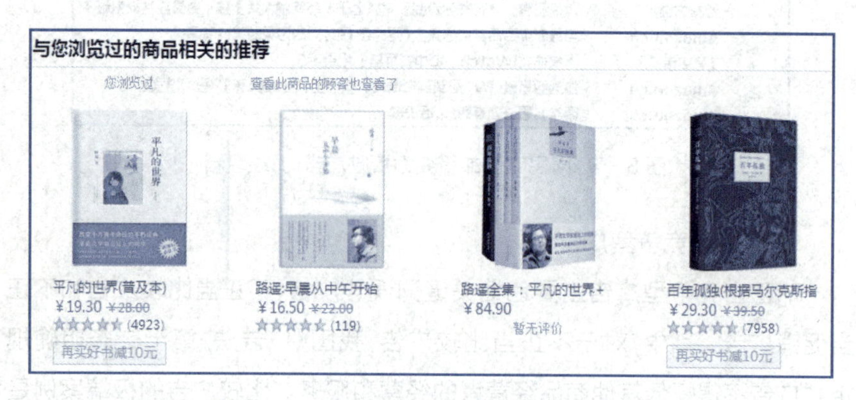

图 3 - 7　亚马逊基于读者阅读偏好的图书推荐

5. 情色暴力型广告

情色型广告主要指直接出售“性服务”或以“性”为卖点的低俗广告，具体表现为暴露人体私密部位或使用具有低俗挑逗性质的语言或画面。暴力型广告主要指内容过于暴力和血腥，对受众的心态产生不良诱导或影响的广告。情色暴力型广告集中见于网页游戏广告，这类广告不仅会污染成年人的视听，对未成年人的身心健康及成长更为不利。

3.2 新媒体广告监管

在新媒体环境中，新的广告形态不断涌现，广告监管的对象和范畴逐渐扩大。由于广告边界的模糊，广告监管的灰色地带也不断延展，广告监管执法难度增强，因广告伦理失范而带来的困扰也影响着人们对新媒体广告的认知。这些因素都制约和影响着新媒体广告监管的理念、方法和路径，并使它们随之产生相应的变化。

3.2.1 新媒体广告的监管

1. 新媒体广告伦理失范的危害

新媒体广告伦理失范，一方面会破坏广告市场的正常运行秩序，增加因为“打假”而造成的行业交易成本。例如，许多品牌产品卖家会因为假冒伪劣产品的存在而投入许多成本进行“防伪”。另一方面，广告伦理的失范也会损害社会的诚信观念，扭曲社会的主流价值观。例如，2015 年年初天猫新风尚推出的“大胆爱新欢”系列广告(图 3－8)，经在新媒体上播出即引发了网友的广泛不满，许多网友认为该广告打着与旧物分手和与旧爱分手的相似性的擦边球，传递着“鼓励放弃旧爱，大胆爱新欢”的价值观，特别是其中隐含着因为金钱、名誉、地位、性欲而放弃爱人等观点，致使这一广告立意饱受争议。从中不难看出，新媒体广告伦理的失范很可能会对主流价值观造

图 3－8 天猫新风尚“大胆爱新欢”系列广告

成一定的冲突,并阻碍新媒体广告行业的健康良性发展。

2. 新媒体广告的社会责任

我国学者指出:"广告的社会责任,是指广告从业人员或组织在广告活动中,在处理有关自身的权利和义务关系时应当坚持的伦理观念、职业道德以及社会行为规范。广告业发展水平如何,可以从其职业道德及社会行为的规范程度来衡量。"[①]新媒体在传递广告信息时,会对受众的世界观、人生观、价值观等产生显性或隐性的影响,具有一定的教育引导甚至控制作用。积极健康的广告信息会对受众产生正面影响;消极不良的广告信息则会污染受众的视听。作为新媒体传播的一种重要信息形式,广告传播者需要承担相应的社会责任。广告的社会责任是广告伦理的一个重要部分,新媒体时代,国家、社会、行业主体、网民受众在法制建设、监管体制改革、行业自律体系建设、受众素质提高等层面都应关注和回应社会的关切,并能够真切地感受到新媒体广告监管的社会意义。

3.2.2 新媒体广告法规建设

1. 我国广告法规建设概述

(1) 中国特色的广告法律体系

1994 年 10 月 27 日,《中华人民共和国广告法》(以下简称《广告法》)由中华人民共和国第八届全国人民代表大会常务委员会第十次会议通过,自 1995 年 2 月 1 日起施行。这是我国历史上第一部较全面地规范广告内容及广告活动的法律,是体现国家对广告的社会管理职能的部门行政法,是我国社会主义市场经济体制逐步建立的结果,也是维护广告市场秩序的重要工具,具有目的性、针对性、操作性和变迁性。除此之外,我国也实施了《合同法》《侵权责任法》《消费者权益保护法》《产品质量法》《反不正当竞争法》《商标法》《食品安全法》和《电子签名法》等一系列与广告相关的法律法规,形成

① 潘向光:《现代广告学》,杭州大学出版社 1999 年版,第 288—289 页。

了有中国特色的广告法律体系。

(2) 新媒体广告的过渡管理办法

2010 年 5 月，国家工商总局依据上述法律法规制定并颁布《网络商品交易及有关服务行为管理暂行办法》(自 2010 年 7 月 1 日起施行，2014 年 3 月 15 日废止)。2014 年 1 月 26 日，国家工商行政管理总局令第 60 号文件发布《网络交易管理办法》(以下简称《暂行办法》)，该办法于 2014 年 3 月 15 日施行，它放宽了广告主体资格，自媒体广告被纳入现行法律法规；涵盖“网购 7 天后悔权”、保护个人信息、拓宽管辖范围、电子凭证投诉有效性、第三方交易平台终止服务提前公示及微博广告需注明等①。它也对消费者权益保护措施进行了细化，其中，以往消费者网购时常见的“刷信用”(图 3－9)和“差评师”等现象将受到处罚。可以说，《暂行办法》针对目前网上交易数字化和虚拟化的信用瓶颈，某种程度上解决了这一阻碍电子商务发展的障碍，成为该领域法律制度建设的“首规”。

图 3－9 反映网购“刷信用”现象的漫画

(3) 新媒体广告规制建设

2015 年 4 月 24 日，《中华人民共和国广告法》由中华人民共和国第十二届全国人民代表大会常务委员会第十四次会议修订通过，修订后的《广告法》自 2015 年 9 月 1 日起施行。新《广告法》有两点明确规定。第一，禁止烟草广告通过各种媒介出现在公众场合；禁止利用其他商品或服务的广告、

① 《国家工商行政管理总局令(第 49 号)》，2010 年 5 月 31 日，中华人民共和国中央人民政府网，http://www.gov.cn/gongbao/content/2010/content_1724815.htm，最后浏览日期：2021 年 3 月 1 日。

公益广告宣传烟草制品名称、商标等内容。第二，坚决打击虚假广告，治理弹窗广告的关闭问题，应显著标明关闭标志，确保一键关闭。违者将被处以五千元以上三万元以下的罚款。新媒体广告管理通过法律条文的形式被纳入广告规则建设的范畴。

2. 我国广告管理专项政策法规

(1)"限娱令"

"限娱令"指的是国家广电总局在2011年出台的《广电总局将加强电视上星综合节目管理》，文件要求各个地方卫视从2011年7月起，在17:00至22:00黄金时段，娱乐节目每周播出不得超过3次，被大众称为"限娱令"。"加强版限娱令"是指2013年出台的《关于做好2014年电视上星综合频道节目编排和备案工作的通知》，文件规定每家卫视每年新引进版权模式节目不得超过1个，卫视歌唱类节目黄金档最多保留4档[①]。因为娱乐节目与其中或前后插播的广告关系密切，"限娱令"对各地方卫视的广告播出、编排等一系列问题产生了较大影响。

(2)"限广令"

"限广令"(图3－10)是国家广电总局针对电视剧中插播广告问题所作的一系列规定。2011年10月11日和11月28日，广电总局分别下发了《关于进一步加强广播电视广告播出管理的通知》和《〈广播电视广告播出管理办法〉的补充规定》。决定自2012年1月1日起，全国各电视台播出电视剧时，每集电视剧中间不得再以任何形式插播广告。内容包括以下要点：第一，必须始终坚持把社会效益放在第一位；第二，规范影视剧中间插播广告行为；第三，规范新闻节目中插播广告的行为；第四，清理违规电视购物短片广告；第五，整顿虚假违法健康资讯广告；第六，坚决禁止在转播节目时插播各类广告；第七，严格按规定要求播出公益广告；第八，从严查处各类广告违

---

① 《让电视荧屏更加丰富多彩健康向上——国家广电总局新闻发言人就〈关于进一步加强电视上星综合频道节目管理的意见〉答新华社记者问》，《中国广播电视学刊》2011年第11期。

图 3-10 反映“限广令”的漫画

规行为①。各大媒体对“限广令”的反应各有不同，传统电视台认为限制广告会影响自制剧的质量，对于视频网站来说则是利好政策。

目前，新媒体广告法律法规建设尚处于过渡期，法律法规的适用性及有效性还需进一步获得市场的检验。但从已颁布的法律法规文件来看，国家管理部门和广告各经营主体对新媒体广告政策法规的制定力度不断加大，实施政策和规制措施也在不断完善。

3.2.3 新媒体广告监管体制

1. 我国广告监管体制与现状

(1) 广告监管的概念

广告监管的含义分为广义和狭义两方面。广义的广告监管是指对从事广告活动的一切主体的行为产生监督、检查、控制和查处作用的文本(法律法规)、机构(政府行政机构、社会组织)、个人或社会舆论与伦理道德的监

① 《广电总局关于进一步加强广播电视广告播出管理的通知》，2011 年 10 月 12 日，中华人民共和国中央人民政府网，http://www.gov.cn/govweb/zwgk/2011-10/12/content_1966939.htm，最后浏览日期：2021 年 3 月 1 日。

管。狭义的广告监管是指国家广告监管部门运用国家的授权，依照法律法规对广告活动全过程进行监督、检查、控制和查处的工作，使之适应社会发展活动[①]。在国家工商管理总局颁布的《广告产业发展“十三五”规划》中，广告监管和发展指标被列入全国文明城市测评体系和社会管理综合治理工作考核体系，大数据监管模式开始构建，新媒体广告市场监管进入有序发展的轨道。

(2) 广告监管机构

在我国，代表国家行使广告监督管理职能的机构主要是工商行政管理机关，从国家到省(自治区、直辖市)、地方、县级各个层级都有相应的管理部门，目前已经形成了比较完善的广告监督管理机构体系[②](图 3－11)。与此同时，在新媒体时代，信息产业部等信息网络相关部门也逐渐参与广告监管的工作。

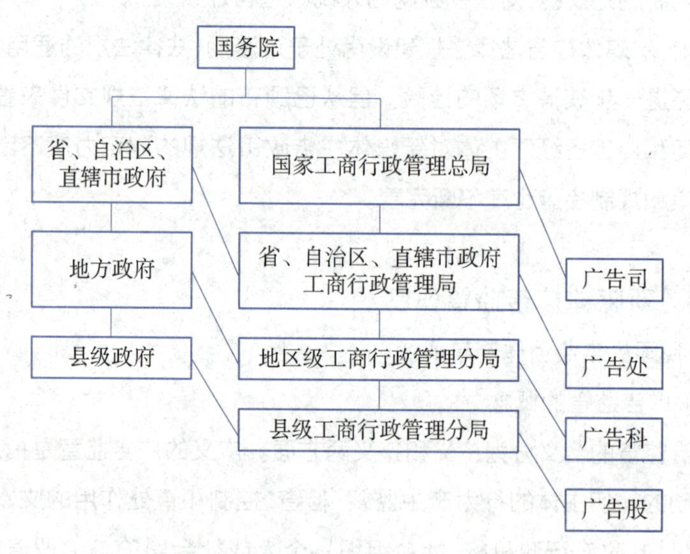

图 3－11　我国的广告监督管理机构体系

① 陈正辉：《广告伦理学》，复旦大学出版社 2008 年版，第 271 页。
② 张金海、余晓莉：《现代广告学教程》，高等教育出版社 2010 年版，第 182 页。

2. 新媒体广告监管体系建设

(1) 设立新媒体广告管理机构

我国现有的广告监督管理体系主要与传统广告的运营体制相匹配,新媒体环境下,广告监管的对象和主体都发生了较大变化,原有广告监管部门的管理职能和管理方式也需尽快转变。目前,我国新媒体广告的监管主体是国家各级工商行政管理部门,在各级部门内设置新媒体监管机构或设定专门监管人员是一个常规性的应对措施。从新媒体广告管理体系建设看,设置集信息产业管理、工商行政管理、刑事法律管理等多种职能于一体的新媒体广告监管部门已成为必然,设立专业管理部门负责管理如微博、微信广告和网络视频广告等新媒体广告的监管,也是新媒体广告市场发展不断成熟,广告监管逐步专业化的具体表现。

(2) 技术硬件建设

技术和硬件设施是政府相关部门能够实现有效监管的物质条件保障。一方面,可以借鉴其他国家最新、最有效的新媒体广告监管技术,如欧美国家较早地使用对新媒体广告内容进行关键字段监测等手段,有较好的监管效果,可以借鉴学习。另一方面,国内相关部门也开始加大新媒体广告监管硬件设施建设的投入。国家工商管理总局在《广告产业发展"十三五"规划》中明确指出,要加快广告业技术创新,鼓励广告企业加强科技研发,提高运用广告新设备、新技术、新材料的水平,促进人工智能、虚拟现实、全息投影等以数字、网络为支撑的各种新技术在广告服务领域的应用,研发用于广告业的硬件和软件,这些技术硬件设施的建设为新媒体广告监管体系的建设提供了重要支撑。

(3) 提高新媒体广告从业人员的媒介素养

在新媒体时代,加强新媒体广告从业人员的队伍建设,提高新媒体广告从业人员的媒介素养,是新媒体广告监管体系建设的重要内容。大量广告、法律和行政相关专业的人才进入广告行业,使广告的科学化运作得到保证;新闻传媒、信息软件、技术工程等相关专业知识背景的人才加入广告监管队伍,使新媒体广告监管的机制更加顺畅。提升广告从业人员在互联网、新媒体方面的媒介素养,打造一支拥有过硬信息技术专业基础的广告专业人才队伍,是实现对新媒体广告运营系统全面检测和监管的必要路径。

3.2.4 加强新媒体广告行业自律

1. 广告行业自律的基本问题

(1) 广告行业自律

广告行业自律是广告发展为独立产业经济形态的必然结果和要求,是一种行业自我管理行为。"它是由广告主、广告经营者和广告发布者自发成立的民间性行业组织,通过自行制定一些广告自律章程、公约和会员守则等,对自身从事的广告活动进行自我约束、自我限制、自我协调和自我管理,使之符合国家的法律、法规和职业道德、社会公德的要求。"①广告行业自律具有自愿性、规范性、道德性、广泛性和灵活性等特点。

(2) 我国广告行业自律发展现状

1983 年 12 月,中国广告协会成立。1997 年,中国广告协会制定了《广告宣传精神文明自律规则》,同年 12 月,国家工商行政管理局印发了《广告活动道德规范》,这是我国广告行业自律开始系统化建设的标志。2007 年 6 月,中国广告协会互动网络委员会在北京成立(图 3 - 12)。该组织成立后,积极推动基于互联网、手机等互动媒体之间的互动营销,规范网络广告互动营销的运营模式,推动了互联网广告的快速健康发展。

2. 新媒体广告行业的自律措施

(1) 完善行业自律规章和准则

新媒体时代,对推进广告市场自我管理、自我规范、自我净化,发挥行业自律作用,建立违法广告提示预警机制的要求更高;加强舆论监督和社会监

① 陈正辉:《广告伦理学》,复旦大学出版社 2008 年版,第 277 页。

图 3-12 中国广告协会互动网络委员会成立

督，回应社会热点问题，及时处理违法广告投诉举报，支持广告领域的消费维权，也是新媒体时代广告健康发展的关键。建设“主体自治、行业自律、社会监督、政府监管”的社会共治体系，对新媒体时代广告的综合治理能起到有效的保障作用。

(2) 建立新媒体广告批评制度

广告批评是广告业必要的组成部分，建立新媒体广告批评制度也是时代发展的需要。广告批评从独立的视角来研究和评析广告行为，对广告活动的运作进行监测，对广告的优劣、成败作出科学的评估，对规范新媒体广告市场行为、推动新媒体广告健康有序发展具有重要的建设意义。在广告市场的多角关系中，广告批评是第三方，对广告现象的观察和批评更为客观，专业性的广告批评能够洞察广告创作实践的成败得失，指导和矫正广告创作中存在的不良倾向，有助于广告主深刻地认识广告运作的规律，增强其鉴别和评价广告作品的能力，科学地参与广告活动。广告批评有助于受众和广大消费者正确地解读广告信息，认同广告文化。在新媒体广告行业自律体系的建设中，广告批评是一个重要的环节，其地位和作用是无可替代的。

(3) 建立广告信用监管制度

建立广告信用监管制度，提升依法监管、科学监管广告活动的能力，不仅是新媒体广告法制建设的重要内容，也是推进广告行业自律体系建设的重要努力方向。通过广告市场多角关系的多方联动，可以分阶段、有步骤地建设以网络平台为支撑的广告监测中心和监管调度指挥平台，分析、研判广告市场秩序的现状、趋势和社会热点，及时发现、制止可能造成社会不良影响的广告和其他违法广告。加强事中、事后监管，建立广告信用监管制度，进而完善广告活动主体失信惩戒机制。

3.3 新媒体广告文化传播

广告具有文化属性，广告作品的发布和广告活动进行的过程也是一种文化传播的过程。新媒体环境下，广告传播的语境有所变化，但其文化传播的本质没有改变。

3.3.1 新媒体广告文化概述

1. 广告文化的属性及概念

广告的文化属性是它的基本属性之一。首先，广告是创意文化的载体，它通过语言、声音、画面等文化符号传递广告信息，广告本身就是文化艺术作品。广告文化源远流长，它是人类文明和智慧的结晶，有不同时代的文化烙印。其次，广告的目的是营销传播，广告的营销传播特性决定了广告文化具有鲜明的市场特色和商业性，它是一种文化消费品，广告文化也是一种消费文化。再次，广告是历史文化的记录者，广告是折射人类历史文化遗产和人类物质、精神文明发展的一面镜子。著名报学家戈公振曾指出：“广告为商业发展之史乘，亦即文化进步之记录。”①例如，近代民国时期的月份牌广告就大量记录了老上海的历史文化风情，较为典型的老上海火柴盒的封面图案就是老上海风情与文化的生动写照(图 3－13)。最后，广告中蕴涵着各种文化价值观念和文化知识，会对受众思维方式和行为方式产生直接或间接的影响，广告文化也是一种具有广泛社会影响力的大众文化。

图 3－13　月份牌广告(左)与老上海火柴盒上的图案(右)

广告文化指广告传播活动中蕴涵的知识、观念、风俗习惯的总和。新媒体广告文化特指新媒体广告中蕴涵的独特文化底蕴，是新媒体广告中必然的构成要素。不同时代的广告体现出其自身独特的文化特征。新媒体广告文化仍从属于商业文化的亚文化，同时包含商品文化及营销文化。新媒体广告在追求商业目的的同时，还关注文化价值和文化观念对人们的思想、行为所产生的重大影响。

① 戈公振：《中国报学史》，生活・读书・新知三联书店 1955 年版，第 216 页。

2. 新媒体广告传播的文化环境

新媒体广告传播的文化环境主要包括物质、制度和精神三个层面，涉及商品文化、营销文化和价值文化三方面的内容。商品本身就是一种文化载体，文化通过商品传播，商品通过文化而增殖。商品文化的实质是商品设计、生产、包装、装潢及其发展过程中所显示出来的文化附加值，是时代精神、民族精神和科学精神的辩证统一，是商品使用功能与商品审美功能的辩证统一，是广告文化的核心内容。营销文化是指以文化观念为前提，以切近人的心理需要、精神气质、审美趣味为原则的营销艺术和哲理，是广告文化的集中表现形式，商品文化要通过营销文化的实现而最终实现。广告文化具有明显的价值导向，具有大众性、商业性、民族性和时代性的特点。一定的文化传统、信仰和价值观在很大程度上左右着商业经营者及消费者的心理、行为和广告活动的方式。

(1) 新媒体广告传播的文化环境

首先是物质发展层面。随着新媒体的快速发展，广告文化的传播环境越来越趋于个性化，大数据技术使营销者能更准确地抓住受众，从而更有针对性地进行产品制作和投放，使固化与加深消费者原有的兴趣与喜好成为可能。大数据技术对于固化受众的文化偏好有重要作用(图 3－14、图 3－15)。例如，2014 年 3 月热播的网络剧《灵魂摆渡》在制作过程中就利用用户视频行为数据与内地主流搜索数据的互联互通，实现精准挖掘收视人群，制作方根据该剧核心收视人群的特点，如年轻化、时尚化，喜欢韩流等，进一步制作、编排并推广该剧。《灵魂摆渡》的制作方对核心目标观众特征的描述则是“穿着优衣库羊毛衫，踩着耐克跑鞋，拿着苹果或三星手机，通过微

图 3－14 《灵魂摆渡》的宣传海报

图 3-15 《灵魂摆渡》目标人群的关键词画像

博、微信与朋友沟通交流，并下载了美图秀秀、酷狗音乐等 App，每天用 QQ 和 126 邮箱收发邮件，热衷淘宝，对韩流明星非常了解，当然偶尔也会约上朋友玩上几局天天酷跑或坦克大战”。

其次是制度环境层面。制度也被称为体制，新媒体广告传播的制度环境包括广义和狭义两方面。广义上主要指新媒体广告传播所处时代的社会制度、国家体制和法律体制等。具体到我国，制度环境即为社会主义初级阶段市场经济体制下，人民代表大会制度为根本政治制度，宪法为国家基本法等宏观环境；狭义上则主要指新媒体广告传播所受的行业约束，如《中华人民共和国广告法》等相关法律法规界定的新媒体广告管理的条例、办法等。

最后是精神文化层面。新媒体广告文化传播的精神层面主要指人类在精神思想、心理和意识领域所创造的财富总和，包括广义上的社会宗教信仰、道德意识、艺术观念等，以及狭义上新媒体广告传播的行业理念、思想潮流和价值标准等。根据新媒体广告传播主体意义的不同，新媒体广告精神文化还可分为主流文化、群体亚文化和个体文化几个层面。值得注意的是，新媒体广告常常利用青年群体喜闻乐见的文化标签和符号来传播信息，吸引和招揽青少年消费者，以期获得他们的好感。

(2) 新媒体广告受众的文化素养

首先是客观文化接受条件。新媒体广告受众的客观文化接受条件主要包括大众媒介和新媒体发展的程度、社会知识文化普及度、广告发展程度及公众对其的认知度等。2021 年 2 月 3 日，中国互联网络信息中心发布了第 47 次《中国互联网络发展状况统计报告》。报告显示，截至 2020 年 12 月，我国网民规模达 9.89 亿，互联网普及率达 70.4%（图 3－16）。其中，手机网民规模达 9.86 亿，网民使用手机上网的比例达 99.7%（图 3－17），非网民规模为 4.16 亿[①]。

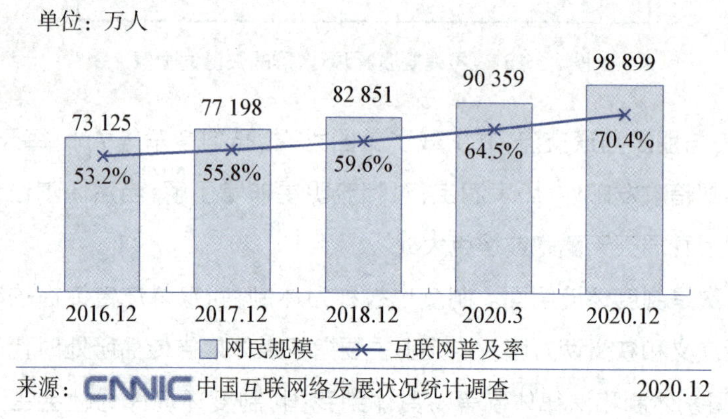

图 3－16　网民规模和互联网普及率

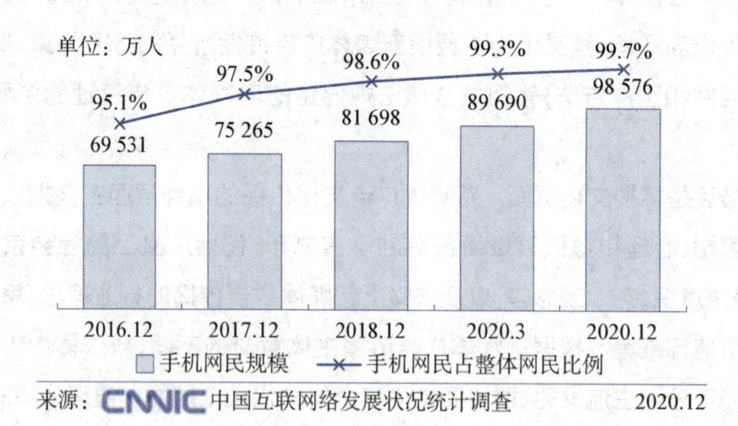

图 3－17　手机网民规模及其占网民比例

① 《第 47 次〈中国互联网络发展状况统计报告〉（全文）》，2021 年 2 月 3 日，中华人民共和国国家互联网信息办公室，http://www.cac.gov.cn/2021-02/03/c_1613923423079314.htm，最后浏览日期：2021 年 4 月 1 日。

截至2020年12月，我国农村网民规模达3.09亿，占网民整体的31.3%；城镇网民规模达6.80亿，占网民整体的68.7%(图3-18)。我国城镇地区互联网普及率为79.8%，农村地区互联网普及率为55.9%(图3-19)[①]。

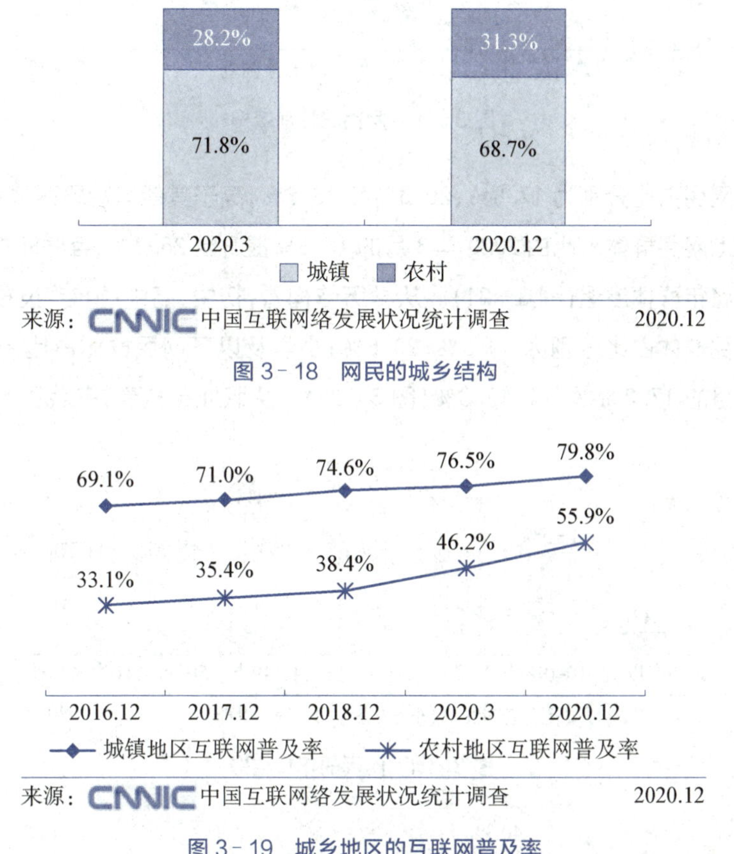

图3-18 网民的城乡结构

图3-19 城乡地区的互联网普及率

从性别结构看，我国网民的男女比例为51.0∶49.0，与整体人口中的男女比例基本一致(图3-20)。从年龄结构看，20—29岁、30—39岁、40—49

① 《第47次〈中国互联网络发展状况统计报告〉(全文)》，2021年2月3日，中华人民共和国国家互联网信息办公室，http://www.cac.gov.cn/2021-02/03/c_1613923423079314.htm，最后浏览日期：2021年4月1日。

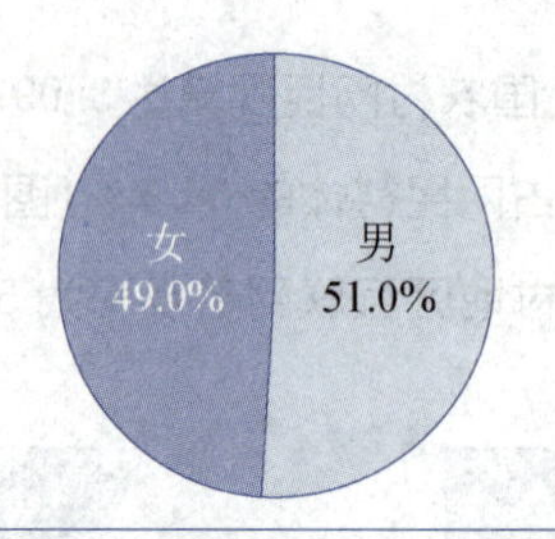

来源：CNNIC 中国互联网络发展状况统计调查 2020.12

图 3-20 网民的性别结构

岁的网民占比分别为17.8%、20.5%和18.8%，高于其他年龄段群体；50岁及以上网民群体占比由2020年3月的16.9%提升至26.3%，互联网进一步向中老年群体渗透(图3-21)。从学历结构看，初中、高中/中专/技校学历的网民群体占比分别为40.3%、20.6%；小学及以下网民群体占比由2020年3月的17.2%提升至19.3%(图3-22)。从职业结构看，在我国网民群

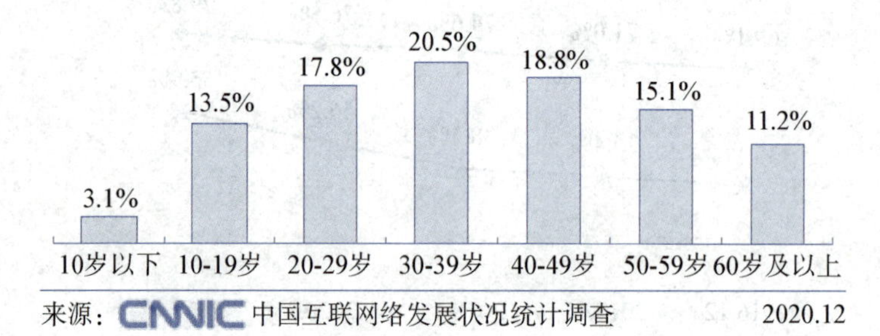

来源：CNNIC 中国互联网络发展状况统计调查 2020.12

图 3-21 网民的年龄结构

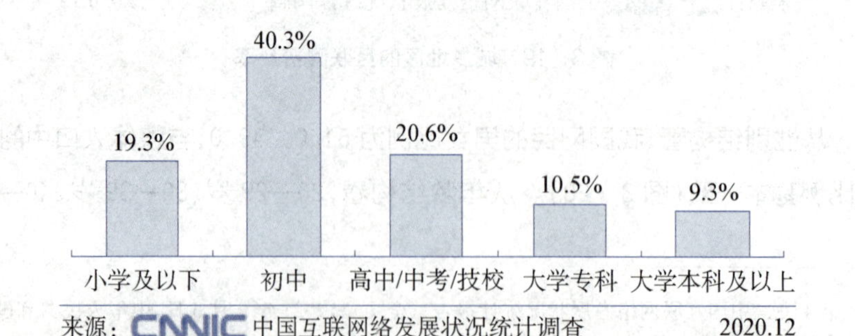

来源：CNNIC 中国互联网络发展状况统计调查 2020.12

图 3-22 网民的学历结构

体中，学生最多，占比为21.0%；次之是个体户/自由职业者，占比为16.9%；农林牧渔劳动人员占比为8.0%（图3-23）。从收入结构看，月收入在2001—5000元的网民群体占比为32.7%；月收入[①]在5000元以上的网民群体占比为29.3%；有收入但月收入在1000元及以下的网民群体占比为15.3%（图3-24）[②]。

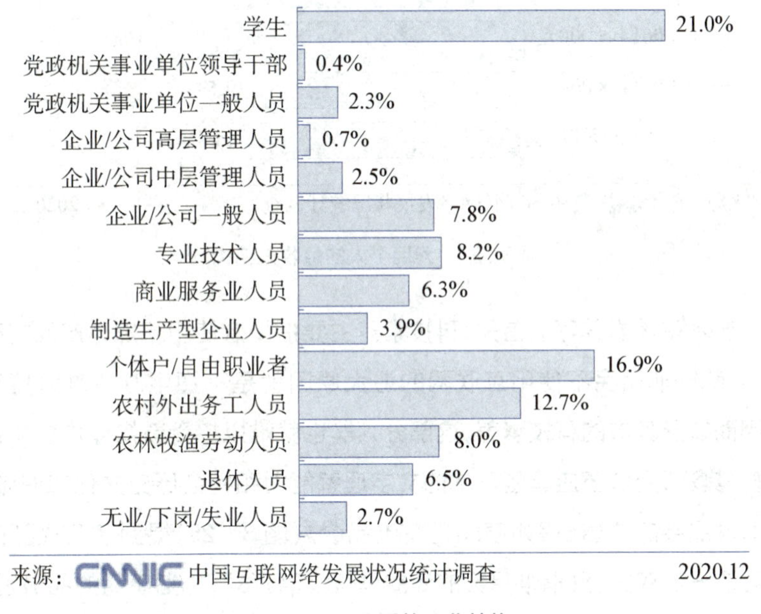

图3-23　网民的职业结构

其次是主观文化接受条件。新媒体广告受众的主观文化接受条件主要指受众拥有能够真正领会广告意图和内涵的能力，主要包括科技素养、知识

① 月收入：学生收入包括家庭提供的生活费、勤工俭学工资、奖学金及其他收入；农林牧渔劳动人员收入包括子女提供的生活费、农业生产收入、政府补贴等收入；无业/下岗/失业人员收入包括子女给的生活费、政府救济、补贴、抚恤金、低保等；退休人员收入包括子女提供的生活费、退休金等。参见《第47次〈中国互联网络发展状况统计报告〉（全文）》，2021年2月3日，中华人民共和国国家互联网信息办公室，http://www.cac.gov.cn/2021-02/03/c_1613923423079314.htm，最后浏览日期：2021年4月1日。

② 同上。

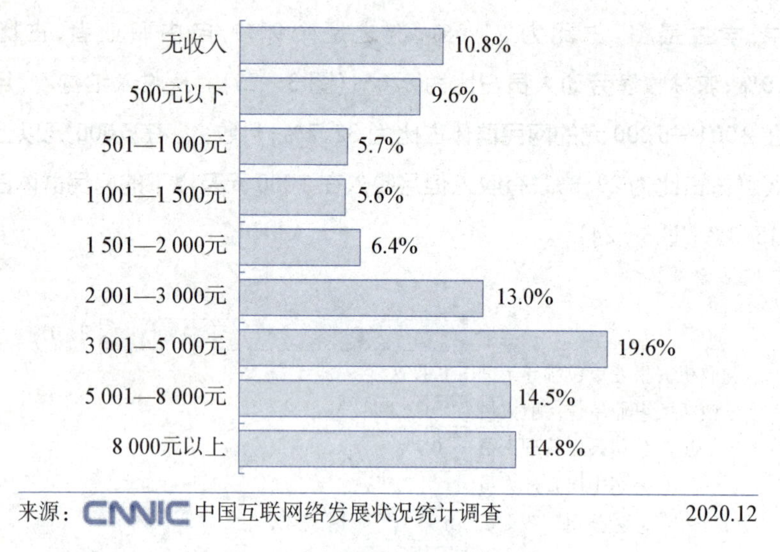

图 3 - 24　网民个人的月收入结构

素养、艺术审美素养等。首先，科技素养主要指受众使用新媒体产品的基本能力。我国非网民不使用互联网的最大原因就是不懂电脑或难以接触网络，因而缺乏基本的科技素养，这部分人群也就难以接受新媒体广告文化的熏陶。其次，受众还应具备基本的文字理解能力和社会历史文化知识储备。例如，唯品会的广告《假如唐朝也有唯品会》(图 3 - 25)提到了“正品”的概念，可谓一语双关，既指唯品会的商品是“正品真货”，也指唐朝的品级官阶，

图 3 - 25　《假如唐朝也有唯品会》

而后者需要广告受众具有基本的历史文化知识素养,才能对广告的创意文化有正确的判断和理解。最后,受众的艺术审美素养也是接受新媒体广告的主观文化条件之一,包括受众对广告的声音旋律、画面色彩、形象动作等各方面的综合理解能力、基本的形象思维和想象能力,以及受众对"美"的文化价值判断能力。

3.3.2 新媒体广告与企业文化传播

1. CI与企业文化传播

CI是corporate identity的缩写,译作企业形象识别。CI可以分为企业理念识别(mind identity,简称MI),即企业的灵魂气质;企业行为识别(behavior identity,简称BI),即企业及成员的言行活动;企业视觉识别(visual identity,简称VI),即企业名称、标志、色彩等独特的视觉构成要素。例如,在新媒体时代,无论对于平板电脑还是手机,许多企业都化身为一个个"圆角App"。因此,企业视觉识别是否能简洁迅速地抓住用户,显得尤为重要。举例而言,在传统媒体时代,海尔集团的VI得到普遍认可,海尔第一代的视觉识别是象征中德儿童的海尔兄弟图形,第二代则是以"大海上冉冉升起的太阳"为设计标志的理念,中英文标准字组合标志搭配"海尔蓝"企业色。在新媒体时代,许多App在设计时或以独特的图形取胜,如新浪微博App图标"火炬+眼睛"的组合体卡通形象(图3-26左),或以突出企业的色彩取胜,如爱奇艺视频App图标的绿色主打色(图3-26右),都能给用户留下比较深刻的印象。

图3-26 新浪微博(左)和爱奇艺(右)的App图标

2. 新媒体广告品牌文化传播

(1) 品牌文化内涵

品牌文化内涵是指品牌传播过程中彰显的价值观念、生活态度、审美情趣、个性修养、时尚品位、情感诉求等精神象征，包括价值内涵和情感内涵。在新媒体时代，消费者对品牌的选择和信赖更契合他们的价值观、个性、品位、格调和生活方式。他们对品牌文化的消费也更注重与文化心理价值的共鸣和个人情感的释放，对品牌的选择和忠诚往往不是建立在直接的产品利益上，而是建立在对品牌深刻的文化内涵和精神内涵的高度认同上。当今时代，优秀的品牌文化不仅是民族文化精神的高度提炼和人类美好价值观念的共同升华，凝结着时代文明发展的精髓，而且可以使消费者对其产品的消费成为一种文化自觉，使品牌文化成为生活中不可或缺的内容。相比于传统时代，新媒体时代的用户更看重品牌背后的文化符号意义和用户群标记的新文化功能。

(2) 品牌形象塑造

传统的品牌形象塑造主要采取情感导入、权威形象、心理定位和文化导入等策略。新媒体环境下，这些策略仍然发挥着重要作用，但除此之外，由于新媒体本身具有自主性、开放性等特点，这些由技术带来的传播特点使企业可以利用与以往不同的方法策略打造品牌形象。在网络视频广告中利用系列微电影，以剧情取胜的方法效果较好。例如，益达品牌形象的打造就是利用彭于晏和桂纶镁《酸甜苦辣》系列微电影广告的综合传播效应(图 3-27)，使品牌形象深入人心。微电影广告由于时长、集数等原因不可

图 3-27　益达的微电影《酸甜苦辣》

能完整地投放在电视媒体上，互联网或其他新媒体则成为这类广告塑造品牌形象的一个重要平台。

(3) 品牌文化传播契机

新媒体广告的投放环境和投放方式都为品牌文化传播带来新的契机。转瞬即逝的热点事件和引发争议的重要议题都可以使广告品牌文化得到有效传递，甚至获得“病毒式”传播的良好契机。2015 年 1 月，微信朋友圈开始投放广告后，微信用户就展开了对个人接收“档次”不同的广告问题的讨论，许多网友觉得接收可口可乐、宝马或 VIVO 智能手机的心理体验有很大不同。微信朋友圈首批品牌广告的品牌传播定义了用户不同的“社会身份”(图 3 - 28)，使品牌传播的“圈层文化”传播成为一个有争议的话题，进而为品牌文化的传播创造了更多的机会。

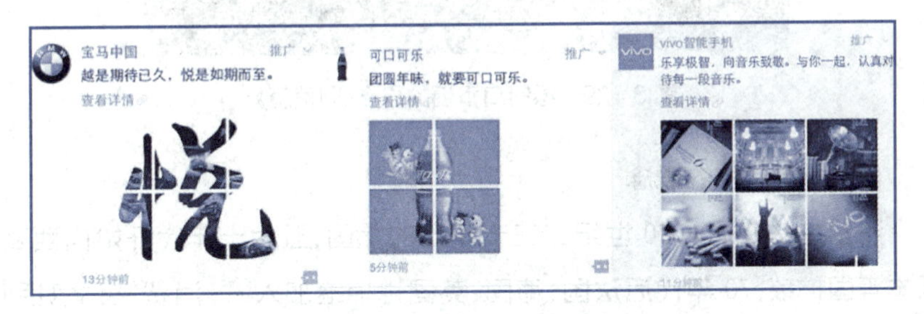

图 3 - 28 微信朋友圈首批品牌广告

3.3.3 新媒体广告与消费文化传播

1. 消费文化传播

(1) 消费文化的本质

消费文化从本质上讲是生产力发展水平的外在反映，在生产力发展水平不高的时代，人们消费的主要目的是满足生活中基本的功能需求。随着资本主义的发展和生产力的进步，剩余产品越来越多，企业为了推销商品，就需要利用广告在商品和消费者之间建立起一种关系，创造一些原本没有的但有利于销售的特殊意义。比如啤酒、香烟与男士的成熟魅力之间的关系，高跟鞋、香水与女士的优雅妩媚之间的关系，以及牙齿洁白与事业成功、嚼口香糖与社交之间的密切关联等（图 3-29）。正如马尔库塞在《单向度的人》中指出的，“按照广告来放松、娱乐、行动和消费，爱或恨别人所爱所恨的东西……都是虚假的需要”[①]。

图 3-29 绿箭口香糖的广告《阿信篇》

(2) 消费文化的概念

消费主义产生于 20 世纪二三十年代的美国，五六十年代开始向西欧、日本等国扩散，70 年代后法国、德国、英国也相继加入[②]。消费文化包括消费精神文化和消费物质文化。消费精神文化由消费哲学、消费价值取向、消费道德、消费审美和品位、消费心理等内容组成；消费物质文化则主要由消费行为体现出来。从消费文化的特征来看，消费文化首先是一种工业文化，它的兴起与工业时代商品生产的扩张与膨胀密切相关；其次，消费文化是一种大众文化，区别于主流文化和精英文化，它通俗，易流行，群众基础广泛；再次，消费文化是一种世俗文化，弗洛伊德曾在心理动力论中将精神分为本我、自我和超我三部分，消费文化正是主要用于满足本我的许多欲望与诉求

① [美]赫伯特·马尔库塞：《单向度的人》，张峰、吕世平译，重庆出版社 1988 年版，第 6 页。
② 杨魁：《消费主义文化的符号化特征与大众传播》，《兰州大学学报》（社会科学版）2003 年第 1 期。

的，它与禁欲的宗教理念及强调自我约束的朴素道德几乎背道而驰；最后，消费文化是一种感性文化，它强调对人们消费心理的满足，强调消费的快感，追求体验和激情，感官主义味道浓厚[①]。

(3) 新媒体广告与消费文化

新媒体由于具有信息传递速度快、可融合多元时空文化等特点，更利于促进消费文化的快速生长与扩张。从现实表现看，新媒体广告的消费文化由于表现得过于符号化，往往也充斥着“商品拜物教”的典型色彩。比如一些社交软件设置的黄钻、绿钻、蓝钻等 VIP 功能，许多用户在实际使用时并非全然看重会员带来的特殊功能，而更看重那个小小的、被点亮的象征特殊身份的符号。同时，新媒体的开放性容易造成消费者的盲从和主体性的丧失[②]，新媒体表面上看似给用户创造了更宽松、自主的环境空间，但实际上自 Web 2.0 时代以来，由于 BBS 论坛、社交网站的出现，许多网络热点事件在发展过程中也会夹杂着消费主义倾向明显的广告软文，“草根”与品牌企业共同追随热点事件，通过模仿、点赞、转发等操作，塑造着一次又一次现象级的“文化奇观”。例如，2015 年 5 月 29 日，演艺明星范冰冰和李晨公布恋情时使用了文字“我们”，随后，在极短的时间内演变成一场互联网上的“全民狂欢”，并且诸如杜蕾斯、快的打车、杰士邦、小米、美的空调、冈本、麦当劳、招商银行、高洁丝等品牌都先后模仿“我们”的文案，打出自己的软广告。这些品牌巧妙地融入了“草根”的狂欢，与“草根”相互促进和推动，在助长了网民跟风盲从的“气焰”的同时，也宣传了自己。再如，近年来许多小游戏的迅速火爆与消亡也与新媒体环境下对消费者主体性的剥夺有关，腾讯微信推出了在国内红极一时的“飞机大战”(图 3－30 左)和在全球一百多个国家走红的“飞翔的小鸟”(图 3－30 右)等游戏，都通过在消费者中的“病毒式”传播来达到营销的目的。特别是近年来电子商务平台宣传的“买买买”观念，

① 宋玉书、王纯菲：《广告文化学——广告与社会互动的文化阐释》，中南大学出版社 2004 年版，第 195 页。

② 贺卫、陈峻俊：《网络传播消费文化存在的问题》，《新闻爱好者》2011 年第 1 期。

更是人们在新媒体拟态环境中推崇“消费至上”、倡导“消费崇拜”理念的具体表现。2015 年 4 月 18 日，苏宁“任性购物节”(图 3－31)打着“我要像孩子一样爱花就花，爱买就买”的旗号鼓励消费，可以说是盲目解读消费文化，是新媒体广告文化剑走偏锋的具体表现。

图 3－30　新媒体时代受消费者追捧而红极一时的小游戏

图 3－31　苏宁“任性购物节”的宣传广告

2. 性别文化传播

在新媒体广告文化传播中，性别文化传播是重要议题，性别符码常常成为广告创意和广告表现的重要元素。有学者认为，性别是人类最为深层和显性的特征，使用性别符码在特定场域中能够达到快速沟通与传播的目的。然而，女性主义者认为，性别并非天生，而是由文化所建构，性别符码中因此充斥着男权色彩，所以，要批判地看待广告中的性别符码[1]。

(1) 广告中的性别不平等

我国学者认为，广告是社会发展的一面镜子，“广告作为对现实的表征、再现(representation)，必定要对其‘反映’的东西抽象化。所以，讨论广告中关于性别的映像是否真实是没有意义的。不能说广告真实地反映了社会现实，也不能说它虚假地反映了现实，因为它就是现实——权力仪式——的一部分”[2]。

长期以来，广告中充斥着对性别权力不平等的描述，主要体现在两个方面。第一，把男女之间的关系看作“看与被看”的关系。换句话说，女人的美丽与魅力是由男人来鉴定的，男性是主动的评判者，女性是被动的取悦者。第二，关于男女的社会分工。广告常把“男主外、女主内”作为主要的叙述模式，并将这层关系融于对“幸福家庭”的描绘。我国学者曾指出，广告几乎无时无刻地不在迎合文化中的一些陈腐观念和不合理、不平等的权力，制造各种所谓幸福生活的谎言和神话，而这些谎言和神话又再生产、强化和巩固了这些不合理的文化观念和不平等的权力[3]。

(2) 新媒体时代的性别广告

在新媒体时代，广告中的性别问题仍是一个显性话题。总体来看，现代社会依然存在性别的不平等和重男轻女现象。随着社会的发展与进步，诉诸女性主义的广告逐渐出现。例如，在传统的电视广告时代，男明星林依轮代言的浓汤宝广告就打着“男人也要下厨房”的旗号，以“型男煮夫”的形象示人。如今，手机、平板以及其他智能终端迅速普及，用户以青年人为主，这就给新媒体广告的性别表现创造了更多空间。例如，2013 年下半年，超能洗衣液的广告词“超能女人用超能”，其广告创意表现就是新媒体时代诉诸女

---

① 陶东风：《大众文化教程》，广西师范大学出版社 2008 年版，第 251 页。
② [美]苏特·杰哈利：《广告符码：消费社会中的政治经济学和拜物现象》，马姗姗译，中国人民大学出版社 2004 年版，第 149 页。
③ 陶东风：《广告的文化解读》，《首都师范大学学报》(社会科学版)2001 年第 6 期。

性主义的典型代表。广告起用了著名演员孙俪、新锐作家蒋方舟、芭蕾舞艺术家邱思婷、伦敦奥运会冠军许安琪和超模影星于娜集体代言,这些在各行各业出类拔萃的女性精英用事实向消费者诠释了"什么样的女人是超能女人""女性的价值到底在哪里"等问题(图 3-32)。该广告一经上线播出就引发了观众热议,并且在网络上掀起了"超能体"的模仿浪潮。可以看出,新媒体时代,话语权的下移和信息互动渠道的开放给人们对性别平等的追求带来更多机遇。当然,同为洗涤品牌的立白作为竞品则打着与超能相对的旗号,用"我是女人,我不要做超人"的观念做广告,同样也成为性别广告的代表。

图 3-32 超能洗衣液"超能女人用超能"的广告

3.3.4 新媒体广告与社会公益文化传播

1986 年,中央电视台的《广而告之》开播,这一年被视为中国当代公益广告的元年。公益广告也称公共服务广告(public service advertising),旨在增进公众了解突出的社会问题,影响公众对此类问题的看法和态度,最终将目标设定为改变公众行为以减缓或解决这些社会问题的广告形式,分为由社会公共机构发布的公共广告和由企业发布的意见广告①。常见的公益广告

① 张明新、余明阳:《我国公益广告探究》,《当代传播》2004 年第 1 期。

主题主要涉及人文道德和自然环保两大方面。前者涉及关爱儿童、关爱艾滋病患者、反腐倡廉的公益广告题材；后者关注如保护空气、森林、野生动物等公益广告主题。到了新媒体时代，公益广告的传播载体发生了变化。一方面，面对新的媒介环境，公益文化传播产生了一系列问题，如煽情化与物质化相结合、商业性与公益性之间相互博弈、连续性与品牌性的缺失等[①]，这些问题折射在公益广告宣传上也多有较大的现实影响；另一方面，新媒体广告在公益文化的建构过程中，传播主体更加多元，传播题材日益丰富，传播渠道立体呈现，为新媒体广告文化的传播提供了更加广阔的平台。

1. 人文道德型公益广告文化传播

常见的人文道德型公益广告主要由政府和社会机构制作和传播。例如，2011 年 4 月，上海警方公益宣传海报使用“凡客体”，产生了很好的网络传播效果。再如，由世界卫生组织结核病和艾滋病防治亲善大使彭丽媛与受艾滋病影响的儿童共同出演的公益广告《没有歧视，永远在一起》也产生了较大的社会影响。许多企业在进行商业宣传的同时，也自觉承担着传递人文社会道德的责任，例如惠氏奶粉在爱奇艺投放的“向母乳致敬”的广告就是一个较为典型的代表（图 3－33）。惠氏作为一家奶粉企业，却向母乳致敬，表面上看，宣传的主题与它自身的商业利益相冲突，但企业的态度和诉求却反映了它传播人文社会道德理念的良好愿望。

2. 自然环保型公益广告文化传播

在社会转型时期，自然环保型公益广告的文化传播受到高度重视。党的十八大以来，我国生态文明建设进入了快车道，生态环境保护发生了历史性、转折性、全局性变化，我国社会经济发展的一个重要经验就是建立生态文明体制。生态环境不仅是关系党的使命宗旨的重大政治问题，也是关系民生的重大社会问题。因此，在改革开放纵向深度发展、新农村建设取得显

① 闫晓彤：《新媒体时代公益传播的问题与对策》，《青年记者》2013 年第 6 期。

图 3-33　惠氏奶粉"向母乳致敬"的广告

著成效、社会转型步伐加快的背景下，围绕生态文明建设的自然环保型公益广告的传播题材日益丰富。在新媒体时代，数字技术平台为热点信息的"病毒式"传播提供了技术基础，针对自然环境保护等公益性重大社会话题，大众主动参与讨论的意愿普遍增强。新媒体运营者、政府管理部门、社会公益机构、企业和受众都成为环保型公益广告文化的传播主体。例如，近年来在每年 3 月最后一个星期六的 20:30—21:30 开展熄灯一小时"不插电"活动，它是多元主体共同参与的一项公益传播活动，社会大众在 QQ、微博、微信等社交媒体上进行"符号点亮"，通过"转载"等方式进行传播，全方位地扩展了公益广告文化传播的社会影响力。

新媒体广告对社会相关问题的探讨涉及新媒体广告与人、新媒体广告与群体、新媒体广告与社会三个层级的关系。从社会学视角关注新媒体广告的发展，从三个层级的关系来认知新媒体广告的社会伦理问题、监管问题、文化传播问题，有助于人们对新媒体广告存在和发展的社会意义产生更深刻的理解。

思考题

1. 新媒体广告伦理的内涵是什么？它与传统广告伦理有何异同？

2. 新媒体广告伦理失范的主要原因是什么?
3. 简述新媒体广告监管的价值、监管的社会责任和监管的途径。
4. 简述广告的文化属性和新媒体广告的文化传播。
5. 论述新媒体广告与企业文化、消费者文化及公益文化之间的关系。

>>> 4 网络论坛广告

网络论坛广告是在网络论坛投放的广告形式，是在新媒体技术支撑下出现的新型广告形态。网络论坛广告的发展历经传统网络广告时期、富媒体广告时期和数字媒体交互广告时期。网络论坛分为综合性论坛、专业性论坛和地方性论坛三种类型。根据表现形式，网络论坛广告可以划分为网络软文广告、流媒体广告、滚动文字及图片链接广告等类型。网络论坛广告的开放性和交互性特征显著，具有图文识别度高、不受时空限制、受众定位精准等传播优势。

4.1 网络论坛广告概述

网络论坛是一种基于互联网传播技术为用户提供网上交流场所或区域的互动网站，也被称为电子公告板，英文简称为 BBS(bulletin board system)。BBS 最初用来公布股市价格等信息，并不具备文件传输的功能，并且对运行的硬件环境有较高要求。因此，早期的 BBS 与一般街头和校园的公告板性质相同，差别仅在于它是运用计算机来传播信息的。直到个人计算机广泛普及之后，BBS 才逐渐流行起来。

网络论坛广告简单来讲就是在网络论坛投放的广告，它是在新技术支撑下出现的新的媒体广告形态，能实现信息传播的“一对多”和“多对多”，从而有利于广告主与目标受众之间的信息沟通，完善品牌传播的行为与形态。论坛广告的发展大致经历了三个阶段：第一个阶段是传统网络广告时期，第二个阶段是富媒体广告时期，第三个阶段是数字媒体交互广告时期。

4.1.1 网络论坛的分类

20 世纪 90 年代初期，我国有了第一个 BBS，1996 年以后，BBS 以惊人的速度发展起来。近年来，随着互联网用户的不断增加，网络论坛逐渐成为网民自由发表观点和交流讨论的重要线上平台。由于互联网具有包容性和开放性的特点，网络论坛也同样具有全球性和开放性，因此，网络论坛广告投放的效益非常明显。目前，网络论坛的发展呈现百花齐放的繁荣状态，类型几乎涵盖人们生活的方方面面，几乎每个人都可以找到自己感兴趣或想要参与的专题性论坛，各类门户网站、综合性门户网站或功能性专题网站纷纷开设网络论坛，以促进网友之间的交流与沟通，并增加了丰富的互动性内容。网络论坛如今已经成为用户获取信息的重要渠道，成为强化人际关系、加速信息传播及分享的大众交流平台。

网络论坛所建构的是一个虚拟网络社区，用户基于这个平台相互交流，获得信息并相互分享信息，这使网络论坛逐渐成为一种网络环境中最典型的众人互动模式。随着网络论坛的多样性发展，网络论坛的板块、内容及形式也日趋丰富，这样一个用户活跃的网络平台逐渐成为众多广告商青睐的广告投放平台。根据网络论坛的规模，大致可以分为综合性论坛、地方性论坛和专业性论坛三种基本类型。

1. 综合性网络论坛

论坛往往规模较大，可以划分为多个板块，包含的信息内容也比较丰富庞杂，能够吸引大量的网民参与，流量巨大。以网易论坛为例，它细分为新闻论坛、娱乐论坛、体育论坛、财经论坛、汽车论坛、文化论坛、旅游论坛、数码论坛、手机论坛、教育论坛等不同的内容板块。其他综合性的网络论坛还有天涯社区、百度贴吧(图 4-1)、西祠胡同等。由于综合性网络论坛的网民没有被定位和细分,所以,这类网络论坛往往不能做到精细和全面。

图 4-1　百度贴吧首页

2. 专业性网络论坛

专业性网络论坛是相较于综合性论坛来说的,具有很强的专业属性,它通常是由各个社会团体自发组织,或是由志同道合的网友聚集起来自由发表意见、看法,相互之间进行专业性交流的网络论坛形式,参与者在某一方面往往具有高度的一致性,如中国球迷论坛、中国专业摄影、易车会等。通常,大型的门户网站都有足够的人气和凝聚力及强大的资金支持,可以把门户网站做到很强大,小型的网络公司一般倾向于选择专业性的论坛,以求做到精细全面。专业性论坛能够吸引志趣相投的网民一起来交流探讨,这样的论坛能够在单独的一个领域进行板块划分,以新闻类网络论坛为例,通常是指以新闻话题讨论为主的 BBS,它是随着网络新闻传播的发展,运用网络手段开展的一种互动交流方式,是网民意见表达的主要渠道,也是网民发布和评论新闻的在线空间和维系网民关系的一种重要方式,如新华网社区、强国论坛、南方论坛等。如果从形式上划分,新闻类网络论坛按照组织方式可以分为专题式新闻论坛(围绕某一个新闻话题展开的论坛形式)、综合式新闻论坛和专业式新闻论坛。根据管理模式划分,可以分为有限制式论坛、半限制式论坛和无限制式论坛等。以网易新闻论坛为例,它的新闻板块划分为社会万象、时事论坛、新闻贴图、网上谈兵、中美关系、人文思想、国际关系、网络新鲜事等。其他专题性论坛还有军事类论坛、电脑爱好者论坛、汽车发烧友论坛、动漫论坛等,这类论坛有利于信息的分类整合和搜集。也有的网络论坛把专业性直接做到最细化,这样的细分往往使得广告投放更有针对性,能够达到更好的广告效果。

3. 地方性论坛

地方性论坛一般由地方官方或民间创办,主要关注本地新闻、生活社区等,是网络论坛中娱乐性和互动性最强的论坛之一。无论是大型论坛中的地方站,还是专业的地方论坛,都能够更好地拉近网民的距离,加强他们的沟通,但由于其地方性的特点,也会对其中的网民有一定的局域限制,论坛中的网民大多来自相同的区域,如上海滩社区、长春论坛、广州网、北京贴吧等,地理空间的相近往往能形成一定的安全感,这样的论坛也因此常常会受到网民的热烈欢迎。

4.1.2 网络论坛广告的特点

随着媒介融合进程的不断推进,广告主必将持续加大广告投放的力度,优化广告投放的方式及途径,论坛广告在未来发展中具有以下三个方面的特点。

1. 图文识别度高

网络论坛广告的形式不同于以往的广告模式,网络论坛广告更注重在文字和图片上体现快餐性、软性化的广告内容，随着网络用语、网络符号、网络行为逐渐演变成广告传播的特色。图文式广告更容易与受众形成互动，减少受众对广告的拒斥与反感，增加阅读的趣味性。论坛广告更注重强烈的视觉冲击，因此，要以大字体与大图片的形式吸引用户关注。此外，运动的图片以及清晰的大字体更容易让受众在潜在影响中形成对广告的印象，提高购买愿望。据国外一项调查，一个工作日中平均每个消费者可以看到560个广告，要想使某个特定品牌的广告在其中脱颖而出，就要追求广告的冲击力和震撼性。

2. 精准的受众定位

精准的受众定位是网络论坛广告的特点，论坛网站的类别划分为精确定位受众提供了可能，根据受众的性别、年龄、爱好等来划分受众群体，就可以找到与产品目标用户相吻合的受众。例如，搜狐论坛分为"新闻社区""女人社区""娱乐社区""旅游社区""教育社区""财经社区""体育社区""健康社区""吃喝社区""文化社区""汽车社区"等众多板块，可以进行有针对性的广告传播，每一社区的主题不同，吸引的目标受众也不同。搜狐论坛的"汽车社区"为广大爱车者提供了交流的空间，车饰、车险、汽车保养等关于汽车周边的广告就会选择投放在该社区。大数据是网络论坛广告受众精确定位的前提，广告主通过分析受众的背景、习惯和点击情况来总结大数据。因此，某一个功能性网站的设立，一方面为需求者提供信息，另一方面则是为广告主提供投放广告的空间。例如，网易论坛的"女人"板块是一个女性生活服务社区，服装、美妆、饰品广告则是整个板块广告投放的主要产品类型，针对的群体是女性，涉及女性的方方面面，这些都是广告主投放的目标。

3. 突破时空限制

相对于报刊、广播、电视等传统媒体，网络论坛广告不受时间、地点的约束，借助网络平台加以传播，突破了地域传播的限制，易于扩大广告品牌的影响力。因此，利用论坛网站的互动性创作的吸引受众体验的广告，能诱导消费者的购买欲,广泛地发挥作用,大大减少了原有的广告成本。目前,一些网络论坛开发了自己的手机应用软件,脱离电脑终端,凸显了论坛广告随时随地的特征,进一步挣脱了时空束缚,达到了即时互动的效果,为广告传播带来了便利。由于论坛广告具备即时的互动交流特质,消费者可以充分发挥自己的主观能动性,在互动交流中随时随地地获取个人感兴趣的信息内容,这种方式既能满足人们追求新鲜事物的心理要求,也能满足人们的娱乐和审美需求。因此,论坛广告的信息传播实际上是满足受众需求的互动体验过程。

4.2 网络论坛广告的价值

网络论坛广告的信息传播过程也是满足受众需求的互动体验过程。与其他类型的新媒体广告相比,网络论坛广告具有目标受众明确,制作成本低廉,粘连性强,用户访问便利、快捷、有效以及信息传播具有较好的对称性等传播价值。

4.2.1 网络论坛广告的优势

作为网络广告的形式之一,论坛广告继承了网络广告的开放性、互动性等特点,除此之外,依托于各种论坛平台的论坛广告也具有自己的独特优势。

1. 针对性强,细分化程度高

网络论坛的主体是一群有着共同兴趣爱好或共同话题的人组成的群体,他们是自发组合的,不同论坛或论坛内不同主题的划分所吸引的人群也有所不同。在论坛内活跃的人群正是广告主要寻找的广告目标受众,这些受众自发地聚集在一起,无疑给广告商投放广告带来了很大的方便。同时,因为地域集合的论坛也可以给本地广告商提供便利。这一特征是网络论坛广告最鲜明的价值特征。

2. 信息容量大，制作成本低廉

传统媒体投放的广告受时长、篇幅、版面等诸多限制，广告费用也会随着其篇幅和时长的增加而增加。互联网上的广告投放不受这些限制，网民只需用鼠标轻轻点击一个个小小的广告条，就可以看到介绍企业理念、产品、服务以及企业最新活动状态等的大篇幅文章。

3. 粘连性强，实现实时互动

网络论坛广告粘连性强，可以实现广告主和潜在客户的实时互动。尤其是部分广告链接，受众点击后可直接跳转至活动网站或在线商店，进一步推动了消费行为的实现。论坛中用户之间的信息交流也具有较强的互动性和体验感，通过实时互动、意见交流和共识分享，可以充分调动客户参与广告信息交流的积极性，也可以增加论坛内广告客户的归属感。

4. 用户访问便利、快捷、有效

新媒体环境下，用户对论坛的访问更加便利。各大论坛在不同终端都具有便利的可接触性，它们的媒介平台属性使论坛广告的接触更为方便、快捷和有效。同时，网络广告不受地域限制，一次投放便可以在不同终端呈现，性价比较高。例如，百度贴吧可实现 PC、苹果、安卓等多屏浏览，用户在不同终端均可浏览或搜索论坛广告。

5. 知识性、趣味性、公平性等

网络论坛为用户提供了自由交流的平台，用户通过论坛可以更便捷地发表自己的观点和意见，还可以通过论坛来检索自己需要的信息，信息传播具有很好的对称性。在论坛交流过程中，喜怒哀乐都是在虚拟的环境中进行，用户甚至可以演变成任何角色，变换多种身份，也避免了人与人正面交流的尴尬和冲突等。因为用户有多元化的信息交流需求，网络论坛广告在知识性、趣味性和公平性上也对广告发布提出了更高要求。

4.2.2 网络论坛广告的缺陷及改进办法

1. 网络论坛广告的缺陷

网络论坛广告有自身的鲜明优势，但平台的相对封闭性及用户的选择性也使它存在一些缺陷。

(1) 不具有强制性效果

广告受众只有登录论坛才可以看到论坛广告，不具有强制性的效果，单一化的兴趣小组不利于潜在客户群体的开发，影响面较小。此外，依托于网络的特性，论坛也具有网络的弊端，如诚信危机、虚拟世界的安全性等；还应注意，全民草根文化形成的论坛型知识不一定具备准确性和正确性，甚至有的存在严重错误。因此，网络论坛上知识的真实性和准确性很值得推敲。

(2) 广告投放的依附性较强

网络论坛广告的依附性较强，广告的投放效果很大程度上取决于网民的多少。另外，管理上的混乱及监管难度较大，由于广告的投放直接与论坛主接触，形式较为隐蔽，因此，通常会出现很多不符合法律法规的网络论坛广告，监管难度较大。

2. 改进方法

2015 年以后，由于网络广告理念的革新和新媒体技术的进步，网络论坛广告的弊端也正在慢慢被解决。例如，通常情况下，用户只有登录论坛才可以看到上面的广告，但是现在的论坛管理者也会根据大数据监测的结果主动在移动平台向用户推送相关内容。这些内容基于用户的浏览记录自动生成，大多是他们曾经关注过的或感兴趣的内容，因此很容易吸引用户。随着新媒体，尤其是移动媒体使用率的增加，包括论坛网络广告在内的网络广告越来越受到广告商的青睐，在整体的媒介投放组合中，这一部分的投放比例在逐年上升。根据 2015 年《中国传媒产业发展报告》(也称传媒产业蓝皮书)的统计显示，早在 2015 年，互联网就首次超过电视成为第一大广告媒体(图 4-2)。

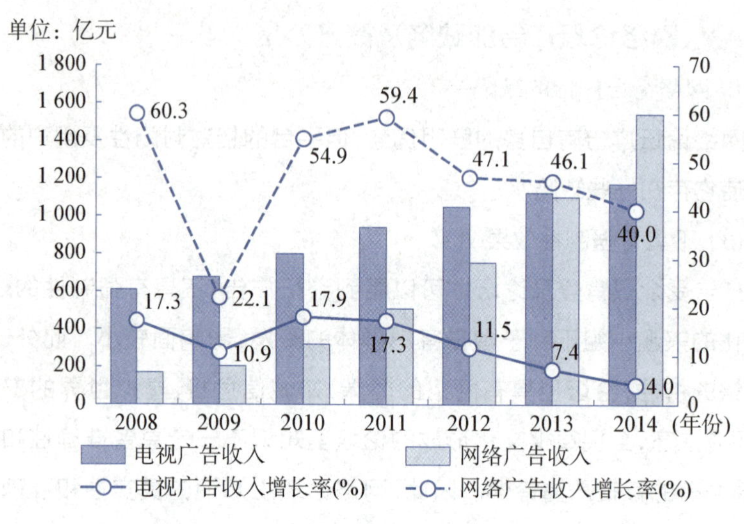

图 4-2　互联网与电视广告收入柱状图

4.3　网络论坛广告的类型

在传统网络广告阶段，论坛广告的表现形式比较单一，传播范围狭小，技术上不成熟，尤其是互动特性的体现并不明显。到了富媒体广告阶段，由于网络传播技术的发展，论坛广告的互动性增强，传播途径扩大，用户数量不断递增，促进了网络论坛广告的迅速发展。进入数字媒体交互式广告阶段，由于网络交互技术的日趋成熟，用户可以根据自身的需要随时随地参与话题讨论，论坛广告逐渐发展成一种双向循环交流的营销传播活动。企业利用论坛这一网络交流的平台，通过文字、图片、视频等方式发布关于企业的产品和服务信息，从而让目标客户更加深刻地了解企业的产品和服务，最终达到宣传企业品牌、加深市场认知度的网络营销目的。与其他形式的网络广告一样，论坛广告的类型也是丰富多样的，根据表现形式主要分为以下三种类型。

4.3.1 网络软文广告

软文又被称为软广告，是一种传播方式较为隐蔽，针对受众潜意识的广告类型，因此又被称为隐性广告。当搜索关键字时，通过点击文章，用户就在不知不觉中接受了广告信息，这种潜在的广告形式一般是经过广告主的包装和加工，由于它具有潜移默化和循序渐进的特点，受众在心理上更容易接受。网络论坛的软文广告多以发帖的形式进行传播，同时借用情感诉求、故事讲述、制造悬念、新闻推广、产品促销等表现形式进行广告信息的发布。这也是网络论坛广告中最常见的广告发布形式，由于它通常是以纯文字或图文的形式展现，因此，软文广告若要吸引受众的大量点击，首先必须要具备一个吸睛的好标题，这是吸引受众阅读广告信息的第一步。软文广告是以文本的方式将广告放置在网页较显眼的地方，以吸引网民的眼球。由于文本广告的表现手法单一，表现力不够强大，与其他类型的广告相比，吸引力要差很多。因此，文本广告要想吸引网民的注意，必须通过有创意的文字增强表现力。例如论坛营销软文，顾名思义，是相对于硬性广告而言，即用唯美的语言将产品形象化，刺激阅读者的兴趣，进而使他们产生购买的欲望。论坛软文的目的就是把需要宣传的产品、服务或品牌等信息通过文字加以包装，通过植入文章内容达到宣传的目的。软文目前已经成为企业或产品营销推广中很普遍和实用的方式，通过软文的形式可以达到广告宣传的效果，并实现提高企业知名度和美誉度的目的。

4.3.2 流媒体广告

流媒体广告是一种将视频、音频、图文等融为一体的广告形式，可以分为静态广告栏和动态广告栏。它在网络论坛的应用中一般出现在页面的右下角，多以汽车广告、游戏广告和服饰广告等内容为主。流媒体广告改变了传统互联网只能用文字和图片的劣势，因此吸引了越来越多的广告商将巨额广告费用投放在流媒体广告这一最具发展前景的媒介形式上。论坛中的视频广告多是在帖子中插入视频，通过投放宣传片来推介产品，投放的视频广告根据视频观看者的群体情况进行分析，这类广告的投放价格较高，具有传播效果良好、交互性强及针对性强等特点。但是，用户在浏览某个论坛时，突然跳出的流媒体广告通常也会打断他们的思路，引起反感。因此，随着科技进步及网络技术的不断成熟，未来的流媒体广告发展必将得到进一步的优化，不断追求页面设计和内容板块的改变，定位也将更为准确，传播效果将大大提升。例如视窗广告，这种形式可以将广告客户提供的视频广告转化为网络格式以实现在线播放，在广告播放时，网民无须点击，它的播放带有一定的强制性。不过，因为这种广告形式综合了视听表现，形象生动，艺术表现手法多样，往往能吸引大量网民的关注。

又如弹出式广告，即在网页弹出窗口播放的广告(图 4－3)。目前，这种广告形式通常都会使用大数据技术，对用户的浏览记录进行监测和计算，然后进行有针对性的推送，目标对象明确具体，广告效果也比较好。

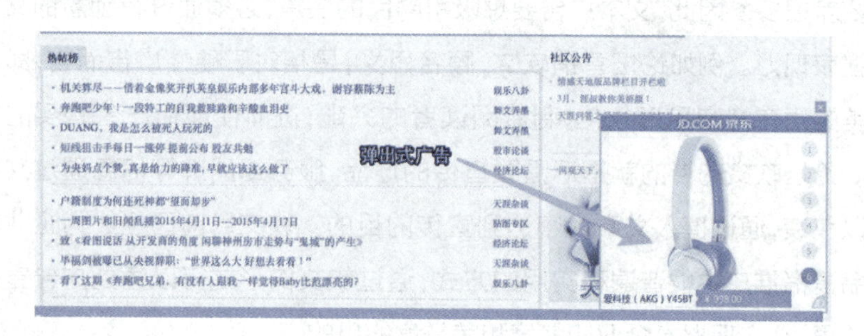

图 4－3　弹出式广告

4.3.3　滚动文字及图片链接广告

滚动文字及图片链接广告即标题式的文字链接，将文字、图片植入广告。例如，当用户打开一篇文章时，文章中的关键字被设置为带突出颜色的字体链接，鼠标滑过时就会出现链接页面；滚动文字上的链接通常要求标题简单吸睛，吸引用户点击。这种广告形式利用了互联网强大的搜索引擎功能。一般来讲，滚动条的文字和图片处于论坛的重要位置，图片本身的画面感和色彩更吸引人，动态的广告链接更容易让用户产生好奇心理。图片链接广告是各大广告主投放的重要网络广告形式，在滚动条里，排在前三位的广告均有不同的传播效果。滚动文字及图片链接广告要求投放者通过分析受众的大数据及受众的点击次数和使用习惯进行精准投放。例如条幅式广告，这是最常见的网络论坛广告形式，一般出现在网页的顶端和底部，宽度为 400—600 个像素，高度在 60—100 个像素，通常以 GIF 或 Flash 的格式来增强表现力（图 4－4）。

图 4－4　按钮广告与条幅式广告

又如按钮广告，这种广告形式是从条幅式广告演化来的（图 4－4），形状多为圆形按钮，也有其他形状，规格比条幅式广告要小，表现手法也比较简单，一般以企业或品牌名称、简单的广告口号等信息形式为主，可以灵活放置于论坛网页的各个位置。

除了以上直接投放的广告，很多企业还会借助网络论坛的高关注度进行论坛式营销，这也是网络论坛广告的一种，但具有很强的隐蔽性。广告主通常借助或创造热门网络事件吸引网民的注意力，并借此达到对品牌营销的目的。

4.4　网络论坛广告的运作

网络论坛广告作为一种依托于网络平台，受众自发集合的广告形式，它有用户针对性强的特殊优势,是网络广告形态中不可缺少的组成部分。同时,网络论坛营销日趋流行,这是一种可以在短时间内吸引大量人气的方法,但是广告营销要在法律的框架内进行,不能以欺诈、虚构、炒作的方式进行。

4.4.1 网络论坛广告的运作机制

网络论坛广告的信息沟通包含三个信息主体,即广告主、广告受众和沟通作用的介质(如论坛)。三个信息主体之间构成了三种形式的运动(图4-5),即广告主在论坛上发布信息,受众接触信息,双方通过网络互动沟通。

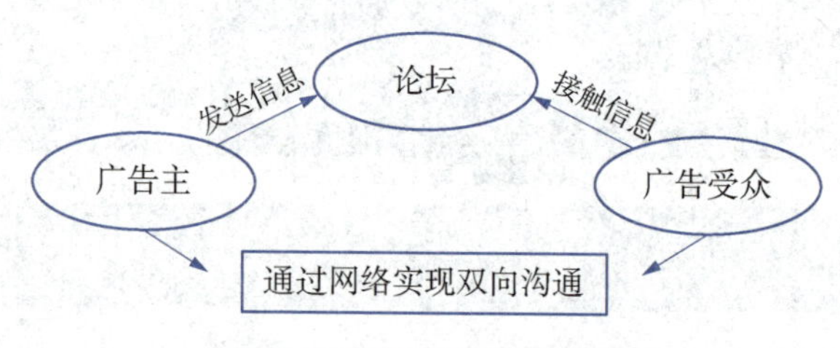

图4-5 网络广告的沟通机制

1. 广告主与用户双向信息交流和互动频繁

相比于传统广告,网络论坛广告最大的不同就在于它实现了广告主与用户之间双向的信息交流和沟通。在传统的广告形式中,信息的传播是单向传播,信息从信息源向大众扩散,信息的不对称现象严重,信息交流的平等关系难以建立。在网络论坛平台上,广告的目标对象不再是被动的接受者,广告主也不再是强制的灌输者,而是信息的交流者和分享者。

2. 广告用户信息选择的积极性和主动性增强

网络论坛广告的接受者多是出于自愿阅读和点击广告,这样的信息传播和接受方式定向性更强,效果更好。此外,由于网络论坛广告的空间基本不受限制,点击广告查看的用户基本都是为了了解产品的基本信息,他们可以根据自己的需求选择想要查看的信息,并随时向广告主提出自己的意见和想法，甚至定制自己需要的信息，所以，对信息选择的积极性和主动性更为强烈和明显。

3. 广告主的信息反馈更加及时和快捷

网络论坛的开放性使广告主能根据用户的要求及时对传播的广告信息进行调整和修改，使广告发布更符合用户的要求，更符合新媒体环境下广告信息个性化、定制化的传播理念。此外，论坛广告的受众整体上比传统媒体的受众更为年轻，他们更愿意接受新鲜事物，这一特点被广告主高度尊重和重视。因此，广告主对用户信息的反馈更加及时和快捷，以便在自己与用户之间建立更加值得信任的关系。

4.4.2 网络论坛广告营销的优点及预期效果

论坛营销即以论坛为媒介，通过策划话题或事件，引导网民参与论坛互动，建立企业的知名度和权威度，并推广企业产品或服务的营销过程。由于它的手段较为隐蔽，并非直接进行广告宣传，因此属于软性论坛广告。相较于直接通过横幅、动画等形式在论坛投放广告，论坛营销常常通过事件进行品牌宣传，在某些方面具有一定的优势，也能够较好地达到预期效果。

1. 网络论坛广告营销的优点

(1) 可以打出有效的“组合拳”

美国4A广告协会(American Association of Advertising Agencies，简称4A)认为，整合营销传播是一个营销传播计划概念，要求广告策划者充分认识用来制订综合计划时所使用的各种带来附加值的传播手段，如普通广告、直接反应广告、销售促进和公共关系等，并将之结合，提供具有良好清晰度、连贯性的信息，使传播的影响力最大化。对于网络论坛而言，直观的论坛广告和形式较为隐蔽的论坛营销都是广告商进行品牌和产品宣传时所使用的“组合拳”。近年来，随着网络影响力的不断扩张，利用网络论坛进行营销由于能在较短时间内吸引众多关注而越来越受到广告商的青睐。

(2) 隐蔽性较强

主动进入网站论坛讨论的网民经常会交流近期的购物心得，对所购物品进行深度评价，为其他用户推荐某种牌子的产品等。其实，这些帖子有些是网友自己发布的，也有一些是商家编辑后发布的。这样的帖子一经发布，或吸引用户注意，或引起用户讨论，无形中就宣传了商品和企业形象，企业的服务也会得到公众的关注。通过这样的手段还可以降低用户对直接告知形式的广告的反感。

(3) 互动性强

在网络论坛上，营销人员和消费者可以直接进行交流，对于商品和服务存在的问题，双方也可以及时沟通。这种实时的信息传播消除了交易双方的地域间隔，也弱化了由实际空间差距带来的影响。这种互动性使广告主和用户的心理防范意识降低，相互的信任度增加，不仅可以增强论坛内平等交流的氛围，也可以使广告主和用户在信息传递的兴趣点上更好地达成一致。

(4) 能够在短时间内聚集人气

在网络论坛广告营销中，一些通过包装热点事件而进行的论坛广告营销，大多经过精心的策划和设计，因为配有吸引眼球的标题、图片等，常常在很短的时间内吸引较多关注，从而达到品牌宣传的效果。热点事件的新鲜性和广告创意的视觉冲击力往往能够形成话题讨论的组合力量，在短时间内聚集较高的人气，取得理想的传播效果。

(5) 费用相对低廉

网络论坛广告营销除了人工费用，基本不需要其他支出，因为很多公共论坛都是免费的，只要用户注册即可。这样一来，既不用增加销售成本，也能够缓解营销费用的压力。但是，出于逐利的本性，一些广告主在投放论坛广告后，常常雇用很多“水军”进行“推”帖，这样做不但增加了企业的广告成本，而且存在涉嫌欺骗消费者的嫌疑，应严格禁止。

2. 网络论坛广告传播可达到的预期效果

对广告企业来说，要想使自己的论坛广告营销达到预期的效果，以下四点需要重视。

(1) 做好网络论坛营销传播的定位分析

网络论坛广告传播效果的预期与目标客户的定位和网络论坛自身的定位直接关联。首先,企业客户群体的定位十分重要,精准的客户群体定位可以带给企业长期的客户资源,借助论坛的高人气可以更快地获取客户信息,广告传播的有效性就会得到较好的保障。其次,找准适合企业进行广告营销传播的论坛同样重要,企业品牌信息与论坛用户的匹配性和广告信息传播与论坛渠道的适合性都应是考量的重点。

(2) 创造适合网络论坛传播的热点话题

通过创造热点话题吸引人气是网络论坛广告营销传播的是一种常用手法。论坛活动具有强大的聚众能力,利用论坛作为平台举办各类“踩楼”、“灌水”、贴图、视频等活动,调动网友与品牌之间的互动,是一种行之有效的信息传播活动。通过炒作事件、炮制网民感兴趣的议题,将客户的品牌、产品、活动内容植入论坛信息传播的内容,带动持续的传播效应,引发新闻事件,导致传播的连锁反应,能取得预期的传播效果。

(3) 合理使用软文广告进行营销推广

广告企业可以采取论坛合作的方式进行营销推广,包括深入开展论坛营销布局和论坛广告营销策略的合理使用。在网络论坛营销中,软文广告相对来说是最具想象力、策略性和执行力的传播手段,它在很大程度上贴近社会化营销的范畴。同时,软文广告营销可能更容易将企业的品牌信息传递给目标用户,合理地在网络论坛特定板块撰写创意软文或通过与热点事件相关的软文提升企业品牌的影响力,有助于短期内提高企业在论坛内的人气关注度和客户选择量。

(4) 适时维护广告企业的品牌形象

在新媒体时代,广告客户会借助自媒体或高人气平台进行维权投诉,网络论坛平台往往具备很高的热度,是消费者维权的理想场域。在网络论坛平台上,如不能及时地恰当处理广告客户的投诉,及时消除广告企业论坛推广中的负面影响，将会给广告企业的形象带来较大损害，甚至导致很严重的后果。在网络论坛平台上，企业论坛的广告营销工作人员必须时刻注意对企业品牌形象的维护，及时接受受众的投诉并妥善解决问题，通过合理方式删除负面信息，通过合理、合法和有效的信息沟通维护企业的品牌形象。

4.4.3 网络论坛广告投放的优势和劣势

网络论坛广告在投放过程中呈现出一定的优势，也会显现出明显的不足和相对的劣势。这些都为广告主的广告投放提供了重要参考，甚至在一定程度上决定着广告主的投放力度和投放方向。

1. 网络论坛广告投放的优势

网络论坛广告具有其他网络广告所不具备的优势，如投放精准、投放费用低廉、分享具有互动性等，它拥有众多的目标用户，这些优势特征吸引着广告主进行广告投放。网络论坛的板块内容几乎涵盖人们日常生活的各个方面，每个人都可以依照自己的兴趣及需求寻找适合自己的网络综合性论坛、专题性论坛或功能性论坛。广告主可以在这些论坛上根据自身产品的性质进行有选择性和有针对性的广告投放。

(1) 网络论坛广告投放费用相对低廉

在网络广告中，论坛广告投放费用的高低是根据论坛的受欢迎程度或用户参与度来设定的。相比于其他形式的网络广告，网络论坛广告收费低廉首先是因为它的广告传播范围较小，针对的目标群体相对集中在某一特定领域，这为广告主提供了较精准的广告投放平台，避免了广告费的大规模浪费。根据论坛的特征、目标受众情况进行有目的的广告投放会使广告的传播效果更好，也使广告费用投放的价值得到更好的显现。同时，网络论坛广告低廉的价格也会带来新的商机，广告主不必担心广告的投放成本，可以把更多的精力专注于广告设计、内容设置及产品质量安全等问题上，节省广告预算的同时也为消费者提供更多的优质服务。论坛广告的位置、版面的大小是造成价格差异的主要原因。论坛广告是基于会员注册时使用的电话、邮箱等进行广告投放的，盲目扩大会员接受广告的范围也会造成适得其反的效果。用户浏览论坛的基本目的是娱乐或学习，当符合自己利益的产品出现时，用户通常会增加购买欲望，所以，广告主会有针对性地进行广告投放，注重在互动性强的领域内的有效传播，因而使广告费维持在较为低廉的理想状态。

(2) 特定场域中的分享和互动效果明显

分享的互动性是论坛广告投放的优势之一，受众不只是被动地接受广告传播，而是更乐于享受观看广告以及与其互动的过程。网络论坛的创新性互动模式降低了受众的反感度，追求娱乐性的传播效果，互动性较强。在网络技术的推动下，论坛广告的互动形式日益呈现出趣味性的趋势。同时，网络论坛广告不只是广告传播手段，还可以作为受众广泛的交流载体，用户间的分享和互动会带动论坛的人气，广告主会依据网络论坛的热度进行准确的广告投放。例如，2015 年在天涯论坛上流行一篇题为“春节当天应不应该放假”的帖子，这一热帖论及当时社会民众的痛点，引起了论坛用户的热烈讨论。有人赞成春节当天放假，也有人反对春节当天放假，这种互动式评论无疑提高了论坛的人气，用户纷纷在论坛上分享自己春节回家的经历。广告主抓住这一时期的受众特殊心理，投放的广告大都与该帖的热点信息相关，取得了较好的传播效果。

2. 网络论坛广告投放的劣势

网络论坛广告投放的劣势主要表现在两个方面：一是网络论坛特殊的匿名环境使得广告主的广告投放处在一个相对虚拟的空间内，广告违法投放的情况时有发生；二是广告强制性传递和接收的现象依然存在，广告传播的信用度相应地会受到影响，网络论坛广告的投放缺乏法律保障。

(1) 网络论坛用户匿名性的特征明显

根据国家网监部门的要求，网络论坛版主一律要实行实名制，版主需要提供真实的身份信息，不能以虚假的个人信息注册。但网络论坛用户的匿名性使其处在虚拟的网络环境中，依托网络论坛用户生成的广告信息有时亦真亦假。一些广告主为了片面地追求传播效果而忽视广告产品的真实性，一些垃圾邮件、网络钓鱼信息、网络虚假信息、网络不良信息、隐私泄漏等不良传播仍是困扰论坛广告发展的显著问题。例如，网络论坛“水军”的出现可以迅速提升品牌的影响力和竞争力，但也会出现虚假信息泛滥、用户隐私泄露、产品以次充好甚至以假乱真骗取消费者信任等不良现象。网络论坛中违法广告、诈骗广告的存在严重干扰了论坛广告的有序运行，引起了受众的强烈反感。但由于用户的匿名性特征和虚拟性空间的存在，对网络论坛虚假广告的追责存在一定的困难，广告传播的可信度也会不时受到质疑。

(2) 网络论坛广告强制传播的局限性

从网络论坛广告的传播形式和路径来看，它的互动性较好，但本质上仍是一种强制性的广告传播形式。论坛用户注册时需要使用邮箱或手机号码，但之后用户的邮箱或手机就会收到来自某个论坛发来的广告信息，多为广告推广链接网站的垃圾信息。这种现象通常会引起用户的强烈抵触与反感，造成适得其反的效果。强制性的广告介入在一定程度上会增加点击率，但也会对用户造成一定的干扰。如何加大对网络论坛广告的监管力度，减少垃圾广告信息对广告客户的侵扰，也是网络论坛广告健康发展必须面对的问题。

思考题

1. 简述网络论坛的类型。
2. 简述网络论坛广告的特点。
3. 简述网络论坛广告的优劣势。
4. 什么是网络软文广告?
5. 网络论坛广告营销的常用方式有哪些?

5 搜索引擎广告

搜索引擎广告是搜索引擎营销的主要表现形式之一，初期是指付费给搜索引擎来提高网站排名的营销行为。随着搜索引擎的平台化发展，搜索引擎广告逐渐包括依附于多样化的搜索引擎工具的广告形式。在新媒体时代，搜索引擎有效连接了企业广告推广的需求和用户检索信息的需求，逐渐成为受广告商青睐的推广工具。搜索引擎广告包括信息搜集、信息整理和用户查询互动功能，具有较高的商业价值和社会价值。搜索引擎广告类型众多，包括竞价排名、广告联盟、地图搜索广告、社区搜索广告和品牌类广告等。

5.1 搜索引擎广告概述

搜索引擎(search engine)是指从互联网上搜集信息，对其进行组织和处理后，为用户提供检索服务，并将用户检索的相关信息展示给用户系统，主要包括信息搜集、信息整理和用户查询三部分内容。

5.1.1 搜索引擎发展的几个历史阶段

1990 年，搜索引擎诞生，经过 30 多年的发展，经历了几个不同的发展阶段，它的表现形式也发生较大的变化。

1. 索引式搜索引擎诞生

1990 年，以 Archie 为代表的索引式搜索引擎诞生（图 5－1）。尽管当时万维网（world wide web）还未出现，但是网络中的文件传输较为频繁，在大量文件中搜索特定的资料成为一个难题。于是，加拿大蒙特利尔大学的学生艾伦・艾姆塔格（Alan Emtage）创建了一个以文件名为索引的查找系统，帮助用户在众多分散的 FTP 主机中找到自己想要的文件。

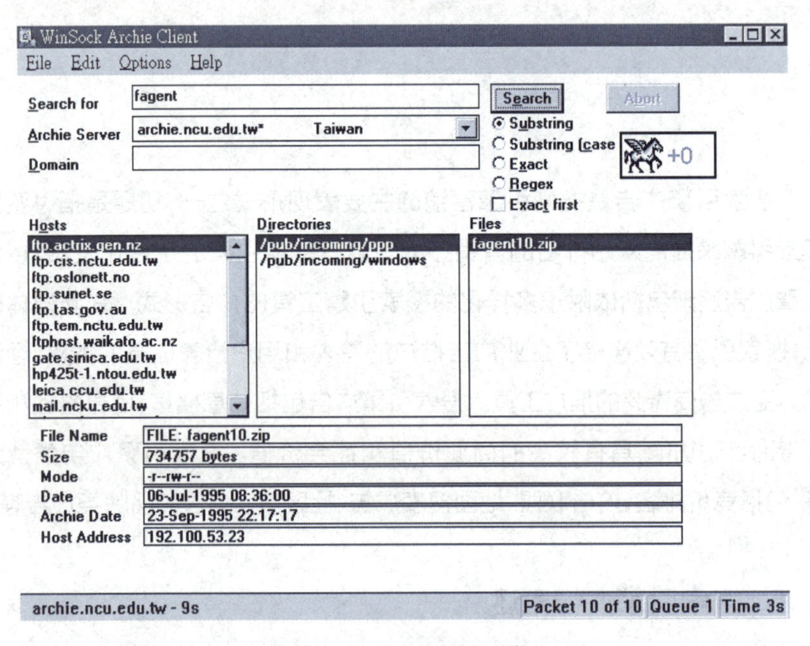

图 5－1 Archie 搜索引擎

2. 目录式搜索引擎出现

1994 年 4 月，以雅虎（Yahoo）为代表的目录式搜索引擎出现（图 5－2）。美国斯坦福大学的两名博士生杨致远（Jerry Yang，美籍华人）和大卫・费罗（David Filo）共同创办了雅虎搜索引擎。作为第一代分类目录式的搜索引擎，它以人工方式审核网站提交的信息，并将它纳入一个事先确立的分类体

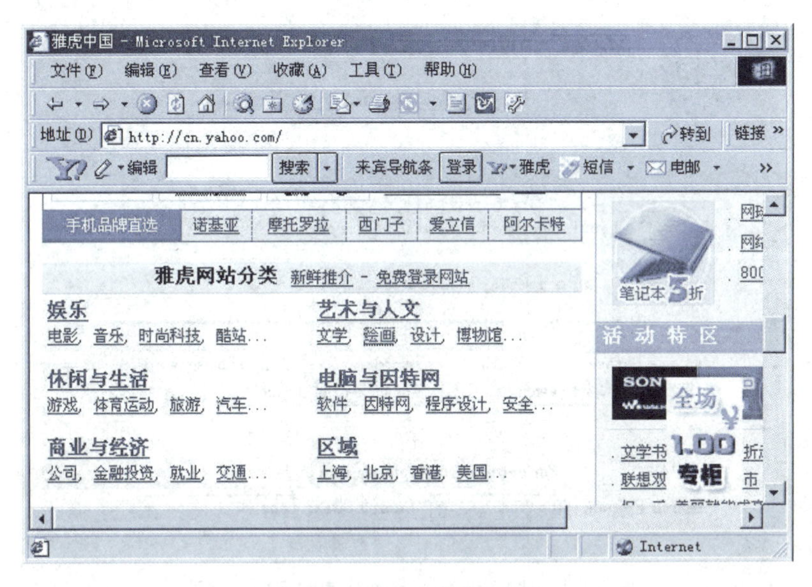

图 5-2　雅虎中国搜索引擎

系，最终以目录形式呈现给用户。1998 年 2 月，张朝阳在中国推出分类目录搜索引擎——搜狐。

3. 元搜索引擎问世

1995 年，以 MetaCrawler 为代表的元搜索引擎问世（图 5-3）。元搜索引擎通过一个统一的用户界面，帮助用户在多个搜索引擎中选择一个甚至多个合适的搜索引擎来完成检索要求。MetaCrawler 是由美国华盛顿大学的硕士生埃里克·塞尔伯格（Eric Selberg）和奥伦·埃齐奥尼（Oren Etzioni）创办的。国外著名的元搜索引擎还有 Infospace、Dogpile 等；在国内，好搜、搜魅网等也属于元搜索引擎。

4. 关键词搜索引擎问世

1998 年 9 月，以谷歌（Google）为代表的关键词搜索引擎诞生（图 5-4），它由美国斯坦福大学的两名博士生拉里·佩奇（Larry Page）和谢尔盖·布林（Sergey Brin）联合创办。关键词搜索引擎由搜索器、索引器和检索器组成。其中，搜索器负责尽可能多地搜集和定期更新信息；索引器从之前搜索

图 5-3　以 MetaCrawler 为代表的元搜索引擎

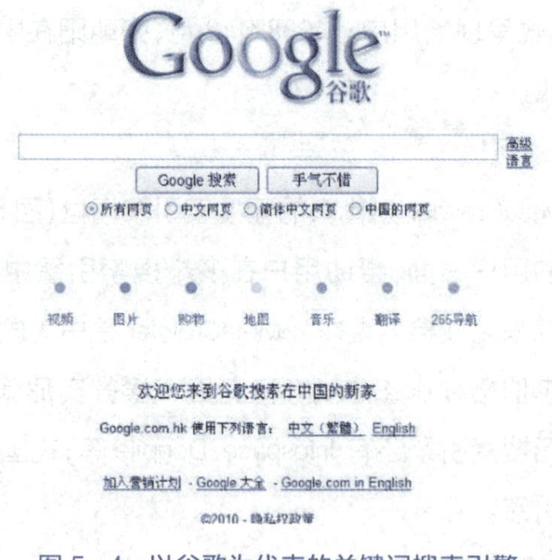

图 5-4　以谷歌为代表的关键词搜索引擎

到的信息中抽取索引页，并生成索引表；检索器则依据用户输入的关键词来检索结果，并根据相关性进行排序。1999 年 12 月，由李彦宏创办的百度成为国内比较典型的关键词搜索引擎。

除了上述四种搜索引擎形态,还有语义搜索引擎、门户搜索引擎和垂直搜索引擎等形态。

5.1.2 搜索引擎广告的概念及特征

随着互联网信息的膨胀和溢出,搜索引擎越来越受到重视,成为一种网络营销不可或缺的手段。搜索引擎广告(search engine advertisement)是搜索引擎营销(search engine marketing)的重要组成部分。

1. 搜索引擎营销

搜索引擎营销指利用网民对搜索引擎的依赖和使用习惯,在检索信息时尽可能地将营销信息传递给目标客户。搜索引擎营销一般来说有两种途径:一是购买收费的搜索引擎广告,二是通过技术手段进行搜索引擎优化。

2. 搜索引擎广告

搜索引擎广告是搜索引擎营销的主要表现形式之一,指付费给搜索引擎来提高网站的排名(通常指搜索引擎赞助的广告部分的排名)。随着搜索引擎越来越平台化,搜索引擎广告的内涵也越来越广泛,还包括依附于多样化搜索引擎产品的其他各种内容广告形式(图 5-5)。

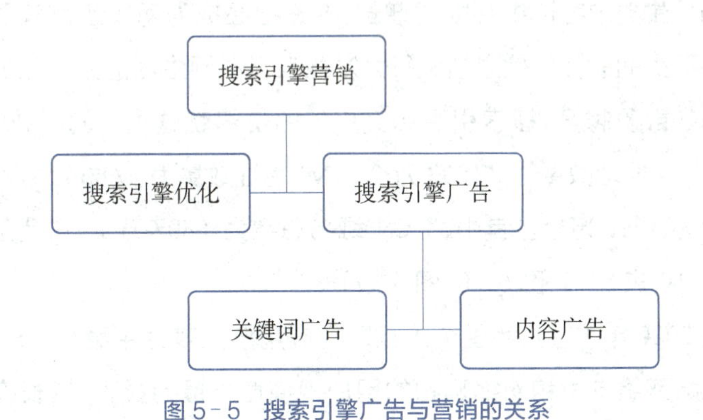

图 5-5 搜索引擎广告与营销的关系

3. 搜索引擎广告商业应用前景

搜索引擎广告利用网民使用搜索引擎的习惯,将企业营销信息被动地传递给他们，以满足需求，同时也帮助企业实现营销目标。搜索引擎催生了新的商业盈利模式，成为网络经济新的增长点，使一种新的广告模式产生并发展成最有效的在线市场推广工具以及未来一段时间内成长最快的网络广告形式。目前，关键词搜索引擎是受众基础最广泛、形态最稳定的搜索引擎模式，因此，本章将重点讨论以关键词搜索引擎为投放平台的广告。

5.2 搜索引擎广告的价值

搜索引擎具有很高的广告价值。一方面，从网络信息数量、搜索引擎特有的广告特征和市场规模等方面来说，搜索引擎广告具有较高的商业价值；另一方面，从社会信息的传播、社会组织的效用提升、社会公益事业的发展等方面来说，搜索引擎广告还体现出较高的社会价值。

5.2.1 商业价值

1. 日益增长的市场规模

搜索引擎存在的意义就在于，自互联网进入 Web 2.0 模式后，自媒体的产生使用户生成内容产生井喷式增长，搜索已经成为网民正常获取互联网信息必不可少的途径。信息搜索行为发生在互联网生活的方方面面，因此，网络信息的数量越多，搜索引擎和其广告的价值就越大。截至 2020 年 12 月，我国 IPv4 地址数量为 38 923 万个，IPv6 地址数量为 57 634 块/32。我国域名总数为 4 198 万个。其中，“.CN”域名总数为 1 897 万个，占我国域名总数的 45.2%（表 5-1、图 5-6、图 5-7）[①]。

截至 2020 年 12 月，我国个人互联网应用增长较为平稳（表 5-2）。其中，短视频、网络支付和网络购物的用户规模增长最为显著，增长率分别为

① 《第 47 次〈中国互联网络发展状况统计报告〉（全文）》，2021 年 2 月 3 日，中华人民共和国国家互联网信息办公室，http://www.cac.gov.cn/2021-02/03/c_1613923423079314.htm，最后浏览日期：2021 年 4 月 1 日。

表 5-1 2019 年 12 月—2020 年 12 月互联网基础资源对比(资料来源：CNNIC)

	2019 年 12 月	2020 年 12 月
IPv4[13](个)	387 508 224	389 231 616
IPv6[14](块/32)	50 877	57 634
域名[15](个)	50 942 295	41 977 611
".CN"域名(个)	22 426 900	18 970 054
国际出口带宽(Mbps)	8 827 751	11 511 397

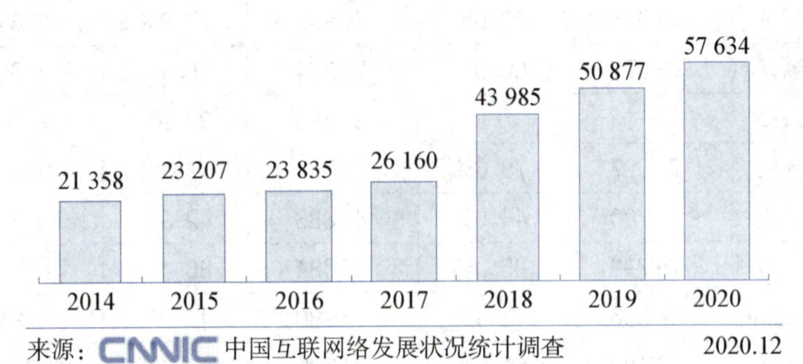

图 5-6 IPv6 地址数量

图 5-7 IPv4 地址数量

12.9%、11.2%和10.2%。基础类应用中，即时通信、搜索引擎保持平稳的增长态势，用户规模较2020年3月分别增长9.5%、2.6%。在网络娱乐应用中，网络直播保持快速增长，增长率为10.2%；网络视频、网络音乐的用户规模较2020年3月分别增长9.0%、3.6%[①]。

表5-2 2020年3—12月各类互联网应用用户规模和使用率(资料来源：CNNIC)

	2020.3		2020.12		
应用	用户规模(万)	网民使用率	用户规模(万)	网民使用率	增长率
即时通信	89613	99.2%	98111	99.2%	9.5%
搜索引擎	75015	83.0%	76977	77.8%	2.6%
网络新闻	73072	80.9%	74274	75.1%	1.6%
远程办公	—	—	34560	34.9%	—
网络购物	71027	78.6%	78241	79.1%	10.2%
网上外卖	39780	44.0%	41883	42.3%	5.3%
网络支付	76798	85.0%	85434	86.4%	11.2%
互联网理财	16356	18.1%	16988	17.2%	3.9%
网络游戏	53182	58.9%	51793	52.4%	-2.6%
网络视频(含短视频)	85044	94.1%	92677	93.7%	9.0%
短视频	77325	85.6%	87335	88.3%	12.9%
网络音乐	63513	70.3%	65825	66.6%	3.6%
网络文学	45538	50.4%	46013	46.5%	1.0%
网络直播	55982	62.0%	61685	62.4%	10.2%
网约车	36230	40.1%	36528	36.9%	0.8%
在线教育	42296	46.8%	34171	34.6%	-19.2%
在线医疗	—	—	21480	21.7%	—

① 《第47次〈中国互联网络发展状况统计报告〉(全文)》，2021年2月3日，中华人民共和国国家互联网信息办公室，http://www.cac.gov.cn/2021-02/03/c_1613923423079314.htm，最后浏览日期：2021年4月1日。

搜索引擎行业的整体营收有所下滑，寻求新增长点成为当务之急。2020年前三个季度，受新冠肺炎疫情影响，百度网络营销营收合计同比下降9.1%，搜狗搜索及相关营收合计同比下降16.0%①。

2. 搜索引擎广告收入

搜索广告收入增长进入瓶颈期，成为限制行业持续健康发展的难题。与此同时，社交、购物等App吸引了巨大的流量，搜索的入口优势被显著削弱。为应对困难局面，搜索引擎企业应加快内容和服务生态布局，加速推进AI商业化，开拓市场，争取进入发展的新赛道。2020年，百度收入多元化趋势明显，云服务、视频会员服务和AI业务营收规模保持增长，自动驾驶业务获得资本市场的认可，推动市值突破600亿；搜狗智能硬件产品的销售收入保持了较快增长，第三季度同比增长66%②。

搜索市场的竞争趋于激烈，推动搜索业务功能和定位呈现出差异化趋势。2020年9月，腾讯全资收购搜狗，为微信内容生态引入外部互联网资源，以提升腾讯在搜索领域的竞争力；同年11月，头条搜索整合字节跳动多款新闻、视频产品，全面布局搜索广告时长。未来，搜索服务将在技术研发、产品形式、用户体验方面呈现更多创新。在独立搜索中，百度收入的主要来源仍是关键字广告；搜狗的搜索业务收入占比长期超过90%。在应用搜索方面，微信搜一搜主要作为微信的内建服务，为用户提供社交、购物、本地生活服务的信息，产生的广告收入占比还较低，未来的商业化方向也会与传统综合搜索引擎有所不同。

3. 高投资回报的广告特点

搜索引擎广告自其诞生起就因低投入、高回报而受到各方关注，与传统媒体相比，它的投资回报率十分诱人。

---

① 《2020年中国搜索引擎用户数据分析：全年用户规模达7.7亿》，2021年2月4日，中商情报网，https://www.askci.com/news/chanye/20210204/0932181350860.shtml，最后浏览日期：2021年4月1日。

② 同上。

(1) 广告投放成本更低廉

相对于报纸、杂志、电视等传统媒体动辄上万元的广告投入，搜索引擎广告更经济，因为搜索引擎均采用灵活的计费模式，根据不同关键词的热门程度付费，能够做到有效控制广告预算。例如，在百度投放广告只要开通百度账户，首次投放存入600元开户费，并预存5 000元广告费，就能在上面开展广告业务；谷歌搜索引擎开户需4 800元，搜狗搜索引擎开户需3 600元等。相比于电视广告每秒上千或上万的成本来说，搜索引擎广告的成本低廉了许多。

(2) 广告投放入口更多元

在新媒体时代，搜索引擎已不再是一款单纯的互联网工具。凭借不计其数的用户搜索行为数据，搜索引擎公司已积累了各方面的用户兴趣指数，从而发展成为一个为网民生活多方面服务的搜索平台，每当一个新的搜索产品被推出，便预示着更多广告投放的入口出现。以百度为例，除了核心的20余项不同搜索服务，还涵盖社区、休闲娱乐、线下生活等多个方面。具体来说，社区服务包括百度贴吧、百度知道、百度百科、百度经验、百度校园、百度旅游等；游戏娱乐服务有百度游戏、百度爱玩、百度电视游戏等；移动服务有百度网盘、百度云、百度手机地图、百度身边、导航服务、游戏服务等。更重要的是，从流量占比来看，百度知道、百度百科等小频道的流量大于网页搜索的流量，如果能整合应用百度平台上的资源，广告商将获得极高的收益。

(3) 广告投放方式更灵活

基于目前搜索引擎的平台性和媒介融合性，广告主可以在搜索引擎上以各种各样的媒体形式传播有营销价值的信息，包括文字、图片、视频、新闻、口碑推荐等，不同的广告内容可以对应不同的广告形式。更为重要的是，搜索引擎投放可以更方便、直观地预览广告投放效果，广告投放期间可以随时根据投放结果修改广告内容，甚至直接撤销广告，与传统媒体甚至一些网络广告相比，这种广告投放方式更为灵活。

(4) 广告定位更精准

搜索引擎的使用者在信息搜寻方面有着比传统媒体受众更高的主动性,因为消费者产生某种需求时,会通过搜索引擎主动寻求和需求相关的某类信息,是一种用户主动表达需求的行为。可以说,传统的营销方式使企业的信息大多是被动地推销给受众的,搜索引擎广告是让受众主动找到广告主,从而大大提高了用户转化率,这种模式与传统媒体广告和传统的互联网广告模式大相径庭。因此,搜索引擎营销日益成为厂商与消费者沟通的有效媒介。

(5) 广告数据搜集更有效

搜索引擎经过十多年的发展,在文本分析、关系发掘、图谱构造、用户语义理解等方面已有丰富的经验积累。这些技术与大数据挖掘息息相关,通过将这些挖掘技术和传统搜索结合起来,可以有效查找到用户的需求路径,从而为用户推荐他们更想要的东西。数据的搜集使一些受众广泛的搜索引擎可以生成可靠的用户需求报告,从而为广告主下一次的广告投放提供更有效的营销策略。例如,谷歌开发出了一套为广告投放商提供顾客转化率数据的跟踪工具,它可以帮助广告商有效地监测他们通过谷歌投放在网站上的广告产生了多少流量以及产生了多少实际交易方面的效果。

5.2.2 社会价值

1. 降低信息的不对称

信息不对称指某些人掌握了另一些人所没有掌握的信息。由于中国地域辽阔,社会构成复杂,互联网的应用更使信息的生产与传播进入高速流转的状态,信息不对称的情况突出。可靠的搜索引擎平台是解决信息不对称情况的一个有效工具,为信息在互联网空间中的传播提供了可能,搜索引擎广告也在信息流通的过程中作出了贡献。例如,过去一些奢侈品牌和国外品牌的传播推广成本高,受众大多是从电视广告中获知这些品牌的基本信息。现在，搜索引擎广告大大消解了这种信息的不对称性，奢侈品牌信息不再只是“有钱阶级”独有的资源，搜索引擎为所有的网络使用者提供了平等和畅通的信息通道。

2. 增加资源共享的机会

搜索引擎具有共享的特点，用户不仅可以在搜索引擎上搜索到各种文档、图片、音乐、视频，还为用户提供了大量的隐形资源，包括经验、知识、问答等。截至 2014 年 11 月，百度百科收录的词条数量已达 1 000 万个；百度知道中的内容也有上亿人进行分享。许多企业纷纷推出了官方的“百科”知识，建立了官方的“知道”平台(图 5－8)，除了为自身树立了品牌形象，一些知识和经验在阅读、提问、回答以及修正的过程中构成了一种大规模的社会协作，提高了受众对品牌和产品的认知水平，一定程度上提升了受众的文化素养。

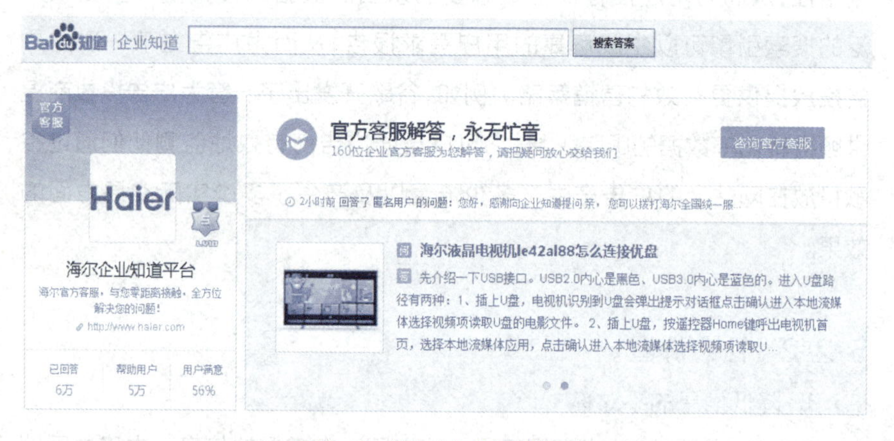

图 5－8 海尔“企业知道”平台

3. 扩大社会组织的效用

搜索引擎的发展使社会组织的开放性特征越发显著，任何基于特定目的聚集起来的群体都可被称为社会组织，政府、医院、学校、社会团体等都属于社会组织。由于社会组织的运转离不开固定的工作成员、组织构成和目标，社会组织在具有专业性的同时，也常常具有封闭性，使受众在接受这些组织的服务时受到了很大的限制。搜索引擎的出现为受众提供了更多接触这些组织的机会，帮助他们更好地了解社会组织的职能，甚至直接提供了一些简单服务，便于受众的线下生活。最典型的例子便是搜索引擎聚合了一些疾病的诊疗机构信息(图 5－9)，可以帮助患者快速找到合适的医疗机构。此外，一些医疗机构在搜索引擎上投放广告时，常常开通免费为受众简单诊疗的服务。虽然疾病的医治仍然离不开专业的指导，但搜索引擎上的一些免费专业知识的普及减轻了整个医疗系统的负担，扩大了社会组织的效用。在美国，甚至出现了一个专门指代根据搜索引擎信息自我诊断的现象——“谷歌病”。

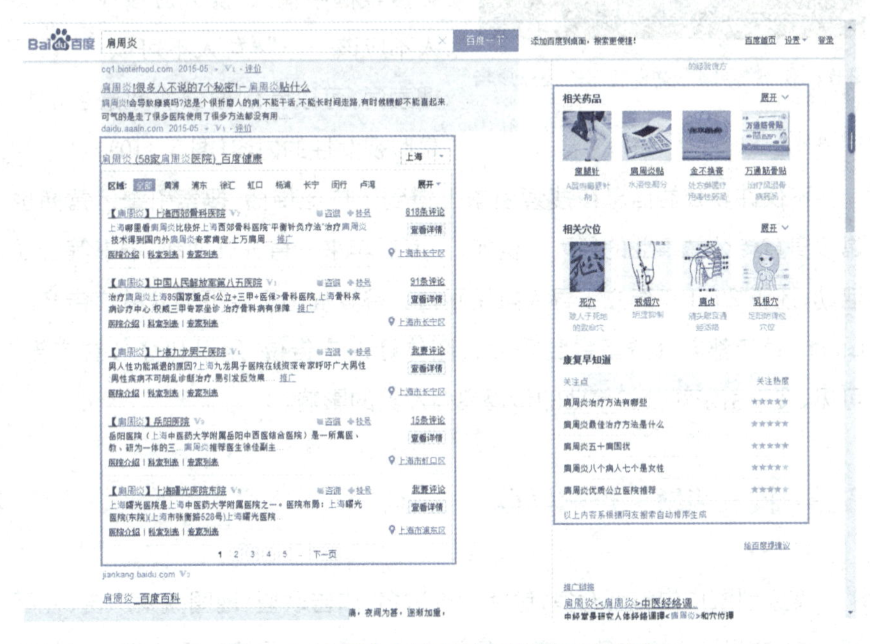

图 5－9 在百度上搜索“肩周炎”显示的结果

4. 助力社会公益事业

随着互联网上海量信息的溢出，越来越多的人将搜索引擎作为检索信

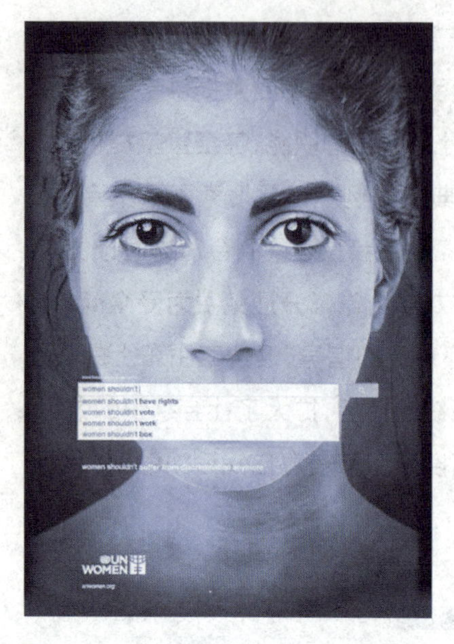

图 5-10　联合国妇女权能署的公益广告

息的第一入口，搜索引擎在助力社会公益事业方面也表现出极高的应用价值。大量优秀的公益广告被投放在搜索引擎的平台，在受众搜索相关信息的过程中被呈现出来，从而引发受众对该公益信息产生兴趣。2013 年，联合国妇女权能署（UN Women）为了倡议保障妇女应有权利，刊登了一则公益广告，通过谷歌搜索数据，曝光了社会对妇女的歧视。该广告显示，在谷歌搜索框中输入“女人应该……”“女人不应该……”“女人不可以……”等搜索词，可以看到搜索次数最多的均是歧视女性的内容（图 5-10）。

不仅许多公益信息在搜索引擎上得到了广泛传播，搜索引擎运营商也常投身宣传公益事业的行列。例如，百度近年来一直开展助教、捐书等公益活动，还于 2011 年建立了寻人打拐平台。谷歌推出了旗下的公益广告产品 Grants，每年都向公益基金会等社会团体赠送广告位，用以刊登公益广告。可见，搜索引擎对公益事业的传播具有深刻的影响。

5.3　搜索引擎广告的类型

搜索引擎广告类型众多，包括竞价排名、广告联盟、地图搜索广告、社区搜索广告、品牌类广告等。其中，品牌类广告又分为品牌专区广告和品牌地标广告。

5.3.1 品牌类广告

1. 品牌专区广告

品牌专区是为著名品牌量身定做的专属资讯发布平台，相当于企业的迷你页面，显示于搜索结果首页的顶部，通常占据首页三分之二的位置(图 5-11)。每当受众搜索企业投放的特定品牌词、产品词、活动相关词时，便会触发品牌专区显示在搜索引擎首页。投放品牌专区广告可以有效地帮助企业树立品牌形象，彰显其在行业中的地位，快速获得受众的关注和良好的第一印象。因为受到广告商的欢迎，品牌专区的设置也从网页搜索延伸到了新闻(图 5-12)、图片(图 5-13)、视频(图 5-14)等各个板块。此外，品牌专区具有多种不同样式可以选择，甚至可以由企业自己设计，根据自己的需要来定制样式。为了保护中小企业的利益，百度还为不同行业设置了不同的投放起价，技术型、规模型行业中的品牌往往要出具更高的价格才能拥有百度的品牌专区广告展示资格。

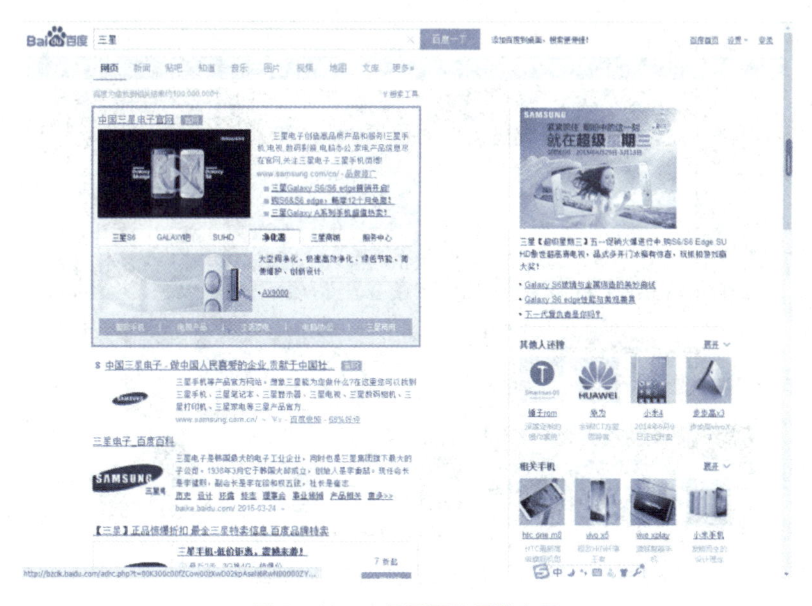

图 5-11　三星网页的品牌专区

图 5-12　雪佛兰新闻的品牌专区

图 5-13　三星图片的品牌专区

图 5-14 雪佛兰视频的品牌专区

2. 品牌地标广告

品牌地标是品牌专区的一个补充设置，通常出现在搜索引擎搜索结果右侧的顶端，以一种图片、文字、链接混合的形式出现，涵盖品牌的主标题、描述和显示 URL 等内容。与品牌专区有所不同，品牌地标通常针对通用词进行投放，即那些并没有细化到品牌信息或某款产品的概括词，如网游、手机、香烟和购买活动词，如买车、打印机报价等。当受众搜索企业投放的特定通用词时就会呈现，能够帮助企业提升品牌的认知度，快速覆盖尚不了解品牌的人群，扩大品牌精准曝光的范围（图 5-15）。长此以往，还能够有效地建立品牌联想，因此，投放地标的产品相较于未投放过地标的品牌，回搜率至少提高了一倍。

品牌地标是百度搜索引擎的一款特色产品，它的设计初衷是帮助一些知名企业推广品牌知名度，但由于百度事先已经将品牌地标可投放的关键词进行打包出售，因而在价格方面常常偏高。

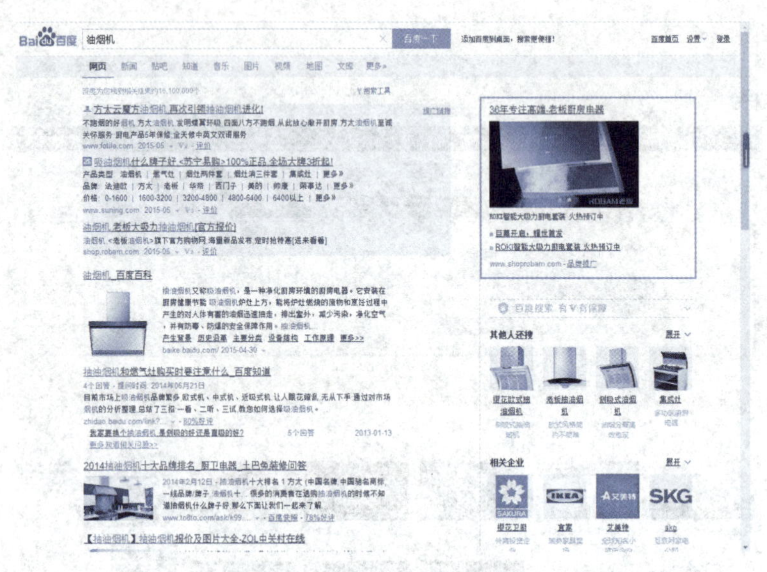

图 5-15　老板油烟机的品牌地标

5.3.2　竞价排名

竞价排名是搜索引擎广告的重要形式之一，由美国的搜索引擎 Overture 创立，并为现在众多的搜索引擎所采用。竞价排名是一种按效果付费的网络推广方式，企业可以根据自身需要定制不同的关键词，并为之竞价。搜索引擎系统则会自动根据企业出价高低决定企业投放信息的排序，并分为搜索引擎左侧（图 5-16）和右侧（图 5-17）两部分展示区域，关键词质量高、出价高的将优先被安排在左侧区域展示。竞价排名的方式可以有效地帮助企业精准匹配受众的搜索意愿，并且灵活控制企业投放关键词的时间、地域和预算规模，方便企业全程追踪用户行为和投放效果，按点击量支付费用的方式也为企业节省了成本。

2006 年，为了提高网民的搜索体验，百度推出了智能排名功能，不再以竞价价格高低作为判断关键词排名的唯一依据，而是综合考虑关键词质量及竞价价格的影响，以综合排名指数作为排名的标准。综合排名指数为质量度与竞价价格的乘积，质量度依据历史数据计算，涵盖点击率、与关键词

图 5-16　百度引擎左侧位置的竞价排名广告

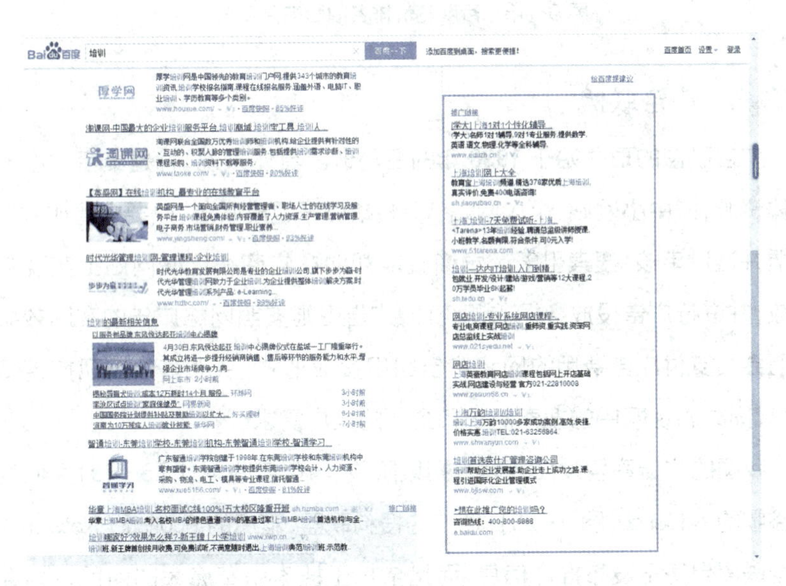

图 5-17　百度引擎右侧位置的竞价排名广告

的相关性、网站质量、账户历史质量等方面，高质量度的关键词除了能获得较高的排名，还能优先展示在搜索结果页面的左侧，继而获得更好的推广效果(图5-18)。

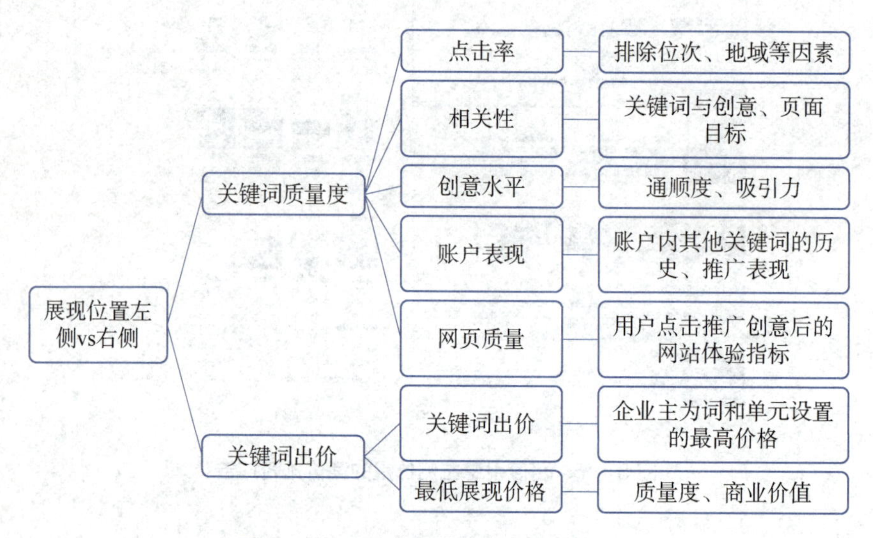

图5-18　百度竞价排名的影响因素分析

5.3.3　广告联盟

广告联盟的形式始于1996年的亚马逊。具体来说，就是集合中小网络媒体资源，如中小网站、个人网站、WAP站点等组成联盟，只要申请加入广告联盟并通过审核，搜索引擎运营商就能帮助广告商在这些网站上实现广告投放，并进行广告投放数据监测统计，广告主则按照网络广告的实际效果向联盟会员支付广告费用的网络广告组织投放形式，从而有效实现广告资源共享、同时满足网民的搜索需求和企业的推广需求。

我国的广告联盟发展还处于初级阶段，与百度联盟(图5-19)类似的还有谷歌的AdSense(图5-20)、搜狗的搜狗联盟、雅虎的Publisher Network等。这些联盟自身不发布推广信息，而是依托于搜索引擎庞大的网民行为数据库和精准的受众定向技术(包括网民的基本属性和兴趣爱好等)，在联盟网

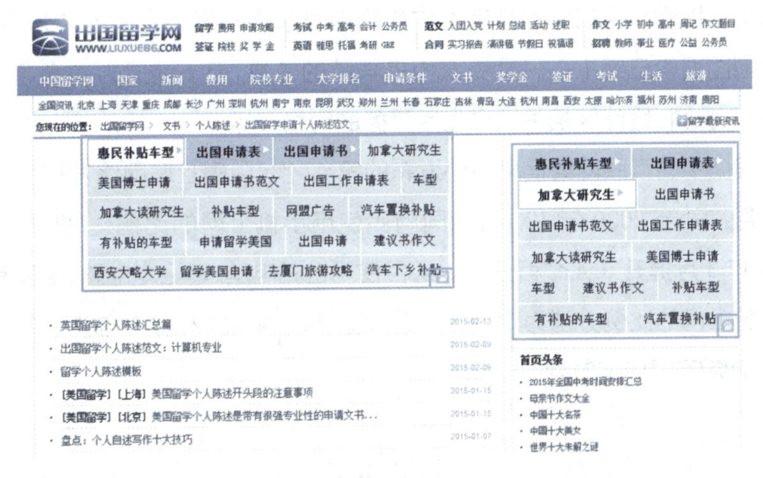

图 5-19　百度联盟在出国留学网上投放的广告

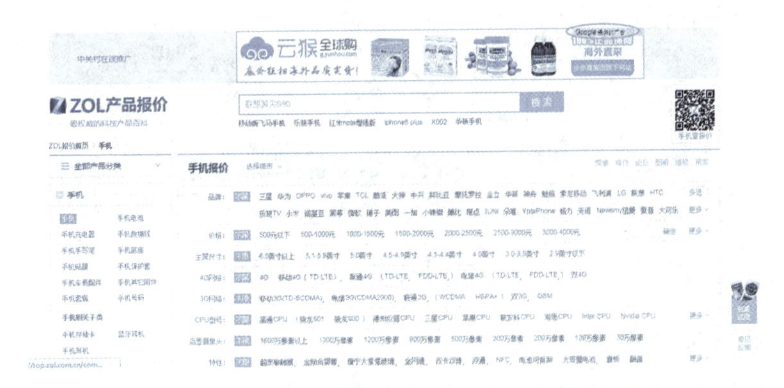

图 5-20　谷歌 AdSense 在中关村在线网上投放的广告

站中展示内容相关的推广信息。而当网民点击这些网站的推广信息时，网络联盟就能从中赚取佣金，这些网站也会获得收入分成。

5.3.4　其他搜索产品广告

1. 地图搜索广告

地图广告就是在网络地图上标注企业位置及相关信息，利用网络地图（如百度地图、谷歌地图）中标注的公司名称和位置等信息来进行企业自身的营销。搜索引擎的地图频道为广告商提供了许多潜力巨大的广告资源，因为地图搜索已经不再只是受众用来导航的工具，而逐渐成为受众寻找衣食住行、教育、医疗等相关城市生活服务的网络产品。

根据中国互联网络信息中心发布的第 47 次《中国互联网络发展状况统计报告》，截至 2020 年 12 月，我国网民使用手机上网的比例达 99.7%，较 2020 年 3 月提升 0.4 个百分点。网民使用台式电脑、笔记本电脑、电视和平板电脑上网的比例分别为 32.8%、28.2%、24.0%和 22.9%，均较 2020 年 3 月有所降低(图 5-21)①。

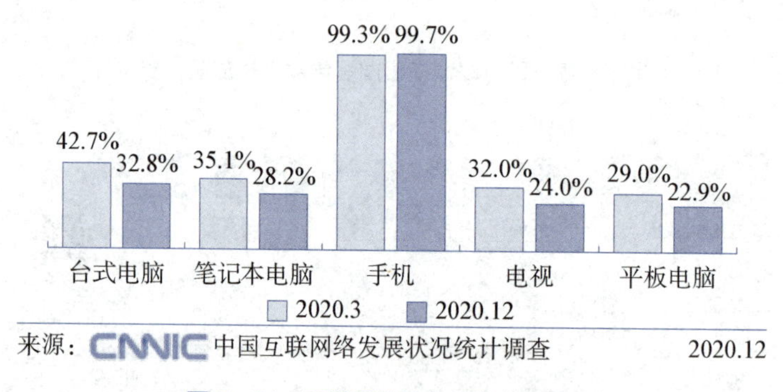

图 5-21　互联网络接入设备使用情况

2. 社区搜索广告

社区搜索广告即搜索引擎利用贴吧、BBS 等方式来拓展营销渠道，比如百度贴吧官方吧客户端具有消息推送功能，即针对关注了本吧的粉丝进行消息推送，每周发送 1 条消息。2007 年，谷歌与天涯社区合作推出“天涯问答”和“天涯来吧”两款社区产品，利用社区网络进行产品推广。

国内最著名的社区搜索产品是百度贴吧。贴吧是一种基于关键词的主题交流社区，通过用户输入的关键词，自动生成讨论区，使用户能立即参与

① 《第 47 次〈中国互联网络发展状况统计报告〉(全文)》，2021 年 2 月 3 日，中华人民共和国国家互联网信息办公室，http://www.cac.gov.cn/2021-02/03/c_1613923423079314.htm，最后浏览日期：2021 年 4 月 1 日。

交流，发布与自己感兴趣的话题相关的信息和想法。百度贴吧的推广资源包括软性植入、皮肤定制、读图贴吧、贴吧首页旗帜(图5-22)和文字链接广告、官方贴吧等。与其他社区相比，贴吧"关键词"汇聚的网民特点无疑更加精准，更具传播影响力。

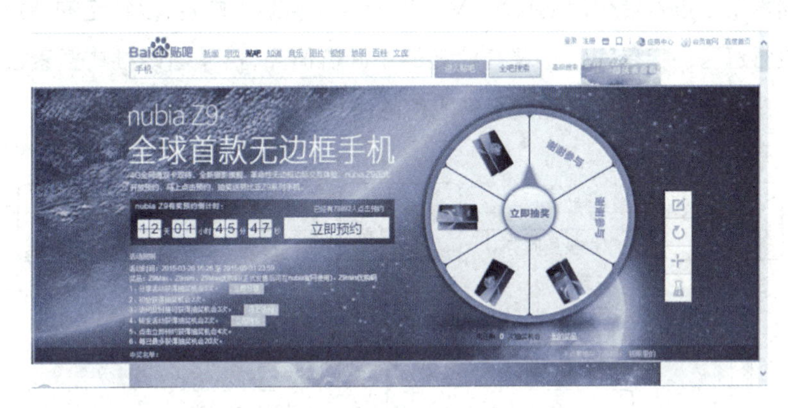

图5-22 nubia Z9手机的贴吧首页广告

5.4 搜索引擎广告的运作

搜索引擎广告运作模式的形成与搜索引擎市场产业链的建构、主要盈利模式和广告收费模式的稳定呈现直接相关。国内搜索引擎市场的主体构成存在差异性和竞争性，搜索引擎市场的集中度及投放广告时的投放策略也会对搜索引擎广告运作产生较大影响。

5.4.1 搜索引擎市场运作模式

1. 搜索引擎市场产业链

搜索引擎产业链主要是指企业用户、搜索引擎运营商、代理商、互联网公司及最终用户等通过一定的合作方式形成一种特定价值链的依存实体，它们之间是一种利益互补、共同受益的关系。

在搜索引擎产业链中,企业用户占据着重要的地位,属于搜索引擎产业链的上游端。正是由于企业具有这方面的服务需求,才使得搜索引擎具有存在的意义和发展的空间。

搜索引擎运营商则主要是对搜索引擎技术和搜索内容进行整合,既利用搜索引擎技术提供商的技术,又利用内容提供商的内容,以特定的商业模式进行运营。它是搜索引擎产业链的中间价值点,扮演着既推广搜索技术又推广内容提供商的产品或服务的角色(图5-23)。

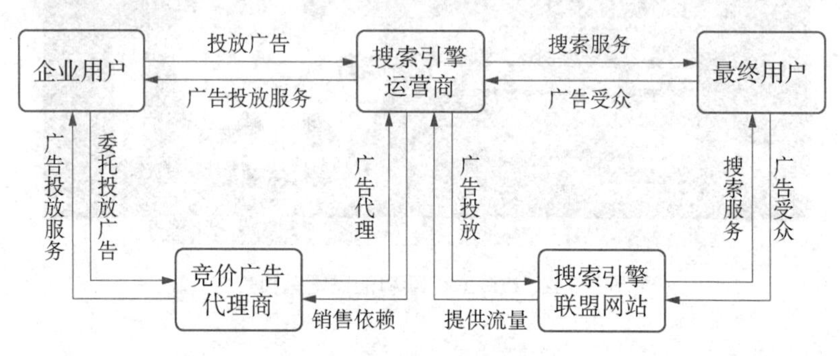

图5-23 搜索引擎市场产业链

竞价排名广告是目前搜索引擎最重要的盈利模式,因此催生了竞价广告代理商,为企业用户提供专业的竞价广告投放意见。一方面,各搜索引擎的关键词投放规则不同,且不定期改变;另一方面,要想获得更好的投放效果,有时可能需要投放上百组、上千组关键词,并做到实时监管。这些都需要专业的广告投放管理,竞价广告代理商能满足企业用户这方面的需求。

用户是整个产业链的核心,企业用户和搜索引擎运营商的所有努力最终都是为了满足用户的需求,从而获取利益。

2. 搜索引擎运营商的主要盈利模式

(1) 技术授权

搜索技术授权是搜索引擎最早的盈利模式,主要是指作为搜索技术提供商向门户网站收费,有些门户网站不愿花大量的人力、财力去研发自身的搜索技术，而是通过付费给某些搜索企业来使用它们的技术，这样就为技术领先的搜索企业带来了盈利渠道。即使在今天，技术授权依然是搜索引擎的主要收入来源之一，如谷歌仍为一些企业、门户网站、政府机构甚至其他搜索引擎运营商提供搜索技术，按搜索次数收取授权技术使用费，雅虎就与谷歌进行过技术合作，直到 2004 年才停止采用谷歌提供的搜索技术。

(2) 竞价排名

竞价排名也是早期搜索引擎使用的盈利手段，已成为以百度为首的众多搜索引擎的主要盈利模式。搜索引擎通过将关键字的搜索结果位置进行拍卖，根据某一网站出价的高低排列它在搜索结果中的位置，出价高的网站会出现在搜索结果的前列，这种做法的流量变现能力很强。但是，从长期来看这会损害用户体验，毕竟，用户搜索的目标不是广告，将很多竞价高但受众面窄的广告排在前列可能会使用户反感，这也是众多搜索引擎近年来逐渐改变竞价算法，越来越注重关键词质量的原因。2001 年 10 月，百度在国内首创竞价排名的概念，并申请了中国地区的专利；几乎同一时间，谷歌推出 Adwords，同样采用了单机付费和竞价的方式。

(3) 广告联盟

在网站联盟的盈利模式中，搜索引擎成了连接广告商和网站主的桥梁，并在其中起到了很大的作用。搜索引擎运营商通过程序分析网站页面的内容以及关键字，并在各个广告主提供的广告中拣配出与网站内容相关的广告，投放到网站。由此，搜索引擎将与网站主一起分享广告商提供的广告佣金。谷歌于 2003 年 10 月推出的 AdSense 就是一款针对网站主的互联网广告服务，帮助谷歌联盟平台上的网站获取相关的内容广告，使网页广告成为一种真正有用的分享信息。

3. 搜索引擎广告的收费方式

(1) CPA

CPA(cost per action)是一种按广告投放实际效果计价的广告，即按回应的有效问卷或订单来计费，而不限广告投放量。

(2) CPC

CPC(cost per click)又称 PPC(pay per click),即每次点击成本。企业投放的广告每被点击一次就需要向搜索引擎服务商支付一定的费用,不论此次点击是否产生注册或销售。谷歌和百度的广告联盟通常采用此种形式来收费。

(3) CPS

CPS(cost per sales)即以实际销售产品数量来换算广告刊登金额,是根据每个订单或每次交易来收费的方式。广告商每成功达成一笔交易,在搜索引擎平台上提供广告位的网站主便可获得佣金。

(4) CPM

CPM(cost per mille)即每千次印象费用,"印象"在这里是指受众的注意力在一段固定的时间内停留在一个广告的次数。这种广告主要用于图片或 Flash 类型的广告,按照广告每被显示 1 000 次进行收费。

(5) CPT

CPT(cost per time)是一种以时间来计费的广告,以国内为例,大多数网站都是以"月"为固定的时间单位进行收费的,包月期间的价格浮动率不大,与搜索流量大小无关,是一种很省心的广告付费方式,避免了按流量收费的模式所带来的点击欺诈行为。百度的品牌专区通常就是以包月的方式进行售卖。

5.4.2 国内搜索引擎市场的竞争格局

1. 搜索引擎市场的主体差异性

(1) 百度

百度创立于 2000 年 1 月,由时任美国硅谷工程师的李彦宏和好友徐勇在北京中关村共同创立,目前已成为全球最大的中文搜索引擎和最大的中文网站。创立之初,百度是以谷歌为蓝本开发的,但是通过多年的努力,现在的百度已经摆脱了当年谷歌的影子。"百度"二字源于我国南宋文学家辛弃疾《青玉案·元夕》中的词句“众里寻他千百度”，象征着百度对中文信息检索技术的执着追求。

百度经过多年的发展，依靠技术起家，拥有了其他搜索引擎运营商所不具有的技术专利，以核心技术“超链分析”为受众提供了更加良好和精准的检索体验。超链分析就是指通过分析链接网站的多少作为评价网站质量的指标，从而确定网站的排名高低，确保用户可以更方便地检索到高质量的相关网站，百度总裁李彦宏是该技术专利的唯一持有人。2015 年 1 月，李彦宏透露，针对移动搜索市场最新开发、注册的对象识别方法和装置技术专利，正是由于百度重视技术的开发，才使得“百度一下，你就知道”的口号成为可能。

(2) 好搜

2012 年 8 月，奇虎 360 公司推出旗下的综合搜索产品，并于 2015 年 1 月更名为好搜。奇虎 360 是由曾任雅虎中国总裁的周鸿祎创立的主营杀毒业务的公司，现已被打造为一个开放式的平台，包含浏览器、保险箱、云盘等多款产品。奇虎 360 将好搜打造成一款元搜索引擎，将多个不同搜索平台集成在一个界面，供用户自由选择。

好搜上线后迅速拿到 10% 左右的市场份额，竞争目标直指百度。百度虽然一直致力于为受众提供更强大的搜索工具和更全面的搜索结果，但它日益上升的市场份额吸引了大量的虚假广告，搜索页面充斥着大量的广告内容。好搜由此提出了自己的市场定位，即致力于为用户提供一个“干净、安全、可信任的搜索引擎”，将安全高效放在第一位。

(3) 搜狗

2004 年 8 月，搜狗由搜狐公司推出。2007 年 1 月，搜狗正式推出 3.0 版本，成为全球首个第三代互动式中文搜索引擎。它创造出一种人工智能的新算法，解析用户可能的查询意图，对不同的搜索结果进行分类，对相同的搜索结果进行聚类，在用户查询和搜索引擎返回结果的人机交互过程中，引导用户更快速、准确地定位自己所关注的内容。搜狗已把这种人工智能技术应用到搜索产品中的多个板块，用户无论是搜索图片、音乐还是地图时，都能快速找到自己想要的搜索结果。

相对于其他搜索引擎而言，搜狗更注重对年轻用户的吸引，频频出招向年轻用户示好。2014 年 7 月，通过与微信平台的合作，搜狗微信公众号平台搜索正式独家上线，成为国内唯一一家可以搜索微信公众账号和热门微信文章的搜索平台。2014 年 8 月和 9 月，搜狗分别邀请了韩国明星金秀贤和李玹雨作为品牌代言人，通过韩流明星吸引年轻用户的关注；并改版了搜狗首页，为用户提供个性化的皮肤选择，分为“美美哒”“萌萌哒”“酷酷哒”“闪闪哒”“土土哒”等几大系列，通过走年轻化路线来实现差异化营销。

(4) 必应

必应是 2009 年 5 月由微软公司推出的全新搜索引擎服务，“Bing”的名字来自一位德国百岁老人理查德·必应(Richard Bing)的姓氏。他去信给微软市场营销团队，称希望为微软做点事，并希望他们考虑使用他的姓氏来命名微软新开发的搜索引擎，在亲自拜访并见识到理查德极其丰富的人生阅历后，微软同意了他的请求。为了符合中国用户的使用习惯，在大量征求用户意见并咨询汉语言学家后，微软决定将搜索引擎的名称翻译为“必应”，主张“快乐搜索，有问必应”。

必应致力于提升用户的快乐搜索体验，利用微软公司的自身优势，通过与电脑操作系统(尤其是 Windows 8.1 系统)进行深度对接来吸引用户。基于此，用户只需在 Windows 8.1 搜索框中直接键入关键词就可快速进行搜索，简化了搜索步骤。同时，必应推出旅游指南功能，将经过筛选和可靠的旅游信息快速准确地呈现给用户，为用户提供一份“游求必应”的驴友旅游指南。此外，必应还改变了传统搜索引擎首页单调的风格，将来自世界各地的高清图片设置为主题背景图，并提供与图片紧密相关的热点搜索提示。由于受到用户的强烈欢迎，必应推出了“主题背景图片回顾”功能，借助该功能，用户可以随时回顾过去 8 天的主题图片及热点。

(5) 谷歌

1998 年 9 月,由美国斯坦福大学的两名博士生拉里·佩奇和谢尔盖·布林联合创办,是第一个被公认的全球最大的搜索引擎。关于 Google 名字的来源有较多说法,流传较广的一种为斯坦福大学的另一位学生肖恩·安德森(Sean Anderson)提出了"Googol"一词,意为 10 的 100 次幂方,代表了互联网上的海量资源,但他在搜索可用域名时不小心打成了"Google",并将其最终确定了下来。谷歌作为 Google 的汉语名字,除了发音相似,还融合了中国传统文化的含义,即"以谷为歌",是播种与期待之歌,包含收获与欢愉的意思。

谷歌的目标客户主要是高端用户和国有企业及外资企业。其中,高端用户指的是年龄在 25 岁以上、学历大学本科以上、个人月收入 3 000 元以上的用户。因此,谷歌搜索着重发展网页、企业产品、商情、交通旅游、学术等方面的内容产品。

(6) 神马

2014 年 4 月,UC 优视与阿里巴巴共同发布了旗下的移动搜索引擎品牌——神马。UC 优视 CEO 俞永福称,"神马"这个名字源起于公司饭桌上大家讨论的问题:"什么是移动搜索?"有人回答,"神马"就是移动搜索。这次对话给大家留下了深刻的印象,而这个名字也能时时刻刻提醒神马搜索的创始人去思考,用户移动搜索的真正需求是"神马",由此被确定为最终的品牌名称。神马为了避开与其他搜索引擎的正面交锋,并扩大阿里巴巴在移动网络方面的占有率,开始致力于开发移动搜索业务。

根据中国互联网络信息中心 2021 年 2 月 3 日发布的《第 47 次中国互联网络发展状况统计报告》,截至 2020 年 12 月,我国网民规模达 9.89 亿,较 2020 年 3 月新增网民 8 540 万,互联网普及率达 70.4%,较 2020 年 3 月提升 5.9 个百分点[①]。手机上网使用率超过了电脑端上网使用率。持续上涨

① 《第 47 次〈中国互联网络发展状况统计报告〉(全文)》,2021 年 2 月 3 日,中华人民共和国国家互联网信息办公室,http://www.cac.gov.cn/2021-02/03/c_1613923423079314.htm,最后浏览日期:2021 年 4 月 1 日。

的手机上网使用率也为搜索引擎业务带来新的契机,神马搜索为用户提供了为移动优化的、更易于使用的搜索服务,包括语音输入、拍照输入等输入方式,用户不需要来回在小小的移动屏幕上滑动手指就能查看长达数页的搜索结果。

2. 搜索引擎市场的集中度

目前来看,我国搜索引擎市场高寡占的行业结构很难被打破。一方面,搜索引擎产业是一个技术密集型产业,增加了搜索引擎市场的行业壁垒。中国、美国、俄罗斯和韩国是全球仅有的 4 个拥有搜索引擎核心技术的国家。因此,在市场格局初步确定的情况下,目前对国内中小搜索引擎厂商来说,想要进入这个市场较为困难。另一方面,中国搜索引擎市场具有较高的政策壁垒和文化壁垒。2010 年 3 月,谷歌宣布退出中国大陆市场,将域名设置为跳转至谷歌香港。谷歌高级副总裁大卫·德拉蒙德(David Drummond)表示,由于中国具有严格的网络审查制度,大量知名的网站和服务如 YouTube、Facebook、Twitter 等站点被封锁,使得谷歌作出了停止在"Google.cn"过滤审查搜索结果的决定。

5.4.3 搜索引擎广告的投放策略

1. 提高搜索广告内容的质量

对于搜索引擎关键词广告而言,提高广告内容及关键词设置的质量很有必要,因为搜索引擎用户的体验与搜索质量直接相关,良好的搜索体验对搜索引擎吸引用户、增加市场占有率有利。随着大部分搜索引擎从一个单一的搜索工具逐渐发展为一个拥有广阔广告投放价值的搜索引擎,关键词竞价在搜索引擎的整个广告体系中占比越来越少,搜索引擎运营商一定会越来越注重广告商投放的关键词广告的质量,并将在关键词竞价的算法及搜索结果显示的设置中体现出来。百度就已经对竞价推广的算法不断作出调整,在百度的推广账户中,关键词质量以星级进行直观展示(表 5-3)。关键词的综合排名指数(comprehensive ranking index,简称 CRI)是出价与质量度的乘积，通过计算公式可知，如果关键词具有较高的质量度，就能够以较低的成本获得更高的排名。然而，对于搜索引擎关键词优化来说，关键词和广告的质量更是直接决定了广告显示的位置高低。

表 5-3 百度关键词质量度星级说明

3 星词	左侧展示资格稳定，在出价高的情况下，有很大可能到左侧展示。
2 星词	左侧展示资格不稳定，建议持续优化质量度。
1 星词	基本没有左侧资格，即使出价高也无法在左侧展示，建议优化质量度。

2. 实时监管广告投放情况

在传统的广告投放中，可能会涉及一个系统的策划营销方案，并要按照计划分步实施。如果在实施过程中随时调整方案，突破原先的预算或改变资金的使用方向等，将会在流程方面带来诸多麻烦。不过，在搜索引擎广告的投放中，这些都是可能并且也是必须具备的条件。

一方面，网络是动态的，随时会出现网民关注的不同话题及热点，企业如果能结合这些热点关键词进行广告投放，就能够在短时间内获得极高的流量。另一方面，搜索引擎广告的投放机制也使实时监管广告投放的做法具有必要性。以百度为例，广告商的广告费支付方式为开通百度推广账户，预存一定金额，之后无论广告商采用什么样的具体计费方式（如 CPC、CPA 等）都从该账户扣取，当金额归零后，广告将自动从搜索引擎上撤除。因此，企业或广告商应当实时监测广告的流量和账户余额，以便及时对恶意点击的情况作出反应，避免竞争对手恶意消耗账户余额。这样一来，企业或广告商也能在竞争对手的余额出现归零的情况时，更好地调整自己的广告投放策略。

3. 注重移动端广告投放

移动互联网产业正在呈现井喷式的增长，从手机为代表的移动设备数量已经超过 PC 设备数量，成为网民接入互联网的最主要选择，使用移动端进行信息搜索行为的用户逐年递增，为企业主提供了新的商业契机。

相对于PC端搜索来说，移动互联网对于线上与线下的融合能力更强大，能够更有效地将搜索行为转化为实际的消费行为。尤其是在线下购物、线下休闲娱乐、餐饮服务、旅游出行等方面，手机搜索更能与受众所处的场景结合，从而为受众提供有效的信息。广告投放商在移动端的关键词广告投放中，应注意到设备端的禅意决定了移动端推广方式的特殊性，例如，应该更加注重投放与受众可能存在的消费场景相结合的关键词，而不仅仅是普通的品牌词、通用词、人群词等，同时还应注重在地图、社区等平台的广告投放。

5.4.4 国内搜索引擎行业的现存问题

1. 信息公正性存疑

(1) 虚假广告

近年来，搜索引擎虚假广告的现象越来越为人诟病，受众在使用搜索引擎时往往会感叹，在搜索引擎提供的众多消息来源中，存在许多人为干预的检索结果，甚至是虚假的广告。尤其是搜索引擎竞价排名的广告模式使众多医疗机构、保健品和化妆品、护肤品厂商混杂于其中。根据国家工商总局等五部门披露的相关数据，一些网站发布的医疗药品、医疗器械、保健食品广告违法率高达90%[①]。搜索引擎运营商如果受利益驱动，仅依靠出价高低这一指标来评判它们作为广告是否可被录入的话，将给用户带来极大的损失。

早在2008年12月，中央电视台《朝闻天下》栏目就质疑谷歌、雅虎和搜狗的竞价排名广告中存在虚假医药广告。报道称，尽管这些广告标有“赞助商链接”的广告标识，但在涉及糖尿病、偏瘫、中风等疾病的广告信息中，一些广告网站直接宣称产品对这些病症具有有效率和治愈率，更有一些广告

① 《商业网站医疗广告多数违法　多部门将规范搜索引擎广告市场》，2013年3月16日，人民网，http://finance.people.com.cn/n/2013/0316/c70846-20812649.html，最后浏览日期：2021年4月1日。

信息所宣传的医疗机构实际上并不存在。而且,我国《广告法》明确规定了医疗机构不得对疗效等进行夸张宣传。

(2) 人为干预搜索结果

互联网的兴起也使一些企业不得不以搜索引擎作为自己危机公关的工具,企图借助搜索引擎截断受众了解真相的通道,抹杀企业自身的不良信誉记录。此外,一些搜索引擎受到商业利益的驱使,为一些企业客户充当保护伞,通过优化企业正面信息、屏蔽和稀释企业负面信息的方式,人为干预搜索结果。

2008 年 9 月,百度被卷入一场诚信危机的风波。三鹿奶粉事件被曝光后,有网友对百度的相关信息进行了统计,发现百度具有人为干预相关负面信息的可能。尽管百度对此极力否认,但在网友的统计中,从 2008 年 9 月 12 日开始,百度上才逐渐出现有关三鹿的负面新闻,然而该事件在 9 月 8 日就已经引起了外界的关注。9 月 12 日下午,在谷歌上以相关的网络热帖标题“三鹿,在小朋友的生命健康面前请不要表演”进行搜索,显示结果 11 400 条,而百度仅显示结果 11 条。9 月 13 日上午,谷歌显示结果 11 800 条,百度则显示结果 54 条。以“肾结石”为关键词搜索,谷歌显示结果第一条就是三鹿相关的负面报道,而在百度中却不存在任何相关的负面消息。

此外,搜索引擎行业还存在勒索式营销的现象,一些企业反映它们受到了搜索引擎的恶意屏蔽。中国城市地图网负责人陈懋在接受中央电视台记者采访时说,2008 年 9 月收到了百度所谓代理的电话,由于当时拒绝了参与竞价排名的邀请,9 月之后再也没有监测到来自百度 IP 地址对其网站进行访问。可以说,搜索引擎运营商这种直接屏蔽非合作企业信息的行为违反了商业伦理,侵犯了受众知情的权益。

2. 知识产权不明晰

(1) 版权侵权

版权侵权可分为直接侵权和间接侵权。其中,间接侵权是指虽然不构成直接侵犯他人专利权，但在主观或客观上为他人直接侵权行为的发生提供了必要的条件。在搜索引擎产业，由于运营商为用户提供大量的消息来源和链接，使用户能够方便、快捷地从一个页面转向另一个页面，因此，搜索引擎运营商虽然并没有直接侵犯他人版权，但常常为侵权内容提供了方便浏览和下载的链接，成了间接侵权者，百科、文库、知道等搜索引擎产品大多存在这样的问题。然而，由于网络作品传播速度快，使侵权行为发生后对原作者的鉴定和证据搜集工作造成了困难，这也使搜索引擎成为网络侵权行为发生的重灾地。

2005 年 9 月，环球唱片有限公司、华纳唱片有限公司、金牌娱乐事业有限公司等 7 家著名唱片公司起诉百度侵犯了它们的信息网络传播权。2011 年 3 月，韩寒因发现自己的三本书被网友上传至百度文库，联合了 50 位作家公开发布《中国作家声讨百度书》，状告百度侵权，搜索引擎侵犯版权的问题再次受到人们的关注。

(2) 商标侵权

链接技术引发的商标侵权通常也是间接侵权的行为之一。我国法律中并未区分直接侵权与间接侵权，而是笼统地以“均属侵犯注册商标专用权”加以概括，在一定程度上为具体案件寻找适用法律带来了困难。在这样的法律缝隙中，一些企业通过关键词误导的方式在搜索引擎上盗取其他企业的品牌流量，从中谋取利益。

2011 年 5 月，注册有“皇宫”商标专有权的全能公司发现，在百度中输入“皇宫”关键词后，搜出的网站链接指向竞争对手天天公司的主页，并且该广告信息的位置排在全能公司的网站之前。虽然天天公司的网站上没有出现“皇宫”一词，但是它通过购买百度提供的关键词广告服务，不正当地使用了全能公司的商标，而百度并未对其侵权行为进行阻止，全能公司遂将天天公司、北京百度公司和武汉百捷公司(百度网站的运营主体及推广业务的服务主体)一同告上法庭。法院审理后认为，天天公司构成对专用权的侵犯，应赔偿全能公司 3 万元，百度公司因接到诉状后及时屏蔽相关链接而免于赔偿。

3. 不正当竞争现象的存在

(1) 点击欺诈问题

所谓点击欺诈，是指对网络广告进行恶意或带有欺诈目的的反复点击行为。搜索引擎广告大多采取按点击量付费的广告收费方式，这就为点击欺诈行为提供了动机。一方面，为了打压竞争对手，一些企业会反复点击竞争对手竞价链接的方式来耗费对手的广告成本；另一方面，一些搜索引擎代理公司为了获取更高的佣金，“提升”为客户投放的广告效果，也会利用软件反复点击客户的竞价链接。

早在 2009 年 5 月，宁波和高磁电技术公司就质疑谷歌公司涉嫌虚假计数，可能存在点击欺诈，因此将谷歌公司告上了宁波市中级人民法院。和高公司在 2007 年 5 月 17 日—2008 年 2 月 26 日和 2008 年 5—8 月两个时间段内，通过使用“中国站长”网络流量统计软件与谷歌的统计数据进行对比，发现谷歌的数据高于“中国站长”的数据。2006 年，谷歌在美国就已经遭到了点击欺诈的诉讼，并最终同意支付 9 000 万美元的费用与点击欺诈案的原告达成和解。

(2) 捆绑软件销售

捆绑软件安装的不正当竞争行为在国内的搜索引擎行业也并不少见，尤其在国内，一些诸如浏览器、输入法、安全卫士等软件的开发商，在发展壮大后渐渐把发展的主力放在搜索引擎产业，常常会利用原有的软件优势来快速获取搜索引擎下载和安装的流量。

2014 年 8 月，百度将搜狗告上法庭，因搜狗通过自己的浏览器客户端等劫持了百度的流量。百度方面称，当用户启动搜狗手机浏览器软件，将搜索栏的搜索引擎设置为百度搜索并输入关键词时，在下拉提示框的显著位置设有多条指向搜狗引擎的下拉提示词，将用户引导至搜狗经营的信息服务，将本属于百度网的搜索服务流量强制导向搜狗网。2015 年 2 月，北京市海淀区人民法院就此案作出一审判决，认为搜狗这一行为属于不正当竞争，判处搜狗立即停止相关行为并道歉，赔偿百度经济损失及合理支出共20万元。

5.4.5 搜索引擎广告的发展前景

在当下的信息时代，搜索引擎连接了企业广告的推广需求和用户对信息的检索需求，成为广告商、平台和受众共同青睐的推广工具，在广告信息有效传递和互动传播领域有较大的创新空间。

1. 商业和社会价值共享

一方面，搜索引擎日益增长的市场规模和独特的传播特点使其具有极高的商业价值；另一方面，搜索引擎由于日益成为用户接收网络信息的入口，集聚了相当的“点击率”和流量，它的社会传播价值也不容小觑。因此，应该优化搜索引擎广告传播的路径和方法，创新搜索引擎广告的盈利模式，同时规范搜索引擎广告运营的企业责任和企业行为，加强广告伦理规范和广告道德文化的正面引导，最终实现广告传播过程中商业价值和社会价值的共享。

2. 综合平台效应显现

随着新媒体技术的快速发展，搜索引擎不仅成为帮助用户检索信息的工具，而且逐渐演变成一个贴近用户真实生活的营销平台。该平台具有较强的延展性，链接功能也十分强大。近年来，搜索引擎广告的传播生态发生了较大变化，除了传统的竞价排名的广告模式，还衍生出众多搜索引擎广告的形式，包括品牌类广告、地图搜索广告、社区搜索广告等，搜索引擎广告的综合平台效应开始显现。

3. 形成良性竞争格局

我国是世界上较早掌握搜索引擎技术的国家，搜索引擎产业经过多年的发展，形成了一套较为成熟的产业链和商业模式。最先发力的百度占有大部分的市场份额，其他一些搜索引擎运营商（如360、搜狗等）利用差异化营销打入了市场，后来居上。在投放搜索引擎广告的过程中，企业关注到搜索引擎广告的投放策略，注意到搜索引擎广告低投入、高回报的优势，紧紧抓住市场机遇，形成了在竞争中利益共享的良好市场格局。

思考题

1. 简述搜索引擎广告的概念。
2. 简述搜索引擎广告的特点。
3. 简述搜索引擎广告的社会价值。
4. 简述搜索引擎广告的类型。
5. 简述搜索引擎运营商的主要盈利模式。
6. 简述搜索引擎广告的收费方式。
7. 简述搜索引擎广告的投放策略。
8. 简述国内搜索引擎行业的现存问题。

6 门户网站广告

门户网站广告是对发布在门户网站平台上的各类广告的统称，主要包括横幅广告、按钮广告、对联广告、漂浮广告、文字链接广告、弹窗广告、拉链广告、富媒体广告、导航广告、视频广告等多种广告形态。门户网站广告有较多的广告形态供广告主选择，也为受众搜索广告信息提供便利。门户网站的平台效应突出，广告互动效果显著，为广告主和受众所青睐。

6.1 门户网站概述

门户网站是指提供某类综合性互联网信息资源并提供有关信息服务的应用系统。门户网站对于广告主而言是一个能够获得好的广告效果的平台，特别是门户网站平台的延展性和广告形态的多元性使门户网站广告日益受到广告主的青睐。在新媒体时代，各大门户网站在广告运作上不断创新，也使门户网站的广告传播效果得到了进一步提升。

6.1.1 门户网站的概念

门户网站的概念最早来源于互联网商业模式中的 ICP(internet content

provider),也就是网络内容供应商,指在互联网上从事信息收集、信息加工,然后对其用户或访问者进行信息发布的公司。由于国内刚刚出现 ICP 这个名称的时候,网络业务的形式还比较少,业界以及媒体在定义 ICP 时采用的是排除法,在清楚定义 ISP(internet service provider,即网络接入服务提供商)的基础上,将 ISP 之外的从事其他网络服务的公司统称为 ICP。

1997 年之前,门户网站的概念一般被包含在 ICP 的概念内,门户网站被称为综合类的 ICP。从 1997 年开始,门户网站作为综合类的 ICP,开始以"内容为王"为主要的发展模式,特别是在 1998 年雅虎的成功后,搜索引擎的巨大商业价值逐渐得到了业内的认可,搜索引擎从此成了门户网站业务发展与宣传的重心,综合类的 ICP 开始向真正的综合性服务网站——门户站点(portal site)转变。目前,门户网站已经成为互联网这个"第四媒体"的中坚力量。国内门户网站的基本思路和做法就是要努力成为用户上网浏览的起点,即在页面设置和内容安排等方面为用户提供便利。

广义上的门户网站指的是一个 Web 应用框架,各种应用系统、数据资源和互联网资源通过门户网站集成到一个信息管理平台上,然后通过统一的用户界面提供给用户,同时可以建立网站主体(企业)对用户、内部成员和其他主体(企业)的信息通道,能够释放和储存网站主体(企业)内部和外部的各种信息。

6.1.2 门户网站的分类

1. 根据信息的覆盖面划分

根据信息覆盖面,门户网站可以分为综合门户网站和垂直门户网站。综合门户网站即综合性网站,是集合了沟通服务(如电子邮件、文字短信、音乐信件)、网上社区服务(如聊天室、博客、论坛)、娱乐服务(如电影、音乐广播、照片、漫画、游戏、运势)、信息服务(如新闻、金融、旅行、科技)、购物(如商城、团购)等业务的综合平台。国内典型的综合性门户网站有新浪、网易、天涯、腾讯及搜狐等。垂直门户网站即专注于某一领域(或某一地域)的内容，新闻、娱乐、科技、体育、音乐等，以成为关心这一领域（地域）内容的网民上网的第一站为目标。如专注于汽车行业的汽车之家、专注于小说的起点中文网、专注于交友的世纪佳缘网、专注于广告的中国广告网、专注于杭州本地信息的“杭州 19 楼”等。

2. 根据主体的性质划分

根据主体性质，门户网站可以分为政府网站、企业网站、商业网站、教育科研机构网站、个人网站和其他非营利机构网站等。

(1) 政府门户网站

指政府在各部门的信息化建设基础上建立起的跨部门、综合的业务应用系统，使公民、企业与政府部门工作人员能更加快速、便捷地接入政府的相关政务信息和业务应用。政府门户网站包括各地方的新闻、招商、民生以及信息公开等内容，如中国上海、首都之窗等。

(2) 企业门户网站

指企业网站，是企业在互联网上进行网络营销和形象宣传的平台。它不仅可以对企业形象进行良好的宣传，又可以辅助产品和服务的销售，还可以进行人才招聘。企业网站主要包括企业的发展历史、企业文化、最近动态、品牌故事、产品介绍、媒体与招聘等信息，饮料、化妆品、鞋包、酒店等各式企业都拥有自己独立的门户网站。

(3) 商业门户网站

指以盈利为目的的网站，人们可以在网络上进行直接交易的平台，阿里巴巴就是目前中国商业网站的巨头。

(4) 教育科研机构门户网站

指专门提供教学、招生、学校宣传、教材共享、科研动态的网站。各高校和科研机构都有自己的网站，并利用自己的门户平台发布各类信息，如新闻和教育科研相关的新动态。

(5) 个人门户网站

指互联网上一块固定面向全世界发布消息的地方，个人网站由域名、程序和网站空间构成，包括主页和其他具有超链接文件的页面。个人网站大多是个人或团体因为某一种需要、拥有某种专业技术、提供某种服务或为自己作品、商品的展销而制作的具有独立空间域名的网站。通常而言，个人网站的专业性很强，而且其中医生类的居多，形式主要为“某某大夫的个人网站”，网站上有医生的照片、擅长的领域、职业经历、出诊时间、患者投票、发表的文章等信息。

(6) 其他非营利机构网站

指由非营利组织经营，用于发布机构信息和促进文化、公益事业的非营利性网站。

6.2 门户网站广告的价值

门户网站是企业广告投放的重要平台，门户网站广告可以更好地帮助企业实现营销目标，企业可以根据门户网站的网站流量、广告转化率、用户群、网站内容来决定广告投放的价位和频率，使广告投放的价值最大化。

6.2.1 门户网站视角下的广告价值

广告收入是门户网站的重要收入来源之一，并且广告收入正在逐年增长，所占比重也在不断提高。广告收入的多少将对整个门户网站整体盈利情况产生重大影响。图 6－1 是 Morketing 于 2021 年 3 月 25 日发布的国内互联网公司 2020 年 Q4 及全年广告营收情况[①]。

2020 年年初，受新冠肺炎疫情的影响，消费领域遭遇寒冬，大多数行业均遭遇发展危机，不管是户外广告还是数字广告，均不例外。在中国互联网广告市场大盘逼近 5 000 亿的情况下，2020 年中国互联网广告市场营收情

① 《2020 年 Q1 中国 22 大互联网公司广告收入情况梳理 | Morketing》，2020 年 6 月 3 日，百家号，https://baijiahao.baidu.com/s?id=1668455003646393347&wfr=spider&for=pc，最后浏览日期：2021 年 4 月 1 日。

国内互联网公司 2020年Q1广告营收情况

单位 亿元人民币

序号	优势领域	公司名	2020年Q1广告营收	同比增速	Q1广告收入占比	Q1总营收	2019年全年广告收入	备注
1	电商	阿里巴巴	309.06	3%	27.04%	1143.14	1745.74	该数值为客户管理收入，其中包含营销服务和第三方佣金等。
2	社交娱乐	腾讯	177.13	32%	16.39%	1080.65	683.77	
3	搜索	百度	142.43	-19%	63.18%	225.45	781	百度广告营收中包含爱奇艺广告营收。
4	电商	京东	95.27	17%	6.52%	1462.05	426.8	该数值包含第三方佣金。
5	电商	拼多多	54.92	39%	83.96%	65.41	268.14	
6	本地生活	美团点评	28.64	-8.2%	17.09%	167.54	158.4	
7	智能硬件	小米	27	16.6%	5.43%	497.02	107	
8	社交媒体	新浪	21.96	-20%	71.28%	30.81	123.23	数据中包含微博广告营收。
9	社交媒体	微博	19.51	-19%	85.20%	22.9	108.39	
10	搜索	搜狐	18.64	-4%	60.36%	30.88	84.82	数据中包含搜狗广告营收。
11	搜索	搜狗	16.83	1%	92.37%	18.22	75.59	
12	长视频	爱奇艺	15.37	-27%	20.09%	76.5	82.87	
13	电商	唯品会	8.29	3%	4.41%	187.93	42.74	此项为“其他收入”，主要包含第三方物流、产品推广和在线广告的营收，及第三方商家收取的费用等。
14	媒体服务	汽车之家	5.67	-12%	36.65%	15.47	36.53	此项为“媒体服务”营收，其中大部分为广告营收。
15	直播	欢聚时代	3.93	33%	4.74%	71.49	15.49	此项为“其他收入”，包含广告收入（数据中包含虎牙广告营收）。
16	长视频	哔哩哔哩	2.14	90%	9.24%	23.16	8.18	
17	直播	斗鱼	1.65	22.2%	7.24%	22.78	5.02	2019年7月上市，因此2019年全年收入为Q2至Q4。
18	直播	虎牙	1.37	74%	5.72%	24.12	3.96	广告及其他收入。
19	旅游	同程艺龙	0.89	153.1%	8.86%	10.05	5.17	此项为“其他收入”，主要为广告服务收入、配套增值用户服务所得收入及景点门票收入。
20	社交	陌陌	0.57	-29%	1.59%	35.94	3.32	
21	电商	蘑菇街	0.18	-74.4%	15.13%	1.19	2.96	
22	媒体	网易	30.03	/	17.60%	170.62	74.96	2019年Q3网易将广告与其他业务合并计算，因此不计入榜单排名。

注1：该表格中部分企业未公布人民币单位的营收，故采用北京时间2020年3月20日13：29的美元汇率进行换算（1:7.0826）。

注2:部分企业尚未公布财报数据，因此目前暂不收录。

注3:该表格中的各公司营收、广告占比数值为四舍五入（仅保留小数点后两位），将会存在少量误差，仅供参考。

MORKETING

图 6 - 1　国内互联网公司 2020 年全年广告营收情况(资料来源：Morketing)

况的整体走势为：第一季度新冠肺炎疫情延续，市场产生应激反应；第二、三季度，随着大规模的复工复产，经济发展逐步恢复，客观上拉动了互联网广告收入的向上增长；第四季度，广告收入呈现整体增长趋势。

从新增的互联网公司数据看。腾讯、美团点评和小米 2020 年第四季度的广告收入增长稳定。2020 年，腾讯四个季度的广告收入分别为 177.13 亿元、185.52 亿元、213.51 亿元、246.55 亿元，美团点评四个季度的广告收入分别是 28.64 亿元、43.23 亿元、56.6 亿元、60.61 亿元，小米四个季度的广告收入分别是 27 亿元、31 亿元、33 亿元、37 亿元(图 6-1)。在 2020 年，三家公司的互联网广告收入都呈现稳步增长的态势，头部的阿里巴巴、百度、京东也呈现相同的增长态势。这说明新冠肺炎疫情并未动摇互联网广告的根基，短期内出现了应激反应，经过适当调整，其长期态势依旧是增长的。在 26 家中国互联网公司广告收入榜单中有 7 家互联网企业——快手、阅文集团、美图、宝宝树、同程艺龙、字节跳动和网易——未公布每季度的广告收入，而是直接公布了全年的广告收入数据。这其中各有原因，快手 2021 年 2 月才正式登陆香港资本市场，3 月 23 日才公布第一份上市后的全年财报；其他相当一部分公司是将广告收入计入“其他收入”，因此没有单独公布；字节跳动虽然尚未上市，但它的广告营销收入占比巨大。在 26 家互联网公司广告收入榜单中，广告收入超过百亿的仅有 9 家，不足百亿广告收入的企业有 17 家，占全部企业数量的 65%。绝大部分互联网企业的广告收入集中在数亿元、几十亿元的份额，与头部企业相差悬殊。

从中国互联网公司全年营收数据看，中国互联网公司广告收入的马太效应继续加强。数字营销行业进入白热化竞争阶段，在互联网广告收入上，媒体流量平台属性的企业竞争更加激烈。互联网广告向头部互联网企业集中的程度加剧，比如阿里巴巴、百度、京东 2020 年全年广告收入分别达到 2 535.99 亿元、729.32 亿元、534.73 亿元，头部的数家互联网公司广告收入占据中国互联网公司广告总收入的大部分份额(图 6-1)。2020 年，第一、二季度互联网广告收入整体承压，但第三、四季度已经恢复增长状态。在第四季度，互联网广告持续复苏，阿里巴巴、百度、京东、拼多多、搜狐、爱奇艺、趣头条、唯品会、汽车之家、B站、微博等均有不同程度的广告收入上涨。中尾部互联网公司对广告收入的倚重正在减少，头部互联网公司的广告收入几乎占总收入的半壁江山，但中尾部互联网公司由于总用户数量的差距，在广告收入上也有很大差别。例如，唯品会的广告营收仅占总收入的4.33%，蘑菇街的广告营收占总收入的9.34%。这些中尾部互联网企业，或者本身是具有一定流量的媒体属性平台，或者倚重电商、会员等收入，广告收入反而占比较少（图6-1）。

从互联网公司的整体广告形势来看，电商广告的收入依旧占比较大。电商广告尤其受到广告主青睐，主要是因为电商广告可以直接缩短销售转化路径，在电商广告的影响下，消费者可以直接在电商平台达成交易。从每季度的互联网广告收入排名可知，阿里巴巴的广告收入居于首位，第一季度至第四季度的广告收入分别为309亿元、514亿元、693亿元、1019亿元。阿里巴巴2020年的广告收入占总营收的49.75%（图6-1）。当前电商行业处于二次爆发期，阿里巴巴、京东、拼多多等都是具备电商交易平台属性的企业，广告主在投放广告时会更加注重效果类广告，在预算分配上更倾向ROI（return on investment，即投资回报率）更高的电商渠道。短视频广告形式发展最快，从图文到短视频，消费者获取信息的门槛不断降低，辐射了中国互联网的全部新增人口。根据《2020中国互联网广告数据报告》显示，短视频广告增幅达到106%，其中，快手进入媒体平台第六位[①]。目前，快手的商业化主要包括直播打赏、线上营销和电商三大业务，2017—2019年，其线上营销服务不断增加。直播带货是2020年最火热的销售模式，新冠肺炎疫情期间，消费者大多通过电商渠道购买产品。电商直播成为各大零售商进行数字化转型的重要尝试，电商直播将传统的导购营销模式搬到了线上。中关村互动营销实验室发布的数据显示，仅2020年上半年，电商直播场次超

① 《中关村互动营销实验室：2020中国互联网广告数据报告》，2021年1月15日，中文互联网数据资讯网，http://www.199it.com/archives/1191386.html，最后浏览日期：2021年4月1日。

过1000万场，活跃主播人数超过40万人，观看人数超过500亿人次，上架商品数超过2000万件[①]。电商直播对营销领域的启示是从对“商品”的关注，到对具体“人”的重视，头部主播的销售能力在电商直播时代产生大爆发，这是传统电商渠道所不可比拟的。搜索广告是其中最常见的一种广告类型，这种类型的广告在“百度时代”被发扬光大，虽然搜索广告在互联网广告类型的收入比例呈现下降趋势，但中国搜索广告的市场规模依旧达到1105.7亿元[②]。搜索广告下降的份额正转移到兴趣推荐，也就是信息流的广告类型。兴趣引擎推荐的信息流广告的兴盛以字节跳动旗下今日头条的崛起为标志。当下，信息流广告成为互联网广告市场主要的增量。

1. 阿里巴巴

2020年，阿里巴巴的总营收为6442亿元，同比增长32%，其中，广告营收达2536亿元，同比增长45%，年度活跃消费者达到7.79亿(图6－1)。根据财报的解释，推荐信息流等新变现模式收入的强劲增长、搜索变现单次点击平均单价上升及天猫线上实物商品GMV(gross merchandise volume，即网站成交金额)的提升是主要原因。2020年，淘宝天猫进行了很多革新，以充分挖掘新增长点。第一是手淘大改版。2020年年底，淘宝App首页引入“订阅”和“逛逛”功能，进一步推进电商内容化、视频化趋势，加强用户与品牌商家及KOL的互动，增强用户体验。以往，用户逛淘宝时通常带有较强的目的性，“种草”属性较弱。如今，位于首页的内容推荐流不仅可以让淘宝了解用户的短期购买需求，还能探知更多用户的喜好信息，赋予位于“转化末端”的淘宝更多“种草”功能。根据财报显示，淘宝首页推荐带来的页面访问量同比强劲增长，淘宝改版效果已经初见成效，未来这将是其广告收入的增长突破口。第二是淘宝直播。2020年作为全民直播“元年”，淘宝直播在其中扮

① 《中关村互动营销实验室：2020中国互联网广告数据报告》，2021年1月15日，中文互联网数据资讯网，http://www.199it.com/archives/1191386.html，最后浏览日期：2021年4月1日。
② 《广告行业数据分析：预计2020年中国搜索广告市场规模为1105.7亿元》，2020年7月16日，艾媒网，https://www.iimedia.cn/c1061/72747.html，最后浏览日期：2021年4月1日。

演了重要角色。从 KOL 直播到商家直播，淘宝直播已成转化“神器”，未来或成商家标配。第三是“双 11”购物节战线的拉长，这也是 2020 年“双 11”与以往最大的不同。原本一天的单次爆发在 2020 年首次延长为 11 月 1—11 日的双轮爆发，这为品牌商家带来更多机会，有利于进一步拉动内需，提升销售额。长战线双次爆发下，2020 年“双 11”产生的 GMV 达到 4 982 亿元，超过 470 个品牌的销售额达到亿元以上[①]。第四是推出淘宝特价版。2020 年 3 月，淘宝特价版正式上线，面向追求性价比的消费群体，主打“工厂直供、品牌直供、产地直供”的卖点，对标拼多多。同年 9 月，淘宝特价版与阿里旗下的采购批发平台 1688 全面打通，推动了传统制造业的改革。截至 2020 年年底，淘宝特价版的年度活跃消费者已超过 1 亿，月活用户突破 1 亿。第五是天猫国际在线品牌和商家的引入。2020 年，天猫曾宣布计划在未来一年内引入 1000 个国际新品牌。针对美妆领域，天猫国际在 2020 年 4 月推出进口美妆“造新”计划，预计未来一年内引入 800 个美妆品牌。

2. 腾讯

2020 年，腾讯的总营收为 4 821 亿元，同比增长 28%；广告收入达到 823 亿元，同比增长 20%(图 6－1)。其中，平台整合、算法升级以及教育、网服、电商平台等广告主需求的增加是主要引擎。“社交及其他”广告收入增长 29%，达到 680 亿元，主要受到微信广告库存增加及移动广告联盟中视频化广告收入增长的推动。媒体广告收入下降 8%，为 143 亿元，宏观环境挑战、内容制作及播放延迟是导致其下降的主要原因。微信依旧是社交广告的增长主力，从用户体量来看，微信及 WeChat 合并月活已达 12.15 亿，2020 年新增用户 6 000 万[②]。另外，值得注意的是，腾讯视频号在财报中被首次提及。

---

① 《2020 年国内互联网平台广告营收榜单：快手最快，阿里稳坐半壁江山》，2021 年 3 月 29 日，36 氪，https://36kr.com/p/1158594626833664?ivk_sa=1023197a，最后浏览日期：2021 年 4 月 1 日。

② 《腾讯财报：2020 年 Q3 腾讯净利润 385.4 亿元　同比增长 89%》，2020 年 12 月 12 日，中文互联网数据资讯网，http://www.199it.com/archives/1151978.html，最后浏览日期：2021 年 4 月 1 日。

腾讯在财报中称，视频号促使企业及品牌扩大了受众范围并促成交易，其中，打通小程序的成效尤为明显。视频号直播最早于 2020 年 10 月开启内测，短期内已成各企业的新试点。对于品牌商家而言，视频号能够在微信私域生态基础上带来更多公域流量，利用视频号 + 小程序的组合能够促进拉新与转化。不久前，视频号与公众号的深度打通将微信生态内各个流量枢纽进行整合与串联，随着视频号功能逐渐完善，未来还将赋予品牌商家更多的增长机会。此外，腾讯广告在 2020 年进行的整合与调整推动了广告业务的发展。2020 年 7 月，腾讯广告进行了投放端整合，便于广告主一站式投放。同时，腾讯广告还进行了组织架构调整，划分为以商品交易类为主的行业一部、以网服为主的行业二部和负责线上线下垂直行业的三部，从行业内的共性逻辑出发，不断进行优化。

3. 百度

2020 年，百度全年的总营收为 1 071 亿元（图 6 - 1），核心业务收入为 787 亿元，较去年同比下降 1%。其中，在线营销收入为 663 亿元，同比下降 5%；非在线营销收入达到 124 亿元，同比上涨 28%，云业务为主要驱动力。即使广告收入一直缩水，百度核心广告业务的收入仍占总营收的一半以上。截至 2020 年年底，百度 App 的月活跃用户达到 5. 4 亿，小程序月活达到 4. 1 亿。百度广告收入的下降主要源于疫情影响下在线营销需求的减少，金融、旅行、医疗、教育等行业预算的下调。此外，百度的广告客户数量在 2020 年减少了 2300 个（降低至 505 000 个），平均每位客户的预算从 2019 年的 132 700 元降至 131 300 元[①]。客户数量的减少主要是由于新冠肺炎疫情导致的旅游出行受限、个别企业倒闭以及经济下行的大环境。值得注意的是，来自百度托管页的收入已占核心广告收入的 1/3，使用托管页的客户数量已超过 30 万。百度托管页平台基木鱼可以为品牌商家提供一套完整的方案，

① 《2020 年国内互联网平台广告营收榜单：快手最快，阿里稳坐半壁江山》，2021 年 3 月 29 日，36 氪，https://36kr. com/p/1158594626833664? ivk_ sa = 1023197a，最后浏览日期：2021 年 4 月 1 日。

将自动化建站、创意生成、投放、数据打通、线索追踪、管理及转化等投放的各个流程串联起来，形成商业闭环。2021年3月，百度宣布预计于9月30日之前施行全行业托管，这或会刺激短期内百度广告营收的增长。从搜索时代发展到AI时代，百度的科技转型已初见成效，以AI为核心的业务已经开始变现，百度未来将抓住云服务、智能交通、智能驾驶及其他人工智能领域的巨大市场机遇，同时将充分发挥自身庞大的互联网用户群优势，提供更多的非广告服务。目前，以智能云、智能驾驶及其他前沿业务为代表的AI新业务已经成为拉动百度中长期增长的新引擎①。百度三大增长引擎已经形成：AI业务市场空间广阔，开启规模化商业落地；智能驾驶迎来商业化拐点，智能云增长提速；广告业务基本盘稳中有进，为百度的发展提供了充足的现金流。随着AI解决方案、云计算及互联网的不断融合，百度的非广告收入在未来十年将加速增长。

4. 京东

2020年，京东的全年营收为7 458亿元，同比增长29%（图6－1），以广告和物流为主的服务业务为增长主力，同比增长42%。其中，广告收入约为535亿元，同比增长25%。2020年，京东年度活跃消费者数量增长30%，达到4.7亿；GMV同比增长25%，达26 125亿元②。2020年，多家海外高端品牌入驻京东，如爱马仕集团下的John Lobb、Prada旗下的鞋履品牌Church's、Vivienne Westwood等。此外，京东与Prada、Miu Miu在自营基础上进行了更紧密的合作，实现了线下店铺库存与京东平台系统对接，消费者在品牌的京东旗舰店上可以购买实体店的款式，提升了他们的购物体验。在奢侈品电商方面，前有天猫的Luxury Pavilion，后有Farfetch、寺库等垂类电商，京东目

---

①《百度2020年营收1 071亿元，三大增长引擎优势显现》，2021年2月18日，百家号，https://baijiahao.baidu.com/s?id=1691983031207668168&wfr=spider&for=pc，最后浏览日期：2021年4月1日。

②《2020年国内互联网平台广告营收榜单：快手最快，阿里稳坐半壁江山》，2021年3月29日，36氪，https://36kr.com/p/1158594626833664?ivk_sa=1023197a，最后浏览日期：2021年4月1日。

前还未形成规模化认知，奢侈品更看重品牌的调性，因此，京东在打造奢侈品形象和消费者的购物体验方面仍有待提升。在营销方面，基于线上与线下产业的全渠道数据及技术产品力，京东在2020年发布了JD GOAL增长模型，确定目标靶向人群，提升用户忠诚度，实现用户的精细化运营与增长。同时，京东正式对外发布线下渠道营销品牌京屏果，打通线上与线下，最终实现更精准的户外营销。

5. 拼多多

2020年，拼多多的广告收入增长强劲，多多买菜成为新的增长引擎，总营收达595亿元(图6-1)，同比增长97%。其中，在线营销服务收入依旧为主力，达到480亿元，同比增长79%。财报显示，拼多多2020年的活跃买家已达到7.88亿，同比增长35%，超过阿里，成为国内用户规模最大的电商平台。拼多多年度GMV达到16676亿元，同比增长66%，远超国内基本盘。2020年第三季度末，拼多多推出了社区团购服务多多买菜，成为拼多多自营业务的营收主力，在2020年总共收入57.5亿元，极大地推动了拼多多在第四季度的营收增长。拼多多在2020第四季度营业收入达到265亿元，同比增长146%。目前，广告收入占拼多多总营收的90%左右，自营业务的高速增长能够使拼多多的收入来源更多元，增强抗压能力，未来或能与广告业务平分天下[①]。

6. 快手

2020年，快手的总营收达到588亿元，同比增长50%(图6-1)，其主要收入来源是直播业务、在线营销以及包含电商、网络游戏和增值服务在内的其他服务。其中，直播收入占快手总营收的一半以上，达332亿元，同比增长5.6%；在线营销业务收入增长195%，达219亿元，成为快手最强的增长引擎。其他服务收入增加超过13.3倍，达2.6亿元，其中，电商为主要增长

① 《2020年国内互联网平台广告营收榜单：快手最快，阿里稳坐半壁江山》，2021年3月29日，36氪，https://36kr.com/p/1158594626833664?ivk_sa=1023197a，最后浏览日期：2021年4月1日。

业务，快手平台 2020 年的商品交易总额达 3 812 亿元[①]。根据艾媒咨询的数据，短视频市场规模由 2017 年的 56 亿元增长至 2020 年的 1 408.3 亿元，短视频的崛起让快手的广告业务迎来飞速增长[②]。2020 年，快手平均月活用户达到 4.8 亿，较 2019 年增加 1.5 亿。结合快手此前发布的招股书披露的数据，其广告收入在四年间翻了近 55 倍（图 6－2）。2020 年第四季度，快手的广告收入已经超过直播收入，成为其最大的收入来源。快手的每名日活用户平均线上营销收入增长 95.3%，由 2019 年的 42.3 元增至 2020 年的 82.6 元，侧面反映出快手的广告变现能力[③]。

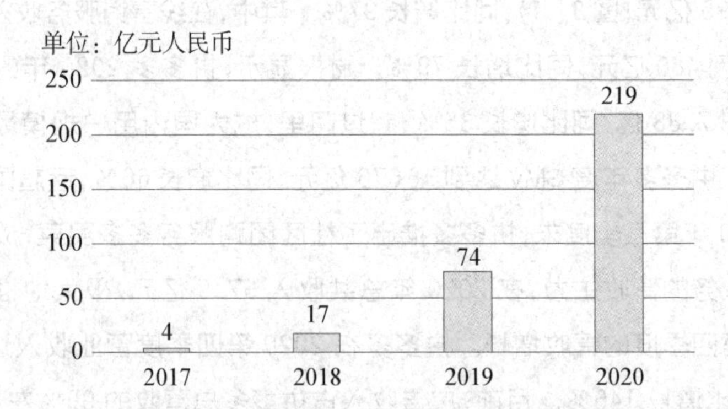

图 6－2　快手 2017—2020 年广告营收（资料来源：快手招股书及 2020 年财报）

快手数据与技术能力的搭建带来的服务与效果提升进一步推动了业务增长。2020 年，快手进行了品牌升级，其广告平台的磁力引擎也进行了升级，在公私域流量打造营销闭环的主张下，快手在创意、投放、数据管理、视

① 《2020 年国内互联网平台广告营收榜单：快手最快，阿里稳坐半壁江山》，2021 年 3 月 29 日，36 氪，https://36kr.com/p/1158594626833664?ivk_sa=1023197a，最后浏览日期：2021 年 4 月 1 日。

② 《2020 年中国短视频行业市场规模及竞争格局分析》，2021 年 2 月 2 日，艾媒网，https://www.iimedia.cn/c1020/76834.html，最后浏览日期：2021 年 4 月 1 日。

③ 《快手首份财报出炉：2020 年营收 587.8 亿元，同比增长超 50%》，2021 年 3 月 23 日，新浪财经，http://finance.sina.com.cn/stock/relnews/hk/2021-03-23/doc-ikkntiam7013580.shtml，最后浏览日期：2021 年 4 月 1 日。

频流量联盟、达人变现、IP 资源等方面都已初具形态，营销服务基础设施的完善成为广告业务的增长入口。

7. 美团点评

2020 年，美团的总营收为 1 148 亿元，同比增长 18%（图 6－1）。从业务来看，餐饮外卖业务同比增长 21%，达 663 亿元，主要源于用户量及会员规模的扩大带来订单量的增加以及营销收入的大幅增长；受新冠肺炎疫情影响，到店、酒店及旅游收入同比下降 5%，为 213 亿元；新业务及其他收入同比增长 34%，达到 273 亿元，主要受“美团优选”“美团闪购”“美团买菜”等零售业务的扩张、B2B 餐饮供应链服务及共享单车的增长推动[①]。不过，新业务的扩张也使该部分业务的经营亏损持续扩大，由 2019 年的 67 亿元增加至 109 亿元，经营利润率同比下降约 7%。2020 年，美团交易用户数量已超过 5 亿，同比增长 13%，活跃商家数量达到 680 万，同比增长 10%。在线营销服务方面，总营收为 189 亿元，同比增长 19%，与往年相比有所减缓，零售商家的线上化、数字化趋势成为美团广告业务增长的一大动力[②]。虽然受到新冠肺炎疫情的影响，到店、酒店及旅游客户依旧为美团最大的广告主群体，其中到店服务的商家数量上升为主要推动力，这也侧面反映出疫情影响下门店商家拥抱线上的趋势。美团在财报中表示，在 2020 年第四季度，医美、医疗、宠物、密室逃脱等类别的增长势头较高。餐饮外卖部分的广告收入增长主要源于活跃商家数量的提升以及平均营销支出的上涨，商家获取流量的意愿持续上升。

8. 小米

2020 年，小米的总营收达到 2 459 亿元，同比增长 19%（图 6－1）。经调

---

① 《2020 年国内互联网平台广告营收榜单：快手最快，阿里稳坐半壁江山》，2021 年 3 月 29 日，36 氪，https://36kr.com/p/1158594626833664?ivk_sa = 1023197a，最后浏览日期：2021 年 4 月 1 日。

② 《美团 2020 年财报：核心业务逐步恢复，新业务因扩张亏损加剧》，2021 年 3 月 26 日，百家号，https://baijiahao.baidu.com/s?id = 1695294850894288658&wfr = spider&for = pc，最后浏览日期：2021 年 4 月 1 日。

整净利润为130亿元,同比增长13%。其中,智能手机收入达到1522亿元,同比增长25%;LOT(internet of things,即物联网)与生活消费品同比增长8.6%,达674亿元;互联网服务收入由2019年的198亿元增长至238亿元,涨幅达19.7%;其他收入为25亿元,主要源于LOT产品安装服务的增长。小米的广告业务归属于互联网服务,同比增长19%,达到127亿元。其中,2020年第四季度,广告收入同比增长23%,达37亿元,创下新高。境外MIUI用户规模的增加或成其中的主要驱动力。2020年,全球MIUI月活用户达到3.9亿,同比增长28%,其中的大部分都来自境外,中国MIUI用户仅占不到1/3[①]。小米在财报中表示,境外市场的收入已占总营收的近一半。根据Canalys的数据,小米智能手机的出货量在中欧、西欧等地区的市占率均保持前三,在法国、意大利、德国、拉美、非洲等市场增长迅猛。境外市场的手机出货量增长也带来了小米广告业务规模的扩张。根据AppsFlyer最近发布的《广告平台综合表现报告》,小米在东欧的增长指数(每地区增速最快、最具潜力的新兴媒体渠道)在2019年一直处于首位;2020年下半年,小米分别冲入了西欧、中东、拉美三个地区增长指数榜单前五。此外,不同于第三方广告平台,从硬件设施到网络服务,再到线下零售,小米的数据标签体系也较为完善,不太会受到隐私政策的限制,未来的增长潜力依旧乐观。

9. 微博

2020年,微博的总营收为117亿元,同比下滑4%(图6-1)。其中,广告营收为103亿元,同比下滑3%;增值服务收入为14亿元,同比下滑14%;2020年运营利润率为30%。截至2020年12月,微博月活用户达到5.2亿,全年净增500万,其中,移动端用户占94%。广告是微博的主要变现手段,其收入占总营收的近90%。受到2020年上半年新冠肺炎疫情的影响,营销需求的下滑导致微博广告收入有所下降,但该趋势随着疫情的控制在下半

---

① 《小米年营收2459亿:同比增长19.4% 经调整利润130亿》,2021年3月24日,百家号,http://baijiahao.baidu.com/s?id=1695110795103075634&wfr=spider&for=pc,最后浏览日期:2021年4月1日。

年明显回升。2020 年第四季度，微博广告及营销业务同比增长 12%，达 4.5 亿美元(约合 31 亿元人民币)，其中，来自大客户的广告收入实现了 18% 的增长。这一方面得益于经营回暖、拥抱线上化的趋势；另一方面，很多大客户的预算从 TV 及长视频端向社交、短视频平台转移[①]。微博上的明星、KOL 资源、娱乐内容 IP 加上天然的话题发酵基因能很好地满足品牌需求。来自中小企业客户的广告收入下降，主要原因是效果广告领域激烈的市场竞争。不过，微博已在第四季度进一步收窄这部分，产品技术能力的升级以及游戏、教育行业的持续增长将为其注入动力。

2020 年，微博粉丝通升级至 3.0 版本，推出 OCPX 智能出价系统，通过深度调研调整最优出价，控制投放成本。早在 2020 年第一季度，游戏、教育行业内半数以上的广告实现了智能投放。此外，品牌还能利用聚宝盆功能以 KOL 或明星账号代投广告博文，并进行更加精准的人群定向投放。作为以品牌营销为主的社交媒体，微博想要发展效果广告还需要下很多功夫，数据技术能力、产品服务能力以及针对垂直行业的解决方案仍待完善。

10. 爱奇艺

2020 年，爱奇艺的总营收达到 297 亿，同比增长 2% (图 6－1)。其中，会员订阅收入同比增长 14%，达到 165 亿元，新冠肺炎疫情期间人群居家隔离的影响和优质的独播内容在一定程度上促进了会员数量的增长。另外，爱奇艺的广告收入同比下滑 18%，为 68 亿元；内容分发收入为 27 亿元，同比增长 5%；营业亏损由 2019 年的 93 亿元降至 2020 年的 60 亿元[②]。从 2018—2020 年的各业务收入表现看，爱奇艺的广告收入一直在缩水，而会员和内容分发收入占比一直在提升。新冠肺炎疫情影响下内容排期的不确定性、经济下行品牌广告预算收紧以及激烈的市场竞争都导致了爱奇艺广告

---

① 《2020 年中国互联网公司广告营收榜单》，2021 年 3 月 20 日，搜狐网，https://www.sohu.com/a/458033918_174744，最后浏览日期：2021 年 4 月 1 日。

② 《2020 年国内互联网平台广告营收榜单：快手最快，阿里稳坐半壁江山》，2021 年 3 月 29 日，36 氪，https://36kr.com/p/1158594626833664? ivk_sa = 1023197a，最后浏览日期：2021 年 4 月 1 日。

收入的下降。随着疫情得到控制，爱奇艺的广告收入在2020年第二季度后有所回弹。会员收入的增长主要是由于会员数量的增加，其中，优质的独播内容(如迷雾剧场系列)成为头号圈粉利器。在优质内容的驱动下，内容分发收入也会相应上涨。

11. 搜狗

2020年，搜狗的全年营收9.247亿美元，同比下降21%(图6-1)，营收减少的主要原因是基于拍卖的点击付费服务的收入有所下降。其中，搜索和搜索相关的收入是8.374亿美元，同比下降22%；其他收入为8720万美元，比2019年下降12%。同期，归属于搜狗公司的净亏损为1.082亿美元，而2019年的净收入为8910万美元[①]。搜狗目前主要有三条业务线：一是搜狗浏览器；二是搜狗输入法；三是智能硬件产品。当前，搜狗主要的业务领域都有竞争强者存在，在浏览器市场有360，输入法市场有百度等。此外，搜狗的广告变现，特别是在输入法上，还要格外重视用户体验。

12. 趣头条

2021年3月4日，趣头条正式发布2020年第四季度及全年财报。财报显示，趣头条2020年的总营业收入达52.85亿元，第四季度的营业收入为13.02亿元，环比增长15.3%，趣头条迎来业绩拐点，第四季度经营性利润达4250万元，实现上市以来的首次季度盈利[②]。面对新冠肺炎疫情和全球经济形势的不确定性，趣头条通过提升平台健康度，持续推进米读原创内容生态建设和IP孵化。米读在战略合作、内容生态、IP孵化等方面都迈上了新台阶。对免费阅读平台而言，行业竞争已跨过抢夺流量的阶段，进而升级为优质内容的比拼。早在2019年，米读就发力原创内容生态建设，到了2020

① 《搜狗2020年财报公布！全年营收9亿美元，大跌21%，同比由盈转亏》，2021年2月4日，搜狐网，https://www.sohu.com/a/448820071_120873238，最后浏览日期：2021年4月1日。

② 《趣头条财报：2020年全年营收52.85亿元 超市场预期》，2021年3月4日，中文互联网数据资讯网，http://www.199it.com/archives/1211428.html，最后浏览日期：2021年4月1日。

年第四季度，优质作品显著增加，数十部原创小说进入其他头部在线阅读平台热销榜。在持续产出优质内容的同时，米读还加强了对优质原创内容的充分挖掘。迄今为止，米读已将超过30部的原创小说孵化成IP短剧，并在全网取得了不错的反响和口碑。米读IP短剧的全网总播放量已突破20亿，粉丝总量超1300万，点赞超5000万，多部IP短剧单集播放量超5000万[①]。在数字阅读移动化的趋势下，米读再获资本加持后将加大对原创内容的投入，巩固免费阅读行业的领先位置。

在以米读为代表的长内容繁荣发展的同时，作为深耕新兴市场的移动内容平台，趣头条在短内容的建设上也不遗余力。通过升级作者生产工具，优化“流量加速卡”，增加作者“自荐上榜”等功能，趣头条App加强了对优质作者的流量倾斜。趣头条在AI技术方面持续探索和创新，通过在内容推荐和分发上的深入攻坚，全面赋能各条业务线。作为一家年轻的互联网公司，趣头条持续关注新兴市场用户，面对趋于饱和的互联网市场和强大的竞争对手，趣头条已淬炼出强大的组织战斗能力，未来的趣头条将开始高速发展的新征程。

13. 阅文集团

2021年3月23日，阅文集团发布了2020年全年业绩报告。报告显示，阅文集团2020年实现总收入85.3亿元，下半年收入达到52.7亿元，比上半年增长61.5%。截至2020年年底，阅文平台上已经积累了超过900万位作家，作品总数达1390万部，全年平台新增字数约460亿。与此同时，2020年阅文集团在线业务重回增长通道。业绩报告显示，阅文集团在线阅读2020年全年收入为49.3亿元，同比增长32.9%；平均每月付费用户数1020万，每名付费用户平均每月收入同比增加37.2%，提高为人民币34.7元。在海外市场方面，截至2020年年底，Webnovel向海外用户提供了约1000部中文译文作品和超过20万部当地原创作品，Webnovel全年的

① 《趣头条：发力“IP＋短剧”新模式，解免费阅读市场之“危”》，2021年3月23日，搜狐网，https://www.sohu.com/a/456915528_104421，最后浏览日期：2021年4月1日。

用户访问量达5400万次。阅文集团以新丽传媒、腾讯影业、阅文影视三驾马车协同合作模式对IP进行开发，持续推进对以动漫、影视等多样化形式的开发，促进IP影响力的提升。业绩报告显示，2020年阅文集团共对外授权约200个IP改编权，2020年下半年的版权运营收入为27.3亿元，较上半年环比增长280%[①]。

14. 搜狐

2021年2月4日，搜狐公司在北京发布2020年四季度及2020年年度财务报告。财报显示，搜狐2020年第四季度的总收入为2.53亿美元，同比增长34%。其中，在线游戏收入为1.96亿美元，较2019年同期增长49%，较上一季度增长94%。归于搜狐公司的美国通用会计准则持续经营业务净利润为4700万美元。2019年同期净亏损为2900万美元，上季度净亏损为1500万美元。2020年，搜狐的总收入为7.50亿美元，较2019年增长11%。其中，品牌广告收入为1.47亿美元，较2019年下降16%；在线游戏收入为5.37亿美元，较2019年增长22%[②]。整体来看，搜狐的门户和视频表现突出，持续两年以来坚持对门户、视频进行成本控制。另外，搜狐创新地应用了直播技术，作为整个矩阵的中台，直播技术的开发、迭代和应用体现在创造性营销上，使得在用户规模没有显著增长的情况下守住了广告收入。

15. 唯品会

2021年2月25日，唯品会发布2020年四季度及全年财报。财报显示，唯品会2020年四季度实现营收358亿元，同比增长22%，市场预期348.9亿元；调整后的净利润为26亿元，同比增长33.4%，市场预期为21亿元。2020年，唯品会的净收入为1019亿元，同比增长9.5%。非公认会计准则

---

① 《阅文集团发布2020年全年业绩报告：实现总收入85.3亿元》，2021年3月24日，新浪财经，http://finance.sina.com.cn/stock/relnews/hk/2021-03-24/doc-ikkntiam7300683.shtml，最后浏览日期：2021年4月1日。

② 《搜狐公布2020年Q4及全年业绩：全年营收7.50亿美元》，2021年2月5日，新浪财经，http://finance.sina.com.cn/stock/relnews/us/2021-02-05/doc-ikftssap3965898.shtml，最后浏览日期：2021年4月1日。

下，归属于公司股东的持续经营净利润为68亿元，2019年为58亿元[①]。

自国内新冠肺炎疫情得到控制后，唯品会的用户数量有明显的大幅增长态势。继2020年第二季度活跃用户增长17%，第三季度增长36%之后，第四季度唯品会的总活跃用户数达到5 300万人，同比强劲增长37%；当季总订单数为2.273亿单，相比去年同期的1.746亿单增长了30%[②]。用户数与订单数的强劲增长反映出越来越多的用户对唯品会特卖模式的青睐。未来，唯品会应继续专注于自身的商品销售策略，同时增强自身的大数据与技术能力，以满足更广泛的用户群体的多样化需求。针对核心客户群的不同需求，唯品会持续深化与品牌的合作，通过大数据洞察并联动品牌进行生产方向的聚焦和调整，深度挖掘符合用户需求的优质货品，强化运营服务，加大对客服系统的升级，致力于全方位提升用户的消费体验，从而提升用户黏性、复购率和好感度，驱动超级VIP用户，最终实现长效增长。此外，唯品会还积极践行企业社会责任，创新开展互联网公益项目。未来，在保持健康、稳健发展的前提下，唯品会应专注于进一步深化品牌特卖业务布局，扩大在中国折扣零售领域的市场份额，为广大用户提供更为优质的精选好货。

16. 汽车之家

2021年2月2日，汽车之家公布了2020年第四季度及全年财报。报告显示，汽车之家2020年第四季度的总营收24.8亿元，同比增长6.6%；全年总营收86.6亿元，同比增长2.8%。第四季度调整后的净利润为11.92亿元，同比增长3.7%；全年调整后的净利润为36.21亿元，同比增长6.2%[③]。2020年，汽车行业在2020年年初新冠肺炎疫情的打击下逐渐恢复，产业数

---

① 《唯品会发布2020年Q4及全年业绩　四季度净利润24亿元　同比增长66.7%》，2021年2月25日，搜狐网，https://www.sohu.com/a/452648181_114984，最后浏览日期：2021年4月1日。

② 同上。

③ 《汽车之家2020年Q4及全年财报：营收、利润稳步增长　数据产品收入同比增长70%》，2021年2月2日，百家号，https://baijiahao.baidu.com/s?id=1690584831919177849&wfr=spider&for=pc，最后浏览日期：2021年4月1日。

字化需求凸显，数据科技价值日益显现。汽车之家由提供单点式数据服务向提供全流程数据服务模式延伸，通过 AI、大数据和 SaaS 服务，帮助主机厂实现生产、经营、决策全流程的数字化转型。2020 年，汽车之家追加投资天天拍车，成为中国二手车市场发展的里程碑事件。目前，汽车之家与天天拍车强强联合，已成为中国二手车行业的领跑者。汽车之家凭借线上平台的有力支撑，充实了天天拍车上游车源的供给，连接用户、车厂和经销商，不仅提高了买卖双方的交易效率，还通过交易业务切入金融业务，不断提高公司在二手车领域的服务能力。随着中国二手车行业的发展，汽车之家的二手车平台将会迎来更大的业务增长空间。

17. B站

2020 年，B 站全年营收 120 亿元，同比增长 77%（图 6－1）。其中，手游收入同比增长 33.5%，达 48 亿元；以会员和直播为主的增值业务同比增长 134.4%，达 38 亿元；广告业务同比增长 125.6%，达 18 亿元；电商及其他业务同比增长 109%，达 15 亿元。2020 年，B 站平均月活达到 1.9 亿，平均每月付费用户数量为 1480 万[①]。增值服务与广告服务为 B 站增长最快的两大板块。从增值服务业务来看，对动漫、纪录片、综艺、影视剧集等多元化优质内容的投资初见成效，吸引了更多用户付费观看。财报数据显示，在增值服务类别中，平均每月付费用户数量同比增长 117%，达 1 300 万，每位付费用户月均付费金额从 2019 年的 22.7 元上升至 24.6 元。其中，在会员服务方面，付费会员数量同比增长 110%，达 1 240 万，每位会员月均付费金额从 2019 年的 10.2 元上涨至 11.3 元。在直播服务方面，每月付费用户的数量从 2019 年的 60 万增长至 110 万，每位付费用户的月均消费金额从 2019 年的 89 元提升至 2020 年的 105 元[②]。在广告服务方面，从红人热梗的传播到

---

① 《2020 年国内互联网平台广告营收榜单：快手最快，阿里稳坐半壁江山》，2021 年 3 月 29 日，36 氪，https://36kr.com/p/1158594626833664?ivk_sa=1023197a，最后浏览日期：2021 年 4 月 1 日。

② 《2020 年中国互联网公司广告营收榜单》，2021 年 3 月 30 日，搜狐网，https://www.sohu.com/a/458033918_174744，最后浏览日期：2021 年 4 月 1 日。

品牌自传播,B 站的品牌影响力与认知度的提升以及用户数量的扩大吸引了更多广告主的投资。2020 年全年,B 站的广告收入一直处于迅猛增长的态势,这与其商业化体系的搭建不无关系。2019 年,B 站推出了 UP 主商业合作平台花火,上线营销官网、企业号,内测创意制作与交流平台,并面向品牌方推出了新品计划及百大产品榜单等。B 站的数据技术能力、服务能力和生态体系仍有待完善,未来将会有更大的增长空间。

18. 斗鱼

2021 年 3 月 23 日,斗鱼发布了 2020 年第四季度及全年财报。财报显示,2020 年,斗鱼在用户增长、社区繁荣度、业务创新等各个维度全面超越去年同期,总营收达 96 亿元,同比增长 31.8%。在非美国通用会计准则下,斗鱼全年获得净利润 5.4 亿元,同比增长 56.3%,净利率为 5.6%[①]。作为国内游戏直播行业的领跑者,斗鱼的整体运营数据依旧表现强劲。

2020 年年底,斗鱼拓展了视频及社区业务逻辑,形成了三位一体的业务生态,为进一步打造以电竞为核心的多元化社区奠定了基础。同年,斗鱼在投资顶级电竞战队,加强赛事运营专业度、精细度以及与游戏厂商深度合作方面均取得了丰硕成果。在赛事运营方面,斗鱼进一步完善了自制与引进并举、顶级与小众搭配的全领域、广覆盖的赛事体系,同时持续大力发展自制赛事 IP,打造了绝地求生黄金大奖赛 S11、和平精英黄金大奖赛 S1 等 50 余场高质量的自有电竞赛事。在精细化运营策略的驱动下,斗鱼进一步加强了与游戏厂商的合作,紧握爆款新游戏的发布机会,提前布局《使命召唤手游》(CODM)、《魔兽世界》(9.0)、《天刀手游》、《地下城勇士》(希洛克版)等游戏的直播内容。这些优质内容极大地促进了用户付费渗透率的提升,进而使平台的收入稳健提升。

2020 年年末,斗鱼 App 迎来重大改版,将视频和社区两大模块放在与

① 《斗鱼财报:2020 年全年总营收 96 亿元 净利润 5.4 亿元》,2021 年 3 月 23 日,中文互联网数据资讯网,http://www.199it.com/archives/1221061.html,最后浏览日期:2021 年 4 月 1 日。

直播业务同等的位置上，标志着斗鱼开始着手深度整合在游戏电竞产业链上的内容优势，布局以游戏为核心的视频内容，为多元化社区注入新活力。

在视频内容体系建设方面，斗鱼通过三大策略有序推进。首先，通过“斗鱼视频造星计划”“UP主激励计划”等多项激励政策，引导并扶持主播创作游戏攻略、搞笑场面和大神操作等优质的视频，通过拓展内容来吸引新用户，提高平台活跃度，增强用户黏度。其次，借助热门赛事节点，帮助主播打造IP化栏目，实现优质内容的自我“造血”。最后，斗鱼还从外部引入了更多行业TOP级的内容创作者，完善平台多元化的内容生态。

在社区业务方面，斗鱼在原有的“鱼吧”产品逻辑基础上丰满社区业务形态，为平台数亿游戏爱好者创建了以“发现游戏、推荐游戏、讨论游戏”为主的兴趣集群，丰富了用户的观看选择。

在技术研发方面，斗鱼将技术创新方向与用户需求保持一致，通过技术创新为用户提供更加新鲜、有趣的直播体验，从而逐渐增强自身的竞争力。

19. 美团

2021年3月26日，美团发布了2020年第四季度及全年业绩报告。报告显示，2020年美团营收1147.9亿元，同比增长17.7%；净利润47.1亿元，同比增长110.5%。餐饮外卖交易数量同比大幅上升，餐饮外卖日均交易数量同比增长16.0%，达27.7百万笔。每笔餐饮外卖业务订单的平均价值同比增长7.0%，达48.2元。餐饮外卖业务的经营溢利由2019年的14亿元增加至2020年的28亿元，经营利润率由2.6%升至4.3%[①]。2020年受新冠肺炎疫情影响最大的到店、酒店及旅游业务的恢复逐步进入正轨，但尚未完全恢复到正常水平。到店、酒店及旅游业务收入同比减少4.6%，2020年为213亿元。到店、酒店及旅游业务的经营溢

① 《美团发布2020年Q4及全年财报　全年净利润47.1亿元》，2021年3月26日，腾讯网，https://new.qq.com/omn/20210326/20210326A0C5ES00.html，最后浏览日期：2021年4月1日。

利由2019年的84亿元减少至2020年的82亿元，经营利润率则由37.7%升至38.5%[①]。除了主体业务，美团未来投入的新业务继续稳定增长，受益于美团的配送效率、便捷的用户体验和产品服务，新业务全年收入增长33.6%，达273亿元。新业务及其他分部的经营亏损由2019年的67亿元扩大至2020年的109亿元，经营利润率同比下降6.7个百分点[②]。2020年第四季度，美团营收379.2亿元，同比增长34.7%；2020年第四季度净亏损22.4亿元，亏损同比扩大至253.7%[③]。美团到店、酒店及旅游业务收入71亿元，同比增长12.2%；到店、酒店及旅游业务的经营溢利由2019年第四季度的23亿元增至28亿元，经营利润率由36.7%升至39.5%[④]。截至2020年12月31日，美团平台活跃商家数和年度交易用户数分别增长至680万和5.1亿[⑤]。

20. 虎牙

2021年3月23日，虎牙公司公布了2020年第四季度及全年财报，全年收入突破百亿元大关，用户规模再创新高。2020年第四季度，虎牙总收入达29.9亿元，较2019年同期增长21.2%。2020年，虎牙全年总收入达109.14亿元，较2019年增长30.3%。在非美国通用会计准则下，虎牙2020年第四季度的净利润为3.06亿元，同比增长26.5%，连续十三个季度实现

---

① 《美团2020年财报：营收首破千亿　净利同比增110.5%》，2021年3月26日，百家号，https://baijiahao.baidu.com/s?id=1695284754943354043&wfr=spider&for=pc，最后浏览日期：2021年4月1日。

② 《美团2020年新业务及其他分部收入273亿元　同比增长33.6%》，2021年3月26日，百家号，https://baijiahao.baidu.com/s?id=1695284210582381817&wfr=spider&for=pc，最后浏览日期：2021年4月1日。

③ 《美团2020年四季度亏损同比扩大至253.7%，新业务全年亏109亿元》，2021年3月26日，百家号，https://baijiahao.baidu.com/s?id=1695289419857094552&wfr=spider&for=pc，最后浏览日期：2021年4月1日。

④ 《美团：2020年第四季度到店、酒店及旅游业务收入71亿元，同比增长12.2%》，2021年3月26日，百家号，https://baijiahao.baidu.com/s?id=1695283999149295000&wfr=spider&for=pc，最后浏览日期：2021年4月1日。

⑤ 《美团2020年财报：营收首破千亿　净利同比增110.5%》，2021年3月26日，百家号，https://baijiahao.baidu.com/s?id=1695284754943354043&wfr=spider&for=pc，最后浏览日期：2021年4月1日。

盈利。2020 年第四季度，虎牙直播月均活跃用户数再创新高，同比增长 18.8%，达 1.785 亿；移动端月均活跃用户数同比增长 29.1%，达 7 950 万，呈稳定增长态势[①]，进一步巩固了虎牙直播在移动端的领先地位。移动端月均活跃用户数在第四季度的强劲增长，主要得益于虎牙对优质内容库的持续打造，尤其是电竞赛事和娱乐节目等，以及产品升级和市场营销活动的推动，强劲的用户增长和高水平的用户参与度持续彰显了虎牙公司优秀的执行力。虎牙 2020 年第四季度的海外月均活跃用户数达 3 000 万，较 2019 年同期增长了 50%。财报显示，虎牙第四季度来自直播的收入达 28.1 亿元，同比增长 20%，增长的主要原因是虎牙付费用户数量和付费用户平均花费较 2019 年同期均有所提升。虎牙 2020 年第四季度来自广告和其他业务的收入同比增长 44.6%，达 1.75 亿元，主要得益于广告商数量的增加与多样化[②]。

虎牙在多个领域继续深化与腾讯的合作。在主播端，虎牙通过与腾讯合作，帮助虎牙主播在腾讯游戏社区中扩大知名度，进一步提高了主播的影响力。2020 年第四季度，虎牙坚定不移地推进内容的丰富与多元化，电竞赛事持续成为虎牙的一个业务重点。同时，虎牙公司坚守企业社会责任担当，在推动行业健康发展、弘扬社会正能量方面取得了切实成效。

21. 陌陌

2021 年 3 月 25 日，陌陌公布了 2020 年第四季度及全年未经审计的财务业绩。财报显示，陌陌 2020 年全年净营收达到 150.242 亿元(图 6－1)。2020 年第四季度，陌陌直播服务营收 23.279 亿元，与 2019 年同期的 33.835 亿元相比减少了 31.2%。直播服务营收下降主要是由于陌陌 App 在直播业务中进行了结构性改革以重振长尾内容生态。同时，一定程度上

① 《虎牙 2020 年 Q4 及全年财报：全年营收突破百亿元　用户规模再创新高》，2021 年 3 月 24 日，http://www.xinhuanet.com/tech/2021-03/24/c_1127250224.htm，最后浏览日期：2021 年 4 月 1 日。

② 同上。

也是由于新冠肺炎疫情对付费用户尤其是高额付费用户的消费意愿带来了负面影响。探探直播服务营收的增长部分抵消了来自上述两个因素的压力，2020 年第四季度探探直播的服务营收为 4.043 亿元。同期，增值业务营收达到 14.013 亿元，同比增长17.8%[①]。增值业务营收主要包括虚拟礼物营收和会员订阅服务营收。增值业务营收的增长主要是由于陌陌 App 虚拟礼物业务的持续增长，这得益于产品和运营方面的持续创新，以及陌陌为提升用户的社交娱乐体验引入了更多付费方案。2020 年，尽管受到新冠肺炎疫情的影响，但陌陌仍然取得了相当丰硕的成果，并积极地应对变化的环境和相应的种种挑战，为达成企业战略目标取得了出色的成绩。

22. 宝宝树

2021 年 3 月 31 日，宝宝树发布 2020 年全年业绩。数据显示，宝宝树的全年营收为 2.12 亿元，同比下降 40.5%；广告收入为 1.88 亿元，同比下降 41.2%；电商收入为 1989.5 万元，同比下降 10.4%。公司的毛利润为 9650 万元，同比减少 56.7%；全年亏损 4.7 亿元，比去年同期的 4.94 亿元有所收窄[②]。由于海外广告客户进一步收紧预算，公司对主要客户的广告投放持续减少，在宏观经济环境的影响下，广告业务竞争也越发激烈，导致广告和电商收入有所下滑。

在电商方面，由于战略合作股东进行的电商合作未能取得预期表现，公司准备将电商平台恢复至自营模式。数据显示，电商收入中的直销收入占总收入的比例提升了 4.2 个百分点，为 8.1%。在成本方面，公司销售营销开支亏损 2.86 亿元，同比 2019 年的 2.98 亿元有所下降。宝宝树的总营业成本为 1.16 亿元，同比减少 13.7%，其中，广告成本占总营业成本的比例有

---

① 《陌陌发布 2020 财报　营收净利同下降　仍好于预期盘前涨幅 7%》，2021 年 3 月 25 日，搜狐网，https://www.sohu.com/a/457311226_386270，最后浏览日期：2021 年 4 月 1 日。

② 《宝宝树 2020 财报：营收 2.12 亿，将首次发布 ESG 报告》，2021 年 3 月 31 日，百家号，https://baijiahao.baidu.com/s?id=1695727191715344894&wfr=spider&for=pc，最后浏览日期：2021 年 4 月 1 日。

所提升，由2019年同期的77.2%上升至84.8%。截至2020年12月31日，宝宝树拥有现金及其他财务流动资源超过17亿元人民币，财务资源充沛。据悉，宝宝树还将首次发布上市公司企业可持续发展报告，将社会责任纳入企业发展的核心指标①。

23. 同程艺龙

2021年3月23日，同程艺龙发布了截至2020年12月31日的第四季度及全年业绩报告。财报显示，2020年同程艺龙实现营收59.33亿元，经调整后的净利润为9.54亿元，盈利能力领跑全球在线旅游行业，成为新冠肺炎疫情以来全球唯一连续四季度盈利的上市在线旅游平台。2020年第四季度，同程艺龙经调整后的EBITDA(earnings before interest, taxes, depreciation and amortization，即税息折旧及摊销前利润)为4.41亿元，同比增长6.2%，为2020年的首次上升；经调整后的净利润为3.07亿元，经调整后的净利润率为16.9%。在业务方面，2020年第四季度同程艺龙住宿预订服务收入6.47亿元，同比增长4.1%；用户在同程艺龙平台上消费的国内酒店间夜量同比增长21%，低线城市酒店的间夜量同比增长超30%。2020年第四季度同程艺龙交通票务业务也在加快复苏，其中，交通票务业务收入为10.03亿元，国内航空票务量同比2019年增长5%左右，汽车票票量同比增长近180%，2020年第四季度同程艺龙包括景点门票、广告服务、配套增值服务等在内的其他收入为1.62亿元，同比增长6.2%②。2020年10月，同程艺龙将住宿事业部和景点门票业务进行整合成立酒旅事业群，以实现更好的协同效应并提升交叉销售。截至2020年12月31日，同程艺龙年付费用户达1.55亿人次，同比增长1.8%，创历史新高，同程艺龙居住在中国非一线

---

①《宝宝树2020财报：营收2.12亿，将首次发布ESG报告》，2021年3月31日，百家号，https://baijiahao.baidu.com/s?id=1695727191715344894&wfr=spider&for=pc，最后浏览日期：2021年4月1日。

②《同程艺龙发布2020年财报：全年经调利润9.54亿元》，2021年3月23日，百家号，https://baijiahao.baidu.com/s?id=1695020515248417096&wfr=spider&for=pc，最后浏览日期：2021年4月1日。

城市的注册用户约占总注册用户的86.3%，微信平台上的新增付费用户约61.7%来自中国三线及以下城市①。

24. 蘑菇街

2021年5月28日，蘑菇街发布了2021财年第四季度（2021年1月1日—2021年3月31日）及2021财年（2020年4月1日—2021年3月31日）财报。财报显示，2021财年第四季度，蘑菇街平台的总GMV为25.76亿元，同比增长6.5%。其中，直播GMV达22.45亿元，同比增长42%，直播GMV在蘑菇街平台总GMV中的占比达87.2%。从全年看，直播是驱动蘑菇街GMV持续增长的核心动力，已连续21个季度保持稳健增长。财报显示，2021财年全年，蘑菇街平台的总GMV为138.55亿元，直播GMV达108.78亿元，同比增长38.1%，直播GMV占平台总GMV的比重达78.5%②。直播业务GMV占比的提升意味着蘑菇街已完成向直播电商公司的业务转型，蘑菇街推出的短播将成为直播电商行业的一次新突破。

2020年是直播电商的爆发之年。中国互联网络信息中心的调查数据显示，截至2020年12月，中国直播电商的用户规模为3.88亿人，占网民整体的39.2%③。搭乘行业蓬勃发展的快车道，蘑菇街直播电商业务始终保持着较高增速。作为直播电商的首创者，蘑菇街于2021年5月率先推出全新业务形态——短播，是主播在直播间产出短视频，并使短视频通过标签化、结构化的方式进入公域流量池，通过人工智能算法使之出现在搜索、类目、信息流等用户场景，使每一场直播的商品能够沉淀下来，让用户可以在更长

① 《同程艺龙发布2020年财报：Q4低线城市酒店间夜量增长超30%，年付费用户创新高》，2021年3月23日，搜狐网，https://www.sohu.com/a/456937393_100106801，最后浏览日期：2021年4月1日。

② 《蘑菇街发布2021财年财报：直播GMV同比增长38.1%至108.78亿元》，2021年5月28日，https://baijiahao.baidu.com/s?id=1700994188232395463&wfr=spider&for=pc，最后浏览日期：2021年6月1日。

③ 《CNNIC报告：电商直播用户规模达3.88亿　占网民整体的39.2%》，2021年2月3日，https://baijiahao.baidu.com/s?id=1690643866288791805&wfr=spider&for=pc，最后浏览日期：2021年4月1日。

的周期中购买在直播间内出现过的商品。短播极大地提升了直播的用户体验，降低了直播的新用户门槛。直播的用户黏性非常强，但比较消耗用户时间。同时，直播的流媒体形式让用户获得的体验不稳定，蘑菇街发明的短播区别于其他平台的商品讲解，是主播自主录制、质量稳定的直播内容，能够大大降低用户对直播的接受门槛。通过短播，即使是没有直播间流量优势的主播也可以公平竞争公域流量，获取新的粉丝。从创建导购平台，到率先上线直播电商，再到推出短播，蘑菇街的创新从未止步。短播的推出是蘑菇街对直播电商生态的一次优化，这一新业务形态的推出显著降低了主播、机构等合作伙伴参与电商生态建设的门槛，也为蘑菇街拓展了新的成长空间。

25. 字节跳动

据《晚点 LatePost》独家获得的信息，抖音电商 2020 年全年的 GMV 超过 5 000 亿元，比 2019 年翻了三倍多[①]。知情人士称，该公司的大部分收入主要来自其在中国应用程序上的广告，包括今日头条和抖音。字节跳动的营收激增表明，这家成立了 8 年的公司正在快速获取数字广告收入。自新冠肺炎疫情暴发以来，由于各地采取隔离措施，字节跳动的应用程序使用量大幅增加。应用程序跟踪机构 App Annie 的数据显示，2021 年 1 月，中国 iOS 应用商店最受欢迎的 10 款应用中，有 6 款属于字节跳动[②]。在字节跳动 5 000 多亿元的交易总额中，只有 1 000 多亿元是达人们通过抖音自有电商平台抖音小店卖出，另外 3 000 多亿元的交易则是从直播间和短视频跳转到京东、淘宝等电商平台完成交易[③]。这意味着抖音目前更像一个电商广告投放渠道，而非一个电商平台。抖音电商团队希望打造的是独立的字节跳动

---

① 《抖音电商 2020 年全年 GMV 超过 5 000 亿元　同比 2019 年翻三倍多》，2021 年 2 月 4 日，站长之家，https://www.chinaz.com/news/1222461.shtml，最后浏览日期：2021 年 4 月 1 日。

② 《路透社报道称：字节跳动 Q1 单季收入 400 亿》，2020 年 6 月 18 日，看点快报，https://kuaibao.qq.com/s/20200618A0N1OH00，最后浏览日期：2021 年 4 月 1 日。

③ 《抖音去年电商 GMV 超 5 000 亿，较 19 年翻三倍》，2021 年 2 月 3 日，搜狐网，https://www.sohu.com/na/448553047_115565，最后浏览日期：2021 年 4 月 1 日。

电商生态，即商家和品牌都有自己的抖音小店，交易均在抖音上完成，不再跳转至京东、淘宝。2020 年 10 月起，抖音禁止第三方平台的商品链接进入抖音达人的直播间。2021 年，抖音无疑会继续加大从广告投放渠道向电商平台的转变力度，字节跳动同时还计划捡起此前受挫的跨境电商业务，把生意做到海外。

26. 网易

2021 年 2 月 25 日，网易公布了截至 2020 年 12 月 31 日第四季度及 2020 财政年度未经审计的财务业绩。2020 年，网易的净收入为 736 亿元，同比增长 24.4%；2020 年第四季度的营收为 198 亿元，同比增长 25.6%。其中，在线游戏服务净收入为 134 亿元，同比增长 15.5%；有道净收入为 11 亿元，同比增长 169.7%；创新及其他业务净收入为 53 亿元，同比增长 41.3%；毛利润为人民币 99 亿元，同比增长 20.9%①。网易营收的增长是网易游戏业务、网易有道和网易云音乐业务协同推动的结果。

网易的百亿营收大多来自游戏业务，游戏营收占比超整体营收的大部分，是其营收支柱，这意味着游戏业务几乎决定了网易的生死存亡。截至 2020 年第四季度，网易游戏业务已经连续 11 个季度破百亿，全年收入首次突破 500 亿②，说明网易游戏继续保持了较高的增长态势。网易游戏营收增长的原因有两个：一是国内外游戏市场环境利好；二是网易游戏耐心打磨游戏产品，获得了用户认可。新冠肺炎疫情期间，人们花在游戏上的时间和金钱越来越多，有利于网易游戏业务的开展和创收。2020 年，网易游戏持续丰富、完善产品线，游戏产品人气攀升，网易游戏计划在 2021 年推出更多爆款游戏，保持产品迭代的速度，优化用户的游戏体验。不过，网易游戏营收

---

①《网易公布 2020 第四季度及全年财报　营收同比大幅增长》，2021 年 2 月 25 日，百家号，https://baijiahao.baidu.com/s?id=1692663327247639914&wfr=spider&for=pc，最后浏览日期：2021 年 4 月 1 日。

②《网易 2020 年财报：游戏赚了、教育赔了、音乐稳了》，2021 年 3 月 4 日，百家号，https://baijiahao.baidu.com/s?id=1693260742041256410&wfr=spider&for=pc，最后浏览日期：2021 年 4 月 1 日。

受产品周期性影响，在线游戏服务毛利润环比下降。此外，腾讯、索尼、动视暴雪等强敌环伺，网易游戏难以在短时间内实现更大的突破，这意味着过于依赖游戏业务不利于网易的可持续发展。

2020 年，新冠肺炎疫情将在线教育行业推上风口，作业帮、猿辅导、51Talk 等在线教育品牌和好未来、新东方等传统教育品牌纷纷开启低价促销模式，疯狂抢夺用户，市场竞争进一步加剧。在激烈的市场竞争中，网易有道学习服务和智能硬件产品的营收保持强劲增长。财报数据显示，网易有道 2020 年全年的净收入达 31.68 亿元，较 2019 年增长 142.7%。其中，学习服务净收入为 21.55 亿元，同比增长 207.9%；学习产品净收入为 5.4 亿元，同比增长 255.1%。公司整体毛利率为 45.9%，相较于 2019 年的 28.4%提升了 17.5%，但是多项业务超 100%的增长并未让已连亏多年的网易有道扭亏为盈。财报数据显示，网易有道 2017 年的净亏损额为 1.64 亿元；2018 年的净亏损额为 2.09 亿；2019 年的净亏损额为 6.02 亿元；2020 年净亏损 17.53 亿元，同比扩大 291%①。游戏业务、教育业务和网易创新业务（包括网易云音乐、网易严选和网易新闻等）板块的增长势头迅猛。2020 年第四季度网易创新及其他业务净收入 52.5 亿元，同比增长 41.3%；2020 年全年创新及其他业务净营收 159 亿元，同比增长 38.2%②。网易创新业务和其他毛利的同比增长主要是源于网易云音乐，2020 年网易云音乐的新用户、原创音乐人数量激增，品牌规模进一步扩大，会员、广告和直播类增值服务收入稳健增长。网易云音乐通过扶持原创音乐人以及与唱片公司签署版权协议以扩充音乐内容库，并通过多种个性化服务优化用户的使用体验，吸引了更多“00 后”消费群体。网易 2020 年的新增用户中，“00 后”群体占新增总数的 60%，改变了以往以“90 后”为主体的现象③。未来，“00

① 《网易 2020 年财报：游戏赚了、教育赔了、音乐稳了》，2021 年 3 月 4 日，百家号，https://baijiahao.baidu.com/s?id=1693260742041256410&wfr=spider&for=pc，最后浏览日期：2021 年 4 月 1 日。

② 同上。

③ 同上。

后”必将成为社会新消费的主流群体，网易云音乐商业化的潜力也将持续上涨。

6.2.2 广告主视角下的广告价值

1. 门户网站的优势

相较于传统媒体，门户网站广告的互动性更强，传播范围更广阔、受众数量易统计、成本较低、不受时空限制、内容更翔实、传播形式更灵活多样。经过十多年的发展，门户网站在广告经营方面积累了一定的品牌优势。

(1) 广告形式的多样性

门户网站广告的形式有全屏、通栏、画中画、浮动标识、流媒体广告、对联广告、视窗广告、导航条广告、焦点图广告、弹出窗口和背投等。广告形式的多样性为广告创意的发挥和广告目的的实现提供了更广阔的空间。

(2) 网民结构更合理

传统门户网站因其业务的综合性，已经培育了结构相对合理的忠实网民，即大学生和 30 岁以上的白领，这一群体消费能力强，并且持续不断地呈阶梯状发展。健康合理的网民结构是门户网站广告长期、健康经营的依托。

(3) 内容更加多元化

由于人民的生活水平不断提高，消费习惯也发生了改变，各门户网站积聚了比较好的品牌影响力，因此能够吸引各类产品(如服装、饮料、电子等)的广告投放。

2. 门户网站广告的价值衡量

门户网站广告可以更好地帮助企业实现营销目标，企业也可以根据门户网站的网站流量、广告转化率、用户群、网站内容来判断其是否具有广告投放价值，更精准地投放广告，避免浪费。

(1) 网站流量

人们通常说的网站流量是指网站的访问量，是用来衡量一个网站的用户数量和用户浏览的网页数量等指标。网站流量的测量指标包括独立访问者数量、重复访问者数量、页面浏览数(点击量)、每个访问者的页面浏览数、页面显示次数、文件下载次数等。网站的流量越大,广告的到达率和暴露比也会更高,此类门户网站的广告价格也会很高,企业需要结合广告预算和广告目标,综合考虑后作出选择。

(2) 广告转化率

广告用户的转化量与广告到达量的比值,也就是通过点击广告进入推广网站的网民形成转化的比例。统计周期通常有小时、天、周和月等,也可以按需设定。被统计的对象包括 flash 广告、图片广告、文字链广告、软文、邮件广告、视频广告、富媒体广告等多种广告形式。转化是指网民的身份产生转变的标志,如网民从普通浏览者升级为注册用户或购买用户等。转化标志一般指某些特定页面,如注册成功页、购买成功页、下载成功页等,这些页面的浏览量称为转化量。

(3) 用户群

网站的运营通常都不是漫无目的的,每个网站都有自己的目标用户。广告商可以通过比较广告的用户群和企业的目标消费者的重合率来衡量该门户网站是否具有广告价值。如果重合率很高,投放该门户网站的广告价值就高;反之,该门户网站对广告商来说投放广告的价值就低。

(4) 网站内容

随着门户网站的不断增多,网站内容的同质化现象加剧,人们越来越认识到内容作为网站生命的重要性,许多门户网站都开始开发自己的个性内容,力求在同类网站中脱颖而出。门户网站的优质内容是决定门户网站广告价值的最关键因素,好的内容可以吸引优质的用户群。同时,拥有好内容的门户网站也可能暂时流量不佳,但广告商应该看到其背后隐藏的潜力。

6.3 门户网站广告的类型

门户网站的广告主要依托门户网站平台存在,门户网站平台的空间巨大，各利益主体的信息互动交流十分频繁。根据广告市场多角关系对广告的认可度和选择性，门户网站广告在内容和形式上都有较丰富的呈现形态。

6.3.1 根据广告内容划分

1. 市场调查广告

市场调查广告(图6-3)在具体操作时也可以分成两类：一类是利用人们感兴趣的话题进行投票，广告将会在结果查看页面出现，这类广告具有软性特征，比较隐蔽；另一类则直接对产品或品牌进行调查，此时就具有硬性的特征，这一类调查广告的主动性更强。

图6-3 2015年5月6日网易市场调查型广告示例

2. 嘉宾聊天室

嘉宾聊天室指以对付费商家的嘉宾进行访谈的形式来宣传产品和品牌的一种广告，这种广告形式有利于网络用户更直观地了解企业的经营思想或经营理念，进而更好地了解企业品牌和企业服务。

3. 频道内容合作

频道内容合作将企业的LOGO、文字和网站的栏目风格相结合，将两者有机地融在一起。当网民浏览内容时还能够捕捉到冠名企业的信息，从而实现企业品牌传播的完美效果。

4. 传统展示类

百度的广告产品经理牛国柱将展示广告总结为广告主对受众进行直接的品牌展示，根据不同网站具有的不同特点而采取不同类型的展示方式，最终使广告通过一个最佳的方式进入受众心中。不同类型、不同位置的展示广告，它们的效果各不相同。

6.3.2 根据广告形式划分

1. 按钮广告

按钮广告(botton advertising)就是图标广告(图 6－4),是网络广告最早也是最常见的一种。按钮广告通常链接公司的主页或站点的公司标志,并且标有明显的“点我”(click me)字样对浏览者进行点击引导,最后通过浏览者的主动点选来实现广告的最终传达。按钮广告的受众参与度高,同时,由于广告效果的最终实现依赖于浏览者的点击,如何有效地吸引浏览者并完成点击是对广告创作者的最大考验。

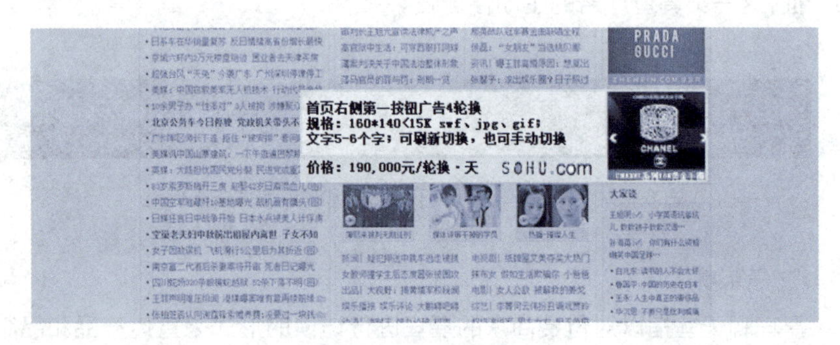

图 6－4 按钮广告示例

2. 横幅广告

横幅广告(banner advertising)又称旗帜广告,是网络广告早期出现的一种形式,可以出现在网页的顶部、中部、底部的任意一处,横向贯穿整个或大半个页面的广告条。通过 GIF、JPG、Flash 等格式建立图像文件,还可以使用 Java 等语言使其产生交互性,用 Shockwave 等插件工具来增强表现力。横幅广告能在网页上直接体现中心意指,表达宣传的中心内容。

3. 画中画

画中画(picture-in-picture)是一种视频内容呈现形式,主要是利用数字技术,在同一个屏幕上显示两套节目,在正常观看主画面(视频)的同时,在画面的小面积区域插入一个或多个经过压缩的子画面(视频)。这种广告类型的隐藏性好，但是同时会给受众的观看体验带来一定干扰，容易导致他们的厌烦情绪，因此，应该对子视频的数量和出现频率进行适度地控制。

4. 摩天大楼

摩天大楼(skyscraper)指的是一种形似摩天楼的矩形图形的广告形式(图 6－5)，其中的广告内容可以变换，但是页面不可关闭。

图 6－5 摩天大楼广告示例

5. 通栏广告

通栏广告(full collumn)实际上是横幅广告的一种升级(图 6－6)，比横幅广告更长，面积更大，更具表现力和吸引力。

6. 富媒体

富媒体(rich media)具有动画、声音、视频和(或)交互性的信息传播方法，包含流媒体、声音、Flash 等常见形式的一种或多种组合，利用 Java、JavaScript、DHTML 等程序设计语言。

7. 全屏广告

全屏广告(full screen)是指当用户打开网页时出现的图形尺寸较大的网络广告形式(图 6－7)。通常是强制弹出的广告页面或广告窗口，一般软件插件也不能避免这类广告，还可以根据用户不同的 IP 地址投放不同的广告内容。全屏广告的优点在于它的视觉冲击力很强，令人难以逃避，但因为它

图 6-6　通栏广告示例

图 6-7　全屏广告示例

的强行出现，可能导致用户的排斥，所以不宜出现太多，一般情况下只在频道首页投放，而且对投放的时间长度有一定的限制。

8. 文字链接

文字链接(text link)是一种纯文本的广告形式，通过用户对页面简短的文字标题的点击，形成超链接页面来展现广告内容。文字链接的广告形式具有隐蔽性的特点，它对浏览者的干扰最少，却是最有效的网络广告形式之一。文字链接广告的位置安排灵活，可以位于页面的任何位置，横排或竖排均可。相较于其他广告形式具有文件体积小、传输速率快、表达直接等特点，一般情况下对文本的字数有较为严格的限制。

9. 对联广告

对联广告的英文是 bi-skyscraper，可以看出，它实际上是摩天大楼广告的升级（图 6－8），就是一种成对出现在网页两侧的图形网络广告，形式上类似于中国传统的对联，因此得名。在用户滑动页面的同时，对联广告会跟随页面滚动，时刻出现在用户的视野。同时，用户可以自主控制对联广告的出现，选择关闭或保持，广告内容也是可以轮换的。对联广告位于页面两侧，不影响受众浏览，而且出现率高，受众可点击关闭，选择性强，不容易招致厌烦，但广告的内容也可能因此被忽略。

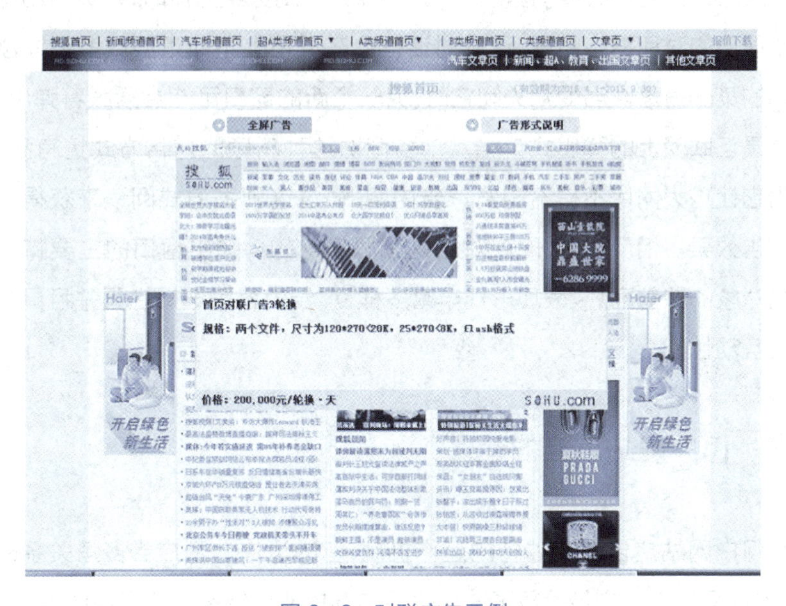

图 6－8　对联广告示例

10. 背投广告

用户打开网页后，在当前页面的后面会自动弹出一个新的页面，不会影响用户继续浏览，同时也不能被及时关闭，这个新的页面就是背投广告。它具有独立页面大屏显示的特点，能够迅速抓住浏览者的眼球，冲击力很强。因为它自动弹出，不考虑受众需求，所以容易导致受众产生厌烦情绪。当然，如果受众安装了拦截插件，此类广告就很有可能被拦截。

11. 焦点图

焦点图(focus picture)一般出现在网站比较明显的位置，以图片组合播放的形式出现，与焦点新闻类似，但加有图片，一般多用于网站首页版面或频道首页版面，因为是使用图片的形式，所以有一定的视觉吸引力，容易引起访问者的点击。根据国外设计机构的调查统计，网站焦点图的点击率明显是纯文字，它的转化率是文字标题的5倍。

12. 弹出式广告

弹出式广告(pop-up)指的是在人们点开并浏览某网页时，网页主动弹出一个很小的对话框。随后，这个对话框会在屏幕上不断盘旋或者会漂浮至屏幕的某一角落。当受众关闭它时，另一个新的窗口可能会紧跟着弹出来，这就是互联网上的弹出式广告。广告商对这种新颖的广告方式情有独钟，因为它让广大网民不得不浏览广告内容，通过这种强迫式阅读来获得较好的广告效果。相反，广大网民对此是深恶痛绝的。弹出窗口的主要特点是传播对象的覆盖面广、表现形式丰富多样、广告内容可选择性强并且具有一定的互动性。

6.4 门户网站广告的运作

门户网站广告有其独特的运作机制，它的运作涉及广告多角关系的互动，包括网站平台广告投放形式和路径的选择及广告投放效果评估等。

6.4.1 门户网站广告的运作特点

在新媒体时代，门户网站广告在运作上呈现出三个共同特点，即细分化、规范化、精准化。这些特点决定了门户网站广告投放的规模和方向。

1. 细分化

主要体现在门户网站首先结合自身特点对网民进行细分，然后根据细分情况制作不同类型的栏目板块，再通过对内容、广告形式的细分来选择产品和品牌进行投放广告。整个门户网站广告的制作流程都呈现出细分化的特点。

2. 规范化

规范化建立在细分化的基础之上，对各个栏目和各种广告形式进行标准化的内容生产和价格制定，并且在广告的具体操作上有比较规范的要求，对门户网站的广告进行严格把关(表 6－1)。

表 6－1 搜狐关于其门户网站广告的规范

项目	具 体 规 定
广告声音	① 除多媒体视窗和视频广告外，所有广告不得带有声音。 ② 广告文件中加入的声音不得循环播放，不得加入令网民反感的声音或音乐。 ③ 搜狐保留在接到网民投诉的情况下删除广告中声音的权力。
创意元素	① 所有广告设计中不得加入影响网民感受的元素(如类似电脑中毒的创意)或虚假元素(如背投广告中的假关闭按钮)。 ② 若广告创意中加入此类元素，搜狐有权不予投放。
屏位大小	屏位的划分均以 1024×768 分辨率为准。
广告形式	① 一个广告只能有一个链接。 ② 所有频道广告形式不能拆为零散区域或几个客户共同投放，如有上述需求，必须通过搜狐客服部门批准。 ③ 所有非常规的特殊广告形式，需提前一周提供 DEMO 或设计元素。

3. 精准化

由于互联网信息的日益复杂，用户群体也在不断扩大，门户网站都想方设法地通过内容生产抓取最有价值的用户群。随着网络技术的不断发展，现在已经能够实现按IP地址，根据用户搜索习惯精准推送广告。例如，用户张女士因为怀孕曾在网站上搜索过关于婴儿的信息，之后当她再登录网站时就会发现很多关于奶粉的广告以及婴儿服装的广告。

6.4.2 门户网站广告运作存在的问题

门户网站日益成熟，并且呈现出垂直化发展的趋势。很多人都在质疑门户网站的广告地位，这些质疑主要源自另一种媒体——手机的风靡。就像当初互联网时代刚刚来临时人们担心电视广告的式微，现在手机的出现让人们对门户网站广告也产生了类似的担忧。种种迹象显示，目前门户网站广告仍然占有非常重要的地位，仍有很强的生命力，短期内这种势头不会减弱，但门户网站在广告的运作上确实存在一些必须面对的问题。

1. 内部组织架构不稳定

领导人在门户广告的经营中占据重要地位，领导团队是否稳定、经营理念和经营策略是否不断更替也会产生很大的影响。目前，门户网站的组织架构多为矩阵型，这样的结构类型弱化了按项目(任务或产品)划分的横向结构，强化按职能划分的纵向领导，容易导致个人英雄主义，长此以往，不利于网站的创新。比如新浪团队，它的CEO从沙正治、王志东、茅道临、汪延再到曾国伟，这样频繁的更替必然会导致经营理念和经营策略的不断变化。

2. 用户广告体验不佳

许多网友都有这样的体验，打开一个网页，各种颜色、各种形式的广告冲入视野，让人猝不及防。绚丽的全屏广告、弹窗广告、对联广告一下子堆积在整个页面上，有时弹出的广告会霸占页面好几秒，这在阅读上给网民带来了很糟糕的体验。虽然广告的位置、色彩、尺寸都会对广告效果产生一定的影响，但真正吸引网民点击的关键因素是广告创意。因此，关注用户的心理体验，提高门户网站广告的产品和服务的质量，才是解决这一问题的关键。

3. 监管存在困难

由于网络广告普遍存在的特点，如发布便利、传播速度快等，使人们对网络广告的界定也越发模糊。门户网站广告作为网络广告的重要分支，同样存在这样的问题，加之网络广告法律的缺失，给门户网站广告的运作和监管带来了很大的障碍。监管上的不足将直接导致门户网站广告的品质无法得到保障，提供的产品和服务达不到网民的体验标准，很可能损坏门户网站的自身品牌，导致用户群的流失。

4. 侵犯隐私的压力

关于隐私方面的压力主要源于两个方面：一是对网站有价值的客户数据存储本身存在安全漏洞；二是用户的个人资料可能被带有其他商业目的的第三方窃取，用户信息的泄露有可能造成对用户的广告骚扰，一些目的性、针对性很强的推送广告也会造成用户广告体验的偏差。

6.4.3 门户网站广告运作的趋势

1. 品牌竞争成为新常态

品牌就是竞争力。近年来，门户网站把品牌竞争当作制胜的法宝，纷纷加大品牌营销的力度。通过线上、线下两条线提高品牌知名度和美誉度，实现品牌、内容和渠道传播效应的全面整合。为了与用户建立起良好的信任关系，门户网站在提高品牌公信力和打造绿色广告上投入了更多的时间和精力，对虚假广告、恶意点击、不正当竞价排名等现象进行坚决抵制。同时，门户网站还通过优质内容进行自身建设，打造网站的品牌形象，用品牌的力量留住原有的客户资源。

2. 开发新广告客户资源

门户网站经营管理的关键要素是客户资源的优化和利用。通过品牌的力量留住老客户，保持门户网站的黏性，进而打牢门户网站发展的基础。通过渠道建设和管理创新开发新客户，使门户网站保持可持续发展的活力和创新动力，增强了门户网站的长期竞争优势。近年来，综合型门户网站和专业型门户网站均受到广告主的欢迎，国内各大门户网站上广告主的广告投入也呈现逐年上涨的趋势，涉及食品、服装、旅游、电子科技、网络游戏等各个领域。如何通过新媒体环境下的渠道建设和创新管理来提升服务质量，成为开发新广告客户资源的关键。

3. 创新广告表现形式

经过多年的开发和建设，专业门户网站的广告形态相对稳定且已形成较稳固的市场份额。门户网站上较为成熟的按钮广告、通栏广告、全屏广告、对联广告、画中画、摩天楼广告、弹出窗口等都有较为稳定的客户源。如何通过资源整合和技术创新，打破常规的思维模式，以广告新业态为支撑，创新门户网站的广告表现形式，扩大广告客户来源，成为门户网站不断努力的方向。

4. 加强运营团队的建设

门户网站的运营需要一个稳定且结构合理的运营团队，通过团队的力量不断优化平台运营机制，整合平台的优质资源，为用户提供优质服务。网站组织结构的调整立足于门户网站的核心竞争力提升，无论是领导者的选拔、组织架构的搭建，还是运营团队的内部分工协作，都应围绕这一中心进行。提高门户网站的核心竞争力是门户网站团队建设的关键，也是门户网站在新媒体环境中应重点建设的内容。

思考题

1. 简述门户网站广告的概念。
2. 门户网站广告的价值体现在哪些方面?
3. 简述门户网站广告的类型划分。
4. 简述门户网站广告的运作流程。

7 博客广告

博客是网络上的一种流水记录形式，也被称为网络日志。博客广告是网络广告的一种形态，具有网络广告的一般属性。博客广告通常是把已经制作好的网络广告放在博客网页上，供网民浏览或点击来传递广告信息。与隐性广告相比，这种广告形式比较固定化、模式化、直观化。博客广告的价值首先体现在博客价值上，博客的内容建设在一定程度上影响着广告的传播价值和博客广告的商业价值。

7.1 博客广告概述

Blog 是 Weblog 的简称，即 web 和 log 的组合词。Weblog 就是网络上的一种流水记录形式，也简称为网络日志。"博客"一词最早是由我国著名网络评论家王俊秀和方兴东共同提出来的，指的是网络日记本，被认为是继 E-mail、BBS、QQ 之后出现的第四种网络交流形式，具有个性化、开放性、交互性的特点。2002 年，有"中国博客教父""Web 2.0 倡导者"之誉的方兴东创建了中国博客，提供博客托管服务(Blog service provider，简称 BSP)。2007 年 9 月，新浪推出博客广告联盟，被视为博客广告的历史性发展。

2002 年,方兴东创建中国博客,提供博客托管服务。2004 年,“木子美现象”让中国网民看到了博客的影响力。2005 年,新浪挺进博客领域,以“名人博客”“博客大赛”为主打的全新推广模式开始风靡。此后,TOM 博客、网易部落、搜狐博客也陆续出现。在这个新平台上发布广告,不仅是博客产业的重要组成部分,也是博客服务商的主要盈利模式。2005 年,和讯网在 keso 的博客上成功投放广告(个人博客广告)后,趁热打铁成立了和讯博客广告联盟;2006 年 8 月,博客网博客金行开通,用户可以自由选择是否开通博客广告;2007 年 8 月,阿里妈妈推出新浪、猫扑、和讯博客上的广告投放;2007 年 9 月,新浪推出博客广告联盟,被视为博客广告的历史性新发展。

7.2 博客广告的价值

博客广告的传播价值主要表现在通过分众传播模式实现广告的精准传播,这是互联网赋予博客广告的独特传播优势。博客广告的互动性、隐蔽性、信息更新的及时性等传播特性,是促使广告主选择博客广告传递企业商品和服务信息的重要考量因素。

7.2.1 博客广告的传播价值

博客广告的传播价值主要体现在博客广告的传播特性上,正是博客广告独具特色的传播特性,使得博客广告的传播价值日益凸显。

1. 博客广告传播的针对性强

博客广告的传播价值根源于分众传播模式,即按照用户的群体特点分类,进行个性化的信息配置,针对性地投放广告,实现广告的精准传播,这是 Web 2.0 时代互联网赋予博客广告的独特传播优势。博客是以个人为中心的传播,它表现出的个性化使兴趣相同的博客形成一定的“圈子”。博客读者是有着特定爱好和兴趣的网民,基于共同的兴趣和爱好,博客读者会“择群而居”,选择特定的“圈子”聚集。比如,喜欢音乐的人会浏览音乐类博客,喜欢汽车的人会选择浏览汽车类博客。博客读者的“择群而居”无形中构成了较为细分的广告受众，有利于博客广告的精准传播。

2. 博客广告传播的互动性强

与传统媒体的单向传播相比，博客最大的传播优势是互动性强。Web 2.0 提倡的个性化使个人不是作为被动的客体而是作为一种主体参与互联网活动，个人除了是互联网的使用者，同时还是互联网上具有主动性的传播者和生产者，参与话题的传播和创造。博客广告依托于博客，同样具有很强的传播互动性；博客广告受众的自主性和参与性更强，能够及时反馈信息，实现传播双方的互动。

3. 博客广告传播的隐蔽性强

互联网时代，带有广告目的的博主会在自己的博客空间将广告信息植入博文，或者以体验的形式，把自己使用广告产品后的感受以博文的形式表现出来，供读者浏览。博客广告传播的隐蔽性使广告受众在不知不觉中接受博客上的广告信息，弱化了广告主的商业宣传动机，能够有效地减少受众对广告的心理排斥感，实现广告主宣传和营销的目的。

与传统的媒体广告相比，博客广告具有很大的传播价值。博文与广告信息的无缝对接能有效地引起消费者对产品的相关联想，产生潜移默化的品牌宣传效果，增强博客广告的传播效果。

4. 博客广告传播的更新及时

博客作为互联网应用之一，具有实时发布信息的特性。与传统网络媒体相比，博客的信息发布更加方便快捷，用户只需要简单登录就能完成博客广告信息的发布和更新，极大地提高了广告的发布率和更新率。同时，受众也能在很快的时间内及时接收广告信息。

7.2.2 博客广告的商业价值

博客广告随着博客的发展而快速成长，在博客浏览量非常巨大的时候，博客广告的商业价值就逐渐显现出来。在新媒体时代，博客广告的商业价值仍然得到网络运营商以及网络公司等机构的普遍认同，并且受到越来越多的企业和营销机构的热切关注，博客营销也逐渐成为企业整合营销中的重要组成部分。

1. 对广告主的商业价值

在广告活动中，盈利是广告主的主要目的。从广告主的角度考虑，博客广告对广告主的商业价值体现在两个方面。

一方面，博客广告有助于节约广告主的广告成本。博客广告是一种新兴的广告形式，依托网络技术，有低投入、高注目的特点。与其他媒体相比，博客广告的费用较低，制作不需要很高的成本，按点击收费的媒介价格也为广告主节约了费用。因此，在博客上投放广告能节约广告主的广告投放成本。此外，博客广告受众细分的特点使广告主的广告投放更有针对性，避免了资源的浪费，能够实现博客广告商业价值的最大化。

另一方面，博客广告对广告主的商业价值还表现在企业专题博客上。如前文所述，企业专题博客具有广告功能，广告主通过建立企业专题博客，进行产品和品牌的宣传。广告主利用专题博客能有效地与广告受众沟通，增加产品信息的传播量和传播机会，进而提高产品的销售量，扩大企业知名度。

2. 对博主的商业价值

博客主不仅可以在博客上记录自己的生活，还能从博客广告中获取一定的广告收益。在传统媒体的广告经营中，受益者往往是媒体，而博客广告的受益者除了媒体，还包括参与广告活动的博主，即广告媒体和博主都是广告的受益者。博主通过提高自身的知名度，丰富自身博客的内容，增强对博客受众的吸引力，从而赢得更多的访问量和点击率，从博客广告中分享更大的商业价值。这是博客广告给博主们带来的商业价值，以新浪网为例，新浪制定的“博客广告共享计划”第一次公开邀请经过严格挑选的 3 000 名在新浪网上注册的博主，把博客广告利润的一半分给博主，共享博客广告带来的商业价值。此外，“博客广告联盟”“博客广告金行”等也是博主分得博客广告商业价值的有效形式。

3. 对博客服务托管商的商业价值

博客广告收入是博客服务托管商的主要盈利来源。博客服务托管商作为个人博客的托管服务平台,与博主一起分享广告费用,享有博客广告带来的商业价值。对博客托管商来说,门户广告是收入的重要组成部分,因此,它们比较重视个人博客的点击率和访问量,更注重博客内容的更新和博客的宣传策略,期望通过积极提升访问量和影响力来吸引广告,进一步提升博客的广告价值。

4. 对博客读者的商业价值

博客广告对博客读者也有一定的商业价值,虽然这种形式不常见,也不太明显。博客读者是广告信息的最终传达目的,读者是否观看并点击了广告是博客广告能否有效传播的关键。因此,为提高博客广告的有效传播,有偿博客广告被广告主采用。所谓有偿广告,是指用户点击或观看广告后能得到一定的报偿。

博客读者在浏览博文内容获取信息的同时,还能分得一笔广告收益,这是博客广告带给博客读者的商业价值。例如,在 2010 年 2 月 23 日,韩寒的新浪博客中出现微软杀毒软件广告,他在博文中还提供了微软的官方下载地址,博文中还写着“本文前五位注册用户留言者将赠送正版的 win7”。这是体现博客商业价值较为典型的一个案例。

7.3 博客广告的类型

作为网络广告的一种形态,博客广告仍然具有网络广告的一般属性。因此,可以按照广告呈现的不同形式对博客广告进行分类。

7.3.1 博客网站、网页上刊登的网络广告

这种形式的广告采用的是传统网络广告形式,有网络旗帜广告、按钮广

告、弹出式窗口广告等。这种类型的博客广告通常是把已经制作好的网络广告放在博客网页上，供网民浏览或点击来传递广告信息。与隐性广告相比，这种广告形式比较固定化和模式化，广告通常“寄居”在博客网站的骨架上，广告形式也比较直观。从形式上看，广告是博客网页的组成部分；从内容上看，广告的流量呈现与博客的影响力直接关联。

7.3.2 以博文形式发布的广告

相比前一种形式，这种广告更具隐蔽性，更软性化，博主自愿加入博客广告联盟，通过撰写博文并在博文内容中发布广告产品信息。博主以这种方式在博客上发布广告，可以获得广告费分成，博客在此成了广告信息传播的新平台。以博文形式发布的博客广告个性鲜明，带有博主个人的价值取向，故而更容易博得博客广告受众的认同。

7.3.3 博客链接广告

博客链接广告是博客网站上常用的一种广告形式，链接广告利用网络的超链接性，受众通过点击链接可以直接进入广告主的网站页面。链接广告的位置有很多种，可以放在博客模板的“我的链接”栏里，也可以放在博文中。受众可以根据个人兴趣决定是否点击广告链接。这种广告形式简单，而且对博客浏览者的干扰最小，广告主只需在博客页面上列出一个带有超链接的文字标题，就可以发挥广告的效用，因此备受广告主的青睐。

7.3.4 企业专题博客

企业专题博客就是企业自己建立的博客，它是企业博客营销的一种手段。企业专题博客既是博客又是广告，它主要用于对企业产品和品牌形象的宣传和推广。通过企业专题博客，企业可以在网络上以虚拟的身份与受众平等交流，获得及时、有效的消费者反馈信息。企业专题博客在很多大型企业的营销推广中都起了重要的作用。在博客的发源地美国，很多大型企业都建有自己的企业专题博客,开展博客营销活动。比如,微软建立企业专题博客,加强与业内专业人士的交流,提高微软品牌在业界的影响力和知名度;通用汽车公司也建有企业的专题博客,利用博客这一信息发布平台及时地发布产品信息,并与消费者互动交流。

7.4 博客广告的运作

博客广告传播具有相对成熟的商业运作模式,利用名人博客投放广告、通过加入网站联盟获得广告主支付的佣金是其常用的运作手段。此外,它的收费模式也具有独特性,即按点击计费和用户行为计费,具有一定的典型性。

7.4.1 博客广告的运作模式

1. 在产品代言人博客投放广告

所谓的代言人,就是请一些社会名人来为企业推出的商品进行广告宣传,利用演艺界或体育界知名人物的号召力和影响力来扩大商品的知名度,从而最终达到提高销量、获得更大效益的目的。因此,这一类广告的运作就是指广告主将产品广告投放在产品代言人的博客主页,利用代言人的高浏览量获得广告效益。例如,韩寒是斯巴鲁的产品代言人,韩寒的新浪博客关注度是 1457877 人次,在新浪微博总关注度排行榜中排名第二,人气十分高,广告代言价值优良。

在产品代言人的博客投放广告,有利于加深消费者对品牌的印象,充分利用代言人在博客中的高人气,扩大产品的知名度,有利于塑造长久的品牌形象。这种广告的投放与明星签署的广告协议直接相关,只要该明星是品牌的形象代言人,品牌就可以长期在他的博客主页投放广告。利用产品代言人博客投放广告的缺点在于,由于产品与代言人的联系过于紧密,一旦代言人的形象受损,可能会直接导致产品的品牌形象下降,因此,此类广告要慎重选择代言人。同时,此类广告要求代言人在博客中有较高的知名度,但难以确定博客的受众与产品定位的受众是否重合,所以,针对性可能较差。

2. 在公告栏等广告区域投放广告

公告栏位于博客主页的左侧,在个人介绍的下方,有一小块类似窗口大小的区域,通常用于张贴通知、介绍博文。对联广告是指利用网站页面左右两侧的竖式广告位置而设计的广告形式,通常以 GIF、JPG 等格式建立图像文件,放置在两侧。对联广告的特色是广告页面得以充分伸展,同时不干预使用者浏览,不分散使用者的关注焦点;对联广告显示时随页面浏览而移动,并提供可关闭标志。因此,对联广告的运作就是指在博客页面的公告栏和左右两侧投放广告,通常分为博主加入相关网站联盟、网站联盟对博客进行审核、确定收益分配比例三个主要过程。网站联盟通常指网络联盟营销,也称联属网络营销,1996 年起源于亚马逊(Amazon. com),是一种通过网站平台将大量商家联合起来,实现资源共享、利益互通的营销模式,即在自己的网站上投放广告,当访问者产生一定的行为之后(如点击广告、下载程序、注册会员、实现购买等),根据这种行为而获得广告主支付的佣金。

3. 博客广告的盈利模式

早在 1996 年,亚马逊就推出了一个合作者项目,让博客和网站有机会实现盈利。亚马逊网站联盟提供了链接和横幅两种形式供用户自主选择,如果访问该网站的用户点击了这个链接或横幅,就会进入亚马逊相关商品的页面。如果此人就此购买了该商品,亚马逊将会支付相应的佣金(最高为售价的 7%)。链接中含有能够识别博主身份的编号,由此亚马逊能够了解客户是通过谁的博客购买了商品。另外,就算博主的博客页面上没有出现广告,访客点击博主在博客中提到的书或 DVD 也可以进入亚马逊的购物页面。有博主每月可从亚马逊的链接中获得近 100 美元的收入,当然,这在很大程度上取决于博主读了多少书、看了多少电影,那些访问者众多的博客显然有更多的盈利可能。阿里妈妈是阿里巴巴公司旗下一个全新的互联网广告交易平台,主要针对网站广告的发布和购买,是一个广告位供需双方沟通的平台。通常是网站把自己的广告位列出来,以供广告主购买。平台主打三大业务线,即以"淘宝客"按成交计费业务为主体的淘宝联盟;以"橱窗"展示广告为主体的淘宝平台和新的移动广告联盟业务。

4. 博客广告的收费模式

博客广告的收费模式相对固定。其一,按点击量计费是以广告效果计费的一种广告投放形式。广告投放后,只有在广告被浏览者点击后才收费。创建这种形式的广告计划,广告主只需要设定好投放条件、最低单次价格和每日投放最高限额,系统会自动进行匹配并投放广告。按点击量计费的广告价格一般标记为元/次点击。其二,按行为来计费,即前文提到的 CPA。这里的行为包括注册、下载、销售等。CPA 包括 CPL(cost per leads,即按照广告点击引导用户到达服务商指定网页的客户数量计费,限定一个 IP 在 24 小时内只能点击一次)和 CPS(按销售额计费)。其三,按时长计费,这是包时段投放广告的一种形式,广告主选择广告位和投放时间,费用与广告点击量无关。采用这种方式出售广告,网站主决定每一个广告位的价格,广告主自行选择购买时间段,可按周或按天购买,成交价就是网站主标定的价格。按时长计费的广告价格一般标记为元/周或元/日。

这种收费模式的优点在于:可以充分利用博客界面的空闲区域,广告方式新颖,不影响受众对博客的阅读;发展较为成熟,计费方式明确。它的缺点在于:如果博客界面广告过多,即使不影响受众对博客的阅读,可能也会引起受众的抵触心理;虽然各个联盟的计费方式比较明确,但缺少统一的、被普遍认可的方式,不利于形成统一的行业规范。

7.4.2 基于博客内容的运作模式

1. 与博客内容相关的广告

发布与博客内容具有一致性的广告主要包括两方面的内容:一是专业博客匹配专业广告信息,二是广告发布的内容与博客传播的内容具有一致性。这种做法能够强化广告效果,但也存在一些缺点。

(1) 广告与博客内容相匹配

这是指发布的广告与博客内容具有一致性的广告。Google AdSense 是一个快速、简便的方法,可以让各种规模的网站发布商为它们的网站展示与网站内容相关的广告,并获取收入。Google AdSense 销售的是出现在网页内容里某个特定的词,由于展示的广告与用户和网民在网站上浏览的内容相关或与网站内容所吸引的用户个性和兴致相符,因此,可以在充实网页的同时带来经济效益。例如,一篇关于郁金香的博客,相对应的广告就是在线订购花卉的广告,当网民访问一个关于花的网页时,他们就有可能看到一个订购郁金香的在线广告。广告主依据网民点击广告的次数付费给谷歌,谷歌会将收入的一部分提供给显示该广告的博客。有博主每月从谷歌广告中获得的收入可达 200—500 美元,但多数博主从中获得的广告费仅为 20 美元左右。

(2) 与博客内容相关的广告的利弊

发布与博客内容相匹配的广告,从广告的运作要求来看,没有什么问题,但在博客广告的运营实践中,人们对这类广告却有两个方面的评判。此类广告的优点体现在两个方面:首先,广告与博客内容具有一致性,博主会比较愿意投放;其次,能够加深受众印象,广告效果较好。但它的缺点也较为明显:博客内容各种各样,对博客的点击率也有较高要求,并不是所有的博客都适合投放此类广告,如何找到适合自己产品的投放平台,还需要广告主花费一些功夫;同时,该类型的广告投放方式和收费标准不一,在执行过程中较为模糊,不利于监管,也会影响广告投放的效果。

2. 博客广告体验式投放的路径

(1) 博主自身体验广告

这是指博主将自己亲身试用某产品的经历和经验撰写成博文,来吸引网民购买,以此达到广告效果,有收费和免费之分。博文中还可以直接将关键字链接到相关网站,这通常要求博客有一定的点击量,通过与广告商合作来确定收益分配。例如,日本一名 23 岁的女职员因在博客上描述了找工作的曲折经历而颇受关注，她的博客日点击量在 4 万次以上。之后，她在博客上为书法课做广告，展示了自己学书法过程中字体不断改善的照片。通过她的博客报名该课程的有 200 多人，她因此得到了近 20 万日元（1 美元约合 114 日元，共约 1754 美元）的佣金①。

（2）威客体验广告

还有一类是企业主或广告商在相关网站上发布自己的需求，直接以一定价格寻找合适的博主来撰写博文。相关博客可以直接发布在企业主或广告商的博客平台上，也可以要求博主发布在自己的博客平台上，达到一定浏览量后可领取酬金。因此，一部分人成了威客一族。威客的英文 Witkey 是由 wit（智慧）、key（钥匙）两个单词组成的，也是“the key of wisdom”的缩写，是指那些通过互联网把自己的智慧、知识、能力、经验转换成实际收益的人，他们在互联网上通过解决他人在科学、技术、工作、生活、学习中的问题从而让知识、智慧、经验、技能体现经济价值。猪八戒网是全国最大的服务类电子商务交易平台，由《重庆晚报》原首席记者朱明跃创办于 2006 年，服务交易品类涵盖创意设计、网站建设、网络营销、文案策划、生活服务等多种行业。猪八戒网有百万服务商正在出售服务，为企业、公共机构和个人提供定制化的解决方案，将创意、智慧、技能转化为商业价值和社会价值。

（3）博客广告的付费方式

博客体验式广告的付费方式与其平台运作模式密切相关，博客体验式广告的付费按照广告发布主体和客体的不同诉求和广告运作的最佳路径，主要呈现为以下五种方式。①先交稿模式。指买家在发布需求时，先将赏金完全托管到猪八戒网，再从服务商交的稿件中选出中标稿件的交易模式。猪八戒网收取赏金的 20% 作为平台服务费。②计件模式。指买家按一个合格需求支付一份服务商酬金的方式进行选稿，选稿数量视买家需求而定，稿件合格将立即支付服务商报酬的交易模式。猪八戒网于 2013 年 1 月 1 日

① 《博客成日本广告界新宠》，2006 年 7 月 29 日，大众网，http://www.dzwww.com/synr/sycj/t20060613_1563385.htm，最后浏览日期：2021 年 4 月 1 日。

起恢复收取5%—20%的佣金。③一对一先报价模式。指买家在发布需求时未托管赏金至猪八戒网，根据服务商报价选择一位服务商完成工作的交易模式。④一对一服务模式。指买卖双方直接通过猪八戒网的托管服务进行交易的交易模式。⑤一对一先抢标模式。指买家发布需求时，先将诚意金托管到猪八戒网，再由众多服务商进行抢标（服务商抢标也需要托管诚意金），最终买家确认一位服务商来合作的交易模式。通常一篇800—1 000字的博客收费标准为80—200元不等。

现代社会，人际传播在人们的购买行为中起了重要作用，博主个人亲身体验式的博文有利于受众了解产品的具体特性并决定是否购买，广告效果较好。缺点主要体现在对博主的文笔要求较高，并且也为不喜欢产品的受众提供了同样的平台，对品牌的美誉度要求高。但是，博客质量参差不齐，真假信息掺杂，受众对互联网的不信任感可能会使受众认为博主传递的信息是虚假的，这样就会起到反作用。

7.4.3 企业博客的运作模式

1. 企业主的个人博客

(1) 企业主的个人博客

指企业主以个人名义开设的博客，博客内容可以与企业产品有关，也可以无关。博客内容的自主性较大，个人色彩鲜明，可以通过扩大自身的影响力，为个人和企业树立良好的形象。例如，三一重工执行总裁向文波的新浪博客的部分博文，主要是围绕三一重工企业的新闻和文章；江苏黄埔再生资源利用有限公司董事长陈光标的新浪博客的部分博文主要以个人的感受和见解为主。

(2) 企业主个人博客的把关

企业主本身就是企业文化的一个代表，受众对企业主个人的好奇心和求知欲会使这类博客传播速度较快，影响范围更广，能够在增强企业主名声的同时，广泛传播企业品牌。不过，由于企业声誉与企业主个人名声联系过于紧密，一旦企业主陷入危机，也会导致企业品牌蒙受阴影，因此，企业主的博客内容不能完全由博主随心所欲地想写什么就写什么，需要企业内部公关部门进行把关。

2. 企业博客

(1) 企业博客

指以企业名义设立的博客，通常以介绍企业最新动态为主，是一个沟通和进行市场营销的渠道，也为消费者与企业双向沟通提供了平台。企业博客有利于企业发布最新的动态和新闻，方便受众全方位地了解企业文化，加深他们对企业的印象。

(2) 职业博客

企博网(Bokee. net)率先将最新的博客技术和企业及职业人的实际需求相结合，立足各职业人士和各种企业的实际应用，推出了针对职业博客和企业博客的个性化服务。企业可以在此发布产品信息、供求信息、合作信息；开设网上销售与采购的窗口；宣传企业诚信、和善的形象，建立客户信任；开辟高效、直接的客户互动交流渠道，加强对客户的了解，更好地服务客户；搭建信息和思想共享平台，互相吸取经验，开展高效的网上协同商务和协同办公等。作为职业人士，可以在此展示个人的职业专长、工作业绩，并开展职业交流，提供职业服务。

(3) 金牌博客

职业博客可以成长为金牌博客。金牌博客(费用标准一年是 2 180 元，标准版是 5 180 元；医疗行业一年是 3 280 元)可以获得更精美的网站展示，即动态、立体、充分地展现企业特色的 Web 2. 0 炫彩网站，空间不受限制；另外，还可获赠二级域名，获得高曝光度，信息遍布互联网的各个角落，人气是普通企业博客的 7 倍。

高询盘量(询盘，enquiry)也叫咨询，是指交易的一方准备购买或出售某种商品时向潜在的供货人或买主探寻该商品的成交条件或交易的可能性的业务行为。用户询盘大，有利于企业精准定位目标客户，并取得更多的网上订单。排名靠前即表示企业博客亲和力强，与各大搜索引擎的友好度高，信息能轻松地被搜索引擎收录。

(4) 企业博客的把关

企业博客为受众与企业搭建了双向交流的平台，有利于企业主获得受众的反馈信息。它的缺点在于企业博客直接面向广大受众，如果内容有不当之处，影响面大，传播速度快，这就要求企业博客有专门的文案团队对内容加强把关。企业博客在提供与受众交流的平台的同时，也要注意培养一批应变能力强、素质高的人员，及时与受众交流，对受众的反馈及时汇报，同时要辨别反馈的真实性，最好与实际调查相结合。

7.4.4 博客广告存在的问题

1. 广告主对博客广告效果的不信任

广告主大多会要求广告效果可以测量，博客广告作为一种基于博客平台的互联网广告形式，面对的是海量的和难以具体区分的广告受众，广告主难以看到及时、可测量的广告效果。因此，广告主会认为自己将品牌宣传建立在一个新的、不可预知的媒体上，很容易产生不信任感，并放弃此种投放方式。这也是制约博客广告难以大范围普及的一个原因。

2. 博客受众对博客广告的反感问题

博客的主要阅读对象通常对博主的文风或内容感兴趣，但是当博客页面充斥广告的时候，很可能会激起受众对广告的反感情绪，以至于再也不关注该博主的博客。如果博主利用自己博客的高人气向受众进行不实的宣传，更是不利于博客广告的效果，甚至可能会使博主和广告商都蒙受损失。因此，在投放广告时，企业应尽量选择与博客内容相关的广告，控制广告的数量和表现形式，尽量选择受众喜闻乐见的形式，降低受众的反感心理。

3. 博客广告发布的资质问题

《中华人民共和国广告法》(2021 年修订)第二条规定：本法所称广告发布者，是指为广告主或者广告主委托的广告经营者发布广告的自然人、法人或者其他组织。从这一条规定可知，开通博客的个人无权发布广告。该法第二十九条还规定，广播电台、电视台、报刊出版单位从事广告发布业务的，应当设有专门从事广告业务的机构，配备必要的人员，具有与发布广告相适应的场所、设备。广告的发布主体必须具备一定的资质，必须以企业的形式存在，并事先进行工商登记，自然人或个体工商户是没有资格成为广告发布主体来承接和经营广告业务的。博客广告作为一种广告形式，必须符合广告法所规定的各项条件。

4. 博客网站的监管问题

博客作为互联网中兴起的一员，必然具有互联网媒体的特性，进入博客的门槛较低，人人都可以建立自己的博客主页直接发表博客，并且在传播过程中没有类似传统媒体的把关人，缺乏完善的监督审查和监管体系；博客内容参差不齐，大量不良信息和没有底线的炒作行为层出不穷，这会直接影响博客和博客广告的形象。因此，提高网民的网络素养，建立严格的把关机制等，都是新时代的媒体环境对博客内容提出的新要求。

5. 广告利润的分成问题

博客广告利润的分成问题最初受到关注是由徐静蕾的新浪博客影响力日增引发的。名人博客比普通人的博客更具吸引力，更能吸引广告商的注意力，可以带来更大的利润，博主与博客服务商的矛盾因此日益尖锐。博客服务商可能不同意分成或只给博主很少的钱，也有部分服务商愿意将钱都给博主。从经济学的角度看，博主和网站事实上都提供了劳动和成本，双方都有理由获得利润，解决这一矛盾还需要博主与网站方进行协商，提前确定各自的分成比例，以期实现共赢。

6. 广告价值的评估问题

正如上文提到的，由于互联网开放的特性，加之博客广告带有个人化特征，随着信息科技的发展，现在对数据的抓取更为方便，但是，如何形成一个统一、客观、准确并较为科学的测算标准，既符合广告主的利益，也符合博主的利益，找到一个相对平衡和双方都认可的价值点，还是需要各方的努力。

思考题

1. 简述博客广告的主要类型。
2. 博客广告的价值体现在哪些方面?
3. 简述博客广告的运作方式。
4. 博客广告存在哪些问题?

8 播客广告

播客作为一种社交媒体，在形式上类似于广播节目，一般由节目制作人选定一个表达专业知识或观点的主题，并制作一个数字音频文件，然后上传至互联网，以便感兴趣的网友能听到或通过播客存档网站将其下载至数字音频播放器中。借助互联网，任何一个拥有电脑和相关音频内容的人都可以制作播客，但播客广告只适用于那些定期发布并有足够数量的听众的播客。由于听众会主动寻找某个特定主题的播客，下载并经常订阅，这种体验的点播性质使得播客广告比传统广告更能吸引受众的眼球，新媒体时代，播客逐渐成为广告传播的重要载体。

8.1 播客广告概述

8.1.1 播客概念的界定和阐释

“播客”(英文为 podcast 或 podcasting)一词来自苹果电脑的便携式数字音乐播放器“iPod”与“广播”(broadcast)的合成词，指的是一种在互联网上发布文件并允许用户订阅 Feed(即 RSS 中用来接收该信息来源更新的接口)以自动接收新文件的方法，或用此方法来制作的电台节目。它具有以下三个特点。

第一，它支持自动下载和同步播放。

汉语里的“播客”一词对应有三个英文单词，即 podcastor、podcasting 和 podcast，分别指制作播客节目并上网发布的使用者和播客这一独特的传播方式与形态，以及提供上传和下载服务的播客网站和播客接收终端。播客出现后，主要在互联网上流行的是音频文件。与其他音频内容传送的区别在于订阅模式的不同，播客使用 RSS 2.0 文件格式传送信息。播客的核心技术特征为自动下载，同步播放。该技术允许个人进行创建与发布，这种新的传播方式使得人人可以定期检查并下载新内容，同时与用户的便携式音乐播放器同步内容。播客并不强求使用 iPod 或 iTunes，任何数字音频播放器或拥有适当软件的电脑都可以播放播客节目。

第二，它是一种全新的广播形式。

播客技术的推动者多克・希尔斯(Doc Searls)指出，播客是自助广播，是全新的广播形式，收听传统广播时人们是被动收听可能想听的节目，播客则是人们主动选择收听的内容、收听的时间以及以何种方式让其他人也有机会收听。他提出的概念强调播客赋予受众自主选择收看、收听内容的主动权。美国学者戴维・温纳(Dave Shusher)主要从技术角度入手，提出了播客必备的三个条件：其一，它必须是一个独立、可下载的媒体文件；其二，该文件的发布格式为 RSS 2.0 Enclosure Feed；其三，接收端能自动接收、下载并将文件转至需要的地方，并放置于播放器的节目单中。

第三，它具有订阅和推送功能。

随着互联网技术的进步，基于 RSS 2.0 技术建立起来的主要传播音频文件的播客已经拓展为普遍具有订阅推送功能的音视频播客，主要包括四类。第一类是播客门户站点，其中影响较大的有土豆网、优酷网、我乐网等，于 2005 年 4 月诞生的土豆网是中国第一个播客网。2006 年 12 月 20 日，新浪网正式宣布推出播客服务，也因此成为第一家推出播客服务的中文门户网站。第二类是综合类播客频道，隶属于其他网站的一个频道，最早的有博客网、中国博客网等设的播客频道，新浪视频、QQ 视频也属此类。第三类是播客搜索/目录类网站，主要有菠萝网、播客联播等，百度、谷歌等主流搜索引擎均提供视频搜索服务。第四类是运行于智能手机、平板电脑等移动终端的客户端应用软件，如荔枝 FM、蜻蜓 FM、土豆视频客户端、YouTube 客户端等。

8.1.2 播客的传播特点

播客的传播具有相对鲜明的特性，从传播主体、传播内容和传播方式三个层面分析，播客传播具有以下三个较为显著的特性。

1. 传播主体的草根性和社群性

播客自诞生之日起就是一种自下而上传播的媒体形式，普通草根网民成为播客网站的第一批传播主体，出于自身对音视频制作的热爱，自主上传内容。自制的播客内容完全颠覆了传统媒介把关人的作用，网民成为主宰自己作品的唯一决策者，每个人都能通过简单的申请注册自己的播客，开辟个性空间。国内著名的视频播客网站（如土豆网、优酷网）上普通用户上传的视频占据了网站的大半江山，奠定了播客成长的根基。

播客传播主体的社群性则由播客的网站运作方式决定。播客网站上的内容以贴标签（tag）的方式被分类，受众可以直接通过标签检索需要的信息，还可以用收藏、关注的方式及时接收最新的信息。当不同受众拥有共同的关注对象时，他们往往是基于共同的兴趣点，志同道合，更容易形成有共同目标且忠诚度高的社群。播客网站上自主形成的有共同兴趣目标的社群将成为广告主进行精准营销的对象。

2. 传播内容的原创性

网络时代，信息更迭速度更快，具有影响力的传播内容更注重原创性。众多网民主动发挥创造性，各种原创视频大量涌现，从播客发展初期“后舍男生”的搞笑视频，到现在网络上很受女性受众欢迎的美妆达人化妆视频，他们的视频内容很大一部分都是原创的。这里的原创性还包括对已有作品的再次编辑，虽然不是完全意义上的原创，但经过播客对原有作品进行解构并获得新生的作品可能比原作更有吸引力，受到受众的追捧。

3. 制作及传播方式简易

简易性首先体现在内容制作的简单、可操作上。随着移动科技的发展，播客的制作程序越来越简化。传统的播客制作方式还需要录音或录像装备、可以联网的电脑等工具，现在只需要一部智能手机，就能一个人独立完成视频的录制、剪辑、上传和下载等一系列过程。不断推出的智能视频制作手机应用还可以帮助用户进行视频效果的渲染，提高播客作品的质量，当使用手机应用编辑完视频后，还可以通过分享功能直接上传。其次，简易性还体现在传播方式上。国内的 5G 网络具有高速率、低时延和大连接等特点，是实现人、机、物互联的网络基础设施。如果说 3G 能够使人们在网络上游刃有余地处理图像、音乐、视频流等多种媒体形式，提供包括网页浏览、电话会议、电子商务和手机网游等多种信息服务；4G 刺激了互联网应用的繁荣，即时消息、网购、网上支付、在线视频和在线游戏等应用遍地开花；5G 则带来了万物互联的智能时代，自动驾驶、远程医疗、全景视频、虚拟现实等都将不再是电影里的虚构情节。5G 带来的高速传输数据极大地缩短了页面加载时间，增加了在线音视频广告的点击率和可交付率，并带来更强的网络兼容性和更高分辨率的广告(如 4K 视频)，从而催生一系列新的广告形式。此外，5G 时代广告的智能投放不但打破了时间、地点等物理条件的限制，还大大提升了播客传播的即时性和投放目标的精准性。

8.1.3 播客的分类

根据传播载体的功能性质，可将播客分为传统的网站播客和新兴的移动播客两大类，二者在不同媒体平台上的传播显现出一定的差异性。

1. 网站播客

上文曾提到过，传统的网站播客主要包括专业播客网站(如土豆网、六间房、酷 6 网)、网站播客频道(如新浪互联星空播客频道)、传统媒体旗下的播客网站(如中央人民广播电台主办的银河台，中国国际广播电台主办的国际在线播客网)以及企业播客网站(如游戏开发商主办的游戏播客等)。

2. 移动播客

新兴的移动播客是在三网融合背景下互联网和电信网络融合的产物,是播客产业跨媒介经营和增值服务发展的重要方向。基于移动载体——手机、平板电脑,通过应用软件实现播客的传播,具有传统网站播客无法企及的便捷性优势,随时随地地接收播客内容利用了用户的碎片化时间,符合现在网民的浏览习惯。移动播客已经形成较为完整的产业链。其中,产业链上游环节是内容生产,主要是来自个人通过手机创作、加工的内容或传统媒体的数字存储库;中游环节是内容集成、传输和销售,主要涉及移动运营商和播客服务提供商;下游环节是内容播放和衍生产品开发,这是整个播客产业最薄弱的环节,是播客内容产品实现价值增值的重要环节,也是潜力最大的环节。

2015 年,国务院总理李克强在《政府工作报告》中提到,加大网络提速降费力度,实现高速宽带城乡全覆盖,扩大公共场所免费上网的范围,明显降低家庭宽带、企业宽带和专线使用费,取消流量漫游费,移动网络流量资费 2015 年内至少降低 30%,让群众和企业切实受益,为"数字中国"建设加油助力。政府有关降低流量费的倡导,坚定了相关企业发展移动市场的信心,移动终端市场激烈的价格战降低了移动终端的购买成本,二者从客观上将促进移动播客的进一步发展。

8.1.4 播客广告的定义

播客广告是指利用播客平台进行广告传播的形式,它强调的是一种使用的状态,广告可以搭载播客平台,像传统网站广告一样,通过视频中的贴片广告、暂停广告、页面广告、首页广告、搜索结果广告等实现信息的有效传播。此外,还可以通过植入式广告,甚至直接以广告本身作为视频内容,实现预期的营销效果。

随着新科技的发展，互联网进入 Web 3.0 时代，广告传播也进入 Web 3.0 的场域，进入一切皆为媒体的时代。“一切皆为媒体”指的是信息与受众沟通的载体既包括建立在物质器具上的有形物，如印刷媒介、电子媒介、手机媒介、网络媒介等，也包括诸多依靠语言传播的无形物，如流言、口碑、抱怨等。在一切皆为媒体，而一切媒体皆可为广告传播所用的环境下，有广泛受众基础的播客自然成了广告主可以利用的营销平台，播客广告因而也被视为新营销平台广告。

8.2 播客广告的价值

播客刚刚兴起之际，人们对其给予厚望，一方面是由于它的新鲜感，另一方面就是它优于传统媒体——没有广告的缺点，极大地提高了用户的观看体验。但是，随着播客受众数量的大幅增加，广告主的目光也追随到这片“媒介净土”。

播客本身具有愉悦大众的功能，它自身具有社群性，拥有共同兴趣爱好的受众关注同样的播客频道，可以根据受众搜索的关键词，推送相关性高的个性化定制广告，提高广告投放的精准度。例如，用户在播客网站中搜索“狼图腾”“预告”这两个关键词时，在弹出他要检索的视频以外，网站还会推送该电影正在上映的购票信息或图书《狼图腾》打折销售的广告信息。播客的传受主体数量增长较快，它的传播主体由最初的草根网民逐级增长，名人、企业也更为主动地使用播客进行传播。播客积累的庞大受众群日益被广告主视为潜在的目标人群，播客的商业价值使它天然地成为广告投放的平台。

播客商业模式的运营核心在于网站可以实现广告主和制作者利益上的共赢。在各大播客平台上，质量高、订阅量排名靠前的播客内容往往能够吸引广告主的注意，并使投资方有极高的意愿与这类内容进行商业合作。在经济利益的刺激下，播客会主动提高自己的音视频作品质量，以获取广告收入。很多播客最初都是基于自身的兴趣爱好制作、上传音视频作品，积累一定人气后，受到广告主的关注，并得到一定的资金支持，播客在尝到甜头后，会投入更多的精力进行内容制作。从播客与播客广告二者的互动关系来看，播客为广告提供了发展场所，广告介入播客也是必然的选择。

随着移动互联网的快速发展，移动播客成为播客广告传播的新平台，尤其是移动小屏广告受到广告主的青睐和广告用户的欢迎，在网络游戏中植入播客广告成为一种新趋势。

首先，移动播客成为播客广告的新平台。根据 2021 年 2 月 3 日中国互联网络信息中心发布的第 47 次《中国互联网络发展状况统计报告》，统计数据显示，截至 2020 年 12 月，我国网民使用手机上网的比例高达 99.7%(图 8－1)，较 2020 年 3 月提升了 0.4 个百分点，这表明移动互联社会正在形成，网民接入行为已经彻底移动化。截至 2020 年 12 月，我国网民规模为 9.89 亿，较 2020 年 3 月新增网民 8540 万，互联网普及率达 70.4%，较 2020 年 3 月提升 5.9 个百分点。截至 2020 年 12 月，我国手机网民规模为 9.86 亿，较 2020 年 3 月新增手机网民 8885 万[①]。

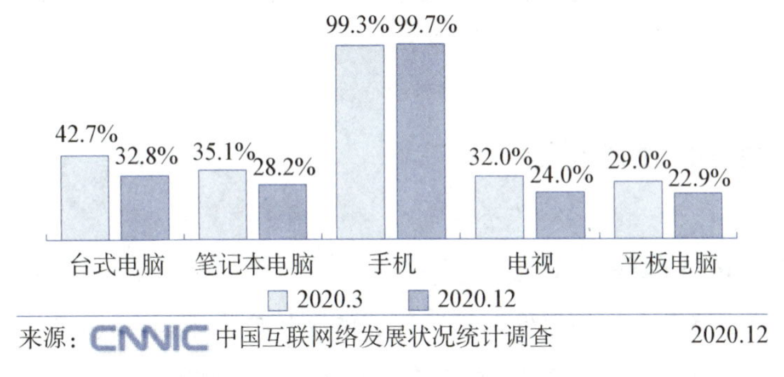

图 8－1 互联网络接入设备的使用情况

① 《第 47 次〈中国互联网络发展状况统计报告〉(全文)》，2021 年 2 月 3 日，中华人民共和国国家互联网信息办公室，http://www.cac.gov.cn/2021-02/03/c_1613923423079314.htm，最后浏览日期：2021 年 4 月 1 日。

3G网络的成熟、4G网络的普及以及5G网络的运用，使播客在移动互联时代有了更广阔的发展前景。移动播客基本上带有SNS社交网站的联动方式，可以通过分享选项将播客内容在社交网站上进行传播。移动播客还允许受众针对内容进行评论，形成讨论组，使移动播客自身成为一个网络社区。

其次，移动小屏播客广告备受青睐。移动互联时代，手机屏和便携式平板屏受到消费者的欢迎。针对移动小屏的特点，播客广告传播形态和传播方式都有所改变。例如，尽量减少游走式横幅广告、弹出式广告这类会降低用户体验的广告方式；同时，可以适当减少对贴片广告的使用，保持移动播客广告在小屏中的视听体验优势；增加隐性植入式广告的比重，通过产品与播客内容的融合，使植入式广告更易在小屏播放中获得受众认同。

最后是在网络游戏中植入播客广告。根据统计数据显示，2020年，我国游戏用户规模为6.65亿人，同比增长3.74%。截至2020年12月，我国网络游戏用户规模达5.18亿人，占游戏用户的77.89%。网络游戏用户规模持续扩大，在网络游戏中植入播客广告使播客广告的场景运用有了新的空间，广告传播的适用性和网络游戏用户的契合度得到了进一步的加强[①]。

8.3 播客广告的类型

8.3.1 贴片式播客广告

贴片式播客广告与其他音视频形式的贴片广告表现形式相同，只是搭载的平台不同。贴片式播客广告又可以分为传统前置贴片、大幅遮挡贴片、背景搭配贴片。土豆、优酷等播客视频中都有传统贴片式广告，前置贴片广

① 《2020年中国网络游戏行业发展回顾及新媒体环境下行业发展趋势分析：手机网络游戏用户规模达5.16亿人》，2021年2月21日，产业信息网，https://www.chyxx.com/industry/202102/932344.html，最后浏览日期：2021年4月1日。

告通常是在视频正式开始前插播一小段广告，但时间一般都比较短，大部分受众愿意为自己想要看的视频等待半分钟左右的时间，如果受众无法忍受贴片广告的话，可以点击贴片广告右上角“我要去广告”的按钮。成为土豆网的付费会员可以自动去除贴片广告，这种方式为播客运营商创造了收益，但是会损害广告传播的效果。

8.3.2 植入式播客广告

植入式广告是指将产品或品牌及其代表性的视觉符号甚至服务内容策略性地融入电影、电视剧或电视节目内容，通过场景再现让观众留下对产品及品牌的印象，继而达到营销目的。相应地，植入式播客广告就是在播客的音视频作品中融入产品或品牌标识的广告方式。植入式播客广告如果能够很好地融入内容，会收到比贴片广告更佳的广告效果，因为植入式广告不会明显地占用受众的收听、收看时间，不会过分降低受众的使用体验。以移动音频播客荔枝 FM 上电影《何以笙箫默》的植入式广告为例。该电影上映前期在荔枝 FM 移动终端及网页版界面首页专设节目单，当受众点击进入，就可以看到即时发布的 11 首电影主题曲的节目列表，点击收听名为“何以琛‘眼泪主题曲’——《我并不是那么坚强》”的节目，首先会听到电影里担任女二号的杨颖为电影进行的 15 秒音频宣传广告，然后会听到主题曲。女演员的声音出现在歌曲前，插入自然，声音亲切，容易让受众接受。

植入式播客广告除了在电影宣传领域的运营，在美妆及电子游戏类的播客视频中的发展更为成熟，并且受众的认可度较高。以世界上最大的视频网站 YouTube 为例，网站上有众多世界知名的美妆类播客频道，如知名播客播主 Beautifymeeh 在 YouTube 上的粉丝数量超过 37 万，她制作的视频内容主要是教人们如何化妆，在进行化妆技巧的演示时，可以很自然地推荐化妆产品。占绝大多数的女性粉丝比较喜欢使用被知名播客推荐过的产品，认为被推荐的产品更值得信赖，尤其是通过播客视频这种直观的方式可以清楚地看到使用美妆产品之后的效果，可以给受众留下深刻印象，提高他们对产品的认可度,继而得到很好的广告效果。

年仅26岁的瑞典年轻人PewDiePie是YouTube上有将近3 700万粉丝的电子游戏类播客频道的制作者,他播客的内容全部是自己录制的玩电子游戏的视频,他在演示如何在游戏中通关时,还将自己幽默夸张的解说表情、动作录制下来,同屏展示游戏和解说过程,关注游戏类的受众不仅可以满足自己的兴趣喜好,还可以被播客娱乐,得到心情的放松。由于PewDiePie的解说视频有很好的娱乐效果,不少非游戏迷的受众也喜欢观看,这类受众在客观上会变成游戏的潜在消费者。

8.3.3 视频广告

在播客平台下,音视频广告自身可以成为播客内容,在给受众带来观赏性的同时,发挥传播广告的作用。广告商可以凭借雄厚的资金、专业的技术拍摄出高质量的视频广告,将它们放在企业的播客平台上进行传播,这种视频广告可以是几十秒钟的短视频。例如,华纳兄弟唱片公司是首家使用视频广告的公司,它利用YouTube推广帕丽斯·希尔顿(Paris Hilton)的首张专辑《Paris》;耐克公司在网站上曾发布足球明星罗纳尔迪尼奥穿着新耐克鞋踢球的片段;英国卫星电视服务商BskyB(英国天空电视台,全称为British Sky Broadcasting)在YouTube上发布了动画片《辛普森一家》的在线介绍,以促进它在英国的宣传;Matador唱片公司通过视频和传记片段在YouTube上为几家乐队做广告。此外,视频也可以是具有完整故事性的微电影,如凯迪拉克联手吴彦祖拍摄的一分钟微电影《一触即发》、可爱多冰激凌“这一刻,爱吧!”系列微电影,这些视频在播客平台上获得了很高的点击率。以微电影形式出现的视频广告故事性强,产品融入自然,还具有一定的艺术欣赏价值。不过,视频广告要想达到较好的效果,需要专业的视频制作团队以及公关团队,适合有资金基础的企业播客。

8.4 播客广告的运作方式

播客广告在实际的商业运营中通过两种合作方式实现利益分成和广告信息的有效传递。第一种是播客运营商介入的广告分红合作。播客运营商与播客成员达成广告分红协议,通过贴片广告等形式实现广告传播。国内较有代表性的播客运营商如优酷、土豆等就实行这种广告分红协议。这两家视频网站于2012年合并,优酷土豆股份有限公司成为国内最大的视频网站。其中,土豆网提出了"土豆播客成长计划",视频播客的分成方式是用户每点击一次作品,播客们就将获得1分钱的收入,而当他们的账户余额达到100元时,就可以从土豆网提现。优酷的"优酷视频创收平台"的运作模式与土豆网类似。

第二种是无播客运营商介入的直接合作。这是指播客成员与广告主直接合作,以产品/品牌标识植入的方式进行广告传播。这种跳过播客运营商直接与广告主合作的方式对播客的要求比较高,在积累一定的网络人气之后才能引起广告主的注意。比如上文提到的美妆播客,在几万粉丝的基础上才可能得到化妆品品牌的产品赞助;在粉丝达到几十万时,播客在与广告主的关系中才上升为主动,有机会源源不断地收到广告主的邀约。

当然,在播客广告的运作中也要注意以下三个方面。

首先,用户生成内容的广告模式通常会降低播客广告的投放价值,因为用户在丰富播客内容的同时,会造成上传内容的不可控性,出现内容的低质化、同质化、娱乐化和电视化。以个人为制作单位的播客作品,内容完全原创的较少,在借鉴其他商业视频作品时,就涉及版权问题,受到法律管控,操作不当也可能使广告投放商受到牵连。在实际运作中,播客在视频平台上的传播行为一直处于政府监管的边缘。2015年8月28日,国家广播电影电视总局和原信息产业部联合发布的《互联网视听节目服务管理规定》(以下简称《规定》)第七条规定,"未按照本规定取得广播电影电视主管部门颁发的《许可证》或履行备案手续，任何单位和个人不得从事互联网视听节目服务”。明确限定了个人和单位从事视频生产的权利，无法取得《许可证》的个人播客必须经由第三方视频分享网站等视频服务商进行发布和传播。从法律法规上对播客进行严格的控制在一定程度上限制了播客当时迅猛发展的势头，也使播客广告的投放受到约束。

其次，广告效果具有不确定性。播客是个人通过互联网发布音频和视频信息的方式，需要借助播客发布程序进行信息的发布和管理。由于播客发布程序多为第三方托管机构或播客网站，播客信息的监测特别是广告效果的监测面临数据追踪的困难。例如，对播客受众下载播客内容后，是否进行有效收听并采取相应的购买行为，缺乏相应的信息反馈系统和效果监测系统进行监测和评估。从某种意义上来说，播客就是一个以互联网为载体的个人电台和电视台，在这个传播平台上，播客广告购买和播客广告植入的方式有很大的不确定性，它的受众群体缺乏黏性，这就导致播客广告的效果监测面临困难。

最后，受众对广告会产生抵触心理。播客广告往往以贴片广告的形式出现，由于它会降低受众的网络视频体验效果，在特定场景中，反而使受众对广告内容产生一定程度的抵触情绪。即使受众没有反感，由于体验感不佳，受众对广告也不会产生深刻的印象。伴随网络技术的发展，网络平台开发了许多网络软件，以提高受众观看视频时心理体验的满意度，并减少播客广告在传播过程中被阻断的风险。

思考题

1. 简述播客广告的特征。
2. 简述植入式播客广告的运用。
3. 播客广告的价值体现在哪些方面?
4. 在移动媒体上传播的播客广告有哪些创新形式?

9 网络视频广告

网络视频广告是采用数字技术，将传统视频广告融于网络的广告表现形式。网络视频广告的价值主要体现在构建企业在线直播实景的网上视频展台，为网络视频平台创造财富，优化广告主的广告投放效果，促进受众积极参与广告互动。

根据不同的视频媒体，网络视频可分为视频分享、视频直播和宽屏影院三种类型。根据广告发布方式，网络视频广告可以分为视频植入式广告、视频区域外广告、视频浮层广告及视频贴片广告。根据网站流量大小，可以分为窄带类广告和宽带类广告。根据网络视频广告的投放位置，大致可以分为核心式广告和周边式广告。网络视频广告的运作有推送模式、UGA 模式、赞助模式、病毒模式及视频搜索模式等。

9.1 网络视频广告概述

三网融合战略的实施为网络视频广告的发展创造了良好的外部环境。新技术应用使视频的传输速度大大提高，智能手机的普及和平板用户的增加等都拓宽了网络视频广告的观看渠道，加之 WiFi 的广泛覆盖，用户可以随时随地通过各种方式观看、上传和分享视频内容，网络视频的媒体价值和商业价值快速提升。近几年网络视频广告的发展已成为大型视频网站的主要收入来源。本节将从视频平台、广告主及受众三个层面探析网络视频广告的价值。

9.1.1 网络视频广告的价值阐释

1. 对网络短视频广告的不同认知

在网络短视频广告的发展过程中，它的内容和形态都有不同的变化，广告管理者、经营者和受众对网络短视频广告的认知也有一定的差异。比如，美国网络广告局将网络视频广告定义为：在播放器环境中，出现在任何种类的——包括流媒体视频、动画、游戏和音乐视频内容前、内容中或内容后的商业广告。艾瑞市场咨询在《2007年网络视频广告报告》中指出，网络视频广告以网络视频网站为依托，按网络视频媒体的类型可分为视频分享、视频直播和宽屏影院类广告。较早研究网络视频广告的学者石心竹认为，网络视频广告是采用先进数码技术将传统的视频广告融入网络，构建企业可用于在线直播实景的网上视频展台，它的应用面很广泛。网络视频广告主要指两种表现形式，即在网页上投放的视频广告和在网络视频流媒体(如在土豆网、优酷网等视频分享网站及PPLive、PPStream等P2P技术支撑下的视频直播媒体)上投放的视频广告。艾瑞网专家曹军波在《网络视频广告机会的新发现》一文中阐述了网络视频广告的概念，认为网络视频广告应该包括两个层面：一是狭义上的视频形式的广告，二是广义上的视频媒体上的广告。这两个层面应包括网络视频广告通常涵盖的内容[①]。在2007年举办的第一届中国网络视频广告年会上，有学者指出，网络视频广告是运用网络视频流媒体技术，以网络视频内容为载体来表现的所有广

---

① 《艾瑞曹军波：网络视频广告机会的新发现》，2007年5月25日，艾瑞网，http://column.iresearch.cn/b/200705/2975.shtml，最后浏览日期：2021年4月1日。

告形式，包括平台的网络视频软件广告、网络视频游戏广告和户外视频广告等。

2. 理解网络短视频广告的两个路径

在网络短视频广告的实践中，人们对网络视频广告有两种不同的理解路径：一种是认为所有以视频形式出现在网络上的广告都可被称为网络短视频广告；另一种理解是网络视频网站上、视频内或视频外出现的所有广告形式都可被视为网络短视频广告。这两种理解的区别在于，前者强调的是视频这种形式，后者强调的是与网络视频产业的相关性。在实践中，广告主利用网络视频来进行广告宣传时并不仅仅局限于把广告植入视频，有时还会在网络视频外与网络视频呼应，共同为产品宣传造势。

3. 网络短视频广告的概念阐释

基于上文对网络视频广告概念的梳理，可以认为，网络视频广告就是以网络视频为媒介进行的广告传播活动。广告以网络视频观众为目标受众，表现形式灵活多变，可以在视频播放前或播放后，在视频缓冲、暂停等空隙中融入广告信息，或在视频中、视频外进行整合宣传，对品牌、产品、服务等进行营销活动。网络视频广告作为互联网催生的新兴广告传播方式，仍然遵循大众传播规律，并且有效地运用了互动性这一互联网特质。

4. 网络短视频广告传播的步骤

网络视频广告的传播大致经历以下四个步骤：第一步，广告主委托广告专业人士策划广告文案，并将广告文案编码成广告信息；第二步，通过网络媒体平台将广告信息传达给受众；第三步，受众观看视频内容时将广告解码为可理解的广告信息；第四步，通过某种方式对广告信息进行反馈。本质上这是广告信息从编码到解码的过程，这个过程牵涉广告主、视频平台及受众三个主体。

5. 网络短视频广告的本质特征

与传统电视广告相比，网络视频广告的本质特征主要表现在传播是双向互动的，受众具有选择权，在这样的传播模式中，受众可以及时地与广告主反馈、交流。一方面，受众可以提出观点与建议；另一方面，广告主也可以通过受众反馈获取广告效果信息，然后适时地改善广告。

9.1.2 推动短视频平台的良性发展

1. 革新传统广告的传播方式

无论是图文形式的印刷广告还是兼具视听效果的电视广告，它们都是单向地向受众传达信息，即一对多的传播模式。在这种模式下，信息传播者处于控制地位，受众只能被动地接受广告信息。传统电视按照时间流程播放节目，当某个观众在收看某个电视节目的时候，事实上同时还有许多人在收看这个节目。这种一点对多点的传播方式决定了信息的传播者对受传者具有毋庸置疑的操纵力量，传统电视能够决定受众接收什么信息和在什么时间接收。受众在收看电视节目时体现出同步性，即受众接收信息的时间和受众消费信息的时间同步。因此，受众易产生逆反心理从而排斥广告信息。然而，网络视频广告正相反，受众不仅可以随时随地观看，而且可以通过评论、下载、转发等形式主动参与广告，这种互动特性增加了受众的自主选择性和参与性。因此，这在很大程度上将广告的双向互动行为变成了现实，使网络视频内容与观众的互动成为现实生活中独特的社会现象。

2. 保障其收入来源

广告是网络视频媒体主要的盈利模式。网络视频媒体平台按照受众人口统计学的特征(如年龄、职业、兴趣爱好等)对网络视频内容进行分类整理，以此来满足受众多样化的视频观看需求，并最终提高网站的流量和点击率，进而吸引企业投放广告，拓展利润来源。根据2021年2月3日CNNIC发布的第47次《中国互联网络发展状况统计报告》，截至2020年12月，我国网络视频(含短视频)用户规模达9.27亿，较2020年3月增长7633万，占网民整体的93.7%。其中，短视频用户规模为8.73亿，较2020年3月增长

1.0 亿,占网民整体的 88.3%(图 9-1)[①]。新媒体时代,基于 PC 端、移动端,随时随地观看视频成为人们的最佳选择,规模庞大的网民保障了网站的基本收入来源。同时,基于用户搜索行为等的数据发掘与分析也给网站广告投放的长久发展提供了可靠保障。

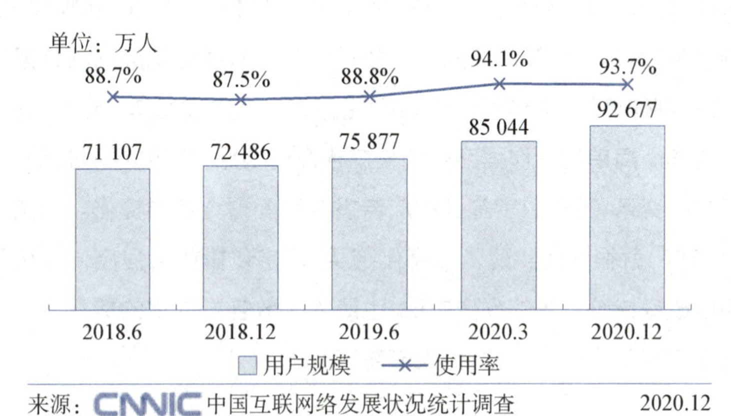

图 9-1 2018 年 6 月—2020 年 12 月网络视频(含短视频)用户规模及使用率

9.1.3 优化广告主的广告投放

1. 更精准地覆盖消费群体

传统电视媒体广告采取的是一对多的传播模式,由于没有对品牌目标受众进行明确定位,容易导致广告费用的浪费。然而,网络视频广告的投放不同,由于视频节目被按照一定的标准进行了划分,能满足不同受众的多样化需求。同时,受众的网络行为伴随着他的个人信息暴露,如年龄、职业、教育背景等。此外,受众的点击行为和浏览行为也被网站后台记录。因此,广告主通过专业数据分析机构可以对网络受众的行为进行分析,使广告的目

① 《第 47 次〈中国互联网络发展状况统计报告〉(全文)》,2021 年 2 月 3 日,中华人民共和国国家互联网信息办公室,http://www.cac.gov.cn/2021-02/03/c_1613923423079314.htm,最后浏览日期:2021 年 4 月 1 日。

标受众更加明确，品牌定位也更加精准，最终可以实现有效、精准的品牌广告投放。

2. 制作简单，节约成本

网络视频广告的运行逻辑是一种“眼球经济”，主要靠吸引受众的注意力获取经济回报的广告行为。一方面，可以直接投放已在电视媒体上制作完成的广告，这是一种简单的搬运行为；另一方面，通过现成的网络素材、技术、软件等制作广告，这样不仅节省大量的人力和资源成本，更大大地节约了时间成本。简单的制作程序有利于广告及时更新、变更。同时，随着技术发展和社会变革，基于数字基础的广告投放也变得更加便捷化。目前，需求方平台(DSP)就很好地实现了程序化购买、程序化投放和程序化优化等，这样既可以改变传统广告的操作方法，也消除了数字广告里的信息不对称，推动广告主实现了最优化投放，大大节约了成本。

9.1.4 促进受众主动参与广告信息传播

1. 受众拥有更多的自主选择权

传统媒体广告只是单向传达广告信息，并没有考虑受众的感受，这样无疑会增加受众的厌恶感，从而丧失对广告的兴趣。在网络环境中，受众拥有更多的自主选择权，他们可以通过点击、转发、评论等形式发表自己的看法，并将自我的意见传达给广告主，实现彼此间的反馈交流。趋于扁平化的互联网传播模式契合互联网平等、自由等精神，受众愿意去表达自我的意见，也愿意分享一切符合“美”的东西。如此一来，分享意见的行为吸引了更多受众参与讨论，逐渐形成认同，并做出转发或分享、交流等系列行为，使更多声音被听到。本质上这是视频广告的互动性体现，构建了广告主与受众融洽交流的生态系统。

2. 受众主动参与广告制作

依托于网络平台的视频广告具有开放性、便捷性等特征，给普通受众参与广告制作提供了机会。兴趣是一切行动的来源，只有产生了兴趣，消费者才会花费时间去关注、认知。兴趣是网络视频广告需要把握的一个要点。在开放、包容的环境中,网络视频广告不仅使专业媒体平台受益,更使普通受众有了展示兴趣爱好和展现自我才华的机会。

3. 典型案例

西门子家电曾推出 6 部互动微电影,但是每部微电影都只拍摄一半故事,结局完全开放,留给网友去完成。结果,有近 10 万网友参与了这场全民灵感之旅,在深度互动中体验西门子"有灵感、活出彩"的品牌主张。这种方式在广告文案创作层面可以充分发挥受众的广告创作热情,呈现出可圈可点的创意。其中,有这样一个场景:忙碌了一天的女人回到家,发现窗户大开,地板上有一串湿漉漉的脚印,她脱下高跟鞋,抓起一根木棒,蹑手蹑脚地追着脚印,打开西门子冰箱,"啊"的一声……在续写故事时,某网友写道:"冰箱里穿着春夏秋冬不同季节衣服的四个老公在卖弄风情。"这种续写极具戏谑化风格,让人忍俊不禁。还有网友这样描写:"打开冰箱门,已冻僵的罗永浩哆哆嗦嗦地说:'我以为西门子冰箱还是关不紧,就试了试。'"这种创作更是借用西门子冰箱维权者罗永浩的新闻事件进行了广告创作,表明西门子冰箱对待质量问题及后续把关改进的积极态度,从侧面反映出公司倾听客户意见,至诚服务的态度。

2005 年,国内网络视频网站相继建立,开启了网络观看视频的新方式。随后,网络视频广告经历了从萌芽到发展再到成熟的阶段。网络视频平台的搭建逐步形成了一条由内容制作商、网络媒体平台、广告主、受众等主要元素构成的网络视频广告产业链雏形。2019 年 8 月 29 日,全球知名的第三方数据挖掘和分析机构艾媒咨询(iiMedia Research)联合 IMS(天下秀)新媒体商业集团发布的《2019 中国新媒体营销价值专题报告》显示,2019 年新媒体用户规模稳定增长。其中,短视频用户在 2017 年为 2.4 亿人,2018 年为 4.6 亿人,2019 年为 6.3 亿人。在新媒体营销广告形式投放占比分布方面,视频营销占比由 2018 年的 9.0%提升至 16.0%。其中,快消品行业视频营销投放比例从2018年的43.5%增长至94.0%，增长趋势迅猛[①]。短视频和在线直播用户数量保持着较快的增长势头，为新媒体广告营销提供了较好的流量基础。

9.2 网络视频广告的类型

加拿大传播学者麦克卢汉认为，不了解传播工具的作用，就不可能理解社会和文化的变迁。作为互联网背景下催生的新事物，网络视频媒体除了具有传统媒体直观生动的立体化展现方式，还兼具及时、方便、互动性强、覆盖范围广等优势。这样既能克服单向传播模式的呆板僵化，又增强了受众的主人翁意识，使他们能积极主动地参与广告活动。网络视频广告集文字、图片、音频、动画等于一身，因而具有多种多样形象化的表现力，并且不受时空限制，可以广泛地与受众互动。同时，互联网海量的存储空间造成了网络视频广告的形态纷繁复杂，按照广告发布方式、网站流量及投放位置不同，网络视频广告可以分为不同类型。

9.2.1 根据广告发布方式分

1. 视频贴片广告

视频贴片广告(图9－2)一般出现在网络视频内容之前、之中或之后三个时间段，对应出现时段可以分为前置式贴片广告、间隙型贴片广告和后置式贴片广告。在一段视频内容播放前的缓冲时间内播放的广告称为前置式贴片广告，这类广告在视频网站中占大多数，时长由最初的15—30秒发展到现在的60—90秒。广告主通过这种广告可以获取客观、全面的广告受众数据，但它的不足是缺乏有效的互动性，具有强制性，可能会使部分没有耐

① 《艾媒咨询×IMS天下秀｜2019中国新媒体营销价值专题报告》，2019年9月2日，腾讯财经，https://finance.qq.com/a/20190902/008658.htm，最后浏览日期：2021年4月1日。

图 9-2 《奔跑吧兄弟》视频正片前的贴片广告

心的受众放弃观看。

2. 视频浮层广告

视频浮层广告主要以文字或图片的形式呈现，在视频播放过程中出现在屏幕的顶端或底部。如果用户点击该图片或文字，就可以打开新的广告链接，这与传统电视画面底部出现的文字或图片广告类似，不同的是受众可以主动选择感兴趣的广告来浏览。此外，受众由于某种原因暂停视频而出现在视频中间的方框式广告也属于此类。这是一种非强制性广告，操作简单方便，不影响用户观看正片，它的缺点是局部图文会覆盖广告，使广告内容无法完整表现。

3. 视频区域外的广告

视频区域外的广告(图 9-3)是指当用户打开视频节目时，广告会以图片或文字的形式出现在视频区域的外围，有种背景墙的感觉。这种环绕形式使视频播放的整个过程都可以传达品牌信息，并吸引受众点击广告，但有时会受有限的广告位的影响。

4. 视频植入式广告

植入式广告是指基于互联网技术，将产品或品牌信息及其代表性的视觉符号甚至品牌理念策略性地融入网络视频内容的广告形式。网络受众通过真实观看或通过联想可以感知到产品或品牌，通过情节和要素设计刺激

图 9-3 《奔跑吧兄弟》视频正片区域外的广告

网络受众进行互动，让网络受众留下对产品及品牌的印象，继而达到广告的营销目的，常见的表现形式有微电影、影视剧等。例如，在《奔跑吧兄弟》第二季中，明星们往返于各个拍摄场地所乘坐的汽车由长安马自达赞助(图 9-4)。又如，可口可乐公司微电影《北极熊家族的最新故事》(图 9-5)在播放的整个过程中，只有开头出现了可口可乐公司的 LOGO，其品牌植入主要依靠品牌理念灌输。视频以一个和睦且恪守规则的北极熊家庭为主线展开故事叙述，展现它们由约束自我到逐渐放开自我的过程。这种渗透“享

图 9-4 《奔跑吧兄弟》(第二季)视频正片中的汽车植入广告

图 9-5 可口可乐的视频广告《北极熊家族的最新故事》

受自由”“无拘无束释放自我”的观念与可口可乐的品牌理念是契合的。同时，视频运用憨厚可爱的小熊形象，在无形中增添了几分滑稽可笑的元素，营造了轻松舒畅的氛围。这种广告的独特优势是互动性强、易于接受，便于传播，但缺点是流程烦琐、制作复杂、成本高昂等。

9.2.2 根据网站的流量划分

根据网站流量的不同，网络视频广告可分为窄带类和宽带类两种。

1. 窄带类广告

窄带类广告是指在视频内容周边投放的广告，是传统网站上比较常见的广告形式，占用带宽少，呈现为视频周边的文字广告、图片链接等，网络视频媒体平台通过统计页面流量、点击率来评估平台的广告价值。

2. 宽带类广告

宽带类广告是指在网络视频内容中投放的广告，既包含传统电视节目中的品牌赞助、冠名播放等传统广告形式，又包括网络播放器贴标、剧情植入、视频贴片等形式。宽带类广告的形式更多，交互性更强，融合性更好。

9.2.3 根据广告投放位置分类

根据网络视频广告投放的位置,可将网络视频广告分为核心式广告和周边式广告。核心式广告指处于视频主体播放区的广告,包括植入式和贴片式两类;周边式广告指在视频主体播放区外呈现的广告,包括前置式和后置式广告、角标广告和“牛皮癣”广告。核心式广告和周边式广告的位置互补可增加视频广告传播的联动效应。

9.3 网络视频广告的运作

网络视频媒体具有强大的休闲娱乐功能,聚集了大量的受众群体,受众群体的规模必然会引起广告主的关注。广告是网络视频媒体主要的盈利方式,根据广告的“二次售卖”原理,视频媒体依托优良、精致的视频内容吸引广大受众,然后将受众的注意力售卖给广告主,以此达到盈利的目的。但是,在实际的操作中,网络视频广告投放并不是将电视广告直接用于视频媒体,而是根据不同的传播形态和广告主的传播需求采取不同的运营模式。

9.3.1 推送模式

推送模式一般指将制作完成的广告直接推送到观看网络视频的受众面前,这是目前使用最广泛的网络视频广告操作模式。

1. 两种主要的视频广告

两种形式主要为视频贴片广告和视频区域外围广告。随着互联网技术的发展和网络数据平台的构建,当下的广告推送模式主要表现在两个方面:一是依托于视频内容推送相关的视频广告,即广告与视频内容是相关的;二是视频广告的投放依据对用户的数据分析,针对不同视频受众随机推送相应的广告,以达到增强广告传播效果的目的。

2. 典型案例

在爱奇艺视频网站观看《奔跑吧兄弟》第二季节目时(图 9-6),观众会发现暂停播放时画面会出现苏宁易购的广告，广告语为“跑男归来，全民开撕，撕出低价”。广告内容贴合《奔跑吧兄弟》节目，既突出了节目中撕名牌的环节，又亮出了苏宁易购的促销口号，并且选取节目中的邓超为代言人，他在节目中的“逗比”形象跃然于屏幕。这种广告推送较为自然、有趣，容易被受众接受，也能够极大地增强广告给受众传递的亲和感。

图 9-6 《奔跑吧兄弟》(第二季)中苏宁易购的广告

9.3.2 UGA 模式

UGA(user generated advertisement)即用户自主生产广告的内容，它的前提是企业和网络视频媒体平台有较好的合作关系，并且建有良好的广告运作机制。

1. 受众主动参与广告生产

新媒体时代，传统媒体的中心地位已被解构，受众的主体地位大大提升。在 UGA 模式下，网络视频广告的制作已不再是专业广告人才的独有阵地。在 UGA 模式中，受众不仅是广告的观看者，而且还可以参与网络视频广告创意活动的制作。最普遍的方式是企业与网络视频媒体展开合作，利用视频媒体平台强大的用户群发起征文活动。这种模式的优势在于受众和广告主可以实现双向沟通，提高受众参与广告制作的积极性。一方面，受众成为广告的生产者，有助于使广告更契合广大消费者的诉求，增强广告的传播力；另一方面，受众既是制作者又是观看者，媒介传播与人际传播结合起来，广告效果更加直观。

2. 典型案例

2014 年 5 月，锤子手机在微博官方账号上发布了主题活动“我的T1”——Smartisan T1 用户视频征集，要求用户针对 T1 手机制作 30 秒的视频，并且要写明使用感受，形式可以是一句话评语或对手机的某一细节进行描述和评价，最终评选出精彩有趣的视频。其中，评选优秀视频的广告以动态行走的“火柴人”视角展开论述，分别切入游戏场景、音乐场景、浪漫恋爱场景及温馨阅读场景等，在蓝色背景和形象化 LOGO 的映衬下，烘托出一番简单但不失格调，优雅但不高傲，有情怀又功能齐备的手机。尤其是“火柴人”翻阅动态 UI 的界面，以一种怪诞的形式结束“演出”，让参与者在一丝惊讶下舒了一口长气。虽然该广告在视频画面质量方面还有待提高，但是受众以自己的切身体会制作视频，表达了使用心得，开创了广告创意的另一方乐土。

9.3.3 赞助模式

赞助模式指广告主通过赞助的形式占用或买断频道资源的一种模式，有利于广告的占位和较长时间的展示。

1. 买断或占用网络视频资源

赞助模式的基本做法是，运用技术手段将网络视频中与自身品牌诉求相关的视频内容整合成一类专题或视频频道，用于品牌广告的发布。这类专题或视频频道并不一定与企业有关，但视频内容有可能与企业的文化、价值理念有着相似或相通之处。这种模式类似传统电视节目的冠名播出。在赞助模式下，一般广告放置的时间较长，非常有利于增强品牌的曝光度，加深受众对品牌的认知，国内重大赛事中品牌广告主与视频网站的合作就属于此类。

2. 典型案例

在《奔跑吧兄弟》第二季中(图 9－7),云南白药牙膏得到了爱奇艺视频节目独家冠名播出权,广告播出设计颇费心思,无论是在视频播出前还是节目播放过程中,都会出现云南白药广告,并反复强调“口腔无痛点,生活快乐点”的品牌诉求点,品牌定位与《奔跑吧兄弟》“给大家带来快乐”的节目理念十分契合,播出效果也较为理想。

图 9－7 《奔跑吧兄弟》(第二季)中云南白药牙膏的广告

9.3.4 “病毒”模式

网络视频广告的“病毒”模式是通过受众的人际网络,让广告信息像病毒一样传播和扩散的模式,它的基本方法是:深入挖掘广告产品卖点,制造适合网络传播的广告舆论话题,引爆企业广告产品“病毒”营销,宣传效果非常显著。

1. 使广告传播发挥“病毒”效应

网络视频广告的“病毒”模式指广告主通过支付一定的费用,利用网络视频将有创意,对受众有吸引力的产品信息或提供服务的信息传递给目标受众,并刺激他们将产品信息或服务信息主动、快速、有效地传给他人的网络广告操作模式。在“病毒”模式中,要使广告发挥“病毒”效应,就必须吸引受众去主动传播。但是，受众主动传播的前提是视频内容要有新意，迎合社会热点，能满足受众猎奇等心理需求，并具备幽默、新奇等特征，这样才能促使受众不自觉地分享，最大限度地传播广告信息。

2. 典型案例

2013年，一则名为《Be More Dog》的英国创意广告(图9-8)在YouTube仅上传48小时，点击率就突破了385 000次。这则广告主要以一只猫为主角，自述了作为一只猫每天慵懒的生活，看似循规蹈矩，毫无意义。因此，它开始羡慕可以自由奔跑玩耍的"汪星人"，希望自己变成一只狗。于是，这只可爱的"喵星人"欢乐地奔跑、刨地、接球、跳水，最终成了一只外表像猫的狗。它的传播点在于两个方面。首先，选取"喵星人"慵懒的动物形象，符合3B原则①中的"beast"。其次，通过受约束的猫厌倦无聊生活，想要冲出家门去肆意玩耍的放开"自我"的过程，自然而然地传达了企业理念，使受众易产生自我认同。广告片的色调也很柔和，片中"喵星人"懒洋洋的神态，像狗一样地奔跑跳跃，动作自然流畅，画面很有亲切感，非常容易打动爱猫、爱狗人士。

图9-8 英国创意广告《Be More Dog》

① 3B原则是从创意入手提出的，包括"beauty"(美女)、"beast"(动物)、"baby"(婴儿)。以此为表现手段的广告符合人类关注自身生命的天性，最容易赢得消费者的注意和喜欢。也被称为ABC原则，即"animal""beauty"和"child"。

9.3.5 视频搜索模式

网络视频广告的视频搜索模式是指在高层语义上检索和浏览视频信息，并实时地在一段视频内容中的相应位置插播相应广告的模式。

1. 基于文本和内容双重搜索的广告投放

互联网是一个海量视频容纳库，面对如此庞杂的视频信息，利用搜索引擎搜索相关视频成为越来越多的受众的选择。最初的搜索引擎大多采取的是文本搜索方式，通过对视频标题、视频简介等低级特征的提取很难做到视频内容层面。但广告主寄希望于在高层语义上检索和浏览视频信息，并实时地在一段视频内容中的相应位置插播相应广告，这就是网络视频广告的视频搜索模式。例如，当视频中出现商场的场景时，在搜索到的视频周围会出现相关产品和该商场的折扣信息。视频搜索模式不仅是基于文本搜索的广告投放，也是基于视频内容的搜索投放。

2. 典型案例

在爱奇艺自制剧《废柴兄弟》中(图 9－9)，当剧中女主角兰菲穿着一款白色衬衣出现时，视频右侧就会出现“兰菲同款文艺小清新衬衣”的广告。这种广告的代入感和场景感较强，在受众的浏览度和接受度方面都具有较好的表现。

图 9－9 《废柴兄弟》(第一季)中的服饰广告

随着5G行业的进一步发展，直播行业和短视频行业将迎来新的发展契机。在新媒体营销方面，视频展示直观、全面和即时性、交互性强的特点与企业营销的目的更加契合。同时，大数据及人工智能技术的进一步应用会促进视频类营销实现更高的精准性及互动性，有效地提升营销效果。目前，短视频广告营销进一步得到企业青睐，成为新媒体广告营销的一种主流方式。

思考题

1. 简述网络视频广告的概念。
2. 简述网络视频广告的价值。
3. 简述网络视频广告的UGA模式。
4. 简述网络视频广告的“病毒”模式。
5. 举例说明网络视频广告中视频搜索模式的意义。

>>> 10 网络游戏广告

网络游戏广告是指以网络游戏为载体，依据游戏本身的特性而投放形式多样的广告的营销活动，其目的是宣传网络游戏与广告品牌，从而创造收益。网络游戏广告的价值主要体现在为新市场提供新机会，提高传播活动效率，转变网络游戏运营商的盈利模式，满足人们休闲娱乐的需求等。网络游戏广告可分为内置式网游广告、定制式网游广告及线上线下结合式网游广告等。网络游戏广告的运营主要使用植入式广告策略和多元化广告策略。

10.1 网络游戏广告概述

网络游戏广告一般被认为是网络游戏的组成部分，广告依托于游戏本身的娱乐性带来黏性和互动性，结合游戏产品文化背景和内容的独特性，以及相应的游戏道具、场景或任务而制定广告形式，使网络游戏广告的特质得以显现。

10.1.1 网络游戏

1. 网络游戏的概念

网络游戏(online game)又称在线游戏，简称网游，是一种以互联网为传输媒介,以游戏运营商服务器和用户计算机为处理终端,以游戏客户端软件为信息交互窗口,旨在实现娱乐、休闲、交流和取得虚拟成就的具有可持续性的个体性多人在线游戏。简而言之,网络游戏是指基于互联网的、多人同时参与的计算机游戏。

2. 网络游戏的特点

网络游戏有以下三个特点。其一,特定的虚拟社会环境。玩家在网络游戏世界中可以自由地变换自己的身份与角色,甚至可以体验多重角色。其二,游戏方式多种多样。玩家可以自由选择游戏类型,如战略游戏或冒险游戏等。其三,模拟现实的虚拟社区交流。网络游戏中的玩家可以冲破时空限制,及时进行信息交流,或共同攻关打怪,或增进感情,丰富了网络游戏社区的内容。

10.1.2 网络游戏广告

1. 对网络游戏广告的不同认知

关于网络游戏广告的概念,目前还没有一个完全统一的界定。张书乐在《网络游戏开创广告新纪元》一文中指出,网络游戏广告"是一种以大型线上游戏的固定用户群为基础,通过固定的条件,在游戏中适当的时间,适当的位置上出现的广告"①。在网络游戏虚拟广告中,广告是间接而不是直接展示在玩家面前的,广告成为游戏的一部分。北京网游联动广告有限公司创始人龙再华在《植入式广告,网络游戏的下一个金矿》一文中对网络游戏广告的定义作了进一步界定。他认为,网络游戏广告"依托于游戏本身的娱乐性带来黏性和互动性,结合游戏产品文化背景和内容的独特性以及相应的游戏道具、场景或者任务而制定的广告形式"②。他对网络游戏概念的界定主要是建立在网络游戏内置或植入式广告基础上的。杜林涓在《论网络

① 张书乐:《网络游戏开创广告新纪元》,《广告人》2007 年第 6 期。
② 龙再华:《植入式广告,网络游戏的下一个金矿》,《广告人》2007 年第 6 期。

游戏广告的特征、功能及发展趋势——基于广告效果的维度》中指出，“网络游戏广告，即以网络游戏为广告媒体，结合网络游戏内容和文化背景，依托于网络游戏的娱乐性和互动性所带来的高关注度和参与度，以网络游戏玩家为目标受众，为加深品牌印象和宣传产品以促成其购买行为，而在网络游戏内部出现的静态或动态的广告形式以及整合线上线下各种媒介资源而进行的广告活动”①。

2. 网络游戏广告的概念界定

网络游戏广告是指以网络游戏为载体，依据游戏本身的道具、场景、任务而投放广告的营销形式，其目的是宣传网络游戏与广告品牌，以实现创造收益的目的。网络游戏广告具有娱乐性、粘连性、互动性、文化载入性、资源整合性等传播特点。目前，已知的最早网游广告是 1978 年电脑探险游戏《冒险乐园》(Adventure Park)，在这个游戏中插入了该公司下一款游戏《海盗冒险》(Pirate Adventure)的广告，作为该公司自我宣传的广告噱头(图 10－1)。

图 10－1 《冒险乐园》的首页

① 杜林涓：《论网络游戏广告的特征、功能及发展趋势——基于广告效果的维度》，湖南师范大学 2014 年硕士学位论文，第 10 页。

2002 年，英特尔公司和麦当劳公司与美国艺电公司(Electronic Arts)签订了广告合作合同，当游戏玩家进入该公司运营的游戏《模拟人生》(*The Sims*，网络版)时，便可以看到英特尔和麦当劳的商品和标志(图 10－2)。从此之后，广告与网络游戏便开启了合作模式。

图 10－2 《模拟人生》(网络版)中的麦当劳广告

10.2 网络游戏广告的价值

在现代网络通信技术飞速发展的背景下，网络游戏已经成为互联网产业极为重要的一部分。根据 CNNIC 发布的第 47 次《中国互联网络发展状况统计报告》，截至 2020 年 12 月，我国网络游戏用户规模达 5.18 亿，较 2020 年3 月减少 1 398 万，占网民整体的 52.4%；手机网络游戏用户规模达 5.16 亿，较 2020 年 3 月减少 1255 万，占手机网民的 52.4%(图 10－3、图 10－4)①。

① 《第 47 次〈中国互联网络发展状况统计报告〉(全文)》，2021 年 2 月 3 日，中华人民共和国国家互联网信息办公室，http://www.cac.gov.cn/2021-02/03/c_1613923423079314.htm，最后浏览日期：2021 年 4 月 1 日。

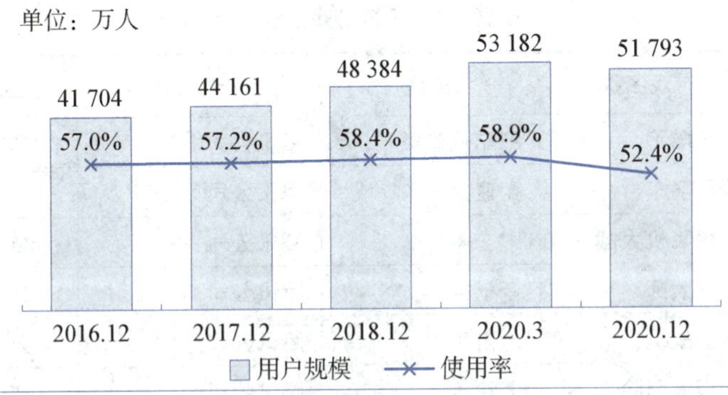

图 10-3 2016 年 12 月—2020 年 12 月网络游戏用户规模及使用率

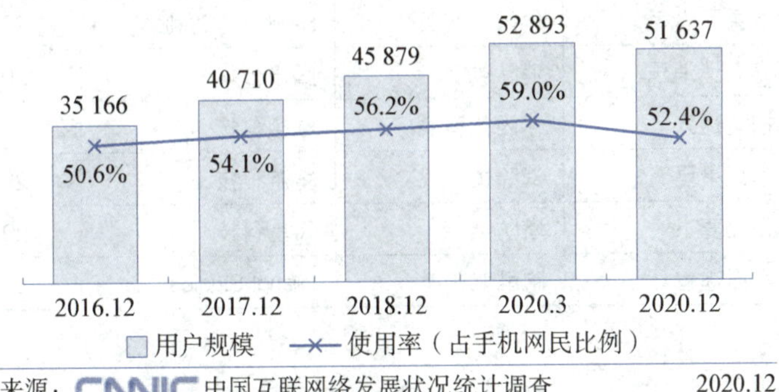

图 10-4 2016 年 12 月—2020 年 12 月手机网络游戏用户规模及使用率

腾讯自 2013 年起开始布局移动游戏，成为最早占领移动游戏的端游企业，发展势头迅猛。网易、畅游、盛大、完美等几家端游企业的增长情况取决于手游推进的时间和效果（表 10-1、表 10-2），手游推进不及时的端游企业甚至出现了负增长。中国手游、乐逗游戏的同比增长超过 300%，手游企业成为增速最快的集团。奇虎 360、百度这样的流量入口甚至获得了 150% 以上的增长，在渠道争夺中抢占到先机。因此，对网络游戏广告的价值与形式、广告运营模式的研究，无论对广告主、广告公司还是网络游戏运营商而言，都具有极为重要的意义。

表 10-1　手机游戏主要产品

排名	游戏名称	类型	运营公司	上线时间
1	天天酷跑	跑酷躲避类	腾讯公司	2013 年
2	天天飞车	竞速类	腾讯公司	2013 年
3	全民飞机大战	射击类	腾讯公司	2014 年
4	节奏大师	音乐类	腾讯公司	2012 年
5	雷霆战机	射击类	腾讯公司	2014 年
6	天天爱消除	消除类	腾讯公司	2013 年
7	欢乐斗地主	棋牌类	腾讯公司	2012 年
8	愤怒的小鸟	休闲益智类	Rovio	2009 年
9	植物大战僵尸	休闲益智类	PopCap Games	2009 年
10	水果忍者	休闲益智类	Halebrick Studios	2010 年
11	开心消消乐	消除类	腾讯公司	2013 年
12	捕鱼达人	休闲益智类	触控科技	2011 年
13	消灭星星	消除类	掌游科技	2014 年
14	保卫萝卜	塔防类	飞鱼科技	2012 年
15	神庙逃亡	跑酷躲避类	Imangi Studios	2012 年

表 10-2　PC 网游主要产品

排名	游戏名称	类型	运营公司	上线时间
1	穿越火线 CF	第一人称射击类	腾讯公司	2007 年
2	英雄联盟	即时战略类	腾讯公司	2011 年
3	QQ 飞车	竞速类	腾讯公司	2008 年
4	地下城与勇士	动作格斗类	腾讯公司	2005 年
5	魔兽世界	角色扮演类	网易公司	2004 年
6	QQ 炫舞	音乐类	腾讯公司	2008 年
7	梦幻西游/梦幻西游 2	角色扮演类	网易公司	2003 年
8	剑灵	角色扮演类	腾讯公司	2013 年
9	大话西游(系列游戏)	角色扮演类	网易公司	2001 年

续 表

排名	游戏名称	类型	运营公司	上线时间
10	逆城	第一人称射击类	腾讯公司	2011 年
11	反恐精英/CS Online	第一人称射击类	世纪天成	2008 年
12	天龙八部	角色扮演类	搜狐畅游	2007 年
13	DOTA2	即时战略类	完美世界	2013 年
14	QQ 游戏大厅	休闲类	腾讯公司	2003 年
15	传奇/热血传奇	角色扮演类	盛大网络	2001 年

10.2.1 为广告公司提供新的市场机会

首先，网络游戏广告的出现为广告主带来了新的市场机会。新媒体时代，诞生了一批具有垄断地位的专业型传媒公司。2007 年，分众传媒击败全球第一大营销传媒集团——奥姆尼康集团(Omnicom，又译为宏盟集团)，进而收购了国内最大的网络游戏广告代理公司创世奇迹，并收购了其负责的网络游戏内置广告开发子公司——酷动传媒。这是分众传媒(图 10－5)开始进军广告宣传全新领域的一个良好开端。不久，分众传媒逐渐成长为广告收入仅次于中央电视台的第二大传媒公司，并在纳斯达克(National Association of Securities Dealers Automated Quotations，简称 NASDAQ)上市。正

图 10－5　分众传媒公司标识

是得益于新型大众媒介的出现与形成，分众传媒在楼宇液晶电视领域占据了优势地位。

其次，网络游戏广告公司开始成为大型媒体公司竞相追捧的目标。2006年5月，微软公司以2亿美元的价格收购了网络游戏广告公司Massive，刚刚成立两年的Massive公司已经与众多游戏发行商达成了协议，它的广告客户包括可口可乐、本田汽车等，主要的广告形式是在网络游戏中置入广告。随后，全球著名的芯片制造商英特尔和数家融资机构一同对游戏内置广告公司IGA Worldwide进行资本注入，总额达到1 700万美元。2007年，搜索巨头谷歌斥资2 300万美元收购游戏内置广告公司Ad Scape，希望成功进入这块迅速崛起的新型广告市场。根据前瞻产业研究院《中国网络游戏行业商业模式创新与投资机会分析报告》显示，2020年，我国网络游戏用户规模达到5.18亿人，移动游戏用户规模为5.16亿人，市场规模达到2786.9亿元[①]。

在受众呈现碎片化、媒介呈现分众化特征的背景下，广告代理公司在制订媒介计划时必须顺应这种趋势并有效利用这种趋势。移动游戏目前已成为中国网络游戏行业的重要增长引擎，无论从市场规模还是用户总量来看，中国的移动游戏市场都保持了较快的增速。基于网络游戏受众与目标消费者的高度重合，广告公司应更加重视在手机游戏App上的广告推广，制订详细可行的媒介计划，尽可能地实现对这部分人群的覆盖，这样才能更好地实现传播目标，提高传播活动的效率。

10.2.2 提高广告主的传播活动效率

对于广告主来说，媒介的选择是在传播策略的指导下进行的，在进行媒介选择时要考虑多种因素，如传播目标、目标受众、预算情况等，这就要求广

① 何佳：《2021年中国网络游戏行业市场规模及用户规模分析　市场欣欣向荣、自主研发实力增强》，2021年7月21日，东方财富网，https://finance.eastmoney.com/a/202107212008024816.html，最后浏览日期：2021年8月1日。

告主在进行传播活动时要运用多元化的传播手段和媒介形式。网络游戏媒介的多元化应用能够使广告主在传播活动中利用更加多样化、丰富化的媒介形式,促进广告目标的实现。实际上,传播手段或传播方式的多元化是媒介形式多元性的具体体现。在这种多元化的背后,更为关键的是,基于网络游戏媒介及其受众群体的诸多特征,能够使传播活动的效率大大提高。

由于网络游戏媒介具有受众集中的特点,网络游戏作为新的承载媒介,更易于实现广告信息到达目标受众的精确传播。一方面,广告商可以根据玩家的年龄、喜好、地区等,有选择地细分市场,制订销售策略,使广告的投放更加精准,针对性更强;另一方面,传播活动的成本大幅度降低,这不仅得益于传播活动精准度的稳步提高,也得益于良好的媒介环境与较为低廉的媒介成本。

10.2.3 转变网络游戏运营商的盈利模式

对于网络游戏运营商来说,网络游戏广告最大的价值在于游戏运营商盈利模式的转变。在现有的网络运营模式下,运营商的盈利主要来源于收费用户,这种模式的盈利主要是向用户出售点卡所得的收入。点卡的作用是用来购买玩家在游戏中需要使用的一些道具,否则便不能进入游戏或无法拥有游戏道具。近年来,网游人数和网游市场销售仍呈快速增长的趋势,但游戏广告收入在整体收入中占的比例并不高,与美国、韩国、日本网游广告收入占游戏整体收入 35%左右的比例相比,国内网络游戏广告收入占比不到游戏整体收入的 3%,反映了我国对网络游戏媒介利用尚有很大的空间。如果运营商对现有的盈利模式进行调整,采用在游戏中置入广告产品或广告场景从而向广告主收取费用的盈利方式,肯定会增加一部分游戏玩家,这样就扩大了这一媒介的受众覆盖面。此外,游戏玩家在数量上的增长又会使网络游戏广告的价值得到进一步的提升。

根据 2020 年 2 月 28 日国内多家 A 股上市游戏公司公布的 2019 年度业绩快报(表 10-3),从快报披露的数据来看,巨人网络、三七互娱、世纪华通

表 10-3　部分上市游戏企业 2019 年业绩汇总①

序号	上市公司	预计净利润(亿元)	同比变动情况
1	三六零	57.10—63.10	增长 61.76%—78.75%
2	三七互娱	20.50—21.50	增长 103.27%—113.19%
3	昆仑万维	11.50—13.00	增长 14.31%—29.22%
4	姚记科技	3.37—4.02	增长 160%—210%
5	宝通科技	2.72—3.26	增长 0%—20%
6	星辉娱乐	2.60—3.20	增长 9.03%—34.19%
7	电魂网络	2.08—2.23	增长 60.15%—71.72%
8	山东矿机	1.60—1.90	增长 4.85%—24.51%
9	冰川网络	1.50—1.80	增长 50%—80%
10	中青宝	0.46—0.57	增长 27%—57%

等头部游戏公司由于游戏版号重启导致 2019 年度业绩出现分化，有的游戏公司实现加速增长，有的则出现巨额亏损。其中，世纪华通以 151.1 亿元的营收和 25.5 亿元的净利润稳坐 A 股游戏王之位。三七互娱虽然营收和净利润不敌世纪华通，但其整体业绩增速远高于后者，大有后来居上之势。三七互娱称，去年公司的移动游戏业务营收同比增长超过 70%，且自主研发的游戏收入占公司总营收比例的提升进一步提高了盈利能力。完美世界也因去年获得不少重点游戏版号而带动业绩上升，其中，游戏业务同比增长 25.99%。然而，恺英网络却巨亏 20 亿元，主要原因是商誉减值，其控股子公司浙江九翎面临巨额索赔，预计将全额计提商誉减值约 9.5 亿元。另外，它投资的浙江盛和因版号原因业绩出现大幅下降，需计提归属于上市公司的商誉减值准备约 11.5 亿元。值得一提的是，曾是 2018 年 A 股“亏损王”的天神娱乐在 2019 年大幅减亏，它声称由于公司债务负担较重，游戏、广告

① 参见《上市游戏公司过得怎么样？我们整理了 40 家企业 2019 业绩预告》，2020 年 2 月 19 日，搜狐网，https://www.sohu.com/a/374329532_204824，最后浏览日期：2021 年 4 月 1 日。

营销等板块营运资金紧张，导致经营规模与相关业务的开展情况未达预期。惠程科技 2019 年营收和净利润均有所下降，主要原因之一是子公司哆可梦自研游戏产品和代理游戏产品的上线时间有所推迟，导致哆可梦的业绩表现低于去年同期。此外，A 股还有多家游戏公司均在业绩快报中表示，因新产品上线推迟或较晚而导致营收和净利润减少，如巨人网络、恺英网络、掌趣科技等。受新冠肺炎疫情的影响，国内网民移动在线时间大幅提升，对游戏公司等在线娱乐行业形成利好。第三方移动市场研究机构 AppAnnie 的数据显示，在 2020 年 2 月的前两周，中国大陆 iOS 市场的平均每周总下载量比 2019 年全年的周平均值增加了 40%，其中，游戏类下载次数最多。三七互娱表示，随着公司的研发能力及发行业务进一步提升，预计 2020 年一季度手机游戏业务的经营流水将同比增长 25%—30%。游族网络称公司自研自发的手游《少年三国志 2》2019 年年底上线后广受好评，对主营业务收入及利润有积极影响，预计 2020 年一季度净利润同比增长 80%—100%[①]。

10.2.4 满足人们休闲娱乐的信息需求

广告的本质是推销，商业性是广告的本质属性。广告在推动经济发展的同时，自身也成为文化产业的一个重要组成部分，广告的创意表现具有社会文化性，是社会文明进步的产物。例如，上海牌手表的广告语“把握时间，走向未来”，体现的是对时间的珍惜，表达了品牌文化的价值主张。

新媒体时代，广告文化最直观的表现在于对消费文化的实践。例如，随着人们生活水平的提高，在饮食上追求吃得好，这时菜肴的色、香、味、造型等都成为消费文化关注的重点；在穿着上，人们追求美观高雅，服装的款式、色彩和质地因此成了商家考虑的主要内容。可见，人们对文化消费的理解更实际、更宽泛。网络游戏是人们在工作之余选择休闲娱乐的方式，自然希

① 《版号重启一年后冰火两重天：有的成 A 股游戏王有的巨亏》，2020 年 2 月 29 日，《新京报》客户端，https://m.bjnews.com.cn/detail/158296498714710.html?from=singlemessage&isappinstalled=0，最后浏览日期：2021 年 4 月 1 日。

望可以通过玩游戏来释放压力，放松身心，从而获得新的活力和能量。网络游戏广告在宣传产品与品牌的同时，也力求能满足人们对缓和压力或获得审美体验的内在需求。

10.3 网络游戏广告的类型

随着网络游戏市场的迅猛发展，网络游戏运营商、网络游戏广告公司在巨大利益的驱动之下，都在积极地探索网络游戏广告的运营机制，并使广告形成相对固定的形式。一般而言，网络游戏广告可以分为以下三种类型。

10.3.1 内置式网游广告

内置式网游广告是指在游戏开始之前、结束之后或存在于游戏中的一种广告形式。它既包括插播型网游广告，也包括道具使用型和产品场景内置型网游广告。内置式网游广告是网游广告中最常见且比较容易进行操作的类型，根据它出现的形式划分，内置式网游广告主要包括插播型网游广告、道具体验型网游广告、场景模拟型网游广告和网购营销型网游广告。

1. 插播型网游广告

插播型网游广告是指插播在游戏开始前、游戏关卡变换之间以及游戏结束时的广告类型。它通常以视频的形式出现，类似新闻联播开始前出现的倒计时广告。一般而言，人们不会刻意去关注这种广告类型，而是会在不知不觉中关注它。但实际情况是，如果是观众喜欢而且每天都想看的节目，他们在节目开始前的几分钟就会更换好频道等待节目开始。如此一来，节目开始前插播的广告常常就会更容易进入观众的视野。即使受众不刻意去关注接触到的广告，但如果长时间反复接收同一广告信息，就会形成一种思维的条件反射，与插播在游戏前后或游戏关卡之间的广告有异曲同工之妙，都是借助受众对主体的关注度而顺势推广，填充了游戏载入前或进入下个关卡前玩家的等待时间，顺带连广告也在无形中“被关注”了。需要注意的是，这类广告往往由于推广意图比较明显，如果网速一时过慢或因服务器而造成缓冲时间过长，就容易使玩家产生反感情绪。因此，这类广告的时间不宜过长。

2. 道具体验型网游广告

道具体验型网游广告是指把广告产品或相关的广告信息作为游戏进程或闯关时必不可少的工具或手段来使用，即广告产品或信息在网络游戏中是以一种道具或任务的形式存在的。一旦广告产品变成游戏中通过选择使用能够发挥一定作用的道具，在游戏的过程中，这种变化不仅不会使游戏玩家产生排斥传统广告压迫式推销的感觉，反而会使他们在虚拟世界的“真实感”体验大大增强。

例如，上海天纵网络有限公司在其运营的《飙车世界》游戏中(图 10-6)，把一汽大众生产的速腾轿车置入游戏，游戏中相关的场景和具体的技术参数均相当逼真，几乎与现实情况没有差别。该款游戏推出半个月后，虚拟速腾汽车已经售出 11218 辆，有趣的是，这一数据与现实状况相差无几。该款游戏的广告客户不仅有一汽大众，更有全球知名轮胎制造商米其林公司，游戏菜单中不仅有安装位置、刹车强度、摩擦系数等参数设置，还有“米其林轮胎 X-ICE 可提高刹车性能和加速性能”之类的专业性技术介绍。

图 10-6 《飙车世界》游戏中的一汽大众“速腾”轿车

3. 场景模拟型网游广告

场景模拟型网游广告是指把广告产品或核心品牌信息巧妙地嵌入虚拟游戏环境，使游戏在含有广告信息的环境中进行，即在游戏场景中模拟现实场景，并把现实中与场景相关的广告内容真实地进行复原。这一类型的网游广告是把产品或品牌置入游戏场景，不断地重复出现广告信息，最终达到传播广告品牌的目的。人们在诸多大型网络游戏中可以看到，其内容多是以真实世界中存在的竞技赛事或历史故事为原型而进行设计开发的，同时添加许多隐形的游戏功能或效果，不但会使整个游戏画面更具真实感，而且使游戏玩家有身临其境的感觉，因此，对玩家而言是一种强有力的视觉冲击和强烈的游戏体验。此种广告形式简单且容易操作，也是游戏运营商最早尝试的广告形式。

一般而言，在现实场景中存在的广告或广告形式若也在游戏场景中出现，就会在无形中受到游戏玩家的关注，从而使整个网络游戏显得“完整”。例如，在 FIFA 国际足球游戏中出现的足球就是阿迪达斯品牌的，像现实生活中篮球馆、足球场以及田径场上所能见到的广告一样进入了人们的视野。此时，在网络游戏中出现的广告会让玩家产生“真实”的“现场感”，他们不但没有觉得不舒服，反而感觉游戏中的赛场若没有广告牌，还会像缺了什么一般。随着信息科技的飞跃发展，在实况足球比赛中出现了大量电子板广告屏，在游戏中也相应地出现了电子屏，上面滚动更换着广告信息。

在实践中，也有游戏运营商会采用产品内置型广告和场景模拟型广告相结合的方式，以取得更好的广告效果。在游戏《极品飞车》中，既有产品内置型广告，也有场景模拟型广告。在游戏中，高速公路两旁的路牌广告与现实中的并无明显区别，都是一些国际品牌赞助的；游戏中出现的赛车也是现实中各大汽车厂商的著名车型，包括尼桑(NISSAN，日产汽车公司)的 350Z、庞蒂克(PONTIAC，美国通用汽车公司旗下品牌之一)的当家跑车、通用汽车的雪佛兰 SUV、三菱、本田等厂商的产品都一一在列。

4. 网购营销型网游广告

网购营销型网游广告是指玩家在网络游戏中购买的虚拟性产品可以在现实中再次得到使用，广告效果可以从虚拟延伸到现实。即真实世界中的产品以道具等形式出现在网络游戏中，而且这些道具也是游戏通关或走向胜利的关键，因此，对这些产品的关注会被玩家不知不觉地带入自己的生活，影响他们在购买或消费商品时的选择。这是广告与电子商务直接合作的一种新型网游广告形式，即巧妙地利用人们爱屋及乌的心理特性，直接或间接地在游戏界面中通过广告链接到购买实物商品的相关网页上。在中国，第一网络食品——“绿盛 QQ 能量枣”就是一个典型的例子；在国外，必胜客则走得更远，在《宠物王》游戏中，玩家若想获得打折甚至免费吃披萨的机会，可以通过打败怪物而获得它们身上的必胜客赠券。

10.3.2 定制式网游广告

定制式网游广告是指广告主为了某个品牌或其产品的短期促销活动，通过娱乐互动的方式展现产品信息以吸引用户参与，自建或与游戏开发商合作定制的迷你游戏。与内置式网络游戏广告相比，该类型广告与产品的信息融合度较高，目的是使目标受众能够更加深入地感知和体验产品，加强用户对品牌的认知度与忠实度。一般而言，定制式网络游戏广告需要企业或品牌具有一定的知名度。在实际情况中，由于广告主需要自行承担游戏的开发费用，有可能增加公司的营销成本，从而使该类型广告在投放时存在较高风险。一个可行的做法是，由专业性的广告公司牵头与游戏开发商合作，针对某一个品类或某几个品类的产品进行游戏开发，这样就可以大大节省资源。同时，可以在游戏的运营过程中对具体的产品进行更换，这样就降低了单个广告主的推广成本。

2012 年，梅赛德斯奔驰在圣诞节期间为 Smart 量身打造了游戏《圣诞岛》，玩家进入游戏主页后可以体验该车型，获得虚拟驾驶的快感和种植、装饰圣诞树的乐趣(图 10 - 7)。同时，游戏玩家还可自行 DIY，圣诞树和 Smart

装扮会生成特制的电子贺卡，用户可以通过电子邮件将它发送给朋友或共享到微博等社交网站，通过“病毒”式传播形成品牌传播的裂变效应，将品牌诉求通过一种有趣的互动形式在消费者的心中留下深刻印象。

图 10－7 《圣诞岛》游戏与奔驰汽车广告

10.3.3 线上线下相结合的网游广告

线上线下相结合的网游广告是指线上在游戏中植入广告品牌或产品，线下则配合游戏的相关内容开展广告活动。实际上这就如同一个整体策划的营销方案，内外结合，相互搭配，以期获得更好的广告效果。这一类型的广告需要产品与游戏的内容有较高的匹配度，并且产品在现实与虚拟之间的转化较容易实现，例如可口可乐与《魔兽世界》的合作。一方面，可口可乐以“神奇魔水”的道具出现在游戏中；另一方面，在 2005 年夏季，两者合作推出主题为“可口可乐要爽由自己，冰火暴风城”的市场推广活动，并共同在网吧渠道建立和推广以“iCoke”为主题的生动的陈列活动，利用各自的渠道资源和网络优势进行品牌宣传。2005 年 6 月 11 日，在上海新国际博览中心有近万名年轻人集聚在一起，共同体验“可口可乐《魔兽世界》嘉年华”带来的“冰爽”和“火辣”激情。为期两天的活动将《魔兽世界》中的虚拟场景完美地复制到现实中，生动地诠释了“iCoke”的时代主题(图 10－8)。

图 10－8　可口可乐与《魔兽世界》“iCoke”活动现场

10.4　网络游戏广告的运作

网络游戏作为娱乐手段和媒介平台的有机统一体，拥有独特的传播特点，如特定的虚拟社会环境、多种多样的游戏方式以及极强的共同参与性和互动性等，深深地吸引着人们的注意力。玩家在参与游戏的过程中，往往自己也会成为互动过程的一部分。因此，网络游戏广告越来越受到更多广告主的关注，很多大型企业或品牌都希望能找到一款适合传播自己企业核心产品或品牌的游戏，以博取更多的曝光率，在宣传或塑造良好品牌形象的同时，能够加深产品或品牌在消费者心中的良好印象。网络游戏广告的创意体现在对广告策略的运用上，在信息化的今天，广告策略的好与坏对企业有重大影响，甚至起着决定性的作用。网络游戏广告中运用的广告策略可以分为植入式广告策略和多元化广告策略。

10.4.1 植入式广告策略

网络游戏植入式广告(in-game advertising,简称 IGA)是指依托游戏自身的娱乐性带来黏性和互动性,结合游戏产品文化背景和内容的独特性以及相应的游戏道场、场景或任务而形成的广告形式,让玩家在玩游戏的状态中切身体验产品的特性,把广告变成游戏环节的一部分,将广告变成游戏,游戏也是广告。网游植入式广告的植入方式主要有以下四种。

1. 根据游戏情节和目标受众特点植入

网络游戏的题材和故事内容各不相同,情节发展也不一样,因此,广告主要选择与自身品牌定位和产品形象相符的网络游戏,且植入的广告必须与游戏本身的内容有较高的关联性。网络游戏植入式广告必须坚持与游戏本身相关并融合的原则,不能突兀、强硬地植入与游戏毫不相关的信息内容,更不能只注重对产品或品牌进行推广而忽略玩家的感受。

一般而言,网络游戏的主要受众群体为年轻人,广告主采用的植入式广告策略必须与年轻人的心理特征和消费习惯相吻合,一般快消品或电子类产品比较适合进行游戏式广告植入,如网络游戏 App 版本。网络游戏植入式广告最好能够根据广告品牌或产品的生命周期,进行定期调整和更新,如版本升级、修补漏洞、提供下载补丁服务等,不间断地创新并升华灵感,持续刺激玩家对广告信息的关注。

2. 多层次的深度互动植入

新媒体环境下,广告受众接受和辨别信息的能力在不断增强,很容易就能识别广告内容,但海量、低趣味的广告信息通常会让受众产生免疫甚至抵触的心理。广告主在网络游戏中进行广告信息植入时,要把握分寸,力求做到不露痕迹地进行隐形植入,以使受众在休闲娱乐中不知不觉地接受广告信息。尽管网络游戏植入式广告的形式多种多样,但最容易引起玩家关注并与情感联系在一起的是互动参与性的广告植入。互动参与性是获得最强传播效果的保障,它能保证受众的体验感,因此,广告主要不断地探索广告的深度植入,将玩家吸引到整个传播过程中。基于玩家的深度参与,让他们成为广告传播活动的一部分，而非仅仅是单向的接受者。同时，充分利用网络游戏这一媒介的优势，努力挖掘网络游戏植入式广告的各种表现形式，用鲜艳的色彩和独特的音乐把玩家的视觉、听觉和触觉充分调动起来。

3. 挖掘体验式植入

玩家在网络游戏这个虚拟世界中的一个追求就是满足自己在现实世界中尚未被满足的需要，因此，网络游戏植入式广告也应该重视玩家在现实世界中的需求，促进现实中广告品牌的传播。最成功的植入就是将广告变为对真实情况的模拟，网络游戏为玩家提供了对现实产品的体验，让玩家在游戏中虚拟地体验了产品的功能、特性乃至企业文化，满足了他们的好奇心和成就感。这种体验式营销传播为植入品牌提供了全方位的自我展示空间，如果设计独特、宣传得当，可以使玩家充分了解产品或服务的性能、优势和品牌内涵，从知晓到喜欢，进而转化为消费者，在现实中实现对产品的直接购买，这样的广告传播效果远远好于生硬的传统电视广告。

在网络游戏《飙车世界》中，涉及的相关场景和具体技术参数几乎与现实无异，玩家在娱乐中体验了一汽大众速腾汽车的性能，不知不觉就接受了这一汽车广告。该款游戏的广告客户还有全球知名的轮胎制造商米其林公司，当玩家进入一家汽车配件商店时，就可看到米其林公司的标志性 LOGO“橡胶人”(图 10 - 9)。

4. 与线下衍生品相辅相成

作为娱乐产业，网络游戏的发展与电影、动漫一样，多样化、跨领域的发展是必然方向。在日本，由网络游戏衍生的任务模型、纪念品、小饰品等的收入十分可观，网络游戏的影响力伴随衍生品的热卖进一步增强。随着我国网络游戏产业的急速扩张，玩家对网络游戏衍生品的需求也不断增加，这是虚拟世界向现实世界延伸的必然结果。因此，植入品牌也要相应地从线上的植入延伸到线下与网络游戏的合作，通过热门游戏相关纪念产品的热卖传播自己的品牌，巩固用户群体，提升品牌知名度(图 10 - 10)。网络游戏植入式广告的传播必须深刻把握受众心理，熟悉网络游戏新兴传播媒介平台的

图 10-9 《飙车世界》中的米其林轮胎广告

图 10-10 动漫《海贼王》(左)和游戏《魔兽世界》(右)的纪念品——不锈钢保温杯

特点,根据受众需求并结合自身实际情况制订广告传播方案,最大化地避免广告可能给游戏体验带来的负面影响,努力创造传播者和受众双赢的局面。

10.4.2 多元化广告策略

1. 广告终端选择多元化

近年来,随着互联网和数字技术的迅猛发展,各种游戏硬件设备如 PC、平板电脑、智能手机、智能电视等不断被开发,这些都可以作为网络游戏的终端,能够为用户提供新奇的玩法和体验,特别是手机端成为重要的突破点。近年来,客户端网络游戏的规模不断扩大,体现在三个方面。第一,角色扮演类客户端网络游戏市场的实际销售收入持续增长,继续稳住了它在客户端市场的中流砥柱地位;第二,休闲竞技类客户端网络游戏市场的实际销售收入提速增长;第三,新兴类型的网游如 MOBA(multiplayer online battle arena,即多人在线战术竞技游戏)等快速增长,与玩法改良的新资料片(expansion pack,即游戏的扩充版,或补充新内容)、微端产品共同推进客户端网络游戏市场的实际销售收入增长。

2. 游戏产业与周边生态产业融合

从目前的市场发展趋势来看,中国的游戏产业已经逐步进入高质量、多元化的发展时期,这体现在以下三个方面。第一,游戏政策进一步宽松,Xbox One、PS4 等游戏主机已经在国内正式发售,使游戏用户的使用选择被进一步拓宽;第二,网络更加完善,并且上网设备多样化,4G/5G 网络的普及和智能手机硬件的提升促进了精品化、大流量移动游戏的进一步发展;第三,游戏作为文化产业的一部分,与影视、文学等产业的结合日趋紧密,逐步形成影视、文学与游戏的多向互动,促进了游戏产业与周边生态产业的整体发展。

3. 需求载体多元化

网络游戏广告已不再是单一的在游戏内部进行广告投放,而是整合其他营销手段同步进行营销,具有方式多元化的特征。它不仅有线上广告,也结合了线下的广告活动,进行全方位的信息传播。因此,网络游戏广告将不仅限于以 PC 为终端的网络游戏,而应该放眼于更加广泛的终端,实现载体需求的多元化。

4. 广告植入方式多元化

根植于网络游戏基础的植入式广告已经成为一种重要的新媒体广告形式,与传统媒体广告相比,网络游戏赋予了植入式广告高度的互动性和极强的趣味性。无论是内置式网游广告,还是定制式网游广告,或者线上线下结合式的网游广告,在以网络游戏玩家为目标受众的信息传播中,任何广告植入都必须充分照顾他们的感受和体验。例如,广告主可以根据游戏情节和目标受众的特点进行广告植入,注重年轻人求新、求变的心理特征和快速消费的习惯,或者进行多层次的深度互动植入,充分调动他们的视觉、听觉和触觉,让玩家在不知不觉中接受广告信息和多种多样的广告植入方式。

5. 文化创意产业的重要组成部分

网络游戏广告作为文化创意产业的重要组成部分,它的表现形式具有文化性,是社会文化的产物。因此,广告商在进行广告投放时不能仅限于游戏内部,而要整合多种营销手段,创新游戏的开发与运营模式,积极参与影视、文学等之间的多向互动,打造多元化的游戏产业链,促进网络游戏广告产业与创意文化产业的整体发展。

思考题

1. 简述网络游戏广告的概念。
2. 简述网络游戏广告的价值表现。
3. 简述网络游戏的主要类型。
4. 内置式网络游戏广告的表现形式有哪些?
5. 简述网络游戏广告的运作策略。

11 电子商务广告

电子商务广告本质上是网络广告的一种类型，按广告投放形式进行划分，主要有网幅广告、富媒体广告、视频广告、文本链接广告等；按广告投放位置进行划分，主要有博客广告、微博广告、SNS 广告、网游广告、电子邮件广告、搜索引擎广告、门户网站等类型。与其他广告形式相比，电子商务广告的特点集中体现为广告信息的时效性、开放性、精准性、交互性，以及广告效果的可测性、受众数量的可统计性、信息编辑的灵活性、广告形式的整合性等。电子商务广告的运作流程可大致分为广告投放前的市场调查、广告的策划和执行及广告效果评估三部分。

11.1 电子商务广告概述

20 世纪 90 年代以来，随着信息技术和网络通信技术的迅猛发展，电子商务作为面向信息时代的一种全新的商业模式，已经在世界范围内得到越来越多的商家和消费者的认可，并逐渐显现出强劲的发展势头及巨大的发展潜力。借助新媒体的灵活性及精准性等特点，电商网络购物平台日益受到广大消费者的推崇和青睐，尤其是作为传统媒体和新媒体大广告主的

B2C(business-to-consumer,商对客电子模式)电商,深刻影响并重塑了新媒体时代的大众消费文化。

11.1.1 电子商务广告溯源

1. 电子商务的兴起

人们一般认为电子商务的雏形始于20世纪70年代的电子邮件。进入21世纪,以Web技术为代表的信息发布系统爆炸式增长,互联网及数字技术的迅猛发展和广泛普及使信息传播及获取方式突破了传统时空的限制,这从根本上颠覆了企业的传统营销模式。在这一背景下,以网络为依托的电子购物平台成为消费者热衷的消费场景。根据2021年2月中国互联网络信息中心发布的第47次《中国互联网络发展状况统计报告》,截至2020年12月,我国网络支付用户规模达8.54亿,占网民整体比例的86.4%①。经历多年的高速发展之后,我国网络消费市场逐步进入提质升级的发展阶段,供需两端"双升级"正在成为行业增长的新一轮驱动力。在网络购物热潮的推动下,电子商务在互联网及数字技术的助力下推动大众消费呈井喷式发展。根据网经社旗下国内知名电商智库电子商务研究中心发布的《2020年中国B2B电商产业分析报告——产业竞争现状与发展趋势预测》,2016—2019年,我国B2B电商交易服务营收额呈现逐年增长的趋势,2019年,中国B2B交易服务营收额1 084亿元,同比增长32.36%。2019年,我国中小企业及B2B运营商平台服务营收额516亿元,同比增长49.6%;规模以上企业B2B运营商平台服务营收额568亿元,同比增长19.8%②。

---

①《第47次〈中国互联网络发展状况统计报告〉(全文)》,2021年2月3日,中华人民共和国国家互联网信息办公室,http://www.cac.gov.cn/2021-02/03/c_1613923423079314.htm,最后浏览日期:2021年4月1日。

②《2020年中国B2B电商产业分析报告——产业竞争现状与发展趋势预测》,2020年9月27日,观研报告网,http://baogao.chinabaogao.com/hulianwang/516868516868.html,最后浏览日期:2021年4月1日。

2. 电子商务广告的繁荣

电子商务的迅猛发展大大冲击了传统的市场营销体系，营销推广渠道的竞争就变得更加重要，电商之间的营销大战日益白热化。先是天猫注册商标让各大电商猝不及防，随后京东商城推出一系列营销手段，再加上国美在线的借势营销，一时间吸引了众多消费者的目光，更有“双 11”“双 12”等网购热潮和圣诞节、元旦、情人节等特殊节日的助力，电商之间的博弈从未停歇。可以说哪里有商品，哪里就会有广告。在电子商务新模式的逐渐普及下，网络购物因其便利性、实惠性等特点越来越得到年轻消费者的青睐，也随之推动了电子商务广告的繁荣与勃兴。

3. 电子商务的新商业模式

电子商务即商业活动、商业行为的电子化，是一种全新的以信息为基础的商业运营模式。它是在互联网开放的网络环境下，利用简单、快捷、低成本的电子化形式处理和传输商业电子数据（包括文字、声音、图像、视频等类型的数据），从而实现消费者的网上购物、企业的网络交易以及相关综合服务活动等，旨在提高交易过程的效率。从广义上来讲，电子商务既包括完整意义上的网上交易，也包括首先利用互联网完成整个交易过程的一部分环节，再通过传统模式完成剩余的交易部分，最终实现交易的全过程。进入互联网时代后，电子商务一般是指利用互联网络完成的整体交易过程。

4. 电子商务广告的概念

电子商务广告是指商品经营者或服务提供者支付一定的广告费用预算，以互联网或移动网络为传播媒介发布的盈利性商业广告，本质上是一种网络广告形式，是在互联网上发布的以数字代码为载体的一种商业性广告信息，目的是在网站页面进行广告产品或服务的宣传，引导消费者到承接页面，以完成在线交易与结算的一种广告形式。电子商务可以通过多种电子通信方式来完成，但主要是通过 EDI（electronic data interchange，即电子数据交换）在互联网上完成的。这种网络支付的电子商务模式与网络新媒体的

“联姻”自然产生了一种新型的广告形式，即电子商务广告。

5. 电子商务广告的营销属性

电子商务广告是企业主要以互联网为依托，进行产品、品牌的宣传、销售的一个渠道，具有鲜明的营销属性，是随着电子商务的发展而产生的一种广告形式。电子商务广告主要以互联网为平台进行发布，也有随着线上、线下合作模式形成平台延伸的无限可能性。随着互联网技术的日益发展和完善，国内外众多电商平台相继崛起，企业之间的市场竞争也变得更加白热化，电子商务广告更是成了众多电商平台必备的营销利器和竞争手段。

11.1.2 电子商务广告的特点

电子商务广告依托网络平台进行信息传递，广告信息的传播具有时效性、开放性、精准性等特点。

1. 广告信息传播的时效性

电子商务建立在网络平台的基础上，打破了时间和空间的限制。电商广告是广告形式与电子商务的结合，基于电商广告连接电商平台的特点，它能够在第一时间把广大消费者的购买欲望转化为购买行为，为企业创造可见的商业价值。消费者在网购过程中的任何一个阶段，从注意到广告产品、激发购买兴趣、产生购买欲望，了解产品详情、作出购买决定，再到网上支付、购买后进行评价与反馈等，每个环节都属于电商广告的范畴。

传统媒体广告的投放平台与产品的销售渠道通常是分开的，在多数情况下，消费者在接触自己感兴趣的广告信息之后，一般不会立即购买，有时会经过相当长的一段时间进行比较和选择后才进行购买。比较和选择的时间是广告对受众刺激兴奋度迅速衰减的阶段，如果在此过程中有其他信息的干扰和介入，消费者就很容易产生消费行为的转向，商家就会失去这些潜在的消费者。因此，电商平台交易的时效性也保证了电商广告的较强时效性。

2. 广告信息传播的开放性

电子商务网络作为网络广告的一种形式，其运营具有时空的延展性，传统广告媒体（如广播、电视、报纸、杂志等）往往局限于某一特定区域或某一特定时段的信息传播，由于受到传播时间和传播空间的限制，受众很容易错过广告信息。传统的电波广告（如广播、电视等媒体）刊载的信息具有转瞬即逝的特性，信息通常难以保存。因此，广告主不得不通过多频次地反复刊播广告来增强消费者对产品的印象和记忆。依托于互联网的普及性、开放性以及广泛的覆盖率和强大的传播力，以网络为载体的广告信息完全突破了传播时间和传播空间的局限，可以全天 24 小时不间断地进行信息传播，广告信息通过互联网可以瞬间传递到世界的各个角落，互联网巨大的信息承载量、良好的传播效果以及低廉的费用预算等是传统广告永远无法企及的。如今，互联网已经遍布全球各个国家和地区，截至 2021 年 1 月，全球网民已有 46.6 亿人①，我国网民规模达 9.89 亿，并且这些用户群体仍在不断地加速发展壮大。作为互联网广告的受众，只要具备上网条件，任何人在任何时间和任何地点都可以随时随地浏览广告信息。

3. 广告投放的精准性

(1) 广告定向投放

现代电子商务是以互联网为基础、以数字化形式为核心的新型营销模式，具有双向沟通的显著特点。它可以按照受众所处的地理位置（如国家、地区等）进行有针对性的精确投放，也可以按照时间、网络平台或浏览器类型进行定向投放，未来，它或许还能根据目标群体更加细化的人口统计特征进行定向的广告投放。

(2) 电子商务广告投放新模式

传统媒体时代的广告主在电商平台进行广告投放时，主要是通过数据

① 《报告：全球网民数量达 46.6 亿　中国人每天上网 5 小时 22 分》，2021 年 1 月 27 日，新浪科技，https://finance.sina.com.cn/tech/2021-01-27/doc-ikftpnny2352791.shtml，最后浏览日期：2021 年 4 月 1 日。

分析选定目标消费群体，并设置目标消费群标签进行广告投放。从选择目标消费群体到广告的投放，再到引流，每个环节都需要对接不同的平台，投放过程复杂并且容易中断，很难对广告效果进行精确评估。在当前以互联网为平台的精准广告投放模式下，广告主不但可以获知购买过本品牌、本产品的核心目标消费者以及潜在目标消费者等数据，还可以通过技术手段对不同的目标消费群体进行标签定制，通过消费者的流转路径具体分析每个阶段的广告活动效果。广告主还可以根据网络数据平台和电商平台内部的大数据及网络定向技术，根据消费者的偏好匹配个性化的产品广告，进行主动营销。例如，当消费者在某网站搜索或购买过某一产品，当他(她)在网上浏览其他网页时，上面就会出现与该产品内容相关的推荐广告。又如，在京东网站的购物页面上，人们经常会看到“买了该宝贝的人还买了××”等关联广告，这样能很好地保证广告的到达率。从选择目标消费群到广告的投放，再到数据的回流，许多电商平台可以直接在平台内部完成，不需要第三方软件进行检测引流。这就使得广告主的操作更加容易，而且能更加全面地运用大数据进行分析，实现广告的有效投放。

(3) 电子商务广告精准投放的理念

电商广告的精准投放既是一种机遇，也是一种挑战。在利用大数据分析解读消费者的同时，电商更要关注消费者的消费体验，实现真正意义上的广告精准投放。电商平台的精准广告投放目前已成为企业营销新模式的一大主战场，未来它将会依靠更多的数据和技术作为支撑，也将会更加客观、直接。目前，大多数电商广告的形式都是传统的互联网广告形式，在对广告的内容和形式进行创新和让消费者改变对电商广告的传统刻板印象方面，除了技术因素，运用优秀的创意和真诚的洞察了解消费者需求、触动消费者的内心，这是电商广告的核心本质。技术只是实现创意的一种工具和手段，先进的技术配合优秀的创意才能达到真正意义上的广告精准投放。尤其是在产品严重同质化的今天，消费者更愿意从感性和情感的角度去思考，会更多地关注产品和品牌背后的文化内涵。

4. 广告信息沟通的交互性

(1) 广告信息交互式传播

传统媒体时代的广告信息是一种单向传播,即广告主把广告信息推向目标消费者,而消费者只是被动地接收。广告传播什么信息,消费者就接收什么内容,消费者对相关信息的了解具有较大的局限性。即便目标消费者因为受到广告的影响而要采取购买行动,也往往会因为不能及时与企业或广告主实现双向交流而形成供需间的时差与延误,从而就会削弱消费者的购买热情。数字技术及互联网的加盟为传统广告带来了革命性的变化,使得广告信息实现了真正意义上的双向性或交互式传播,受众接收信息也更加积极主动。例如,当消费者对电商平台上的某一产品产生兴趣时,他(她)可以访问该电商的网页或该产品的主页,详细了解产品信息,并通过在电商平台上在线填写、提交表单,广告主就可以及时得到消费者的信息反馈情况。消费者还可以通过广告的引导来观看产品或服务的演示实例,体验真实的产品或服务,这对传统的广告形式而言是根本无法实现的。

(2) 广告信息的订阅和共享

新媒体时代,消费者还可以在电商平台上订阅自己喜欢和需要的产品信息,广告主可以通过统计网民的浏览习惯和浏览历史来及时捕获消费者的偏好需求,做到一对一的个性化服务。广告主还可以运用最先进的虚拟现实界面设计为消费者创造身临其境的效果,增强消费者购买的主动性和趣味性,满足消费者的自我需求意识,在一定程度上也提高了目标消费群体的选择性。总之,以网络为平台,通过广告主和消费者之间的即时互动,可以有效地实现信息的共享和互动传播。互联网时代,消费者不再是广告信息的被动接受者,而是变为广告的主人。

5. 广告效果的可测性

互联网广告主可以通过统计广告的浏览量、点击率等指标,进而精确地统计访问量,了解用户的地域分布、浏览时间以及用户的年龄、性别、经济收入、职业状况、婚姻状况、习惯爱好等，从而建立庞大、完善的用户数据库。数据库不仅可以帮助广告主了解市场与受众，进行有针对性的广告投放，还可以根据用户的特点进行细分，从而可以使网络广告在运作模式、效果监测和分析、表现形式等方面的规范变得更精确和客观，行业标准也更明晰。

就传统媒体广告而言，广告只是广告主宣传产品、树立品牌形象、提高市场竞争力的一种传播手段。在新媒体时代，电商广告既要通过网络广告的展示吸引流量，获取点击率，还要通过促使消费者点击广告，将流量引到广告承接页，完成订单转化以达成营销目的。因此，对于电商广告而言，广告效果评估的精确性和客观性就显得更加重要。通过以互联网为平台的电商广告的投放，广告主不仅能够知晓消费者对广告的点击量和对广告的回复率，还能够准确测量消费者对产品的兴趣来源，从而及时调整营销策略。在大数据的帮助下，广告主能够利用电商广告的交互性特点，通过数据分析，实时监测电商广告的实效性，不断优化页面并调整广告图像，提高广告的转化率。

6. 受众数量的可统计性

在投放传统媒体广告之后，企业在收集信息时往往比较滞后，因为广告信息的传播需要耗费大量的时间，广告从投放到效果的产生也需要相当长的一段时间，广告主很难准确知晓接收到广告信息的受众数量及其他相关数据。例如，报纸和电视媒体在统计实际阅读和观看人数时，往往很难做到及时、精确，这就为企业的营销决策带来很大的难度；在互联网环境下，由于广告主可以很容易地精确统计出该平台的访客流量和每则广告的浏览人数、频率及产品交易情况，以及这些消费者阅读广告信息的时间分布和地域分布等，市场信息的反馈更为及时、准确，广告主信息获取的时滞性约束在网络环境下几乎可以忽略不计。如此一来，借助数据分析工具，目标群体更加清晰易辨，广告行为收益更能准确计量，广告效果更加容易评估测量，企业可以更有针对性地制订广告投放策略，对广告目标也更有把握。

7. 广告费用低廉

无论是报纸还是广播,其广告成本都是网络广告成本的数倍,电视广告的成本更是达到网络广告成本的数十倍、数百倍甚至数千倍。整体比较而言,传统媒体广告的投入成本非常高,其中用于广告媒体的费用一般占广告总费用的近80%。传统媒体提供的广告信息发布时间和空间都是有限且昂贵的,不论广告主购买的版面空间有多大、广告时间有多长,均会按宣传的成本和时间来计费。相比之下,网络广告主可以用少量的广告费用投入,制作并发布比传统广告更富有变化、灵活多样的广告信息,以满足不同大众的需求。电商广告投放的网络新媒体平台具有成本低廉、信息量大的显著优势,网络广告资金投入较少,在降低了商业风险的同时,还可以确保广告信息的点击量和收视率,能达到事半功倍的效果。同时,网络广告具有多维性,利用多媒体、超文本格式等载体进行传播,以图、文、声、像的形式进行信息传送,能使受众更真切地感受产品或服务,且广告发布后可以进行实时更新,相比于传统的媒体广告性价比更高。在传统媒体上刊载的广告,发布之后往往很难更改,即使可以改动,通常也需要付出较大的经济代价。在网络平台上投放的广告则能够按照需要及时变更广告内容,以使广告主营销决策的变化可以得到及时地实施和推广。此外,作为新兴的广告媒体,网络媒体的收费远远低于传统媒体,广告主直接利用网络广告进行产品销售,可以节约更多的销售成本。

8. 信息编辑的灵活性

相比于传统媒体形式的广告,网络广告的灵活性更强,它可以根据用户的需求进行快速调整、制作并及时投入宣传且没有时间限制,还可以根据客户的临时需求及时修改广告内容。传统媒体广告在投放后一般是不可逆的,大都无法完成对广告内容的及时更改。在网络广告中,以横幅广告为例,广告主在购买网页的广告位和篇幅大小后,完全可以随时改变广告的内容和形式,只需付出一些技术上很小的代价而已。广告主还可以在广告发布之后的最短时间内了解广告效果,并决定不同的广告策略,还可以随时发布、更新或取消网络广告，这些方便灵活的可操作性特点则是传统广告形式所不具备的。

9. 广告形式的整合性

随着互联网技术的更新换代，电子商务广告也在不断发展，如今的电商广告已不再局限于网络广告最初的单一图片形式了。为了能够给消费者提供更加真实可感的体验和对产品更深入、直观的了解，当前的电商广告已经出现更富创新色彩的表现形式，如小视频或直播展示等，利用强大的多媒体技术作为支撑，网络广告已经开始将各种信息传播形式（如文字、画面、声音、视频、动画等）整合在一起，内容丰富多样，形式生动活泼，可谓视听兼备、风格多元，使得网络广告在广泛传播信息的同时，还可以在视听方面给消费者以强烈的震撼和刺激，以增强消费者的体验感和购买欲望。这种图、文、声、像相结合的新型广告形式大大增强了网络广告的实效性，利用创新形式设计出让消费者愿意与之互动的网络广告将是电商广告未来的一大发展趋势。

11.2 电子商务广告的类型

电子商务广告的类型多种多样，表现形式丰富多元，但无论选择哪一种广告类型，电商的网络推广方式及宣传方式永远都是基于低成本、高回报的资本逻辑来进行的。因此，对于广告主而言，选择适合本品牌和产品的网络推广方式才是王道，而力求以较少的广告费用预算获取最大的广告宣传效果才是电商广告的本质目的。

11.2.1 硬广告

硬广告是网络广告中最简单、直接的网络推广方式。电子商务广告本质上是网络广告的一种类型，以广告投放形式分类，主要有横幅广告、富媒体广告、关键词广告等；以广告投放位置进行分类，主要有博客广告、微博广告、SNS 广告、网游广告、电子邮件广告、搜索引擎广告、门户网站等类型。

1. 横幅广告

横幅广告是网络广告中最常见、最有效的广告形式之一。这类广告一般是广告主在一家或多家网络平台及电商平台网页的广告位置,以特定尺寸表现广告内容的图片式超链接广告。从规格上可以分为横幅广告和竖式广告两种,横幅广告一般出现在网站主页的顶部和底部,而竖式广告一般设置在网站主页的两侧。从广告表现形态上可以分为静态、动态和交互式三种。在类型上则主要包括全屏广告(图 11 - 1)、按钮广告(图 11 - 2)、旗帜广告、通栏广告(图 11 - 3)、巨幅广告(图 11 - 4)、墙纸广告等。横幅广告一般

图 11 - 1 百度全屏广告

图 11 - 2 按钮广告

图 11-3　通栏广告

图 11-4　巨幅广告

是以 GIF、JPG 等格式建立的图像文件，定位在网页中用来表现广告内容，还可以利用计算机语言使其产生交互性，用插件工具来增强表现力。如果消费者对广告中展示的产品感兴趣，就可以直接点击图片进入商家的店铺，了解商品详情。这种展示型广告是电商广告中最主要也最常见的广告形式，内容一般以产品促销和品牌宣传为主。在当下这样一个快餐式消费文化的时代，生活节奏加快、生活压力增大，使得消费者没有过多的时间和精力阅读长篇大论的文字，碎片式的浅阅读和"读图"已经成为视觉文化时代大众消费者获取信息的主要手段。大量的图片占据了各大电商网站的页面，冲击着消费者的眼球，电商广告中的大量插图如今已跃然成为广告的主角。各种实物图、矢量图、卡通图、明星海报等目不暇接，特定的促销活动配以一幅与之相符的醒目插图，再加以简短的文字描述，广告主题便得以生动传达，也更易于被消费者理解与接受。

2. 富媒体广告

富媒体广告是基于富媒体技术的一种新型互联网广告形式，它利用富媒体技术把较大(一般为 50 K 以上)的视频广告、Flash 广告等广告文件在大流量的门户网站上流畅播放，从而达到一种高曝光和高点击率的广告效果。富媒体广告(图 11 - 5)一般具有较复杂的视觉效果和交互功能，能表现更丰富、精彩的广告内容。

图 11 - 5　富媒体广告

3. 文本链接广告

文本链接广告是以一排文字作为一个广告，用户在点击后可以进入相应的广告页面。这是一种对浏览者干扰最少且广告效果良好的网络广告类型。但是，这种广告形式由于没有丰富的动画和动听的音乐，若要达到吸引消费者的目的，就必须在文字上下功夫。例如，利用“免费”等字眼吸引消费者的注意力，或者利用“悬念”等字眼调动消费者的好奇心理，或者在广告中加入一些当下的流行元素，通过打造流行话语吸引消费者的关注等。因此，文本链接广告要求广告的文字必须有针对性，让消费者能够直接发现需求点。

4. 关键词广告

消费者在进行网购时,除了会被动地浏览网站页面或各类产品主页呈现的产品广告,有时还会主动在网站首页键入关键词搜索想要购买的产品,通过这种方式显示在搜索结果页面的网站链接广告被称为关键词广告。搜索关键词广告也叫关键词检索,简而言之,当用户利用某一关键词进行检索时,在检索结果页面就会出现与该关键词相关的广告内容。由于关键词广告是在特定关键词检索时才出现在搜索结果页面的显著位置的,所以广告的针对性非常强,是一种性价比很高的网络推广方式,本质上属于网络广告的范畴,是网络广告的一种特殊形式。搜索引擎营销是基于搜索引擎的强大流量和网民的习惯性搜索行为而产生的一种营销方式,在目前的大型企业及中小型企业中已经得到普及性应用,通过在搜索引擎页面中企业网站及相关关键词的排名,可以增加消费者对排名靠前的企业的点击次数,加强他们对企业的印象,从而达到刺激潜在消费者、促进品牌认知及达成购买等目的。

这种广告形式是指广告主根据产品属性特点或服务项目的相关内容信息,确定相关关键词,并撰写广告内容进行自主定价投放的广告形式。当用户在搜索栏输入自己感兴趣的产品文字时,搜索结果页面就会出现与该关键词相对应的商家广告,通过点击广告,就可以链接到商家的承接页面。从本质上讲,关键词广告属于文字链接型广告的一种,它有四大显著特征。第一,它的受众覆盖范围非常广泛。搜索引擎关键词广告基于搜索引擎平台,95%以上的网民是通过搜索引擎找到自己所需要的信息和产品的。有数据显示,淘宝网交易量的70%以上都是根据淘宝的关键词搜索达成的。第二,关键词广告具有较高的定位程度,目标精准,针对性强,可提供即时的点击率效果,可以随时修改、调整关键词及其位置,形式比较简单,投放方式灵活。用户是通过关键词主动进行搜索的,搜索引擎根据用户需求提供相应的结果,因此,关键词广告投放可以实现精确匹配。例如,当网民使用了企业购买的关键词时，企业的相关信息就会出现在搜索结果页面的显著位置，而使用这些关键词的用户通常是对这些信息感兴趣的人，因此，关键词广告具有很强的针对性和目的性。第三，关键词广告一般采用按点击收费的计价模式且费用可以控制，采用竞价排名的方式，根据广告主付费的多少来排列结果，收费比较合理，因而逐渐成为当下搜索引擎营销的常用推广手段。第四，关键词广告可以随时查看流量统计，在购买了关键词广告之后，网络服务商通常会为用户提供一个管理入口，可以实时在线查看广告点击情况以及费用，比如可以查询每个关键词显示的次数和被点击次数、点击率、关键词的当前价格、每天的点击次数和费用、累计费用等。因此，运用关键词广告不仅有助于提高广告主的网络知名度，而且是一种成本低廉、效果直接明确、投资回报率良好的网络推广手段。

5. 电子邮件广告

电子邮件广告(图 11－6，详见第 12 章)是网络广告商通过互联网将产品促销活动以电子邮件的形式批量发送或随机发送到用户电子邮箱的一种网络广告形式。用户收到邮件后，可以根据消费需求点击广告页面中的网站链接进入商家店铺选购商品，这种广告形式具有针对性强、传播范围广、

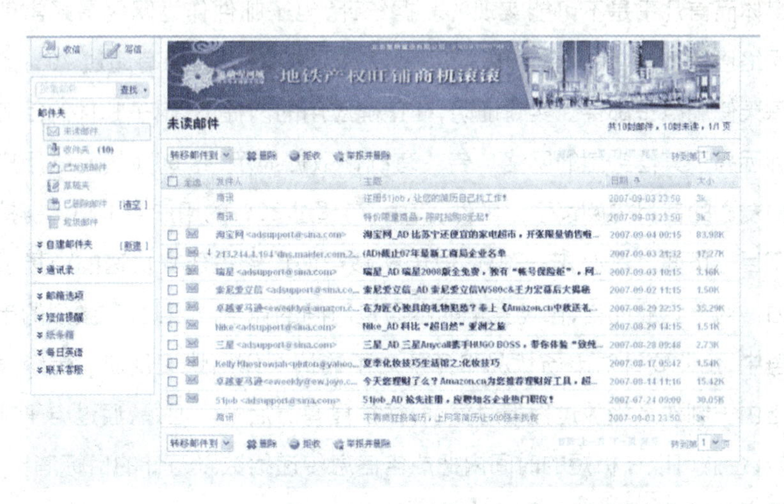

图 11－6　电子邮件广告

信息量大、效果明显等特点。电子邮件广告可以直接发送，也可以通过用户订阅的电子刊物、新闻邮件、免费软件等其他资料一起搭载发送。有些网站通过使用注册会员制收集用户的数据，从而将广告连同网站提供的每日更新信息准确地发送至网站会员的电子邮箱。电子邮件广告现在已经成为使用最普遍、最广泛的网络广告形式，也成为许多电商投放网络广告的首选。电子邮件广告一般采用文本格式或 html 格式，文本格式即把一段广告文字植入新闻邮件或经许可的 Email 中，也可以设置一个 URL，链接到广告主的主页或提供产品、服务的特定页面，html 格式的电子邮件广告可以插入图片，类似网幅广告。

作为网络直邮广告的一种形式，电子邮件广告有着显著的特点与优势。首先，它具有较强的针对性、费用低廉且广告内容不受限制。广告主可以准确地向目标消费群投放广告，甚至可以针对具体的某一特定用户发送特定的广告，节约广告成本，其针对性是其他网络广告所不及的。例如，广告主可以通过电子邮件广告商建立用户数据库，设定用户的年龄、性别、学历、工作状况和经济收入等，能够准确地划定目标消费群，广告主就不必再支付非目标市场的广告费用，从而节约了大量的广告成本。这对于电视、报纸等传统媒体而言几乎是不可能实现的。据统计，电子邮件作为网民最经常使用的网络通信工具，大约有 30% 的网民会每天浏览信息，但有超过 70% 的网民每天使用电子邮件。实践证明，在正确应用的前提下，电子邮件的回应率会远远高于其他类型的网络广告。有统计数据显示，约 60% 的网络用户在邮件发送的首月内阅读了该邮件，其中，有超过 30% 的用户点击邮件链接到达了目标页面。其次，电子邮件广告能够帮助广告主建立快速的市场反应能力。对于企业而言，市场竞争的本质是时间的竞争。因此，在激烈的市场竞争中，企业要针对市场状况和竞争对手的情况作出快速反应。传统媒体广告由于制作及投放过程相对复杂，往往具有滞后性。但是，通过电子邮件广告，企业可以在极短的时间内把广告信息传递给数以万计的目标消费者，从而提前洞悉市场先机，防止竞争对手捷足先登。

值得注意的是，那些未经同意发送的垃圾广告邮件很容易引起用户的反感。要在真正了解用户需求的基础上适时适量地发送邮件广告，否则，只会造成广告预算的浪费。目前，电子邮件广告发展遭遇瓶颈，根本原因在于广告主忽视了电子邮件广告的本质及正确运用它的方式，从而造成垃圾邮件泛滥，给用户造成困扰。电子邮件广告的发送应事先征得用户许可，即用户同意接收电子邮件广告的信息，但目前网上大量充斥的垃圾邮件广告让消费者对电子邮件广告的疑虑与反感与日俱增。这在一定程度上使网民失去了对电子邮件广告的信心，从而大大影响了电子邮件广告的发展。此外，对电子邮件广告效果的评估困难，专业的邮件广告服务市场体系也不完善，这些都严重阻碍了电子邮件广告的发展，也是众多网络广告公司和广告研究者面临的一个亟待解决的课题。

6. 插播式广告

插播式广告是一种在两个网页间隙中出现在浏览器主窗口的一种强制插入的网页广告或弹出式的广告窗口，又称为过渡页广告。当用户点击网页上的一个链接时，首先会出现一个广告页面，而非用户请求的页面，在特定时间(通常为 5—10 秒)过后，用户请求的页面才会出现。这种情况类似于电视节目中出现在两集电视剧中间的广告，通常会打断正常的节目播放，具有强迫观看的特点。插播式广告的页面会出现广告主的相关信息，如果广告内容有足够的吸引力，就会把用户直接引导到网站，从而达到预期的广告目的。

从广告呈现方式看，插播式广告有的会出现在浏览器主窗口，有的会新打开一个小窗口，有的还可以创建多个广告。从广告规格上看，有全屏的，也有尺寸较小的、可快速下载的广告。从广告互动程度上看，既有静态的，又有动态的，互动程度不同，用户可以通过关闭窗口跳过广告。这种插播式广告的效果往往比一般的网幅广告效果要好，但与网幅广告一样，插播式广告也会产生一定的副作用，除了会延长用户的页面下载时间，用户还不得不关闭这些新打开的窗口，如果每打开一个网页都要出现一个广告窗口，这显然会招致用户的极度反感。基于此，用户通常会安装使用一些针对消除各类弹出广告的软件。2000 年 6 月，美国在线（American Online）由于在页面中插入弹出式广告而被用户提出集体诉讼，要求美国在线停止这种侵权行为，并向用户赔偿 2 000 万美元。用户认为，美国在线在尚未事先告知用户的情况下使用这种突然出现的弹出式广告，这是对用户合法权益的侵害，因为用户已经为接入支付了定额的费用。因此，针对用户对各类插播式广告的抵触情绪，广告主在选择广告显示方式和时机时应给予特别注意。

11.2.2 互动性广告

1. SNS 广告

SNS 的英文全称是 social networking services，即社会性网络服务。SNS 的另一种常用解释为 social network site，即社交网站或社交网。SNS 是一种新兴的网络应用，也是一种基于网络交际模式的社会化自媒体，是指用户之间通过交友、交易、兴趣、爱好、理想等一定关系建立起来的社交化网络结构，代表性的社交媒体有微博、人人网、开心网等。它们通常拥有大量的年轻用户群体，随着互联网的普及和网络社区化的兴起，SNS 的营销价值越来越为更多的广告主关注和认可。SNS 广告即利用 SNS 网站的分享和共享功能，通过即时传播，提高广告产品或服务的影响力和知名度的一种网络广告形式，具体体现为在社交网站上通过广告推广、口碑传播、“病毒式”传播等手段进行产品推销、品牌推广等活动。这种广告形式一般是通过社交互动、用户生成内容等手段来辅助网络购物活动，目前，我国比较有代表性的社交类电商平台有美丽说、蘑菇街、翻东西等，这种新兴的媒体平台将社交媒体的特点与电子商务模式结合，实现了消费者对网络购物活动的关注、分享、沟通、讨论等。

SNS 广告有几大特点。首先，这类社交电子商务网站的目标用户群体多以年轻女性为主，用户需要注册后才能使用。例如，美丽说是目前国内最大的社区型女性时尚媒体，蘑菇街是目前国内最火的女性分享导购社区。用户可以随意浏览美丽说、蘑菇街等网站的内容，若想进行内容搜索、购物体验分享、产品推荐等，则需进行注册。这类网站还实现了与新浪微博、QQ、淘宝等的用户共享，可以根据用户浏览商品的痕迹、购物经历、分享信息、关注对象、评论内容等建立用户数据库，为用户定制个性化的广告内容。此外，这类网站基本上都有自己的 App 客户端，实现了移动互联，在用户移动终端可以推出 LBS 服务，即基于用户位置和喜好实时推介广告，让个性化广告信息伴随用户左右。

其次，从广告的内容和形式上看，社交类电子商务网站的内容一般以产品介绍和店铺推荐为主，并以分享产品为核心。用户可以把喜欢的产品和店铺分享到自己的页面，或者进入网站本身的店铺和淘宝、亚马逊等购物网站继续查询产品详细信息并进行购买。所有的广告信息基本上都是用户自主生成的，具有明显的原创性。广告形式表现为以产品图片为主并配以简要的文字说明，图片以链接形式展示商家产品，文字内容是推荐用户对产品的介绍、评论或购物反馈等。从图文比例看，图片占主导地位，对产品进行了形象化的展示，更具有视觉冲击力。此外，在广告传播策略和传播方式上，主要以网络口碑传播和培养意见领袖为主。口碑是指传播者和接收者关于一个产品、品牌、组织或服务的非正式信息沟通行为，它是一种直接面对面、无商业目的的行为。网络口碑传播主要强调信息沟通行为以互联网为中介，是社交电子商务网站的主要传播方式，它打破了时空限制，将口碑参与者由传统的熟人传播变成诸多类型消费者之间的传播，消费者既是信息传播者，也是信息接收者。因此，口碑传播一般具有较高的信任度，对消费者态度和行为产生的影响比较显著。意见领袖是指那些能够提出指导性见解、具有广泛社会影响的人[1]，社交电子商务网站中的意见领袖是指那些具有较多购买经验或行业经验，又积极发表观点与他人进行分享的人。他

① 刘建明、纪忠慧、王莉丽：《舆论学概论》，中国传媒大学出版社 2009 年版，第 54—55 页。

们可能只是普通用户，也可能是内行或导购等，因活跃度较高，信誉良好，他们的意见和建议往往对其他成员具有一定的影响和引导作用。如果能够给他们提供使用产品的机会，并产生良好的使用体验，随后可以让他们参与广告宣传，与受众达成情感、心理上的交流。可以说，当下意见领袖的口碑就是最强有力的广告。应加强注意的是，对于 SNS 广告而言，意见领袖和普通用户的口碑传播是自愿的而非强迫性的，产品本身的质量才最具有说服力。

此外，社交电子商务网站用户之间的互动性比较强，彼此之间会互相评价、推荐、转发相关信息，使广告信息相较于以往的网络广告传播得更迅速、更广泛。企业可以借助 SNS 广告互动性强的优势，将线上网络广告与线下营销活动结合起来，借线下营销活动刺激消费者的购买欲望，借线上口碑促销、用户反馈及意见领袖的推介共同强化用户的购买行为。

2. “病毒”广告

“病毒式”营销（viral marketing）多是以网络社交媒体平台为最佳传播渠道，巧妙地将要推广的品牌或产品信息经由受众主动复制、传播、扩散等社会性传播过程，以达到吸引消费者的注意力，提升产品或品牌知名度的营销目的。“病毒”广告属于“病毒式”营销的一种，它是指以互联网和各种新兴媒介为主要传播载体，以具有强烈吸引力的内容为传播源头，以网络用户间的转发分享为主要传播手段，以快速感染复制和迅速传播为特征的广告类型，具有传播迅速、受众主动接受、互动性强、话题性强等特征。“病毒式”广告的引发契机可以是一次事件、一项发明、一种科技、一个观念体系、一段音乐、一个图像、一种科学理论、一则性丑闻、一款服装样式、一个民间英雄人物等①，也可能是由信息传播本身产生的话题。经由“病毒”契机或话题包装的广告信息往往是以微博、社区等网络互动平台为发布和传播渠道，网友通过点击、转发、分享等简单操作即可完成“病毒”信息的扩散。

① 冯丙奇：《病毒式传播研究》，中国传媒大学出版社 2016 年版，第 10 页。

目前，越来越多的企业已经意识到“病毒”广告的巨大营销价值及可观的广告传播效果，但由于“病毒”广告对话题的选择和创意包装要求比较高，加上微博、社区渠道的开发和维护成本日益增加，导致“病毒”广告成为网络广告营销中门槛较高且具有一定风险的营销方式。但“病毒”广告的传播效果是有目共睹的，这也是近年来“病毒”广告异常流行的一个重要原因。例如，维登·肯尼迪广告公司(W+K)2010年为宝洁男士护理品牌欧仕派(Old Spice，也译作老香料)量身打造的“病毒”视频广告《闻香识男人》(*The Man Your Man Could Smell Like*)。广告中，一位身材健硕的黑人男子在简单的布景间穿行，沐浴、划船、骑马等场景转换通过多变的镜头运动连接成一个流畅的整体。各场景之间没有逻辑联系，道具也无特别之处，更没有跌宕起伏的故事情节和刻意夸张的人物造型，杂乱无章的日常生活场景配合幽默搞笑的广告语“女士们，想让你们的男人闻起来像我一样吗”向观众进行消费诱导。该广告自2010年7月14日在YouTube投放后，36小时获得的浏览量高达2300万，相当于每天获得1500万次的点击量，欧仕派的Twitter粉丝增加了27倍，Facebook粉丝增加了8倍，该系列产品销量增长107%[①]，该广告还因此赢得了戛纳国际广告节影视类全场大奖、艾菲奖金奖以及伦敦国际广告节等众多国际广告奖项。继《闻香识男人》之后，欧仕派又在YouTube视频网站上推出另一支名为《Question》的“病毒”广告。广告创意机构维登·肯尼迪广告公司先是通过各类社交媒体邀请观众针对广告中的男主角进行提问，然后从中筛选出最具话题性的问题，并为每个问题拍摄一部时长20秒的视频短片，最后上传至YouTube的“Old Spice”频道作为回应。维登·肯尼迪广告公司在两天半的时间内密集推出了186则回应视频，该系列广告成功突破2000万的访问量。巧妙的话题设定体现了品牌对消费者的尊重，亲自参与的体验性不仅让消费者获得了极大的满足感，也促使他们对事件进展持续关注。这种新型“病毒”广告在形式上的尝试与突破向人们

① Andreas M. Kaplan & Michael Haenlein, "Two Hearts in Three-Quarter Time: How to Waltz the Social Media/Viral Marketing Dance," *Business Horizons*, 2011(3), pp. 253 – 263.

展示了未来广告传播的一个新方向。

又如，凡客诚品的“病毒”营销引发的“凡客体”盛行(图 11－7—图 11－10)。从品牌代言人的选择，广告文案的精心设计，到凡客体在网络的迅速扩散，使“凡客体”一时成为 2010 年国内营销界的网络热词，并成为当年网络广告文案的经典范本。无论是韩寒、王珞丹，还是李宇春、黄晓明等，都是在网络上有话题性和强大号召力的明星人物，为他们量身打造广告语十分吻合互联网用户追求自我，彰显个性的需求。由于该系列广告的文案风格简洁幽默，易于记忆和模仿，创意别具一格，得到大批网友和名人的主动传播和大量转发。

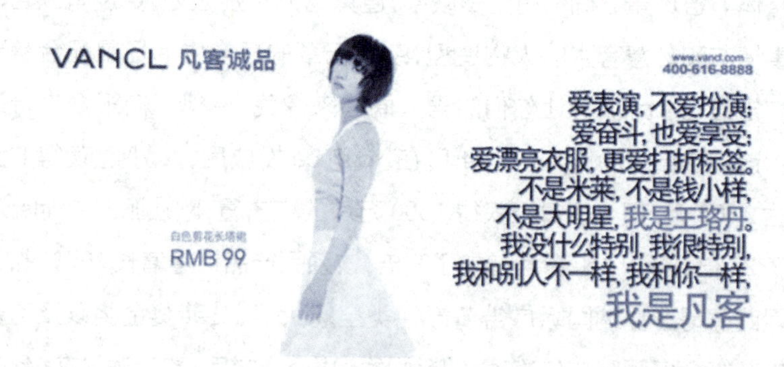

图 11－7　凡客体广告之王珞丹

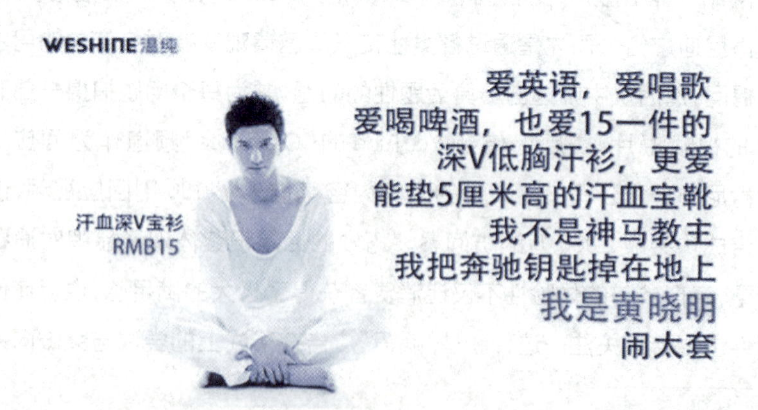

图 11－8　凡客体广告之黄晓明

图 11 - 9　凡客体广告之韩寒

图 11 - 10　凡客体广告之李宇春

3. 互动广告

互动广告是一种全新的网络广告形式,它针对产品或品牌需要传达的广告信息,选择特定的载体或媒介,借助新型互动形式来组织语言、文字、动画等元素,在互动过程中向用户传达广告主题,从而影响并促使用户行动的一种信息交流活动。互动广告主要包括感应式互动广告和情景式互动广告,前者指以虚拟现实和计算机视觉为技术基础,让广告可以根据人体不同动作产生相应的变化;后者是一种新颖独特的广告形式,需要广告画面以外的物体来参与。与传统的电视广告、平面广告等相比,互动广告能够把新型的计算机技术和广告创意结合在一起,从而赋予广告良好的展示效果,引发用户的共鸣和行动。与传统媒体的广告相比,互动广告有更强的表现力和吸引力，能够给用户提供强烈的视听刺激，可以实现与消费者的沟通和互动，传播和反馈效率更高。此外，互动广告不受时间和空间的限制，有利于用户获取多维度的产品信息，还可以配合购物平台实现直接购买，并将广告效果直接转化为销售额。互动广告在形式上主要有悬浮图标、消息中心推送等展现形式，也可以通过横幅、信息流、视频贴片、开屏或插屏等广告方式来展示，无论是 App、WAP 网站或社交媒体等均适用。

2017 年 8 月 7 日，农夫山泉携手网易云音乐联合推出了限量款“乐瓶”，在北京、上海、杭州等 69 个城市首发，京东同步联合发售。这款网易云音乐和农夫山泉联合打造的“乐瓶”充满了音乐元素。从外形上，网易云音乐黑胶唱片的图案和用户乐评被印制在农夫山泉的瓶身上，乐评不仅停留在被看的阶段，通过任意 App 扫描附在瓶身上的二维码，无需下载便可直接跳转至网易云音乐 App 的相应歌单，实现从看乐评、扫码、听歌、分享互动的音乐体验全闭环。为了进一步增加音乐的趣味性和互动性，用户还可以通过网易云音乐 App 扫描瓶身图案，体验定制化 AR（图 11－11）。扫描完成后，手机界面将会让用户置身于沉浸式星空，点击星球会弹出随机乐评，用户可以拍照、同框合影，并即时分享到社交平台。农夫山泉与网易云音乐都有较高

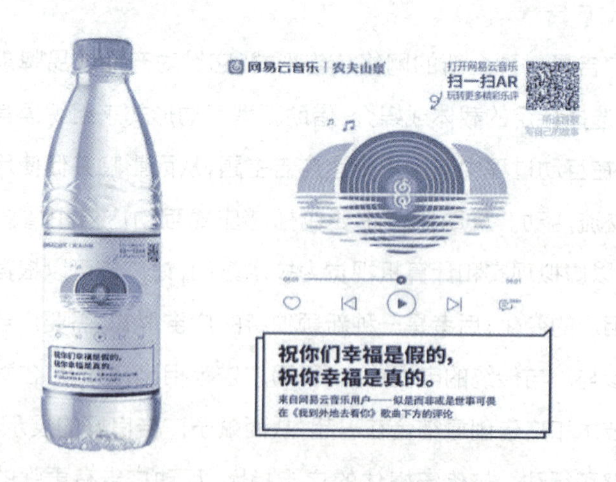

图 11－11　农夫山泉瓶体上的 AR 互动广告

的知名度，尤其是在年轻消费群体中的黏性很高。农夫山泉与网易云音乐虽产品形态不同，但它们的内核理念高度一致，网易云音乐致力于为用户提供最优质的音乐体验，农夫山泉致力于为消费者提供最安全、健康的饮用水。因此，二者的跨界合作是传统定位理念与互联网新媒体技术完美结合的典型案例。

互动广告形式多样，原生性的展示入口及丰富性、多变性、趣味性、激励性的活动方式更容易激发用户主动参与的热情，可以将用户被动地接受广告转变为主动参与，更好地提升用户的使用体验与媒体黏性。此外，互动广告效果的发挥需要大数据的赋能，借助大数据、机器学习算法等技术，广告主可以精准地判断用户属性，洞察用户的真实兴趣，并根据相应的用户标签，利用智能引擎推荐技术，为用户推荐最适合他（她）的广告福利信息，从而让每次广告曝光都更有价值。值得注意的是，互动广告除了要传达广告信息，还要注重互动形式和广告美感，既要有实用性，也要有艺术性。如果互动广告只传达信息而忽略艺术性，就会大大削弱广告效果。同时，互动广告不可一味地追求表现形式、表达技巧和艺术性，而忽略了广告的商业性、实用性和现实性，否则，也不能达到预期的广告效果。

电子商务广告种类繁多，除了上述比较常见的几种类型，其他还有很多，如赞助式广告、EDM（email direct marketing，即邮件营销）直投广告、定向广告、路演广告、巨幅连播广告、翻页广告、祝贺广告、论坛广告等，此处不再一一赘述。

11.3　电子商务广告的运作

电子商务广告是伴随国际互联网的飞速发展而出现的一种网络广告形式，由于互联网作为广告媒介的特殊性及网站经营者广告运作经验的不足，国内电商广告长期处于摸索和磨合阶段。电子商务广告的运作大致分为广告投放前的调查活动、广告的策划和执行以及广告效果评估三大部分，有效整合这三个部分是电商广告运作成功的关键。

11.3.1 广告市场调查

广告市场调查是广告运作过程的初始阶段,是广告策划的前提和基础。广告市场调查是指运用科学合理的调查方法,以广告运作过程中所需要的各类信息及需要解决的各类问题为调查对象,广泛地搜集和分析、整理有关产品、市场、消费者、竞争对手及广告主相关的信息资料,为广告决策及广告效果评估提供客观依据。广告市场调查的内容主要有下列七点。

1. 寻找或确定广告诉求点

即确定广告产品或服务的主要卖点或销售重点。与任何其他形式的广告相同,广告主必须明白广告产品为何值得购买,广告产品的独特卖点是产品价格、生产线、产品情感还是售后服务等。这要求广告主必须首先明确广告产品能满足目标消费群体的需求点是什么。

2. 了解网民的人口构成

即要对不同平台的受众构成状况进行分析,了解受众的性别、年龄、消费习惯、平台偏好等具体信息。例如,新浪微博的主要用户是年轻、高学历的人群,男性略多;腾讯智汇推的目标群体多为经济收入较高、教育程度较高的30岁以下用户;陌陌、今日头条的目标消费群体则以一线和二线城市的年轻男性为主;抖音、快手等个性化的社交媒体平台则是“90后”和“00后”的主战场。网络只有进行市场细分,才能找到广告的目标消费群体,广告投放才能有的放矢,若广告产品有特别明确的受众人群,则另当别论。

3. 调查广告媒体

即要了解互联网作为广告媒体的特点,在充分了解其优势和劣势的基础上,有针对性地选择网络站点。选择合适的网站对企业媒体计划的执行至关重要。网络媒体具有互动性、即时性、精准性、信息量大、覆盖面广等优势特征,但也要看到,网络广告媒体也存在可供选择的广告位置少、创意空间有局限性、区域分布不平衡、调研数据匮乏(如网民的网络消费习惯、网络广告流量监测和网络广告效果调研等数据匮乏)等劣势。因此,要对站点进行分类,从经营者、网站内容等方面分类,并收集数据,对各网站进行流量、编辑内容系统的稳定性及网页水平等进行评估,评估口径要一致,有利于比较,然后进行站点的选择,为广告计划的执行奠定基础。

4. 调查企业或产品、品牌形象

以此可以了解消费者或网民对企业、产品或品牌的市场认知和评价,即要明晰消费者对待企业或产品的态度如何。

5. 调查广告影响力

即要了解消费者对企业过去所投放广告的态度以及对企业竞争对手广告投放的了解程度。

6. 调查消费者购买动机

了解消费者的购买动机、购买需求、购买欲望,只有这样才能做到有效的广告投放。了解消费者的购买动机是广告市场调查中最为关键的一步。

7. 了解广告的投放量

广告投放量的多少由媒体购买量决定,广告媒体的排期决定了广告投放的频次、密度、覆盖范围等。

广告市场的调查必须首先明确广告目标,本着客观和科学的原则,围绕广告目标进行定量和定性的调查、分析和研究。

11.3.2 广告的策划和执行

广告策划是根据前期广告市场调查的结果,针对未来的广告活动所作的全面筹划和部署,包括成立广告策划小组、下达策划任务、制定广告策略、撰写策划方案、提交客户审核、具体实施等过程。其中,制定广告策略是广告策划的核心环节。广告策划的主要内容包括确定产品或品牌的定位基点、广告媒介计划的制定(广告媒介的选择、排期、组合和购买等)、广告投放时机、广告投放频率的确定以及广告表现策略的确定、广告效果的评估等。广告策划的整个过程要以广告策划案的形式体现出来。网络广告在执行阶段最关键的两步是价格谈判和合同签订。

1. 价格谈判

网络广告最常见的计价方式是千人成本,如此购买的广告通常会与其他广告主的广告进行轮换。另外一种计价方式是包月费,如此购买的广告通常会独家拥有某个广告位置。国内目前还没有电商广告价格方面的规范,价格谈判通常是广告主与网站进行友好协商,不排除有网站漫天要价的情况,目前可以参照国外和亚太区的价格标准。随着电商广告的不断发展,价格回归将是必然。

2. 合同签订

详细的合同对广告主和网站双方都有利,特别是在目前国内网络广告法律法规还不太完备的情况下,合同是对双方利益的保证。合同中要清楚地标注广告的位置、投放时间、广告的尺寸及双方的罚则等,以最大限度地保护双方利益。

11.3.3 广告效果评估

电子商务广告效果评估涉及经济效果的评估、心理效果的评估和社会效果的评估等较为丰富的内容,是电子商务广告传播沿着科学化方向发展的重要保障。

1. 广告效果评估目的

电子商务广告效果评估要本着目的性、真实性、综合性、经常性、经济性的原则,在广告活动的各个过程和阶段,按照一定的评价指标体系,采用科学合理的评估方法,对广告投放的经济效果、心理效果和社会效果等进行评定和估算。

2. 广告效果评估层面

电子商务广告的经济效果是广告主最为关注的内容,它是广告在促销活动中功能的直接体现,主要测评广告投入与广告刊播后产品销售额与利润变化的相互关系。广告心理效果的评估主要关注受众的心理体验、品牌认知度和好感度的心理测试。广告的社会效果则主要考察广告信息的真实性和公信度,是否符合国家的各项法律法规、伦理道德,以及是否有助于推进社会文化的建设和创新。

3. 广告效果监测方法

电子商务广告评估的目的是通过检查广告的有效性和执行质量来指导以后的实践。就网络广告而言,由于国内尚未有第三方监测机构,这就要求广告主或其代理商要有自己的一套监测方法。因此,广告在投放后,广告主要派人经常监测,监测内容包括广告是否正常出现、广告显示是否正确及是否能顺利地链接到企业的主页或网站上。企业要警惕网站的不良行为,如擅自更改广告位置、放大或缩小广告的尺寸、广告不按时出现以及广告的链接出错等。一旦发现问题,要及时与网站联系,更正错误,确保广告的良好效果。

4. 广告评估第三方数据

电子商务广告的效果评估首先是量的评估,即比较计划和执行在量上的区别。其次是研究网络广告的衰竭过程,为更换广告创意提供依据。评估所使用的数据目前仍然只能由各个站点提供,对不同站点的数据有时应当进行一些必要的判断和修正。如果数据出自使用第三方软件的站点,则可信度相对更高。通过中国互联信息中心认证的站点提供的第三方数据也有较大的参考和研究价值。

5. 大数据技术的运用

近年来,随着计算机技术与互联网的快速发展,电子商务广告在传播与互动的技术革新中正逐渐成长为广告类型中一股潜力巨大的新生力量。尤其是随着人工智能、移动支付等数字化技术手段的普遍应用,电商平台正在努力将大数据技术转化为高附加值的产品,并力图覆盖消费者生活的众多场景。可以认为,电子商务如今已经与大众消费者的日常生活融为一体,这为电商企业及电子商务广告的未来发展提供了巨大的历史机遇和广阔的发展空间。

思考题

1. 简述电子商务广告的含义。
2. 简述电子商务广告的基本特点。
3. 什么是硬广告？它包括哪些类型？
4. 简述关键词广告的含义。
5. 什么是互动式广告？它包括哪些类型？
6. 简述互动广告的含义。
7. 简述 SNS 广告的含义。
8. 简述电子商务广告的运作策略。

12 电子邮件广告

电子邮件广告是指通过互联网将广告发到用户电子邮箱的网络广告形式，电子邮件广告针对性强、传播面广、信息量大，形式上类似直邮广告。新媒体时代，电子邮件广告仍具有不可替代的功能性价值和实用性价值，广告传播过程中的信息管理和伦理评判问题也受到关注。电子邮件广告运作是指邮件广告发起、规划、执行的全过程，是电子邮件广告主体的主要行为。

12.1 电子邮件广告概述

电子邮件作为一种常用的社交媒介，因其传播的便利性，目前已经成为广告主进行品牌形象推广、产品和服务营销、客户关系维护等的重要工具。电子邮件因操作的便利性、使用的低门槛、费用低廉等优点颇受广告主的欢迎。

12.1.1 电子邮件广告的概念及内涵

电子邮件广告伴随着人们的网络社交活动而出现，是新媒体广告的一种重要表现形式。由于邮件的使用成为人们工作和生活中的日常，因此，这种伴随性质的广告容易被邮件的使用者接受，具有直接的传播效应。

1. 电子邮件广告的定义

电子邮件广告是以电子邮件为传播载体的一种网络广告形式，广告主通过互联网将广告发到特定用户的电子邮箱，以期有针对性地取得良好的传播效果。程曼丽、乔云霞在她们主编的《新闻传播学辞典》中将电子邮件广告定义为："通过互联网将广告发到用户电子邮箱的网络广告形式，它针对性强，传播面广，信息量大，其形式类似于直邮广告"①。电子邮件广告的目标人群相对固定，受众群体庞大，信息传播的形式和内容可控，在新媒体时代具有不可替代的传播优势。

2. 电子邮件广告的许可行销模式

从内容生产来看，电子邮件广告向用户推送的有单纯的广告信息，也可以在电子邮件中混搭实用信息。例如，通过用户订阅的电子刊物、新闻邮件和免费软件以及软件升级等其他资料一起附带发送。从电子邮件广告的发送频次看，针对特定用户的推送有些是一次性的，有些是多次性的，也存在定时推送的情形。例如，有些网站使用注册会员制，收集他们在网上的浏览信息，将客户广告连同网站提供的每日更新的信息，定时、准确地推送到该网站注册会员的电子信箱。一般情况下，网络用户需要事先同意加入该电子邮件广告的邮件列表，以表示同意接收这类广告信息，之后才会接收到电子邮件广告。这是一种许可营销的模式，而未经许可被接收的电子邮件广告通常被视为垃圾邮件。

12.1.2 电子邮件广告的发展现状

新媒体时代，电子邮件成为一种非常重要的营销手段。企业对电子邮

---

① 程曼丽、乔云霞：《新闻传播学辞典》，新华出版社 2012 年版，第 215—216 页。

件广告的关注度提高，运用度提升，用户对电子邮件广告的认可度也进一步提升，电子邮件广告的传播效果得到了市场的充分肯定。

1. 电子邮件广告营销作用增强

根据 CNNIC 发布的第 39 次《中国互联网络发展状况统计报告》数据，截至 2016 年 12 月，在接入互联网的企业中，有 91.9%的企业在过去一年内使用过互联网发送或接收电子邮件，其中，有 63.7%的企业建有企业邮箱（图 12－1）①。

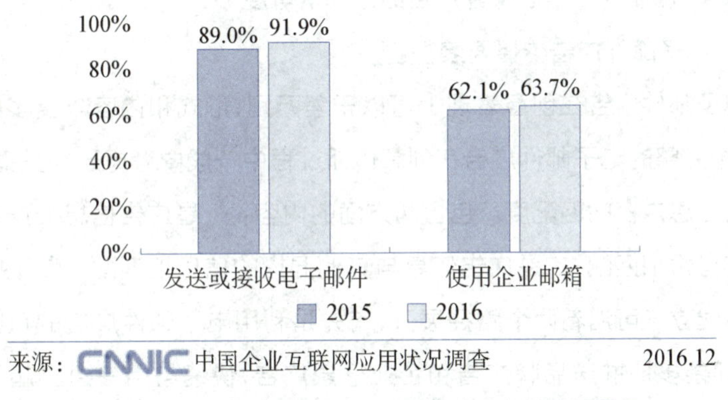

图 12－1 企业电子邮件使用比例与企业邮箱建设情况

2020 年 4 月，基于一项跨 6 个国家和有近 5 000 名受访者的调查，Econsultancy 发布了新报告《COVID19 对营销策略的影响》。报告显示，近 73%的美国受访者表示曾通过电子邮件购买产品或服务，近 74%的英国受访者、近 74%的法国受访者、近 74%的澳大利亚受访者和近 61%的西班牙受访者表示通过电子邮件购买过商品。其中，36%的美国受访者表示他们可能会在收到邮件后进行购买行为；30%的受访者表示可能会关注个性化消息中的优惠或相关内容。此外，40%的美国受访者选择电子邮件作为他们获取相关信息的首要渠道。77%的美国受访者表示，他们曾因收到一封

① 《中国互联网络发展状况统计报告》，2018 年 1 月 3 日，搜狐网，https://www.sohu.com/a/214482557_800248，最后浏览日期：2021 年 4 月 1 日。

电子邮件而购买了其中的推荐商品。大约 32%的美国消费者最有可能在下午 5 点到晚上 10 点之间查看电子邮件,少数消费者则更倾向于在典型的工作日(17%)、上班前(15%)和清晨(11%)检查电子邮件。尽管社交媒体在 2019 年已增长为仅次于电视和付费搜索的第三大广告渠道,但根据对美国受访者的调查,通过社交媒体广告进行商品购买的人数远远少于通过电子邮件广告(31%)而进行商品购买的人数①。近年来,电子邮件广告逐步向智能化的方向发展,精准化推送和科学化运作进一步提高了电子邮件的广告传播效果,也提升了电子邮件广告的市场认可度。

2. 电子邮件广告传播要素整合

电子邮件广告在创意表现上可以千差万别,形式和内容丰富多样。但是,一个完整的电子邮件广告在创意传播过程中一般要考虑五个关键要素。①广告信息内容的匹配度。包含两方面的内容:一是广告信息推送和目标用户的身份相匹配;二是广告信息与其他混搭的信息相匹配。②正向品牌效应的建立。可沿着两个路径展开,首先是利用电子邮件广告的私密性特点,尽可能多地推送品牌广告和企业形象广告,快速与用户建立起信任关系。其次是合理控制电子邮件广告的密度和频次,避免垃圾邮件影响用户的好感度。③广告传播中的智能控制。综合运用人工智能技术和人工统计技术,通过广告传播中的智能控制,提高电子邮件广告的传播效果。④欲望激发的聚焦点。利用电子邮件广告一对一的传播优势,发掘广告创意,关注用户的阅读习惯和心理体验,尽量通过创意聚焦点激发电子邮件广告用户的心理欲望。⑤"病毒式"营销的引爆点。制造话题并抓住舆论热点问题,通过广告造势,制造"病毒式"传播的引爆点。这五个关键要素的存在与整合,决定着电子邮件广告传播的效果和力度。

① 《Econsultancy: COVID19 对营销策略的影响》,2020 年 4 月 28 日,中文互联网数据资讯网,http://www.199it.com/archives/1038505.html,最后浏览日期:2021 年 4 月 1 日。

12.1.3 电子邮件广告的价值

电子邮件广告是新媒体时代推销企业产品和塑造企业形象的重要手段，它的广告价值体现在功能性和实用性两个方面。

1. 电子邮件广告的功能性价值

市场调查公司 Quris 的一项调查表明，56%的被调查者认为高质量的许可电子邮件营销活动对于企业品牌有正面影响；67%的被调查者反映，他们对于自己信任的公司开展的电子邮件营销活动有良好的印象；58%的客户表示经常打开这些公司发来的电子邮件；54%的客户对于这些公司的信任高于其竞争者①。这些数据表明，电子邮件广告具有重要的功能价值，具体表现在以下三个方面。

(1) 企业品牌形象推广

企业通过电子邮件长期与客户联系，逐步积累起客户对企业品牌形象的认知，规范的、专业的电子邮件广告对品牌形象有明显的促进和提升作用。当然，品牌形象的建立并不只是通过简单的电子邮件广告的发送就可以达成，但是电子邮件广告在建立客户的品牌认知和维持品牌形象方面的确可以起到强化效果。除了产品或服务的促销邮件，客户服务邮件、确认信息以及客户订阅的邮件都会对企业品牌的推广产生重要影响。

(2) 产品或服务的推广和销售

产品或服务的推广是电子邮件广告的最主要的目的；电子邮件广告也是产品或服务推广的最主要的手段。企业通过电子邮件向客户介绍新产品，客户可以通过点击电子邮件中的链接进入企业的网站，对感兴趣的产品进行订购。有些数字化产品，如电子文件、注册码等，还可以通过电子邮件的形式实现直接配送。美国知名网络广告服务商 DoubleClick 的研究表明，由于受到许可电子邮件营销的直接影响，68%的用户曾经在线购物，59%的

① 参见《网络品牌的影响》，2016 年 5 月 14 日，百度知道，https://zhidao.baidu.com/question/266353558471747805.html，最后浏览日期：2021 年 4 月 1 日。

用户在零售商店购物,39%的用户通过目录购物,通过呼叫中心完成购物的为 34%,通过邮寄邮件购物的只有 20%。这表明,如果电子邮件营销应用得当,会获得大多数客户的关注,电子邮件广告在网络销售方面的作用显而易见。DoubleClick 的研究还表明,电子邮件营销对产品推广的作用不仅表现在网上购物,在线下的作用也日益增强。客户在收到促销电子邮件之后并不一定马上购买,但是促销电子邮件给客户留下的印象很有可能影响客户以后在线上或线下的购买决策。

(3) 客户关系的维护

与其他广告投放媒介相比较而言,电子邮件最重要的功能是与客户的互动交流。电子邮件这一交互性特点使得它能够更好地进行客户关系管理,实现对客户关系的维护。电子邮件广告通过与既有客户保持定期的邮件往来,可以有效地维护老客户,获得成本优势。DoubleClick 所做的一项调查也支持上述结论。该调查结果显示,在欧洲,使用电子邮件营销的最重要的目标是维护客户关系和争取新客户,前者占 69%,后者占 62%。在德国,83%的被调查企业使用电子邮件营销的目的都是维护客户关系。

2. 电子邮件广告的实用性价值

电子邮件营销最大的优势是它拥有庞大的、无时间和空间限制的网络使用,发送及时、准确。在实际使用中,电子邮件广告的实用价值会在广告主和用户的互动中得到显现。

(1) 无时间和空间的限制

相对于传统媒体广告短暂的时效性,电子邮件不受时间和空间的限制,可以通过网络全年 365 天、每天 24 小时不间断地把广告信息发送给目标客户,只要具备上网条件的用户就可以在任何时间、任何地点随时阅读。而且,如果电子邮件是在客户端接收的,用户则可以随时阅读,不受上网条件的限制。由于互联网具有高度开放性且不受时间和空间的限制,这使得它成为目前普及率较高的媒体平台。根据调查结果显示,目前互联网上最普及的应用就是电子邮件，它的普及率远远高于其他的互联网应用。

(2) 非强迫性

传统媒体(如电视、广播等)是线性传播模式，这种线性传播带有不可避免的强迫性，受众在接收信息时往往是被动接收，因此，受众在接收信息的过程中可能产生一定的抵触情绪。由于传统媒体同步传播的信息传递模式，受众无法选择自己接收广告的时间，更无法选择是否接收广告信息，即使受众不需要广告时，广告也会“不期而至”。但是，由于线性传播模式的稍纵即逝性，受众在需要观看广告时又往往难以瞬间抓住信息要点。这些限制性条件使得受众在接收信息时永远处于一种被动和被迫的地位，在接收广告时则受制于这种强迫性。相比之下，电子邮件广告则不同，它基本属于按需营销，尤其是许可式电子邮件只有在用户需要的时候才会发送到用户邮箱。同时，这些邮件不会像电视广告、广播广告或户外广告那样强迫受众阅读，受众可以根据自己的需求在任何时间以任何方式进行自由阅读。电子邮件广告的投放具有明显的针对性特点，可以让受众接收自己需要的广告信息，不仅节省时间，而且还能避免被无效信息分散注意力。此外，电子邮件广告可以根据用户的需求，在不需要的时候随时选择退订，用户拥有自主选择权。

(3) 交互性与反馈性

传统广告的发布大多属于一对多的传播模式，传播多属于单向度的。反馈性是广告主维护受众、了解市场信息的重要途径。通过信息反馈，受众可以直接与厂家和服务商进行交流和沟通，这样商家就可以及时了解用户的需求和意见，并在产品设计、生产、销售、服务等方面及时改进，进一步增强产品的市场竞争力。受众也可以从这样的反馈中逐渐转变为实际的购买者，增加企业的效益。电子邮件广告作为一种一对一的广告传播方式，它的发送者和接收者可以同步或非同步地进行交流，这就有了交互的可能性。同时，通过受众的及时反馈，还能够直接影响信息传播的过程。电子邮件的交互性和反馈性使得受众能够更积极地参与企业的营销过程，通过电子邮件的交互，消费者的意见得到了尊重和保护，要求也能得到及时的回应。这样不仅能够提高个性消费的比例，还促进了生产与流通的相互协调，并且减少了生产的盲目性，克服了消费的不确定性。电子邮件广告的这种交互性和反馈性促使企业与客户形成特有的沟通方式，双方在这种沟通中的信任度也会不断加强。

(4) 针对性和指向性

传统广告点对面的传播方式缺乏针对性，受众定位不甚明确，广告信息的发送与受众的接受也不能及时达成一致。电子邮件广告的传播方式克服了这种局限，电子邮件广告的发送具有很强的针对性，这主要体现在电子邮件广告可以在恰当的时间将恰当的信息发送给目标人群。同时，它还可以准确地控制每条广告的形式和内容，使广告信息能够以最恰当的方式出现在消费者面前。电子邮件广告对于具体受众的指向性有利于针对具体的受众发布相应的信息，能够充分满足受众的需求，避免广告投放的盲目性和无效性。同时，电子邮件广告的投放还可以通过数据分析进一步对受众进行细分。

(5) 廉价性和灵活性

电子邮件广告的廉价性主要体现在其使用的便利性，无论企业规模如何，只要能够接入网络就可以通过电子邮件发送广告信息。相对于传统的电视、广播、报纸等媒体需要花费较高的广告预算而言，电子邮件广告的费用预算则要廉价许多。此外，电子邮件广告的发送具有很强的灵活性，可以适应不断变化的市场需求，电子邮件广告不像印刷广告那样要求复杂的排版和发行，也不像广播和电视广告要在固定的时间才能播放。电子邮件广告可以随时发送，立即传播，受众可以选择随时接受，便于广告主将产品迅速推向市场。

(6) 简单高效

电子邮件广告的发送只需要简单的邮件发送设备和网络平台就可以实施。通过专业的电子邮件发送软件或第三方发布平台，电子邮件广告的发送简单快捷，操作也不需要复杂的专业知识和复杂的发送过程，可以在短时间内完成电子邮件广告的大量发送。新媒体时代，传播技术的开发和运用使电子邮件广告成为简单、高效的传播手段，能在广告客户和目标消费者间搭建起快速联系的桥梁。

(7) 相对保密性

传统媒体广告的投放采用一种广而告之的传播方式，通过大面积的广告投放获得信息的广泛传播。这种广告发布形式能够迅速传播关于新产品的广告信息，让受众获知企业的最新产品或服务信息，但是这种传播方式很快就会引起竞争对手的注意，并可能引来竞争对手竞相开发相关产品，从而导致新产品还未占领市场就迎来了诸多竞争对手。电子邮件广告的传播不需要大张旗鼓地制造声势，广告信息可以直接发送到用户的电子邮箱，这样的传播方式相对保密。用户可以通过电子邮件了解企业新产品的信息并进行传播，这种传播方式可能会在一段时间之后才会引起竞争者的注意，而此时企业已经占领了较大的市场份额。电子邮件广告传播的相对保密性能够增强品牌的竞争力，并且不容易引起竞争对手的注意，这对于新产品的广告推广有很大的优势。

(8) 丰富的表现形式

电子邮件广告本身具有多媒体功能，它可以集报纸、杂志、电视、广播的优势于一身，可以将文字、图画、影像、声音等视听元素综合起来进行信息传达，能够充分地调动人们的听觉和视觉器官，使受众在接受广告信息时有一种身临其境的感觉。电子邮件广告的空间不受限制，这使得广告可以包含更详细的内容并具有更丰富的表现形式，而且可以根据不同的受众需求，有针对性地发送不同形式的广告内容，这样能更好地满足受众需求，实现产品的良好营销。

(9) 易跟踪性

相对于传统媒体广告发布效果的难以追踪，电子邮件广告可以通过互联网络跟踪以下各项内容，如错误的电子邮件地址(通过退回信息得知)、正面回应和负面回应、对网页的访问(通过用户点击嵌入电子邮件中的链接得知)和销售额的增加等。通过对这些信息的追踪,广告主可以及时、有针对性地调整相应的广告内容和投放策略,从而更好地适应受众的需求,达到更好的广告投放效果。

12.1.4 电子邮件广告存在的问题

1. 垃圾邮件泛滥

由于许可式邮件地址信息不准确、更新不及时、产品市场定位不准确等原因,致使许多用户每天都会收到大量毫无价值的商业邮件,这往往给消费者一种垃圾邮件泛滥的印象,从而有损电子邮件广告的形象,也使得受众产生抗拒心理,从而严重影响电子邮件广告的应用前景。

2. 可信度缺乏

传统媒体对广告信息的传播需要专业的媒体机构进行全程监督,之后才能发布,而电子邮件广告是人人都可以发送的,每个人只要有一个电子邮件账号就可以发送电子邮件广告,而且不需要复杂的操作步骤。因此,电子邮件广告传播的多元化通常会导致虚假电子邮件广告越来越多,假新闻流传,垃圾信息成灾,这严重影响了电子邮件广告的可信度,降低了电子邮件广告的传播效果。

3. 广告效果难以测量

从理论上讲,人们可以对电子邮件的到达率、点击率、阅读率和转发率等进行详细的跟踪记录,但现实中的操作却有很多困难,因为这种测量的基本原理是在 HTML 代码中加入一段跟踪代码。但是,这些代码往往会被屏蔽,对于纯文本格式的电子邮件又根本无法进行跟踪,因此,实际上很难知道究竟有多少邮件被送达和被阅读,这就为电子邮件广告效果的监测带来了困难。

12.1.5 提高电子邮件广告价值的方式

针对电子邮件广告存在的垃圾邮件泛滥、可信度低、监测难度大等问题，广告主可以从内容和形式两方面对电子邮件广告进行相应的调整，以获得更好的广告效益。

1. 内容要求

一般来说，电子邮件广告的内容要求具有相对的规定性，包括广告主题要鲜明，内容设计个性化和能为用户提供利益刺激等。

(1) 广告主题新颖鲜明

由于大多数电子邮件用户使用的是免费电子邮箱，信箱容量有限，因此，广告主在向用户发送电子邮件时一般会控制邮件的大小，并保证邮件的质量。这就要求广告主要用最简单的语言表达广告的内容和主题，还要为用户提供关于广告详细内容的链接，让有兴趣的用户点击。此外，电子邮件的主题一般运用 HTML 字体，把色彩和背景醒目地凸显出来，使邮件达到美观的效果，让用户感受到视觉上的享受。

(2) 个性化内容增加趣味性

电子邮件营销创新最广阔的领域是个性化。个性化远不只是在电子邮件的主题中添加收件人姓名这么简单，个性化的真正目的在于传递动态内容。这是一种根据用户订阅的各类信息在电子邮件中提供相关内容的技巧，例如，可以根据用户的地理位置在邮件中加入当地的天气信息，根据用户的购买行为加入其可能会喜欢的其他产品信息，或者根据用户的点击习惯增加个性化的定制内容等。

(3) 为用户提供利益刺激

电子邮件广告内容设计的品质非常重要，是广告取得预期传播效果的基本要求，如果满足用户信息需求的同时还可以为用户提供利益刺激，传播效果可能会得到进一步保证。为用户提供利益刺激的方法很多，如为用户提供一些小礼品，包括送网卡、免费试用产品、折扣优惠或填写问卷抽奖等，这些环节的设置通常能够吸引用户的注意。目前，电子邮件广告开始模仿邮件病毒的传播方式，这种邮件通常以习惯转发邮件的人为对象来刺激网络用户，扩大邮件的传播范围。

2. 形式要求

电子邮件广告的形式要求和它传播方式的规定性有关，不同形式的电子邮件广告在传播过程中必须遵循其独特的规定性，如电子邮件广告许可限制、触发式推送、邮件支付、格式一致等传播规定性，这在一定程度上决定了电子邮件广告存在的形式。

(1) 许可式电子邮件广告

许可式电子邮件广告是指电子邮件的收件人事先统一收到电子邮件的一种广告发布形式，这有利于减少传统电子邮件广告的局限。许可式电子邮件广告具有非强迫性，事前许可广告实现了发送者和接收者双方的共同认可和接受，发送者发送的内容是接受者需要的，这样的发送方式更容易被用户接受。许可式电子邮件可以充分地保护用户权益，用户可以决定是否接收电子邮件广告，而且还可以保护用户信息的安全性。许可式电子邮件因高度的针对性使得电子邮件广告的反馈率更高，有利于实现用户细分和个性化服务。

(2) 触发式电子邮件广告

触发式电子邮件是根据营销者设定的规则自动发送的电子邮件，例如，用户通过网络下载了一个文件往往就能触发营销者发送一封电子邮件。更复杂的触发式邮件是购物车弃置邮件，这种邮件可显示消费者曾把什么商品放入购物车。触发营销者自动发送电子邮件的线索有很多，但也不必采用“订户有一个动作，就发出一封邮件”的模式，通过设定触发式邮件工作流，可以根据订户在一封邮件中点击了哪些链接，将他(她)从一个电子邮件列表转移到另一个邮件列表。这意味着广告主可以根据订户对邮件的反应，将他们细分为不同的群体，这种根据用户行为将他们进行自动细分的方式就是小众定向。与向那些在一段时间内没有对邮件作出反应的人发送不同的邮件相比，这种小众定向方式的有效性要高数倍，可以据此向那些点击邮件中特定链接的人发送定制化邮件。借助自动回复器，还可以给他们发送系列后续邮件，而且所有这些过程均可自动完成。

(3) 邮件支付交易功能

邮件支付即在电子邮件中进行支付的形式，对于零售商而言，让用户在一封电子邮件中完成订单，这一行为意味着可能给公司带来数十亿美元的销售额。但是，这需要在电子邮件中添加支付功能，并把这个支付功能的图标设定在每一封电子邮件的附带图标中，通过点击相应的支付符号，就可以通过对话框实现资金流动，用户还可以看到资金来源等信息。如果电子邮件交易能将订单处理过程简化为两三次点击，零售商就可以看到销售额的大幅增长。如果将电子邮件交易与动态内容相匹配，并通过触发式邮件向订户发送信息，销售业绩就会呈现出爆炸式的增长。

(4) 邮件广告形式的一致性

对于广告受众而言，保持电子邮件广告形式的一致性，如格式一致的标题和版面样式等，能够让用户形成接收习惯，从而形成对产品品牌形象的接受和认可。这样不仅能够增加产品的固有特性，而且有利于产品品牌形象的进一步传播。例如，全球最大的精选旅游特惠平台 Travelzoo 发布的广告邮件，标题惯例是《本周 Travelzoo Top20 精品推荐》，正文是简单的文本设计，没有任何图片，而且格式永远不变。这恰恰反映了电子邮件营销的真谛，即简单且固定的版式可以让用户形成接收习惯。Travelzoo 因其发布的高性价比旅游优惠信息还引来了众多商家的主动合作，借助它们的平台进行广告推广，又反过来进一步增强了 Travelzoo 邮件广告的价值，实现了良性的品牌推广。

12.2 电子邮件广告的类型

电子邮件广告的类型可以根据电子邮件广告是否得到接受者许可、电子邮件广告的功能、电子邮件广告地址收集方式、电子邮件广告的发送频率等标准进行划分，呈现出丰富多样的广告表现形式。

12.2.1 根据是否得到接收者许可进行分类

根据电子邮件广告在发送前是否征询并得到接收者的许可情况，电子邮件可以分为经过许可的电子邮件广告和未经许可的电子邮件广告。对于电子邮件广告而言，最重要的就是得到许可，如果离开了许可，电子邮件广告就成了垃圾邮件，而且还可能会使企业面临触犯法律法规的风险。

1. 经过许可的电子邮件广告

经过许可的电子邮件广告还可以进一步分类：第一类是 option-in，即接收者自愿订阅的电子邮件；第二类是 double-option-in，即接收者要作出两次许可，接收者选择订阅后，系统将会发送电子邮件让他再次确认，若接收者不是自行订阅，可以选择退订邮件；第三类是 option-out，即向接收者发送电子邮件广告前未得到接收者许可，但是准许接收者退订邮件。

2. 未经许可的电子邮件广告

这就是当下常见的垃圾电子邮件广告。美国 2003 年颁布的《反垃圾电子邮件法案》将垃圾电子邮件定义为“由因特网传递未经收件人许可的商业性电子邮件”[①]。中国互联网协会在 2003 年发布的《中国互联网协会反垃圾邮件规范》中对垃圾电子邮件的定义包括：“①收件人事先没有提出要求或者同意接收的广告、电子刊物、各种形式的宣传品等宣传性的电子邮件；②收件人无法拒收的电子邮件；③隐藏发件人身份、地址、标题等信息的电子邮件；④含有虚假的信息源、发件人、路由等信息的电子邮件。”[②]以上几种属性具备其一即为垃圾电子邮件。可见，未经许可的电子邮件广告是指广告发送者在发送邮件之前没有经过接收者许可，通过邮件列表的形式向用

---

① 《美国反垃圾邮件法》，2012 年 9 月 20 日，网经社，http://b2b. toocle. com/detail-6058651. html，最后浏览日期：2021 年 4 月 1 日。

② 《中国互联网协会反垃圾邮件规范》，2011 年 8 月 13 日，中国互联网协会，https://www. isc. org. cn/hyzl/hyzl/listinfo-15601. html，最后浏览日期：2021 年 4 月 1 日。

户的电子邮箱发送的广告。

对广告经营者来说，电子邮件广告比起传统广告有许多无可比拟的优点，广告发布成本低廉并且容易得到反馈，但是电子邮件广告成为广告骚扰的最大“元凶”。卡巴斯基的一项调查显示，2013 年 11 月，“垃圾邮件继续增加，达到邮件总量的 72.5%”[①]。2014 年，ISP(互联网服务提供商)出台了一系列加强对企业发送电子邮件行为的相关管理政策。总体而言，许可式电子邮件广告才是主流。

12.2.2 根据电子邮件广告的功能分类

按照功能，电子邮件广告可以分为客户服务电子邮件广告、客户关系管理电子邮件广告、品牌形象推广电子邮件广告、产品或服务推广电子邮件广告、优惠促销电子邮件广告等。

1. 客户服务类电子邮件广告

客户服务电子邮件广告可以弱化企业与消费者交流的地域和时间差异，使双方在网上沟通，节省客户的服务成本，提高解决问题的效率。企业通过电子邮件将售后服务信息发送给消费者，消费者通过电子邮件把反馈信息提交给企业，这样的双向沟通有利于企业快速改进产品和服务，也能够为消费者提供更好的购物体验。例如，电子商务网站通过发送订单确认、配送通知、账单、退换货进程等邮件进行客户服务，节省服务成本，提高服务质量。

2. 客户关系管理类电子邮件广告

研究表明，电子邮件广告营销最大的优势体现在维持客户关系方面。相较于直邮营销和旗帜广告营销，电子邮件营销在拓展新客户方面几乎没有任何优势。但在维持老客户方面，电子邮件广告营销因低廉的成本而显

---

① 《卡巴斯基：2013 年 11 月垃圾邮件报告　垃圾邮件占总邮件的 72.5%》，2014 年 1 月 2 日，中国互联网数据资讯网，http://www.199it.com/archives/183935.html，最后浏览日期：2021 年 4 月 1 日。

露出优势。可以看出,电子邮件广告营销使得留住一个老客户的成本比获取一个新客户的成本低很多。DoubleClick 的一项调查支持上述结论,这项调查显示,在欧洲,企业使用电子邮件广告营销的首要目标是维持客户关系(占 69%)和争取新客户(占 62%)。在德国,83%的被调查企业使用电子邮件广告营销的目的都是维持客户关系[①]。

3. 品牌形象推广类电子邮件广告

电子邮件广告在品牌形象推广方面具有很多优势。电子邮件广告可以对目标客户进行精准定位,并完整地传递品牌信息。电子邮件营销通过长期与客户建立联系,逐步使客户积累起对企业品牌形象的认知。显然,品牌形象推广不能仅依靠向邮件订阅者发送几次电子邮件广告来完成。品牌知名度和忠诚度可以通过长期与用户进行邮件联系的过程逐步积累。因此,电子邮件广告对品牌形象的推广有显著的促进作用。

4. 产品或服务推广类电子邮件广告

对产品或服务的推广是电子邮件营销最主要的目的之一。电子邮件广告是推广产品和服务的重要方式。企业可以通过电子邮件营销向客户介绍新产品,如果客户对电子邮件广告中的某些内容感兴趣,可以直接点击电子邮件广告中的链接,从而进入企业的电子商务网站订购产品。而关于电子书、电子文件等数字化产品,用户在通过电子邮件广告进入网站购买后便可以直接下载或在线阅读。此外,电子邮件广告营销不仅在线上产品推广方面作用显著,而且在线下的营销效果也逐渐显露。用户在收到产品服务推销电子邮件广告以后,不一定立即购买,但是电子邮件能够使客户留下印象,并很可能影响用户以后在线下商店的购买决策和购买行为。

5. 优惠促销类电子邮件广告

为了挖掘更多的潜在新客户,很多电子商务网站经常会发送优惠促销类的电子邮件,以此来增加销售量。优惠促销电子邮件包含折扣、优惠券或

① 刘晓明:《许可式邮件营销在电子商务行业的应用研究》,华东理工大学 2014 年硕士学位论文,第 6 页。

其他特别优惠信息，很多电商网站通常是以感谢的名义发送给订阅者，感谢他们接收公司的广告邮件。优惠电子邮件往往具有较高的打开率，并非所有的商业模式都提供销售和折扣，但偶尔发送一些订户独享的优惠，可以大大地提高消费者的品牌忠诚度。通常情况下，折扣或特价信息会产生销售并维持活跃度，为确保优惠邮件能够成功发送，企业可以添加紧迫性或稀缺性，以激发订阅者立即采取购买行动。此类的电子邮件一般会在主题行和前置标题文本中显示"限时促销：仅限今天""订户独家折扣""尽早获得新优惠""现货有限""前×名注册人免费赠送礼物""你有没有赶上我们的最后一刻交易？还有时间……""于×月×日结束：立即购物"等广告语。电子邮件促销能刺激购买者对特定折扣产品以外的兴趣，并且其影响时间也不仅限于促销期间。

图 12－2 是电子商务网站"时尚起义"的一则优惠促销类电子邮件广告。在这则广告中，可以看到促销活动的折扣、时间、参与促销的商品范围等。

图 12－2 "时尚起义"的优惠促销电子邮件广告

6. 市场调研类电子邮件广告

市场调研类电子邮件广告是指通过许可式电子邮件的方式给用户发放问卷，定期获取客户的资料及用户反馈信息，有助于获得第一手市场信息，这种市场调研方式成本低、周期短(图 12－3)。

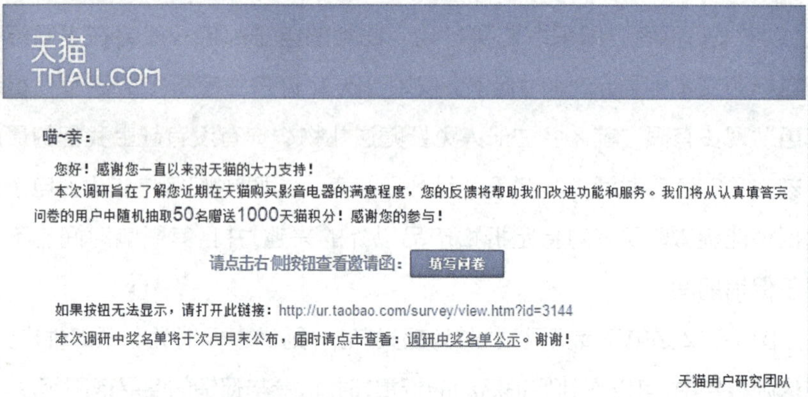

天猫
TMALL.COM

喵~亲：

您好！感谢您一直以来对天猫的大力支持！

本次调研旨在了解您近期在天猫购买影音电器的满意程度，您的反馈将帮助我们改进功能和服务。我们将从认真填答完问卷的用户中随机抽取50名赠送1000天猫积分！感谢您的参与！

请点击右侧按钮查看邀请函： 填写问卷

如果按钮无法显示，请打开此链接：http://ur.taobao.com/survey/view.htm?id=3144

本次调研中奖名单将于次月月末公布，届时请点击查看：调研中奖名单公示。谢谢！

天猫用户研究团队

图 12－3 天猫市场调研电子邮件广告

12.2.3 根据电子邮件广告地址收集方式分类

根据地址收集方式，电子邮件广告可以分为自行收集邮件地址的电子邮件广告和使用第三方邮件地址的电子邮件广告。

1. 自行收集邮件地址的电子邮件广告

自行收集邮件地址的电子邮件广告是根据自行收集的邮件地址推送的广告。自行收集邮件地址的方式包括搜集老客户的数据、通过用户订阅收集邮箱地址、通过相关活动收集感兴趣的客户邮箱、建立行业论坛并吸引用户注册等。自行收集邮件地址的主体一般有企业、网络平台和广告创意公司等。

2. 使用第三方邮件地址的电子邮件广告

企业在邮件列表发行商的发行平台注册之后，可以得到一个代码，按照发行商的说明，将这些代码嵌入自己的网站，随后网页上就会出现一个“订阅”框(有的还有“退订”框),用户可以通过在网页上输入自己的电子邮件地址来完成订阅或退订手续。电子邮件广告通过发行系统自动完成,减少了烦琐的人工操作,提高了邮件的发行效率。但这类广告的费用较高,并且企业主很难了解潜在客户的资料,还可能受到发送时间、发送频率等因素的制约。

12.2.4 根据电子邮件广告的发送频率分类

根据发送频率,电子邮件广告可以分为不定期的电子邮件广告和定期的电子邮件广告。

1. 不定期的电子邮件广告

即根据企业的营销计划发送电子邮件广告,大致包括非定期的促销通知、新商品上线通知、节日、纪念日问候、调查问卷等。这类广告有时间性限制,不定期地向用户发送邮件成为一种常态,其中,节日、纪念日问候是较为稳定的广告传播形式。

2. 定期的电子邮件广告

定期的电子邮件广告往往是为注册会员发送,邮件地址接收者主要来自新闻邮件、电子杂志、客户服务等各种形式的用户,主要用于顾客关系管理、顾客服务、企业品牌推广等。但是,过于频繁地发送内容较为单一的电子邮件广告会使用户产生反感情绪,所以,把握好发送电子邮件广告的频率非常重要,并且要重视邮件内容的新颖性。

12.3 电子邮件广告的运作

广告运作在本质上就是信息采集、加工、传递的过程,电子邮件广告运作就是前期信息采集和加工完成之后,通过电子邮件向目标受众传递的过程。电子邮件广告运作指在现代广告中电子邮件广告发起、规划、执行的全过程,是电子邮件广告主体的主要行为。广告主、广告代理商、互联网密切合作,分别扮演不同的角色,承担不同的责任,形成电子邮件广告最为基本的运作模式。

12.3.1 电子邮件广告的运作

在现代广告运作中，广告主是广告的发起者，它们依据自身营销的需要发起广告，并且承担广告目标、广告进程、广告费用的总体计划和管理的任务；广告代理商是广告的规划者，它们受广告主的委托，依据广告主的要求，负责提供广告策略和广告活动的具体计划，创造性地设计广告并利用电子邮件有针对性地向消费者发送，形成电子邮件广告运作的闭环流程(图 12－4)。

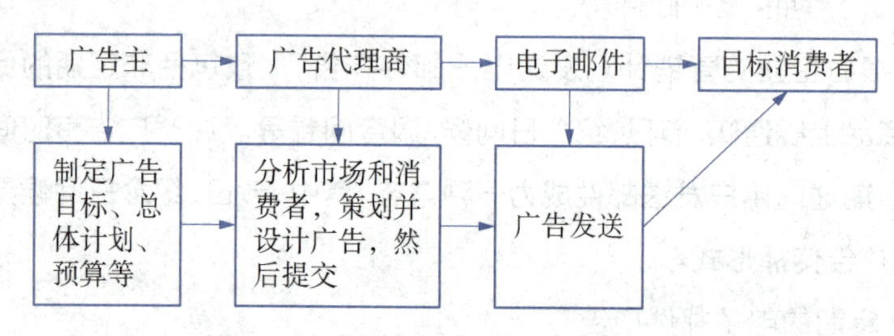

图 12－4 电子邮件广告运作的基本模式

1. 电子邮件广告市场调研的目的

如前文所述，电子邮件广告是指通过互联网将广告发到用户电子邮箱的网络广告形式，它针对性强、传播面广、信息量大，形式类似于直邮广告。电子邮件广告可以直接发送，但有时也通过搭载的形式发送。因此，电子邮件广告的市场调研主要是针对电子邮件广告的传播形式、传播特征和传播流程进行调研，重点是结合电子邮件广告的传播特性，用科学的方法、客观的态度，以电子邮件广告市场和市场营销中的各种问题为调查研究对象，有效地收集和分析相关信息，从而为明确事实和作出电子邮件广告的各项营销决策提供基础性数据和资料。

2. 电子邮件广告市场调研的内容

(1) 市场环境调查

市场环境调查主要分为外部环境调查和内部环境调查。外部环境调查主要包括宏观经济情况、政策法规、社会文化以及市场购买力水平等；内部环境调查主要是对行业竞争情况的调查，包括对竞争对手的整体营销情况的调查，如市场覆盖率、市场占有率、营销手段、销售渠道等，以及对竞争对手的广告形式的调查。

(2) 消费者调查

内容主要是了解消费者，即谁是购买者、购买什么、何时何地如何购买、需求量是多少、为什么购买、购买习惯如何、消费者对品牌的认知度如何。

(3) 产品调查

产品调查是市场调查的起点，产品调查和消费者调查结合起来，可以提高电子邮件广告的有效性和针对性。产品调查的内容包括产品质量、功能、设计、式样、颜色、包装、价格和品牌等方面。

(4) 产品市场调查

主要是对潜在市场与潜在销售量的分析；确定产品的市场需求量(包括总需求、相对需求、市场饱和点以及消费率等)；计算各地区的市场占有率和销售指数，从而估算各地区的销售配额；等等。

通过以上四种调查，深入了解电子邮件广告传播的市场外部环境和内部运作情况，可以对电子邮件广告运作流程和内容设计进行更精准的把控。

12.3.2 电子邮件广告的策划

电子邮件广告的策划应遵循广告策划的基本原则，根据市场调查的结果进行类型策划、顺序策划和内容创意设计等。

1. 电子邮件广告策划的原则

(1) 统一性原则

广告活动的各方面要服从统一的营销目标和广告目标，服从统一的产品形象和企业形象。

（2）调适性原则

电子邮件广告还需具有灵活性，随着市场环境、产品情况以及消费者群体的变化而变化，使电子邮件广告更具个性化。

（3）有效性原则

广告策划成本应在企业能够承担的经济范围内，广告策划的结果必须使广告活动产生良好的经济效果和社会效果。

（4）操作性原则

广告策划的流程必须是可操作的，在具体执行的每一个环节都能对广告效果进行事前测定。

（5）针对性原则

针对不同的广告对象应有不同的广告内容，同一产品不同的发展时期也应有不同的广告内容，这一原则与调适性原则一致。

以上五大原则相互联系，相辅相成，是电子邮件广告策划过程中的基本原则。

2. 电子邮件广告策划的内容

在前期市场调研的基础上进行信息的收集和整理，通过准确的市场定位和用户洞察进行广告策划，策划内容主要包括四个方面。

（1）电子邮件广告内容策划

一个广告只能说明一件事，内容不宜过多、过杂，如果内容或卖点太多，广告效果反而不好。同时，广告内容应保证真实性和简练性。

（2）电子邮件广告创意策划

既要注重策划的创造性和吸引性，也要注意创意表达与虚假广告之间的界限。例如，佳洁士双效炫白牙膏的广告（图 12－5）就曾因涉嫌虚假广告而被罚 603 万元。

“只需 1 天牙齿就白了！”的广告语明显使用了夸张的手法，对广告策划者来说这或许是一种另类创意的表达。然而，这种夸张的创意手法如果使受众信以为真，就很可能会涉嫌虚假广告，因此，创意表达一定要适度。

图 12-5 佳洁士的双效炫白牙膏广告

(3) 电子邮件类型策划

每一封电子邮件都必须有一个全面的内容规划，如发送欢迎邮件、提醒邮件、促销邮件应该在不同的时间点。邮件内容尽量不要使客户产生审美疲劳，建议邮件的类型具有多样性和层次感。

(4) 电子邮件发送顺序策划

设定电子邮件的发送顺序十分重要，一般先是欢迎邮件，然后是感谢邮件，再是促销类电子邮件，循序渐进，让客户有一个缓慢接受的过程。

(5) 电子邮件的设计与开发

广告主一旦选定了要发送的电子邮件模型，就要让设计部门开始设计电子邮件，并争取技术部门在技术方面的最大支持。在设计邮件方面，要确保每个电子邮件的外观和设计风格都有别于其他电子邮件，这样不仅能使用户感觉到邮件的创新和美观，而且能提高邮件的点击率。另外，可以尝试设计多版本的邮件，如在手机端、PC 端发送不同版本，这样可以提高邮件的转换率。

12.3.3 电子邮件广告的发送

发送电子邮件广告是电子邮件广告运作的重要环节。在这一环节，首先要对目标消费群体进行精准定位，其次要对广告发送效果进行监测。

1. 精准定位目标消费群体

(1) 了解目标消费群体的行为特征

广告主应深入了解消费者的购买行为特征以及影响消费者消费力和作出购买决策的主要因素，尤其要注意目标消费者对产品类别的核心价值的关注点。

(2) 了解消费者对电子邮件广告态度的差异

广告主应了解不同生活形态、性别、教育程度、职业的消费者对电子邮件广告态度的差异。例如，某电子邮件广告公司为虚拟葡萄园——一家网上葡萄酒零售商制作电子邮件广告，根据顾客的邮编来判断他们居住地区的地理环境是否适合酒类发售业务。如果顾客所在的地区可以接受这样的业务，就向他们发送宣传葡萄酒的电子邮件；否则，顾客只会收到食品和菜谱的推销广告。

(3) 建立邮件地址库

通过广泛收集目标消费者的邮件地址，可以提高电子邮件广告的传播效率，收集邮件地址的方法有四种。①在会议或商展上询问参展的观众是否想订阅企业的电子报或产品营销邮件，或者在顾客购买产品时附带询问他是否愿意留下邮件地址，以便将来收到相关的产品资讯或服务等。②通过搜索引擎或软件搜索。③通过商业渠道购买。这种方法是最直接的，但是精准率也是最差的，这些地址可能已经过时或其他商家已经对它们进行过大规模的广告推广活动。④通过举办网上营销广告活动让消费者参与。用这种方法来有意识地营造品牌在线上的客户群，不断用电子邮件来维系与他们的关系。

(4) 合理控制邮件发送的频率

广告主要合理地控制邮件发送的频率，不宜过多或过少。盲目地提高电子邮件发送频率，会让顾客产生“弹性疲乏”；如果发送的次数过少，则有可能浪费刺激顾客消费的机会。企业可以从产品本身、资讯多寡、客户对资讯的需求量和需求程度等方面找到邮件发送频率与顾客接受度之间的关系。

(5) 选择许可式电子邮件营销手段

许可式电子邮件营销是指广告主在事先征得电子邮件接收人默认或许可的前提下,利用电子邮件的双向互动与实时响应的特性,结合企业后端数据库,使企业有效地运用通过分析所取得的客户数据、行为模式、偏好等信息,主动与目标客户群沟通,并向用户传递特定的营销信息,进行客户状况追踪、产品与服务的延伸营销、客户意见收集及市场调查,进而做到互动数据库营销以及一对一营销。企业在进行电子邮件广告营销时,应该尽可能地预先征得邮件接收人的同意,并且要有订阅或退订提示,尊重用户的选择权,发送垃圾邮件会是一种极其危险的市场策略。

2. 电子邮件广告效果的监测

跟踪电子邮件广告的结果对于欢迎系列的邮件来说很重要,因为广告主需要确保是否有足够的潜在用户转化成客户,并及时知晓退订用户数量的增减。对电子邮件广告效果的监测,可以从以下四个方面入手。

(1) 退订率

订阅用户点击邮件中的退订链接后,他的电子邮件地址将从数据库中被删除,电子邮件营销系统后台应有相应的记录。邮件的退订可以说是无法避免的,区别就在于退订率的高低。通常而言,退订率达到20%—30%就属于不正常了,应当考虑邮件的内容信息是否存在较大的问题。邮件的内容不宜太过商业化,发送频率也不能太高,邮件必须能够保障客户的利益,迎合客户的需求兴趣。

(2) 邮件阅读率或打开率

邮件阅读率是表示用户真正阅读该邮件的比率,在衡量客户是否真正进行阅读并获取相关有效的信息数据方面,虽然不能做到完全准确,但是误差比较小,可以作为一个重要的参考数据。

(3) 链接点击率

需要注意的是，营销邮件中的链接不能是普通 URL，因为如果在邮件中加入普通的 URL，营销人员将无法区别来自电子邮件的点击率与直接在地址栏输入 URL 或从浏览器网站进入的点击率。在网站流量统计中，这些访问都会被算作直接流量。正确的方法是，对电子邮件广告中所附的营销链接都设置一个特定的跟踪代码。

(4) 邮件列表注册转化率

简单来说，就是完成电子杂志注册人数与访问网站的独立 IP 人数之比。邮件列表注册率能够直接反映出邮件接收客户对这份营销类邮件的认可度，因为只有认可邮件上的信息，认为该信息对自己是有效的，客户才会进行注册。广告主一般以日、周、月为周期来计算这个转化率，邮件转化率达到 5%—20% 为正常的转化率，低于它则说明该计算阶段的邮件营销效果欠佳，高于它则说明该阶段的邮件营销效果极佳。

12.3.4 电子邮件广告运作的优势与挑战

新媒体时代，电子邮件广告的传播载体具有不可替代性，因此，它的存在形式具有独特性，在实际运作中仍然具有不可替代的优势。同时，新媒体平台的快速发展使邮件用户浏览邮件广告的时间更加碎片化，电子邮件广告的运作也面临新的挑战。

1. 电子邮件广告的运作优势

通过前文对电子邮件广告运作方式的详细介绍与分析，可以大致概括出电子邮件广告运作的优势，即精准高效且节省广告成本、运作简单快捷、市场应变能力强等。

(1) 精准高效且节省广告成本

通过电子邮件广告商建立数据库，广告主可以设定目标收信人的年龄、性别、学历、工作状况、收入等，从而准确地圈定目标消费群。广告主不必再支付非目标市场的广告费用，节约了大量的广告成本，与电视等传统媒体广告相比，更加精准高效。

(2) 运作简单快捷

电子邮件广告与其他网络广告一样，只要确定了设计方案，即可交由技术人员制作和投放，整个传播过程可以在预期的时间内快速完成，可以为广告主节省大量的运作成本。

(3) 市场应变能力强

企业可以针对竞争对手的传播策略在短短几个小时内将广告信息传递给成千上万的目标消费群，从而控制消费者的心理制高点，防止竞争对手捷足先登。根据纵横随心邮与 360 行业安全研究中心的联合监测，同时综合网易、腾讯、阿里巴巴等主流企业邮箱服务提供商的公开数据进行分析评估，截至 2019 年年底，国内注册的企业邮箱独立域名约为 520 万个，相比 2018 年增长 1.96%。活跃的国内企业邮箱用户规模约为 1.4 亿，相比 2018 年用户规模增长了 7.7%①。

由于电子邮件广告的内容对用户更具有针对性，不论是提醒邮件还是促销邮件，从某种程度上来说都是用户真正需要的，因此，电子邮件广告的营销方式更能受到用户的欢迎。

2. 电子邮件广告面临的挑战

新媒体时代，电子邮件广告伴随着传播技术的更新正日益成为一种更为有效的传播手段，在市场营销和企业品牌形象宣传方面的功能价值不断显现，得到广告主的青睐和用户的认可。

(1) 垃圾邮件的泛滥与困扰

电子邮件广告在为广告主带来便利，为用户带来具有针对性信息的同时，也催生了令人厌烦的垃圾邮件——凡是未经用户许可（与用户无关）就强行发送到用户邮箱的任何电子邮件，都可以被称为垃圾邮件。垃圾邮件一般具有批量发送的特征，内容包括赚钱信息、色情广告、商业或个人网站

① 《2019 年中国电子邮箱的使用与规模》，2020 年 4 月 3 日，搜狐网，https://www.sohu.com/a/385388579_120071216，最后浏览日期：2021 年 4 月 1 日。

广告、电子杂志、连环信等。垃圾邮件可分为良性和恶性。良性垃圾邮件是各种宣传广告等对收件人影响不大的信息邮件。恶性垃圾邮件是指具有破坏性的电子邮件，如具有攻击性的广告或夸张不实的广告，包括色情网站、钓鱼网站。

(2) 企业对电子邮件广告运作不规范

不少企业利用邮件群发软件发送大量未经许可的电子邮件广告。同时，许多企业还给自己网站的注册用户反复发送大量促销信息却不提供明确的退订方法。

(3) 电子邮件广告的效果评价滞后

与电子邮件广告相关的评价指标有送达率、阅读率、转化率等，但实际中对电子邮件广告进行准确评价仍有困难。美国 e-dialog 的一项调查表明，有 50% 的利用电子邮件广告的被调查者无法确定广告效果，甚至有 51.8% 的人认为他们不能做出任何有关电子邮件广告运作的成绩报告，电子邮件广告提供者的承诺更多是潜在的而不是现实的①。

3. 电子邮件广告的发展趋势

电子邮件广告作为一种产品推广载体和渠道已经被企业和商家接受，并在广告实践中不断被尝试，在特定时期也取得了较好的市场效果。新媒体时代，受众的分化和技术的驱动为电子邮件广告的创新发展提供了新的市场前景。

(1) 电子商务实践中的新主角

新媒体时代，电子邮件广告在电子商务实践中发挥的重要作用不可替代。电子商务与人们的日常生活关系紧密，社交、购物和日常生活的方方面面都与电子商务直接相关，电子商务成为人们生活中最为重要和不可或缺的活动。依托这一活动，电子邮件广告的功能效应会被进一步放大。

---

① 参见 MBA 智库・百科上的“电子邮件广告”条目，https://wiki.mbalib.com/wiki/%E7%94%B5%E5%AD%90%E9%82%AE%E4%BB%B6%E5%B9%BF%E5%91%8A，最后浏览日期：2021 年 4 月 1 日。

(2) 巨大的市场发展空间

目前,邮件往来仍然是个人、企业、政府机构、国际客户进行信息交流沟通的重要工具。相较于一些即时通信工具,邮箱具有较好的稳定性与私密性,用户群体数量巨大,潜在客户亟待开发,我国的电子邮件广告营销如同等待挖掘的金矿,依然蕴藏着巨大的市场潜力。

(3) 综合研发效果可期

尽管现阶段电子邮件广告营销还存在一定的问题和困难,但在新媒体环境下,机遇与挑战并存。电子邮件广告营销公司、研究机构、实体企业和从业人员等可以通过共同探索和努力,研发电子邮件广告产业链条和综合效果评估系统,未来,电子邮件广告的功能值得期待。

(4) 未来市场营销的主流工具

电子邮件广告的功能价值和应用价值决定着它成为未来市场营销主流工具的可能性。广告主可以通过不断创新邮件广告的服务质量赢得广告受众的信赖;通过加强行业自律,规范广告行为,赢得广告客户的信任和尊重;通过树立电子邮件广告在企业营销战略中的地位,肯定电子邮件广告的功能价值和应用价值,促使电子邮件广告逐步成为未来市场营销的主流工具。

思考题

1. 简述电子邮件广告的定义。
2. 电子邮件广告的价值体现在哪些方面?
3. 目前电子邮件广告存在哪些问题?
4. 如何有效提高电子邮件广告的价值?
5. 如何评估电子邮件广告的效果?
6. 电子邮件广告有哪些分类方式?
7. 什么是垃圾电子邮件广告? 它有何危害?

13 手机短信广告

短信广告指的是以短信息(short messaging service, SMS)或多媒体信息(multimedia messaging service, MMS)为广告媒介,手机电信运营商或广告商以付费方式向消费者发布相关信息的广告形式。短信广告具有受众定量化、广告效果可测、受众群体庞大、个人化和交互性等特点。短信广告按广告文本呈现模式、广告内容、广告传播形态分为不同类型。手机短信广告的运作包括数据库精准营销、广告运营平台的整合、短信广告表现力提升、广告信息撰写及发送时机、广告信息安全接收等营销策略。

13.1 手机短信广告概述

手机媒体是指以手机视听终端、手机上网为平台的个性化信息传播载体,它是以分众化为传播目的、以定向为传播效果、以互动为传播应用的大众传播媒介。手机短信广告依托于手机短信这种传播媒体,是指在手机上利用短信的形式发送广告信息,手机用户通过阅读短信获取广告信息的一种广告形式。

13.1.1 手机短信广告溯源

手机短信广告源于 1999 年 10 月由美国硅谷的凯威数码公司研发的 mShop 中文短信应用服务系统。与普通的手机短消息广告相比，手机短信广告的形式更灵活，层次更丰富，广告效果也更好。它不仅能够向手机用户发送关于广告产品的简短的纯文字信息，也可以发送附有企业 LOGO、产品标识的图片信息及广告音乐等视听形式的广告信息。

从技术原理上看，手机短信广告指的是以短信息或多媒体信息为广告媒介，手机电信运营商或广告商运用电信通信或电脑网络，以付费的方式向消费者(手机用户)发布和传输的有关产品、服务、概念等信息内容的广告形式。广告一般以文字、图片、声音或视频等形式显示，手机用户可以选择性地即时作出回应或反馈。从本质上看，手机短信广告是基于运营商直接提供的短信接口实现与用户指定号码进行短信批量发送和自定义发送的目的，将广告内容以手机短信息的形式发送给消费者，在手机终端以短信形式呈现的商品或服务促销信息。

1. 我国手机短信广告的出现

我国手机短信业务的大幅度增长始于 2000 年，手机短信广告以投放精准、价格低廉、效果可控等优势得到了众多广告主的青睐和认可，它既可以成为商家推介新产品或进行促销活动推广的有效手段，也可以向消费者传达企业形象和品牌理念等。随着中国手机用户的快速增长，手机短信作为“第五媒体”的地位已得到广泛的认同。与传统媒体广告相比，手机短信广告拥有庞大的受众群体。根据“短信营销研究中心”的调查数据显示，目前全国各地的短信公司多达 6 千余家，每天使用短信广告的次数已经不下于 300 万次①。在某些领域，短信广告已经逐渐成为商家的必

① 参见百度百科上的“短信广告”词条，https://baike.baidu.com/item/%E7%9F%AD%E4%BF%A1%E5%B9%BF%E5%91%8A#：~：text=%E7%9F%AD%E4%BF%A1%E5%B9%BF%E5%91%8A%E8%87%AA200，%E4%B8%8D%E4%B8%8B%E4%BA%8E3%E7%99%BE%E4%B8%87%E6%AC%A1%E3%80%82，最后浏览日期：2021 年 4 月 1 日。

选广告形式。

2. 手机短信广告的发送途径

手机短信广告的发送途径主要有四种：一是直接通过手机将短信广告发送到特定用户的手机上；二是通过短信群发器发送手机短信广告，这是目前较为普遍的做法；三是通过移动增值业务提供商的移动网端口直接发送手机短信，移动增值业务提供商利用移动、联通、电信三家基础通信运营商提供的端口，通过通信网络发送广告，成为有偿短信广告业务的服务提供商；四是通过互联网发送手机短信广告。

3. 手机短信广告的主要类型

移动通信网络业务中的广告信息大体可分为两种：一种是由移动通信公司发布的公共信息，多以公共性服务信息、宣传移动电话通信业务等为主，这种信息来自移动通信业内部，发布面较为广泛；另一种是由企业、商家等直接向手机用户发布的商业信息，这种形式目前使用较多，但存在的问题也很多。由于手机短信广告基于移动网络通过群发模式将信息直接快捷地传送到用户的客户端，从而深受广告主的青睐。在短信广告传播中，开发商、手机制造商、内容提供商以及手机用户构成短信广告的整体产业链。其中，开发商、手机制造商和内容提供商都希望能在广告传播过程中获益。短信广告具有许多其他广告形式不能比拟的优势，但它在营销传播过程中面临的问题也很明显。

4. 手机短信广告的发布主体

手机短信广告的发布者不仅包括电信运营商、增值业务提供商和代发机构，还包括直接发送广告的商家和个人。任何人或组织只要具有一定设备和技术手段就可以实现短信群发，这些短信群发平台、软件和器材可以很方便地查询、下载和购买。目前，手机短信广告的发布主体主要可以分为三大类：第一类是与网络运营商合作的服务提供商，它们为了让手机用户购买各类付费服务，常发送关于更换铃声、天气预报订阅等服务性的短信广告；第二类是企业或商家，它们经常发布宣传产品和服务的短信广告，但其中有一些是涉嫌违法的广告信息;第三类是不法广告主,它们通常利用运营商难以核查短信内容的漏洞,通过群发器或特定软件向手机用户发送数以万计的短信广告。

5. 手机短信广告的违法表现

手机短信广告的违法表现主要有三种情形。第一种是由不法行为者发送的内容违法的广告,俗称"黑短信",如含有兜售假文凭、假证件,提供高利贷服务,提供色情服务等信息的短信,且大多存在诈骗陷阱。第二种是由移动增值业务提供商发送的诱骗性广告,用户一旦回复信息,就会自动订购某项业务。第三种是由正规商家或企业发送的产品广告或服务性广告。例如,电力公司发布的客户缴费通知,邮局发送的 EMS 确认短信,考试培训中心发布的培训通知和考分查询渠道,酒店发布的住宿信息,商场发布的促销活动通知,企业办公系统发布的会议通知短信确认和日程提醒,医院的短信挂号通知,旅游公司发布的旅游信息及组团优惠通知,彩票中心发布的开奖信息,物流行业的收单短信确认,房地产行业的房讯通知短信,工商税务向法人、纳税人传达的各类政策信息,证券公司发布的股评短信及股票买卖通知短信,保险行业发布的保单查询及续费提醒,银行等金融机构的短信客户关怀及账户变动通知等,大都属于社会服务性短信广告。不过,其中也有部分短信广告在内容上会存在夸大、虚假等违法违规的情形。

6. 手机短信广告监管的困境

手机短信广告发布由于没有设置准入门槛,导致追查违法短信广告的发布源头成为短信广告监管中的最大难题。此外,由于手机短信广告主要针对特定用户发送,其他人群无法获知该广告的内容,违法广告通常是由于消费者或受害人的投诉举报才得以曝光,因此,大部分违法的短信广告都很难被监管部门及时发现。这也是目前手机短信广告存在的最大弊端。破解手机短信广告的监管困境,一方面要制定手机短信广告的资质标准和技术标准,另一方面要提高用户的维权意识,及时抵制和举报违法的手机短信广告。

13.1.2 我国手机短信广告的发展现状

我国手机短信广告伴随手机媒体的快速发展而受到广告主青睐，在经历了 2000 年快速发展阶段之后，正在逐渐成为广告信息传播的重要载体。我国手机短信的广告受众群体庞大，市场空间广阔，但也面临垃圾信息和虚假信息传播、监管手段和方法缺乏等现实问题。

1. 手机短信广告价值的显现

我国人口众多，手机用户是一个非常庞大的信息受众群体，手机短信广告的价值主要体现在覆盖人群广、广告到达率高等方面。因此，在手机短信广告推出初期，不同行业的广告主对手机短信广告都给予了高度关注，纷纷试水手机短信广告，试图借助手机短信广告从激烈的市场竞争中找到市场营销的新路径。

手机短信广告覆盖了庞大的人群，因而有很大的发展空间。手机短信广告的目标人群清晰，能够有效地传递广告主的产品信息，并在心理和态度层面为广告主和企业博得受众的好感，较为容易树立起手机短信广告的品牌价值。总体来看，随着手机普及率的不断提高，手机短信广告的受众群体趋于稳定，手机短信广告的传播效果日益得到广告主的认可，手机用户对手机短信广告的态度也趋于理性，手机短信广告的价值逐渐显现。

2. 手机短信广告存在的问题

我国手机短信广告出现的初期，市场运作的监管机制还未将其覆盖，广告主发布广告的规范意识没有得到有效强化，从而造成了手机短信广告数量激增，但广告发布质量整体不高的情况。从手机短信广告的运用实践来看，主要存在以下三个方面的问题。

(1) 广告发布行为不规范

广告发布行为不规范主要表现在广告发布者不能准确地把握手机短信广告的特性，没有合理地运用短信广告的传播优势来宣传自己的产品或服务，而是一味追求广告传播的数量和传播频率，往往忽略了传播质量和传播效果，导致短信广告以垃圾信息的形式迅速在广大用户群体中蔓延，手机短信广告泛滥成灾，造成手机短信广告品质的下降。究其原因，主要是短信广告早期的运作行为和程序不规范，广告制作者及发布者的专业能力不强，广告短信内容大多缺乏创意和严格审查，致使一定时期内手机短信广告的整体发布质量不高。

(2) 手机短信广告容量有限

手机短信广告自身的容量有限，一般一条手机文本短信可以容纳 160 个字符或 70 个汉字，如果信息过长，则必须分条、分页发送和阅读，但分页阅读通常会给用户带来视觉上的不流畅和思维上的断层。在容量有限的情况下，短信广告的形式和内容缺乏创意，会导致广告效果被弱化。即使是多媒体短信，也需要一定的硬件支持，因此，要在有限的空间传达大量的有效信息实属困难。此外，若广告信息过于笼统，则更不能吸引受众的关注和兴趣，广告效果也会大打折扣。虽然手机彩信广告可以声情并茂地综合视听元素，但由于用户手机品牌、型号的差异及配置不同，通常会导致不同用户接收到的广告图片规格不同，像素清晰度也不一样。因此，手机短信广告的有限创意空间决定了其承载的广告内容必然会受到诸多限制，也必然会影响广告信息的有效传达。

(3) 垃圾短信广告的负面影响

就手机短信广告而言，目前尚未形成有效的监管体系，这样就导致垃圾短信的泛滥而难以监管。新华睿思的数据显示，“商品推销”“活动推送”成为网民诉苦最多的垃圾短信内容，热度分别达到 92.69 和 84.85。此外，“投资宣传”“会员邀请”“服务提示”等垃圾短信也被网民较多吐槽[①]。因此，垃圾信息严重破坏了手机短信广告的形象，使用户滋生了反感情绪，并对手机短信广告产生了强烈的不信任感。由于当前我国关于手机短信广告的法律监管体制仍不健全，短信广告侵权事件时有发生，手机用户的权益一直得不到有效保障，致使在手机媒体上发布的许多广告变成了骚扰用户的垃圾信

① 《睿思一刻｜别在我的手机里倒“垃圾”》，2020 年 9 月 4 日，东南网，https://baijiahao.baidu.com/s?id=1676817067340873407&wfr=spider&for=pc，最后浏览日期：2021 年 4 月 1 日。

息，而这些垃圾信息的背后，隐藏的却是手机用户个人隐私信息的泄露问题，手机用户出于对手机短信广告的强烈不信任感，很可能在没有浏览信息的情况下就删除了短信。

3. 手机短信广告的改进方向

由于受技术条件限制和广告发布者认知的影响，手机短信广告往往内容乏味，形式单调，一般只能用纯文字或简单的图片、声音等作为主要表现形式，广告创意表现力不强，已经远远不能满足视觉文化时代手机用户的视听兴趣。在新媒体环境下，手机短信广告可以沿着以下三个方向改进传播方式并提升传播效果。

(1) 内容和形式的有机统一

在短信内容字符有限的制约下，手机短信广告很难实现丰富的广告内容和多广告传播形式。但是，随着网络性能的不断提高，尤其是数字技术的不断革新进步，未来图文并茂、视听综合、创意表现力强的手机短信广告将会逐渐得到普及。广告是一种营销工具和手段，也是一种创意表现和沟通的艺术，受众在接触广告的过程中，除了关注广告的实用价值，也会以审美的眼光对广告从内容到形式进行评估。因此，无论何种形式的广告，要尽量做到内容与形式的有机统一，这是获得用户认可的基本路径。进行内容创新，提升广告创意的新颖性，丰富手机短信广告的表现形式，实现内容和形式的有机统一，是改进手机短信广告传播品质的重要方向。

(2) 在合适的时间发布合适的广告

手机短信广告对用户而言具有明显的强迫性特点，海量的手机短信广告会随时随地侵入手机用户的私人空间，通常会打扰用户的思绪，打断用户正在进行的工作，从而引发用户的反感和抵触情绪，不利于广告主和客户良好关系的建立和培养。为了克服手机短信广告的这一缺点，需要广告主更加准确地利用大数据技术把握用户的心理和行为特征。一方面，在广告创意上，要匹配用户感兴趣的话题，适当增加吸引用户的互动要素；另一方面，合理设计并控制手机短信广告发布的时间和频次，在合适的时间发送适量的短信广告，实现与广告用户的良性互动。

(3) 营造良好的广告生态环境

我国手机短信广告的市场运作还处于发展阶段，尚未形成完整的价值链和成熟的经营监管体制，相关的政策法规和有效的监督管理相对滞后，致使手机短信广告在一定的时间和空间内遭遇了空前的信任危机。例如，一些SP服务商不经审查，肆意向手机用户大规模发送办证、售票、交友、色情、诈骗等虚假信息，甚至让一些不明真相的手机用户上当受骗，遭受严重经济损失。这不仅严重影响了正规广告公司代理的短信广告业务，更严重损害了手机短信广告的整体形象和公信力，这种负面效应也在一定程度上成为企业运用手机短信广告开展客户关系管理的绊脚石。与传统大众广告媒体的受众群体不同，大多数手机用户并不习惯企业广告信息的打扰，当用户的隐私遭到泄露，用户的行动被追踪，泛滥成灾的垃圾短信不停涌向用户时，手机短信广告的信誉就会受到严重影响，传播效果就会大打折扣。因此，广告主和服务商不能一味地追求更高的信息曝光率，而要考虑用户的信息接收习惯和心理认知；手机用户也要正确认知手机短信广告的传播规律和特点，理性地选择和享受手机短信广告带来的服务；广告管理部门也要加大对手机短信广告的管理力度，通过多方互动，为手机短信广告的健康发展营造良好的市场环境和生态环境。

13.1.3 手机短信广告的特点

相较于传统媒体广告，手机短信广告具有许多传播特性，这些传播特性有些带有新媒体广告传播的个性，更多的则带有传播的共性。

1. 个人化和交互性

传统广告媒体的传播活动是一种把信息强制灌输给受众的单向式传播。在数字化信息时代，广告传播活动更趋向于分众化和个性化。广告主可以根据广告接受者的实际情况，通过建立精确、全面的用户数据库，进行个性化、针对性的信息传播，甚至完全可以做到为每一个用户发送量身定做的个性化短信广告，即根据接收者的不同特点采用不同的广告内容和广告形式，目标明确，传播效果更好。短信广告具有网络广告的交互性特征，用户接收到对自己有用的信息后可以按照个人意愿决定是否进行反馈，用户可以随时与广告主进行互动，与大众媒体互动，并积极参与广告主的商业活动。手机媒体具有的强大交互功能是传统大众媒体无法企及的，利用手机短信可以建立用户与广告主之间类似面对面的关系，最大程度地发挥人际传播的交互性，信息可以瞬间传播，反馈渠道也更加通畅便捷，提高了用户对广告信息的接受度和好感度。

2. 强制性和选择性

首先，手机短信广告的传播具有强制接收的特点，手机用户只能通过关闭短信息功能来拒绝短信广告，这是短信广告极易招致手机用户反感的一面，却能保证广告100%的到达率。其次，短信广告具有很强的散播性，速度极快，一秒钟即时发送，一瞬间万人传播。最后，手机短信广告的发布极具选择性，广告主既可以根据目标受众的实时情境进行传播，也可以根据产品的特点弹性地选择广告的投放时间，甚至可以具体到在某个时间段内进行信息发布。

3. 储存性和散播性

手机独具的信息存储功能对企业来说是机遇，更是潜在的经济效益。手机发送的短信广告有各种模式，每条短信都或多或少地与培养良好关系、促进产品销售的目的有关。手机短信接收者可以随时保存对自己有用的信息，随时咨询广告主，需要时可反复阅读。针对一些有趣、实用的信息内容，用户往往会随时转发给自己的亲朋好友，有时甚至能形成“病毒式”的营销效应。因此，短信营销具有很强的散播性，速度快、高迸发，可以同一时间发送大体量的短信信息，形成即时的轰动效应。

4. 成本低和定量化

广告主最关心的是成本和利润，实践证明，通过发送手机短信来建立和培养良好、忠诚的客户关系，比传统的报刊广告、电视广告及人员推广花费的成本小且综合效益较高。目前,我国手机短信广告的平均服务价格极低,这吸引了众多资金不足的商家通过手机短信广告建立并培养顾客关系。此外,传统媒体广告的投放和效果总是难以精确计量,手机短信广告可通过发送系统的及时统计反馈,对传播效果进行更加科学的估计和分析,打破了传统广告媒体定价的行规,广告主可以事先制定好支出预算,定向地把广告信息发送给目标客户,从而可以为客户提供具有更高价值的服务。

5. 实时性和灵活性

短信广告是实效性与持久性的统一。不同于传统广告媒体的审查、编排、投放等要经历比较多的步骤,手机短信的发布快速而便捷,不受时间的限制,一条短信从发送到用户接收的过程只需短短的几秒钟,可以 24 小时提供及时的服务,对于需要发布比较紧急的广告信息的商家而言,短信广告是最佳的选择。此外,广告主还可以定时地重复发送信息,且可以随时更改消息内容,灵活地将最新的产品信息传播给消费者。例如,当我们坐火车每经过一个新的城市时,就会收到该城市的手机短信,内容一般是介绍该地区的风景名胜等,这是手机短信广告实时性的一个很好的例证。

6. 精准投放,到达率高

一方面,手机短信广告投放的精准性体现在广告主投放广告的目标市场的准确性上,从理论上讲,电信运营商的用户数据库是经过短信平台智能筛选出来的细分化数据库,广告主可以选定广告对象进行信息发布,还可以将特定的广告信息发送给相应的消费者,甚至可以根据不同的接收对象传递同一产品不同的广告信息,目标市场非常明确,有利于最大限度地提升客户的购买欲望。另一方面,短信广告投放的精准性体现在广告受众的准确性,即可以根据广告接受者的实际情况进行个性化、有针对性的信息传播,实现精准目标营销。目前,手机短信广告最大的特点就是信息可以直达接收者的手机终端,能够做到"一对一""点对点"式的精准信息传递和百分之百的强制性阅读,时效性极强,具有较高的到达率与阅读率。在手机媒体与用户接触的有限时间内，能有效提高受众与广告信息的接触频率，从而提高广告信息的传播效率。

此外，准确的手机短信广告投放是基于移动运营商拥有的用户数据库，该数据库是按照一定的条件进行细分的数据库，即对用户市场的细分。基于此，广告主可以将特定的产品广告信息发布给相应的消费者，目标市场明确，广告信息的目标受众也会因广告信息与自身密切相关而更加关注它。传统广告媒体的信息发布都有自己的弊端，例如，读者可以直接跳过报纸广告的部分而直接阅读感兴趣的文章；对于电视广告，观众可以通过换台跳过广告部分。因此，在传统广告媒体上发布的信息一般不能保证比较高的收视率和阅读率，但是在手机短信广告中一般不会遇到这样的问题。因为手机短信的发布是点对点的精准发布，手机会自动接收短信，并且用户必须阅读短信，否则，短信息提示不会消失。通常情况下，用户一般不会直接删除短信，而且出于好奇心理，用户会在查看之后才决定是否删除，所以，手机短信广告基本上可以达到 100%的阅读率。我国手机用户群体的规模庞大，这是传统的四大广告媒体望尘莫及的。

7. 受众群体庞大，信息传播范围广

手机作为现代社会普及较广的通信工具，也是广大消费者使用最频繁的新型媒体。我国移动电话用户数量居全球首位，工业和信息化部无线电管理局（国家无线电办公室）发布的《中国无线电管理年度报告（2018 年）》显示，2018 年，我国净增移动电话用户达到 1.49 亿户，总数达到 15.7 亿户，移动电话用户普及率达到 112.2 部/百人，比上年年末增加 10.2 部/百人。其中，全国已有 24 个省市的移动电话普及率超过 100 部/百人。全年移动互联网接入月户均流量达 4.42GB/月/户。其中，手机上网流量达到 702 亿GB，比上年增长 198.7%，在总流量中占 98.7%[①]。这意味着依附于手机媒体的短信广告拥有着庞大的市场和潜在客户群，而且这一规模还在飞速增

① 《工信部：2018 年我国手机用户总数达 15.7 亿》，2019 年 3 月 26 日，人民网，http://it.people.com.cn/n1/2019/0326/c1009-30996758.html，最后浏览日期：2021 年 4 月 1 日。

长之中，海量的用户数量奠定了手机广告飞速发展的坚实基础。由于手机具有移动化的特点，可以自动漫游，无论用户身在何处，只要有手机信号和通信卡，无论用什么终端都可以发送和接收短信。

短信业务的移动性、个人化、自动漫游等特征是短信广告能成功到达用户的基本因素。因此，手机短信广告的传播范围十分广泛，只要有手机信号的地方，用户就能接收到手机广告，这是传统媒体无法做到的。

8. 受众定量化，广告效果可测

手机短信传播的精准性和针对性能使广告信息发布定量化，受众数量可以准确统计，并可以由此评价广告效果，进一步制定广告投放策略。传统广告媒体，比如报纸，虽然它的读者量可以统计，但是，要想了解有多少读者阅读了上面的广告，就只能通过估计推测而不能进行精确的统计。广告短信发送到用户手机后，一般大概率会被用户阅读，即使用户对广告的信息内容不感兴趣，也依然会产生“印象累计效果”，这样就在无形中为广告主培养了潜在的消费者。

9. 广告费用低廉

在传统广告媒体中，媒体的知名度与公信力以及时段或版面决定着广告投放费用的高低。一般而言，如果一份报纸的知名度越高、版面越大、广告位置越好，广告费用也会随之水涨船高。如果一家电视台的影响力越大、节目收视率越高、广告时段越接近黄金时段，广告费用也会越高，一般电视媒体要比纸媒的广告费用高很多。但是手机短信发布则完全不同，每一条短信广告的费用对任何广告主都是一样的，每条短信的价格低至 0.034 元。相对于如此高的到达率和良好的广告传播效果，每条手机短信的价格相比于传统媒体广告的价格确实是相当优惠。对广告主而言，发布手机短信广告可以不用提前排期，并且广告主可以自己制定预算，短信按条计费，价格低廉。在手机短信业务发展初期，手机短信的收费方式与手机通话的计费方式相似，是月租费加按条计费。按条收费的方式指每成功发送一条，由发送方支付费用，接收方不付费，发送短信不再收取通话费用。总体而言，与传统广告媒体动辄十万元甚至上百万元的广告费用相比，短信广告的成本非常低廉，几乎可以忽略不计。若通过短信平台提交短信广告，比直接用手机发送短信息更加便宜，大大降低了广告主的广告发布成本。手机短信广告的优势特征除了上述提及的，还有一些会随着互联网和数字技术的发展以及手机性能的不断改善而逐渐显现，等待广告主、手机运营商和用户共同开发和利用。

13.2 手机短信广告的类型

手机短信广告是商品经营者或服务提供者通过手机短信直接或间接地传达有关商品或服务的宣传手段，是目前应用较为广泛的一种手机广告模式。从它的功能和价值来看，短信广告是企业的移动营销桥梁，可以介绍或推广商家的产品或服务，作为一种向消费者传达企业形象和品牌理念的工具和手段；还可以向用户提供有针对性的个性化服务，随时为用户提供各类信息咨询和在线服务，提升企业在客户心目中的地位和形象；还可以作为企业产品的移动宣传平台，实现商业信息的移动化，同时为企业提供多媒体信息，开拓理想市场，开辟新的产品渠道，突破固定网络的限制，实现随时随地的访问。手机短信广告作为一种新媒体广告形式，它的便捷性、精准性及受众群体的规模化等诸多优势特征逐渐显现出来。与其他广告形式相比，手机短信广告的类型较多，具有许多非常值得挖掘的应用价值。

手机短信广告的类型可以从不同角度划分，一般可分为文本短信广告、图像短信广告、音频短信广告、视频短信广告等类型。

13.2.1 按文本呈现模式划分

在手机短信广告的形式中，文本、图像、音频类短信广告最为普遍，制作过程比较简单，视频短信广告制作起来相对复杂，制作成本及对手机的性能、配置等条件要求也比较高。总体而言，运用视频短信广告表现的商品及服务内容会更加丰富生动，这也是未来手机短信广告努力发展的方向。

1. 文本广告

文本广告是手机短信广告最原始的形式，在手机短信诞生初期，一般一条短信广告只能发送 160 个字符，内容多为广告主以文本方式对广告产品或服务的特征进行描述，同时还会附带网站链接与活动日期等。这种最原始的短信广告发展到现在已经被普遍利用，但是由于手机短信的特征显著，很难引起消费者的重视。同时，不完整的文字信息有时会影响广告信息的表达与传递。因此，这种形式的短信广告时常会被消费者忽略。但是，不可否认，这种手机短信广告具有良好的咨询功能，广告主与服务商可以利用短信广告平台建立产品数据库，消费者若有购买意愿，就可以利用短信方式对运营商进行全方位的信息咨询或进行产品、服务的预订——用户可以通过预先订制服务，把自己的消费习惯与消费模式备份到广告主和运营商的数据库中，之后，广告主和运营商将会按照用户的反馈信息，及时调整并选择用户需求的内容，把产品信息发送到用户的手机。这种具有互动性质的传播模式在移动互联网时代有着极其广阔的发展空间。

2. 彩信广告

彩信广告就是通过发送和接收彩信的方式实现一定的广告效应。与纯文本形式的短信广告相比，手机彩信的优势是可以支持多媒体功能，能够传输包括文字、图像、声音、数据等在内的多媒体格式，更加直观形象，能够更准确地传达广告内容，更好地帮助消费者接收和消化广告信息。因此，彩信广告可以通过多种渠道对广告产品进行宣传的特点使它更具时代性，广告效果也更好。不过，手机彩信广告需要移动终端的支持，需要用户开通数据业务。随着手机业务的不断成熟和用户手机使用率的逐渐提高，手机的性能和配置也在不断提高，用户手机业务对个性化与时尚化的追求为彩信广告提供了广阔的发展空间。但是，从消费过程来看，彩信广告并不符合双向传播的特征，它只是单方面的广告推广，并没有给予消费者互动和交流的机会。从彩信广告的内容来看，它包括日常播报与手机杂志等内容，在移动互联网迅速发展并广泛应用的背景下,具有良好的发展前景。例如,广告主可以将制作精美的手机杂志与广告内容完美融合,发送至目标消费群体的手机终端,或是利用新闻播报的形式,图文并茂地把各种信息发送给目标消费者。由于手机短信广告在传递过程中具有隐蔽性特征,因此,彩信广告的丰富形式在一定程度上降低了消费者的抵触和反感情绪。

3. 彩铃广告

彩铃广告是以手机用户的主叫方为广告受众,通过在呼叫铃声中设置广告信息,以语音传达的形式达到广告效果。彩铃广告由于可以实现多次重复性的广告发布,成为目前手机短信业务中发展前景比较好的电信增值业务。

13.2.2 按广告内容划分

手机短信广告相较于传统媒体广告、网络广告等,无论是形式还是内容都要简单得多。但短信广告的便捷性、随意性、经济性等特点是其他媒体形式的广告无法比拟的。手机短信的发送不需第三方平台,不受时空限制,且收费低廉,这些特点有利于手机短信息业务量的迅猛增长,短信广告也成为目前我国使用频率极高的广告形式。从广告内容的角度来看,手机短信广告的内容大致有两种:一种是由移动通信公司发布的公共信息,这类信息来自移动通信业界内部;另一种是由一些企业、商家直接向用户发送的关于产品促销、房产中介、求购二手商品等带有商业性质的广告。

1. 产品推广或服务短信

即由企业向所有或部分手机用户发送的商业广告,如产品促销、公关活动、新闻推广等信息,或是带有企业 LOGO 或商店徽标的图片及企业主题歌和随机向部分用户发送的商品优惠券等,还可以向经销商、供货商即时发送关于供货情况的产品或服务相关的信息等。

2. 节日祝福类短信

即企业通过建立精准全面的用户数据库,在传统节假日(如元旦、春节、中秋节等)以及情人节、圣诞节甚至消费者的生日、结婚纪念日等独具意义的特殊日子发送的祝福短信。这类短信广告更多是以企业名义传递温馨祝福,一般并不直接进行对产品或服务的宣传。但不可否认,这是企业情感营销的一种手段,利用这种软性广告形式,不仅能够在无形中拉近消费者与企业的心理距离,更能有效地培养消费者的品牌忠诚度。

3. 新闻资讯、娱乐类信息

即以企业的名义向用户手机发送免费的新闻资讯、天气预报、娱乐游戏等内容的手机短信广告,通常与信息资讯绑定后进入用户的视野,补偿了短信广告直达的干扰和不便。这种广告形式为用户提供了有用的信息,同时带来了情感上的愉悦体验,容易被用户接受,从而会对他们的态度产生潜移默化的影响。

4. 售后回访短信

消费者在购买了企业的某类产品或服务之后,并不意味着整个营销过程的终结;相反,这正是企业与消费者建立长期互利的关系的开始。消费者的产品使用情况、使用后的感受和评价以及消费者对企业的态度、意见和建议,都会在一定程度上影响消费者的再次购买。因此,利用手机短信的形式及时回访消费者,了解他们的产品使用体验、意见和建议,从而进一步改进企业的产品服务和营销策略,这是企业利用短信广告建立客户关系的一大优势。

5. 电子折扣优惠券

目前,越来越多的企业通过向消费者发送手机短信形式的电子折扣优惠券来配合促销活动,并维系顾客品牌忠诚度。例如,快餐连锁通常会发送带有电子优惠券的短信吸引消费者前来就餐,让消费者可以凭借优惠券享受折扣优惠,从而达到刺激消费的目的。实践证明,这种新媒体广告形式的优惠券颇受消费者的欢迎,很多消费者乐意接受这种短信广告,有相当一部分用户在收到短信广告后会立刻把消费付诸行动。电子折扣优惠券形式的短信是一种即时、有效的短信广告促销手段。

6. 自助查询及投诉服务

手机用户通过向固定的号码发送短信息，可以主动反馈意见和建议，查询积分情况、业务详情或兑换礼品。这种“PUSH”形式的沟通方式更能体现用户的主体性，方便、快捷并有利于企业与消费者的双向交流。这种短信广告目前仅应用于重视客户关系管理的企业，且限于一些服务性较强的行业，如银行、通信、保险和航空公司等。

7. 奖励式短信

奖励模式的手机短信广告出现较早。2001 年，广东移动率先在全国开通了手机“听广告，赠话费”业务，爱立信、西门子等一些大企业均参加了此次活动，后来由于注册参与者过多，这次活动被迫中止，但广东移动的这次活动却为短信广告业务的模式创新提供了有益的经验和启示。奖励设置是现在很多产品宣传时常用的促销手段，短信广告可以借助传统营销中的奖励刺激模式激发消费者阅读短信广告的积极性，只要手机用户在看到短信广告后回复到服务台，就可以参与抽奖活动，获得一定的积分或话费。这种奖励模式若运作良好，将会为手机短信广告树立良好的形象，让手机用户的接受由被动变为主动。

13.2.3 按广告传播形态划分

手机短信广告主要是通过无线控制信道传送包含文字文本及二元非文本的短小信息，作为广告信息接收终端的手机用户，根据手机型号及功能配置等的不同，可以接收不同字符数量的消息文本，如果用户手机支持 EMS (enhanced message service，即加强短信息服务)，则可接收包括文本文字、简单图形、黑白图片的混合信息。这无形中为手机短信广告传播形态的创新与发展提供了良好的受众环境和技术条件。

1. 趣味性、多元化的短信广告

AIDMA 法则是由美国广告人 E. S. 刘易斯提出的具有代表性的消费心理模式，它总结了消费者在购买商品前的心理过程。消费者先是注意商品及其广告，并产生一种需求，最后是记忆及采取购买行动。AIDMA代表着"attention"（注意）、"interest"（兴趣）、"desire"（消费欲望）、"memory"（记忆）、"action"（行动）[①]。其中，"attention"是排在首位的，也是消费者最基本层面的广告心理效应。根据这个广告心理模式，消费者被广告吸引是促成购买行为的第一步。如果一则短信广告被手机用户厌烦和排斥，其中一个很重要的原因必定是该短信广告内容与形式的单调和无趣。小小的手机屏幕本来传递的信息就很有限，若再加上一堆密密麻麻的文字，这必然会让用户在阅读信息的过程中产生视觉和审美疲劳，之后他们很有可能在看到类似广告就立即删除。要想改变用户对短信广告的惯性拒斥心理，最好的办法就是在短信内容上努力以言简意赅、生动活泼的语言增加阅读情趣，提高吸引力，提升品牌内涵。在广告形式上要突出动感，采用图文传播、动漫传播、彩信传播等形式，缓解用户的视觉疲劳，提高他们的浏览兴趣。

2. 潜移默化地植入式广告

植入式广告是指把广告产品或服务中具有代表性的视听品牌符号融入影视或舞台产品，给受众留下深刻的印象，以达到营销推广的目的。植入式广告推销模式在手机短信广告中的引入近年来也被视为一个新的经济增长点。手机短信植入式广告即利用幽默故事、新闻资讯、小游戏等，把广告信息植入其中，从而淡化产品、服务、观念或相关主体性的信息。这样的广告形式可以暂时让消费者忘记植入式广告背后隐藏的功利性和商业色彩，从而放下对商业广告的戒备心理而自觉自愿地接收广告信息。在植入过程中，由于消费者接受心理的无意识和下意识，广告信息通常会在消费者处于娱乐休闲的精神状态下牢牢扎根于消费者的心中，从而产生良好的广告效果。

随着网络技术的不断发展、智能媒体的出现及媒介大融合趋势的加强，未来手机短信广告无论在形式还是在内容上必然会进行不断的突破和创

① 参见百度百科上的"AIDMA法则"条目，https://baike.baidu.com/item/AIDMA%E6%B3%95%E5%88%99/637786，最后浏览日期：2021年4月1日。

新。总体而言，无论哪一种模式的短信广告，都必须遵循广告运作的一般规律，以用户为核心，努力在广告内容和形式上吸引受众，以达到广告的预期目的。这就要求短信广告首先要把握用户的消费心理，针对不同的目标用户群提供有价值的内容和信息。其次，在广告内容的表达上要简明扼要、个性鲜明，强调用户的兴趣点，这样才能在更大程度上吸引他们的眼球。

13.3 手机短信广告的运作

短信广告的发布渠道有两大类：第一类是由服务运营商发布，广告主向运营商购买广告发布的渠道；第二类是由互联网服务内容的直接提供者(SP)的互动平台来发布，由广告主与 SP 一起向运营商申请审批，广告信息由 SP 通过其互动平台向手机用户发布，运营商进行监控。但是，根据国外手机短信广告的运作经验，短信广告需要在用户许可并确认订阅的前提下发送，否则，会遭到用户的反感和抵制，大大降低广告效果。因此，针对特定区域、特定时间的特定用户群发送特定内容的短信广告，是一种成本低、见效快的广告形式，通过市场调研数据分析，将短信广告信息有针对性地发送给与广告内容相关的手机用户。例如，给经常乘坐飞机的手机用户发送打折机票的信息，给汽车用户发送有关汽车维护的信息等。

手机短信业务成功的关键，就是必须有一个成功的产业链，即移动门户提供商＋网络运营商的模式。目前，手机短信广告市场的混乱在很大程度上是由产业链的残缺造成的，以致在很多环节上出现了问题。此外，短信广告目前仍没有全面的广告效果评估系统，垃圾短信广告泛滥使手机用户对短信广告极度反感，广告表现形式单一，广告目的过于明显等都会影响短信广告的未来发展。因此，手机短信广告若想达到预期广告目的，就要遵循手机广告在运作机制、运作策略、监管等环节的运作规律，真正做到有的放矢。手机短信广告的运作可以从以下五个方面入手。

13.3.1 建立用户数据库，实现精准营销

由于手机媒体是一种个性化的私人媒体，因此，精准是手机媒体的重要优势，传统媒体（如广播、电视、报刊等）的广告营销最多只能针对某一特定人群，而手机短信广告可以精准到个体，进行一对一的个性化传播。

1. 精准营销的两个层面

手机短信广告的精准营销可以从两个层面理解：一是从技术层面上进行精准营销。广告主可以利用定位技术，若有优惠活动或新产品上市，就可以及时发送手机短信告知消费者；二是从个体层面进行精准营销。对于每一个有价值的用户，广告主都应该制定相应的个性化广告传播策略。例如，目前大多数品牌都有自己的会员制度，广告主会定期推出一些会员活动、优惠政策等。会员制其实也是一种精准营销，只是目前很多会员营销做得还不够精准，广告主依然还是把会员当成一类人群，对这类人群采用相同的营销策略。短信广告除了对某类人群进行共性营销，还可以针对每个个体进行个性化的营销推广。

2. 数据库营销的核心竞争力

新媒体时代，网络平台的拓展、大数据技术的运用和广告联盟的建立，从技术和产业层面为手机短信广告的数据库营销奠定了良好的基础。手机短信广告的数据库营销，就是企业通过收集和积累用户信息，经过分析筛选后，有针对性地使用短信等方式进行客户深度挖掘与关系维护的营销方式。从广告运作层面看，手机短信广告数据库是一种涵盖现有用户和潜在用户，可以随时更新的动态数据管理系统。数据库营销就是以广告主与手机短信用户建立一对一的互动沟通关系为目标，并依赖庞大的用户信息库进行广告传播活动的销售手段。数据库营销是手机短信广告的核心竞争力，运作核心是有效数据的挖掘。手机广告运营商要对现有手机用户数据库进行分析研究，根据分析研究结果向用户发送相关的广告信息，并与企业合作，为用户提供商业信息服务，这样既强化了广告效果，又节约了广告成本，拉近了广告产品与用户的情感距离。

13.3.2 广告运营平台的整合营销

在广告运营平台整合营销方面，首先要整合新媒体与传统媒体的优势资源为手机短信传播服务；其次要整合线上与线下资源，提升手机短信广告的传播效果；最后还要关注广告传播主体之间关系的建立和互动。

1. 广告营销平台的资源整合

在新媒体时代整合营销传播的背景下，传统媒体广告的优势也可以在手机屏幕上得到体现。手机短信广告与传统媒体广告的融合更能提高广告效果，不同的媒体受众对象也能扩展广告信息的覆盖面，有利于对广告产品、广告服务的推广和广告品牌的树立。例如，手机短信广告可以借鉴传统平面媒体广告的创意和表现手法，在广告语的凝练和广告文案的撰写上给手机用户更多的新鲜感和体验感；也可以借鉴电视广告的叙事风格与表现手法，创作短小精悍的短视频广告吸引用户的注意并激发用户的兴趣。同时，广告营销平台的资源整合也包括与手机短信广告有关的线上线下活动的信息结合和资源整合，如线下活动热点主题的传播和事件营销的二次传播等。

2. 广告运营平台的互动功能运用

增强互动性是互联网和手机等新媒体有别于传统媒体的一个特性。手机短信广告是商家与用户个人的沟通，这种沟通是双向的、互动的。这种互动性可以使消费者感觉自己不再是被传播的对象，而是品牌活动的参与者。这种参与感也会大大增加消费者对品牌和商家的认同感。手机短信广告的融合性很强，有利于实现与传统广告媒介的结合。例如，现在很多电视节目都设有短信互动环节，一般都有商家赞助并提供奖品。短信互动的赞助商可以开展一些线上或线下活动，把参与短信互动的用户聚集起来，组织一些品牌活动，积累忠实客户。

13.3.3 提升手机短信广告的创意表现力

手机集通信、娱乐等功能于一体，广告商可以根据不同的广告目标、广告内容和目标受众选择合适的广告形式，提升短信广告的创意表现力，以达到广告效果的最优化。

1. 纯文字性短信广告创意力的提升

手机短信广告的文字型广告、图片型广告、音频型广告、视频类广告等各有特色，在手机短信广告中都得到了较为充分的运用。但是，由于纯文字性的短信广告缺乏生动的表现力，要吸引用户的眼球，必须在文字组织和创意文案上下功夫。提升纯文字性的短信广告创意力的方法首先是在文字的编排上要灵活多变，包括对印刷体、手写体字体的运用，文字的排版方式和编排顺序的设计。此外，标题和语气词的使用应尽量贴近用户的接受习惯和阅读习惯。其次，在创意表现上要使用新颖独特的体裁，如对新闻体、散文体、诗歌体体裁的运用，可以提高用户对广告的阅读率，也可以在个性化需求上满足一些特定用户的阅读偏好。

2. 视频短信广告的创意传播

新媒体时代，网络短视频成为广告信息传播的重要形态，成为占据消费者碎片化时间的信息传播载体。受众对视频的推崇以及智能手机的普及促使手机短信广告主逐渐用声音、视频等形式的短信广告替代单调的纯文字性短信广告，提升广告效果。同时，手机视频在商业化和用户体验中越来越受到欢迎，广告商可以在手机短信视频中植入一些相关广告信息，也可以在播放视频时在屏幕下方显示广告链接，用户可以根据自己的喜好点击这些广告信息，提高广告的阅读率并形成手机短信广告的“病毒式”传播。伴随着智能手机的兴起，手机短信广告的创意传播能力将得到全方位的提升。

13.3.4 手机短信广告的情感营销和时间策略

广告情感营销和时间策略的合理运用可以使手机短信广告的传播效果得到提升；广告主还可以通过情感营销和时间策略的有效组合，培养手机用户对短信广告的信任感和好感度。

1. 手机短信广告的情感营销策略

手机短信广告大多是靠文字实现广告信息的有效传递的。新媒体时代,图像和视频成为手机短信广告的重要传播手段,二者互相配合,可以使手机短信广告的传播能力得到极大提升。目前,手机短信广告传播虽然已经进入视觉传播时代,但文字传播在传媒发展史上已经占据了近400多年的统治地位。时至今日,文字广告的魅力不减,文字仍能直指人心。很多时候,图片需要文字的辅助才能更准确地表情达意,视频需要字幕的点缀才能更深刻地诠释镜头。因此,运用文字广告的独特魅力进行情感营销成为一个重要的手段。例如,当天气突然降温时,商家就会及时向顾客发送"天冷了,别忘了给自己添衣"这样的短信广告,虽然没有任何商品信息,但简单的几句话、几行文字就让用户体验到家庭般的温暖和关心,感受到老朋友般的关怀和问候。通过这样的情感营销,可以极大地增强用户对商家的好感,并促使他们做出购买行为。

2. 手机短信广告的时间营销策略

手机短信广告的时间营销策略主要指合理控制广告信息发送的时间节点,优化用户接受广告信息的时间,填补用户的碎片化阅读时间。其中,最为重要的是广告主应掌握适时发送短信广告的时间节点,因为没有用户希望在夜深人静的时候听到突然响起的手机短信提示音,也没有用户希望在美好的节假日频繁地收到各类产品的促销信息。不合时宜的短信广告不仅打扰了手机用户的正常生活,也影响了商家及产品在消费者心中的形象,传播效果会大打折扣。合理控制广告信息发送的时间节点会使广告信息的发布更有效、与用户的沟通更通畅。

13.3.5 探索手机短信广告发布的新模式

手机短信广告发布新模式的建立是一个系统工程,涉及手机短信广告的安全发布、用户选择性接受和规范化管理等问题。

1. 保证手机短信广告的安全发布

手机短信广告自带的病毒信息通常有两类：一类是信息本身带有一些病毒程序，用户接收到这类信息后会导致手机系统瘫痪；另一类是广告主利用高科技手段谋取不正当利益的手机短信，也被称为“黑短信”。前者会让手机用户在毫无防备的情况下遭受病毒侵害。因此，广告主利用手机短信进行营销时，首先要在技术上确保发送信息的安全性，保证消费者信息接收的安全性；其次，广告主要保证信息的真实性，注意措辞，避免用户因产生抵触情绪而把短信广告当成“黑短信”直接删除；最后，广告主可以将短信与具体的消费行为绑定，如“用户凭此短信消费满××元可以获得精美礼品”，让消费者在享受优惠的同时，更信任广告内容的真实性。

2. 建立用户广告信息选择性接受机制

手机信息的存储量有限，传输速度不快，所以，广告的信息内容最好简单、实用且有针对性，能够满足用户随时随地的需要，在用户得到满足的基础上获得用户的持久关注。同时，短信服务商还可以鼓励手机用户通过注册成为会员，用手机接收自己需要的实用、即时的信息，手机短信广告和有效的生活信息一起发送，更容易被手机用户接受。但是，要避免用户对短信广告产生抵触情绪，关键在于发布手机短信广告前必须取得用户的同意。发布手机短信广告涉及广告主、手机用户、工商部门和电信部门，因此广告主应该先在工商部门核查并获得许可，之后向电信部门提出申请，同时征得手机用户的同意，最后才能发布手机短信广告。由此看来，未来手机短信广告的发布应把广告商主动发送改变为手机用户选择性接收，让用户自己决定是否接收广告服务短信和接收哪些内容的广告信息，把主动权还给手机用户，而不是遍地撒网似的群发短信广告，这样只会大大降低广告效果，伤害消费者的感情。例如，中国电信的CDMA（即电信2G的网络模式）推出过一项深受消费者好评的服务，即让拥有收发彩e功能的手机用户每天收到一些国内外新闻、娱乐资讯等内容的短信，用户可以主动选择是否接收该短信。这样的服务既让消费者感受到自己的意愿被尊重，同时也大大提升了广告效果。

3. 手机短信广告的规范化管理

2010年9月20日,《中华人民共和国互联网信息服务管理办法》颁布实施,2015年9月1日,《中华人民共和国广告法》实施,对广告行业的规范化运作产生了积极的影响。但是,针对手机短信广告的法律法规还尚未出台,广告监管还存在许多空白地带。手机短信广告出现以来,世界许多国家和地区都在积极探寻手机短信广告的管理办法,一些国家在手机短信广告监管上的措施值得我们借鉴。例如,美国联邦委员会颁布相关法规,要求短信发送者必须在发送信息前取得收信人本人的同意,才能对他们发出商业性或其他宣传性的短信。英国政府在2003年就已立法规定,将推销产品的垃圾信息视为一种违法犯罪行为,用户甚至可以对肆意发送垃圾短信的企业和个人进行举报。德国在2003年通过了《联邦反垃圾邮件法案》(包括短信),其中规定,向手机用户推销商品或各种服务的手机短信必须征得用户的同意,如果发送色情等非法信息,将追究发送人的刑事责任。

我国正在不断加强对手机短信广告的监管力度,手机短信广告的相关法律法规和有效规章制度在逐步制定之中。《中华人民共和国互联网信息服务管理办法》就完善了广告信息安全审核的管理机制,要求保证广告的有效性和真实性;采取技术措施对广告信息进行过滤、审查,公布客户服务及举报电话;建立违规企业数据库,停止向黑名单企业和代理商提供技术服务;工商、公安、信息产业管理部门联合执法,调查黑名单企业并进行查处;协助媒体公开曝光违法违规企业,避免更多手机用户受害等。这些办法和举措的出台,将有力地促使手机短信广告沿着规范的方向健康发展。

思考题

1. 简述短信广告的发展现状。

2. 简述短信广告的特点。

3. 简述短信广告的传播形态。

4. 简述短信广告的文本呈现模式。

5. 简述短信广告的运作策略。

>>> # 14 IM 广告

IM(instant messaging)广告属于 IM 营销的一种方式。企业可以通过 IM 营销通信工具,通过群或好友发布一些带有广告性质的产品信息、促销信息,还可以通过图片发布一些网友喜闻乐见的表情包,同时附有企业要宣传的标志。在许多广告客户和广告代理商眼中,即时通信已经成为吸引大量广告费用投入的媒体平台。IM 广告一般可以分为聊天窗口嵌入广告和 IM 弹出广告。IM 广告是社交媒体广告的一种新类型,在新媒体时代深受中小企业广告主的青睐。

14.1 IM 广告概述

随着互联网产业链的日益发展和完善,原来只是用来聚集人气的 IM 平台逐渐玩出了新花样,并发展成社交媒体广告的一种新类型。

14.1.1 IM 的概念及演化

根据美国互联网术语在线词典 netlingo 的解释,IM 是一种使人们在网上识别在线用户并与他们实时交换消息的技术,被很多人称为电子邮件发明以来最时尚的在线通信方式。IM是一种可以让使用者在网络上建立某种私人聊天室(chatroom)的实时通信服务。大部分的即时通信服务提供了状态信息的特性——显示联络人名单,联络人是否在线及能否与联络人交谈等。国内目前比较受用户欢迎的即时通信软件有腾讯QQ、微信、百度HI、飞信、易信、阿里旺旺、yy语音等;国外的有Skype、Google Talk、icq等(图14-1)。

图14-1　国内外比较受用户欢迎的即时通信软件

14.1.2　IM即时通信工具的分类

不同的使用主体使用IM即时通信工具的目的不同,使IM呈现出不同的属性。根据即时通信属性的不同,可以将IM即时通信工具分为以下七种类型。

1. 个人IM

个人IM主要是以个人(自然)用户使用为主,具有开放式的会员资料、非盈利目的、方便聊天、交友、娱乐等特点,这类个人IM即时通信工具有QQ、雅虎通、网易POPO、新浪UC、百度HI、盛大圈圈、移动飞信(PC版)等。此类软件同时还辅有网站,供用户免费使用,部分增值服务则收取一定费用。

2. 商务 IM

商务 IM 泛指以买卖关系为主的 IM。商务 IM 以阿里旺旺贸易通、阿里旺旺淘宝版为代表，它的主要作用是寻找客户资源或便于商务联系，从而实现低成本的商务交流或工作交流。此类 IM 用户以中小企业或个人以买卖产品为目的，外企也可以方便地实现跨地域工作交流。

3. 企业 IM

企业 IM 大致可以分为两种类型：一种是以企业内部办公用途为主，旨在建立员工之间的交流平台；另一种则是以即时通信为基础，系统整合各种实用功能，如企业通等。

4. 行业 IM

行业 IM 主要指某些行业或领域使用的 IM 软件，一般不被大众所知，如盛大圈圈(图 14-2)，主要在游戏领域盛行。行业 IM 也包括行业网站推出的 IM 软件，如化工类网站推出的 IM 软件。行业软件主要依赖单位购买或软件定制。

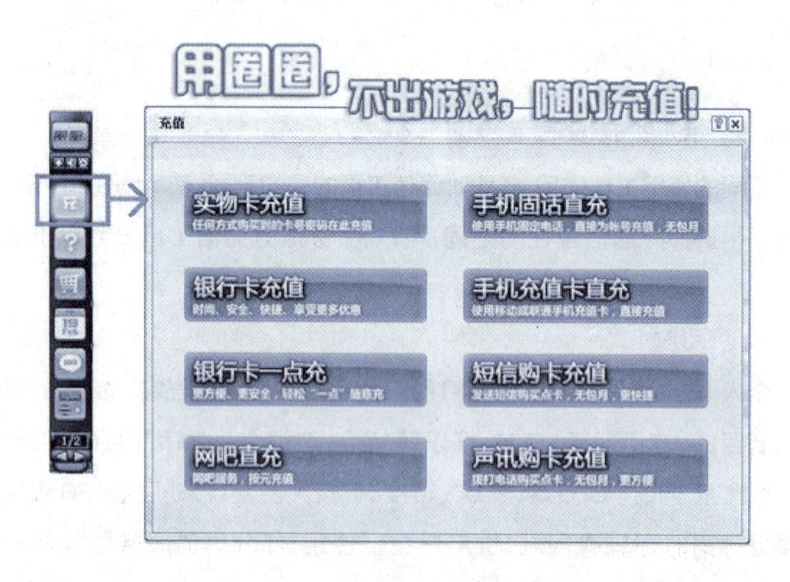

图 14-2　盛大圈圈的游戏充值界面

5. 移动 IM

移动 IM 主要为移动手机用户使用，一般以手机客户端为主，如手机 QQ、飞信等。移动 IM 是对以往互联网 IM 的扩展，移动 IM 的优势在于可以随时随地使用，用户无须坐在电脑前，大大增加了使用的便利性。

6. 泛 IM

泛 IM 是指一些软件带有 IM 软件的基本功能，但以其他使用功能为主，如视频会议。泛 IM 软件对专一的 IM 软件是一大竞争与挑战。

7. 社区 IM

在众多新型电子商务社区中，内嵌的 IM 聊天系统的功能类似于 QQ 的在线即时沟通工具，用户可通过 IM 聊天系统与众多其他用户、商户进行及时、可靠的沟通，以达到电子商务和社区互动的需求，这是国内电子商务新形态的一种积极尝试。IM 系统提供四个分组列表：好友列表、群组列表、商家列表和场景列表。通过 IM 聊天面板下方的菜单功能键，用户可以在线查找其他用户，查看个人资料（签名、个人设置等），查找或创建群组等。

14.1.3 IM 即时通信工具的发展

最早期的即时通信雏形可以追溯到芬兰人贾科·奥卡瑞伦（Jarkko Oikarinen）于 1988 年发明的一种网络聊天协议 IRC（Internet Relay Chat），该协议仅支持文本聊天，当时并不支持好友列表的概念。伴随着即时通信技术的发展，IM 即时通信工具也逐渐成熟。

1. 网络即时通信传呼软件 ICQ

IM 的鼻祖是 ICQ，源自以色列特拉维夫的 Mirabils 公司（成立于 1996 年 7 月）。ICQ 是英文“I seek you”的简称，中文意思是“我找你”。这是一款网络即时通信传呼软件，支持线上聊天和发送消息、网址及文件等功能，它由四名 20 多岁的犹太年轻人在三个月内发明。2001 年 5 月，全球 ICQ 的用户就已经达到了 1 亿。ICQ 掀开了 IM 业务在世界范围的发展序幕，各种 IM 软件纷纷出现，IM 用户迅速增长。

随着互联网的发展，IM日益显现出旺盛的生命力和广阔的市场前景。IM拥有的实时性、跨平台性、低成本、高效率等优势，使之成为企业与个人最喜爱的网络沟通方式。近年来，IM得到迅速发展，其功能也日益丰富。现在，IM不再是一个单纯的聊天工具，而是一个集交流、资讯、娱乐、搜索等于一身的综合信息化平台。

2. 腾讯正式推出即时通信工具QQ

1997年，ICQ进入中国IM市场。1999年，腾讯正式推出QQ。马化腾于1993年进入深圳润迅通信发展有限公司从事寻呼系统的研究开发工作。1998年，马化腾与同学张志东注册成立深圳市腾讯计算机系统有限公司，当电信寻呼、联通寻呼、润迅寻呼等大寻呼企业都用上了这种网络寻呼机后，马化腾赚来了第一桶金，腾讯也迅速关注到在国外正火热的互联网产业。1999年，腾讯正式提供互联网的即时通信服务。

2004年6月，腾讯在香港成功上市。同年7月，网易推出了"网易泡泡2004"，新浪斥巨资正式收购UC。除了这些，作为基础电信运营商的中国电信和中国网通也想拥有自己的IM软件。2004年，中国电信试推IM软件"全能聊"。目前，即时通信已经从第一代以互联网文本和语音通信为主发展到第四代的以跨网通信为主，即可以实现互联网、手机移动网、固定电话网之间的跨网文本、语音、视频通信等互联互通应用。众多拥有新技术、新概念的增值服务提供商和运营商的介入，将跨网通信带入前所未有的时代。

14.1.4 IM营销和广告

IM在个人用户享受即时通信的聊天、交友、购物、娱乐、游戏等功能时，其营销功能也在如火如荼地开展着。IM营销是指企业把IM作为信息交互载体，以实现目标客户挖掘和转化的一种网络营销方式。

1. IM营销的类型

常见的IM营销方式主要有两种。第一种是网络在线交流，以淘宝网为例，很多卖家在淘宝上开店，如果客户对产品或服务感兴趣，就可以通过即时通信软件阿里旺旺与卖家联系，进行沟通。第二种是广告，企业可以通过IM即时通信工具发布一些产品信息、活动信息，或通过图片等方式发布一些网友喜欢的聊天表情，做植入式营销。

2. IM营销的特点

IM营销是网络营销的重要手段，是进行商机挖掘、在线客服、“病毒”营销的有效利器。这是继电子邮件营销、搜索引擎营销后的又一重要营销方式，它克服了其他非即时通信工具信息传递滞后的不足，实现了企业与客户的无延迟沟通。为了工作交流方便，大量用户在上班时通过IM进行业务往来。作为即时通信工具，IM最基本的特征就是即时信息传递，具有高效、快速的特点，无论是品牌推广还是常规广告活动，通过IM都可以取得巨大的营销效果。可以说，即时通信平台与生俱来就有成为营销平台的可能。IM营销的特点可总结归纳为三点：①通过在线咨询及时解决客户的问题，提高了交易的可能性；②充当最优接触点和最综合的营销平台的角色；③是“病毒”营销的助推器。

3. IM广告的新媒体属性

IM广告属于IM营销的一种方式，企业借助IM营销通信工具，通过群或者好友发布一些带有广告性质的产品信息、促销信息，或者可以通过图片发布一些网友喜闻乐见的表情，同时加上企业要宣传的标志。IM广告是社交媒体广告的一种新类型，在许多广告客户和广告代理商眼中，即时通信已经成为吸引大量广告费用投入的新媒体平台。通过IM即时通信工具发布广告，可以对特定人群产生影响，广告传播效果在一定范围内是可控的。

4. IM广告的传播优势和营销价值

IM广告的传播优势和营销价值主要体现在以下六点。①门槛低。IM即时通信工具兼具平台化媒体和自媒体的双重特征，作为大众化和个人化的社交工具，IM工具是较为理想的广告传播载体，不管是做何种产品的推广和销售，都可以通过IM广告的形式开展。②成本低。IM广告一般不需要什么广告费用，只要购买一款群发软件或下载一款免费软件，一个企业只有一个人负责就可以推进，主要工作就是每天维护好友群，保持友群的黏性。③传播速度快。快速、高效是IM工具的显著特点。与电子邮件那样需要等待几小时甚至几天才能收到被退回的消息截然不同，即时通信的信息传递如果存在障碍可以被及时发现。④传播范围广。IM广告营销比较大众化，覆盖面广泛，接触的人群较多，灵活性强。IM广告不受时空限制，广告主可以随时改变广告策略。⑤营销效率高。即时通信工具作为一种新媒体，一个重要的特点是IM上的好友有较强的信任关系，通过这些媒介传播的信息就更容易被接受，以信任关系为纽带的广告传播，信息的到达与接收更有质量保证。⑥精准性高。IM圈群资源使得精准化营销成为可能。一个QQ群多是一些有共同爱好的网友组成，IM圈群资源的一个重要特征，就是群中的人拥有共同的话题，这就使得该圈群用户成为某类产品或服务的潜在消费者。如果，有针对性地对这些圈群用户开展精准化营销，就有可能取得良好的营销效果。

14.2 IM广告的类型

即时通信是互联网领域最早的基础应用之一，从ICQ、QQ诞生的那一天起，其更多是作为人与人之间沟通与交流的工具，而提供这些IM应用的互联网企业也只将其当作一种聚焦人气、提高用户黏性的手段，对于业务本身的盈利，企业大都没有过高要求。这有点类似于CDMA的推广模式，免费赠送手机给用户，用户需要购买的是使用手机和CDMA网络后获得的服务。广告一直在寻找新的媒介平台来支持，IM工具拥有庞大的使用人群，这一特质使它迅速成为网络广告的一支新秀。IM在变得越来越丰富、有趣的同时，也成为一个强大的广告平台。IM广告属于IM营销中的一种，IM工具上的广告形式多样，但在主流IM应用(主要是QQ)中最常见的广告表现形式有如下两种。

14.2.1　聊天窗口嵌入广告

这种广告可以衍生出多种形式，如 QQ 聊天窗口上方的网幅广告和 QQ 聊天窗口右侧的 QQ 秀等。因为聊天窗口是用户在使用 IM 聊天时注意力最为集中的部分，只要不影响用户的注意力，窗口的每个位置都可能成为潜在的广告位，图 14-3 即为聊天窗口嵌入广告。

图 14-3　聊天窗口嵌入式广告

14.2.2　IM弹出广告

这类消息窗口通常是一种广告形式，QQ 的小喇叭(消息)就属于此类(图 14-4)。人们平常总能见到一个小喇叭图标在电脑屏幕的右下角不停地闪动，当人们充满好奇地打开时，会发现它原来是一条广告。这种类型的广告形式通常是以消息通知的形式出现，因为当大家看到消息通知时，会不自觉地进行查阅，而且是一种主动阅读。但是，这种广告通常是即时通信公司的一些促销信息，其他企业的广告则较为少见。这类广告还可分为以下三种类型。

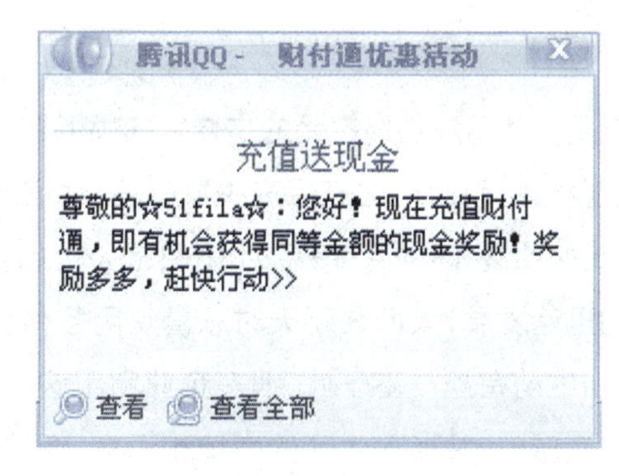

图 14-4　QQ 的弹出式广告

1. IM头像及签名广告

即时通信软件上的个人头像及签名是不可多得的黄金广告资源，特别是在我国，即时通信一直被视为具有中国特色的互联网应用，庞大的用户群体使其成为营销传播的优质平台。现在任何一款聊天工具都为用户提供上传头像和签名的功能。上传企业的LOGO作为头像，把企业的最新促销信息及官方网址放在签名栏，可以向人们提醒并加深他们对企业的了解，这一位置特别适合公益营销传播以及有号召力的促销信息的发布(图14-5)。

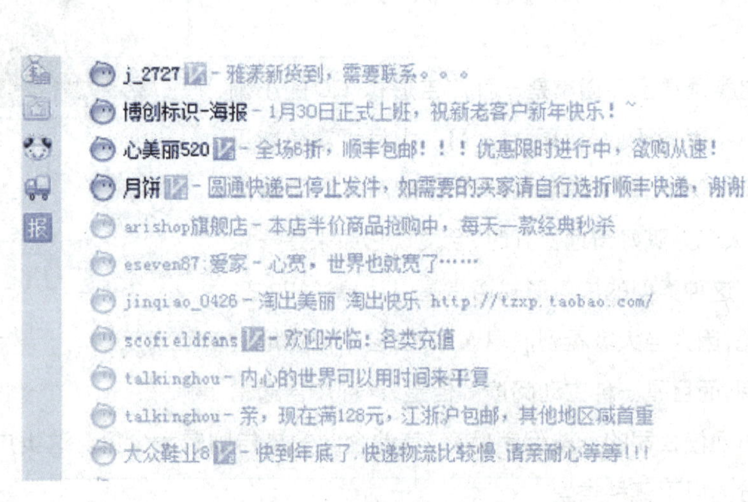

图14-5 阿里旺旺的签名广告

2. 动漫表情广告

动漫表情广告是一种用户较易接受的广告。如果网民因喜爱动漫剧情中的角色、故事或创意，继而对广告产品产生黏着度，他们就会在网络中自主地转发并传播，比如动漫《哆啦A梦》系列表情(图14-6)。随着即时通信工具中表情符号的迅速发展，人们在聊天时总喜欢用各种表情来表达自己的心情，比文字更加生动有趣。基于此，很多企业利用这一形式，为自己的产品设计了一些卡通形象，并加入生动的表情和语言，将其幽默化，或是设计有吸引力的广告语，提高用户对它们的使用频率。

图 14-6 IM中的动漫表情(《哆啦A梦》系列)

3. IM群圈广告

IM群圈广告是指相关行业群或客户目标群把自己在群内的名字改为企业名称,并添加一定标志使其在列表中的排位靠前,获得多发言的机会。例如,在情感交友群里发布婚恋用品信息,在职业交流群里宣传职业招聘网站,在房产家居群里介绍房地产项目,在体育世界群里为成员提供某一体育用品的折扣信息或新品信息,这些都是可能产生直接销售的营销活动。

以下是用户曾在QQ宠物类型群中发布的一段话。

想给狗狗减肥吗?那你每天带着狗狗翻越"赵本山",穿过"蔡依林",畅游"潘长江",舞舞"郑伊剑",吹吹"谢霆锋"。当然,千万别忘记给狗狗喂雀巢多乐低脂狗粮。

这段新颖、有趣的狗粮IM营销广告通过QQ群得到了网友在群内群外的大量转发,迅速成几何级数地扩大了受众数量,从而以极低的投入取得了极好的广告效果。

14.3 IM广告的运作

从广告营销功能开发上来说,IM广告是指企业通过IM平台发布文本、视频广告信息，借助 IM 平台的高覆盖率和庞大的用户规模，将产品、服务、品牌广而告之。有的企业不满足于仅将广告停留在粗浅的硬性广告上，还进一步将产品、品牌形象与即时通信工具进行完美的结合，寄希望于通过潜移默化的形式和与使用群体建立情感、心理的连接，来提高他们对品牌的好感度和忠诚度。在这个平台上，企业可以利用“病毒式”营销在短暂的时间内快速、爆炸式地将信息传递给成千上万的消费者。负载着品牌或产品信息的聊天对话框、聊天界面皮肤、表情图片被传播给规模庞大的人群，营造出一个极佳的互动体验平台。大量的用户基础和营销平台优势使得 IM 平台在企业的营销中具有越来越大的作用。例如，在腾讯 QQ 和仁和药业联合举办的“闪亮新主播”活动中，仁和药业公司旗下的产品和品牌营销以各种方式植入 QQ，QQ 宠物食品商店中有虚拟的闪亮滴眼露作为道具销售，很多 QQ 对对碰游戏中的图案也换成了该企业的 LOGO。活动开展的前两个月，加入“闪亮新主播”QQ 群的用户有 600 多万，每天关于此活动的留言有 8 000 多条，下载“闪亮新主播”专版的用户有 30 多万，而在 QQ 宠物商店里购买了“闪亮滴眼露”的用户达到 20 多万，参加 QQ 对对碰游戏专区的用户也达到 80 多万[①]（图 14－7）。

图 14－7 “闪亮新主播”活动的广告

① 《数字化春节　揭秘新网络营销时代》，2006 年 2 月 5 日，TechWeb，http://www.techweb.com.cn/news/2006-02-05/39036.shtml，最后浏览日期：2021 年 4 月 1 日。

14.3.1 中小企业对IM广告的需求

中小企业是指拥有独立产权和经营权，雇员人数、实收资本、资产总值等都相对较少，一般不具有定型的内部职能专业管理部门，且不受母公司控制，具有经营自主权的企业。这些企业由于资金相对较少，对电子商务和网上营销的认识和重视程度参差不齐，IM营销作为一种经济、有效的网络营销方式，可以在中小企业的营销过程中起到重要的作用。以IM为载体，中小企业可以进行广告发布或事件营销等活动。中小企业的特点和需求特征决定了它们往往重视投资回报率和营销效果。IM营销的成本低，受众面积广，迎合了中小企业的这种需求。

14.3.2 中小企业利用IM广告的方式

中小企业在利用IM广告进行营销时，要关注新营销软件的开发、消费者的主动参与和“病毒式”营销策略的运用等。通常来说，IM广告的营销方法和手段直接而有效。

1. 选择合适的IM软件

使用不同IM软件的用户具有一定的共同特征，企业可以根据自身产品或服务的目标客户情况，有针对性地选择对应的IM软件，这样可以提高广告投放的效率。选择合适的IM软件投放广告是中小企业利用IM广告进行营销时的常用做法，因此，合理使用IM营销软件并不断开发IM软件是中小企业提升IM广告传播效果的重要路径。

2. 利用IM软件的签名

企业可以利用大部分IM软件都提供的签名功能，将具有广告性质的文字加入其中，用户获得这些信息往往是出于自身需求，不是强行的推送，因此更容易接受。实际上，基于IM签名的营销早在2006年就出现了，并且取得了较好的效果，中小企业可以利用这种免费的推广方式树立品牌形象。企业还可以根据需要设置个性签名，这样做的好处有两个：第一，个性签名可以宣传自己的产品和品牌；第二，签名完全个性化，相当于给宣传穿上了

"职业装"，便于客户在 IM 联系人中一眼就关注到这一信息。

3. 利用 IM 具有的"病毒式"营销特性

IM 营销可以通过 IM 工具在联系人之间即时、快速地转发具有广告性质的信息，具有"病毒式"营销的特性。在 IM 上，联系人之间大都有一定的交往关系，因为信任关系，信息的可信度大大加强，这种口碑传播在可信度和影响力上都远远优于传统广告的宣传方式，信息的传播效率和速度也得以提升。利用"IM 病毒"营销的特点，中小企业可以进行迅速的信息发布和推广。

4. 使用 IM 服务商的付费广告

如果企业的预算比较充足，可以考虑使用 IM 服务商提供的广告推送服务。这种服务的好处在于广告推送范围广，受众看到广告的可能性高，比一般网站上的网幅广告、文字广告等更能吸引用户的注意。如 IM 聊天窗口嵌入广告、IM 弹出广告、动漫表情广告等。

5. 其他广告手段

当企业发现了明确的目标客户时，还可以利用 IM 提供的各种功能进行广告推介。例如，在淘宝设有网店的企业，当通过淘宝提供的数据发现了目标客户之后，企业可以使用淘宝旺旺进行消息群发的形式推送广告；QQ 用户则可以通过建立群或加入群，在里面群发广告（IM 群圈广告）。如果企业自行组建一定数量的群，通过吸引对自己产品和服务有兴趣的使用者加入或吸引现有客户加入，无疑可以建立一条低成本、快捷、高效的信息发布或信息反馈渠道。

6. IM 广告营销的典型案例

腾讯 QQ 空间长期被外界诟病为用户群"低龄化""消费力不足"，只能依赖黄钻等增值服务和游戏来实现盈利。然而，2013 年，雷军的一场颇有创意的营销活动让这个存在已久的社交平台突然"亮瞎了"不少人的眼睛。2013 年 8 月 12 日中午 12 点，短短的 90 秒，在 QQ 空间首发的 10 万台红米手机全部售罄（图 14－8）。仅仅 13 天的时间，小米手机的认证空间粉丝数由 100 万突破至 1000 万。

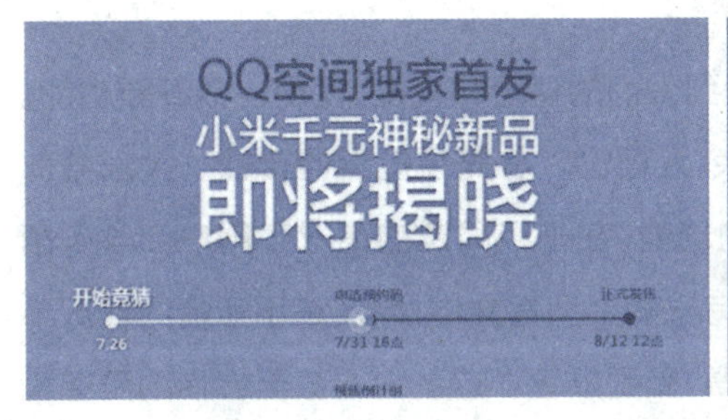

图 14-8 小米手机借助 QQ 空间营销红米新品手机

尽管 QQ 空间的内容稍显繁杂,甚至有些无序,但是丰富的内容利于平台更深入地了解用户。小米案例背后的驱动力是大数据,这是平面媒体或电视媒体做不到的。小米真正开始卖红米手机时,除了利用大数据,还借助了熟人关系链和信息分享机制。红米首发之所以能缔造营销传奇,QQ 空间用户对活动自发传播的影响力不容小觑。活动前期,小米曾以"免单"为诱饵,吸引众多粉丝分享活动信息,结果无数用户纷纷表示好友动态页面"被红米刷屏了",堪称口碑"病毒式"传播。对于大多数普通用户而言,QQ 空间或许只是一个社交平台,但对于众多电商、应用商和企业主来说,QQ 空间越来越像一个营销大卖场。

14.3.3 IM 广告运作中的问题及发展趋势

IM 广告因成本低廉、快捷方便、传播效果良好而受到企业的欢迎。受众在使用 IM 工具时,对广告的抗拒心理较弱,这有利于 IM 广告的快速发展。但事物都具有两面性,有利就有弊,IM 广告在发展过程中也面临着自身的问题和传播过程中存在的问题。如何理性地面对这些问题并合理地解决这些问题,对中小企业来说是一个新挑战。

1. IM 广告遇到的问题

IM 工具使用和 IM 广告的传播首先面临的是安全问题,广告信息被忽视、欺诈广告损害用户利益等问题日益成为显性问题。

(1) IM工具的安全问题

即时通信工具的交流方式受到人们的认可和喜爱,使用人数不断增加。然而,它的安全问题一直以来都令人担忧。首先是病毒的传播。大部分即时通信工具都有与陌生人交流的功能,在未经同意的情况下用户会收到陌生人发送的信息,而这些信息中有一些是病毒文件,网友在不知情的情况下打开,就会使自己的电脑感染病毒,受到损害。这些病毒甚至会借助受感染的电脑进一步传播,比如QQ上的一个好友中了病毒,病毒就会借助这个账号继续传播,使更多的人受到伤害。其次,不法分子利用即时通信工具进行诈骗。这一安全问题其实是在病毒传播的基础上进行的诈骗,骗子先发送病毒,使即时通信工具"中毒",然后再发送骗钱的信息,这样一步一步地使网民上当受骗(图14-9)。

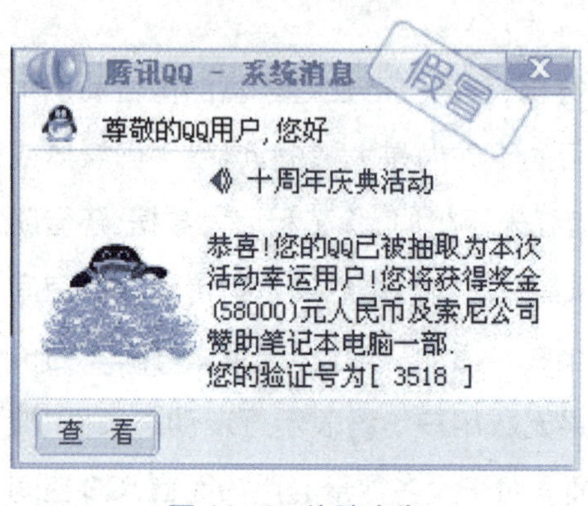

图14-9 诈骗广告

因此,即时通信工具的安全问题是它未来发展道路上要着重解决的一个方面,只有给用户一个安全、有保障的环境,用户才会更加支持IM。目前,腾讯已经采取了一些保护措施,比如后缀是".exe"的文件不允许被发送,因为它有可能是病毒。同时,腾讯网上也发出警告,告诫网友要保护自己的QQ号码,不要轻信一些不明信息。新媒体时代,伴随人们媒体素养的不断提高,用户的安全意识也在不断增强,保护自己的信息和财产安全成为用户使用即时通信工具的前提条件,平台和用户共同建构安全的沟通环境是IM广告可以健康发展的基本保障。

(2) IM广告信息被受众忽视的问题

即时通信工具的本质是一种方便人们沟通交流的工具,所以,用户对它的要求是不断提升沟通功能。特别需要提到的是,在聊天过程中,人们的注意力会放在彼此的交流上，只有在等待对方回应的过程中才有可能看到广告。有时候用户即使看到了广告，但由于忙着与朋友聊天，或是注意力被新闻内容吸引，也就不会去点击广告了。但是，目前企业对网络广告的要求是只有在被受众点击后才算一次有效的广告。需要指出的是，IM 广告作为网络广告的一种，也具有网络广告的特征。网络广告的真正用途有两个：一是增加互动性；二是帮助企业提升品牌形象。即使网民没有点击，但他看到广告后也会增加对企业的认识，提高对企业的认知度、好感度和品牌忠诚度，只算点击率的做法只是方便了广告商对广告接触率的统计。

网络广告的互动性如同一把双刃剑，一方面，它使受众可以及时点击广告，深入了解产品；另一方面，不喜欢看广告的人或是对广告产品没有兴趣的人会快速地关闭广告。广告主应如何面对这种局面？首先，企业要开拓更多、更好的新广告形式来满足受众需求；其次，企业可以创新对广告接触率的统计方式，可将广告浏览率和点击率共同纳入广告效果评估体系，增强企业对 IM 广告投入的信心。

(3) 不健康信息的传播问题

目前，IM 还没有能力判断哪些广告是病毒信息或黄色信息，也没有权力拒绝对方消息的发送，因此，有一些不法分子借助 IM 工具传播不良信息。他们非法设立网站，将即时通信工具作为自己网站传播的渠道，把一些网友加为好友后，给他们灌输一些不健康的思想，发送某些黄色网站的网址，诱惑网友进行视频聊天，甚至利用网络提供性交易。同时，不健康信息和广告信息的混合传播也会增加 IM 用户对广告的反感，进而导致广告主对 IM 广告的投放减少。

2. IM 广告的未来发展趋势

IM 工具凭借它强大的用户和超强的黏性已经成为众多商家关注的新兴网络广告媒体。目前，IM 广告发展依托于 IM 工具自身的发展，在网络广告中的比重还比较低，除了与它的出现时间较短有关，也与它的传播方式等方面有一定的关系。如何强化自身优势并创新广告表现形式，将成为 IM 广告未来努力的方向。

(1) 隐性广告植入

近几年,隐性广告成为各厂商竞相追逐的广告形式。隐性广告的关键在于“隐”,即做到广告形式不被受众察觉(图 14-10)。当一个产品没有以常见的硬广告方式出现在受众眼前,而是经常在不经意间出现在受众生活的不同场景,由于出现的频率较高或品牌的场景植入契合受众的心理体验,会不断强化人们脑海中的品牌印象,进而不断提升人们对它的好感度和忠诚度。例如,电脑游戏背景或其中的道具就可以植入一些产品或品牌标识,由于玩家玩游戏的时间较长,自然会对产品或品牌有一定的印象,提高了对品牌的认知程度。隐性广告如果运用得恰当,会给企业带来丰厚的利润并极大地提高品牌的知名度。

图 14-10　某游戏界面中的“趣多多”广告

(2) 分众化的广告推送

IM 广告通过深入了解用户特征,尽量满足不同受众对各类信息的需求,根据不同用户的生活特点和个性特征,为他们发送感兴趣的广告。这种分众化推送是 IM 广告发挥最大功用的方法,对于消息广告和对话框广告而言,针对不同的人推送不同的广告更加精准、有效。例如,针对喜欢服饰和化妆品类商品的女士，可以专门推送一些时尚类、流行类的信息广告，刺激她们的消费欲望；对于喜欢汽车的男士而言，则可以嵌入多个汽车品牌广告，引发他们的观赏兴趣。对话框中的信息和广告不断地滚动播出，会增加人们接触广告信息的机会。

(3) IM广告的资源整合

IM工具在信息传播的过程中形成一个综合服务的网络平台，如网页、娱乐工具等，还可以拓展移动互联的线下传播。利用功能强大的传播平台，企业就可以充分利用IM上的各项资源，即在IM的对话框、消息栏、迷你首页、IM网页上及时推出自己的广告，围绕产品的特征或企业品牌形象与受众进行深度沟通。这样多角度、全方位的传播会综合显现广告运营的平台力量，特别是移动IM的出现，为即时通信广告的传播又增加了新的力量和机会。IM工具中的群圈资源也是广告主重点关注的对象，企业广告通过综合应用群圈资源可以实现高精准度的传播效果。例如，IM工具上的广告形式有很多，在主流IM应用中最常见的广告形式有聊天窗口嵌入广告、IM弹出广告、IM头像及签名广告、动漫表情广告以及IM群圈广告等。企业可以依据每种广告形式的特点和自身的需求，整合广告渠道资源和信息资源，选择合适的广告形式，确保广告传播的最优效果。

思考题

1. 什么是IM广告？它有哪些类型？
2. IM广告具备怎样的优势和价值？
3. IM广告为何适用于中小企业？中小企业该如何利用IM这一平台？
4. IM广告在运作过程中出现了哪些问题？该如何应对？
5. IM广告未来的发展趋势如何？

15 微博广告

微博是微型博客(Microblog)的简称,是一个基于用户社交关系网络的信息传播与获取平台。2006年,博客技术先驱创始人埃文·威廉姆斯(Evan Williams)创建的Obvious公司率先推出了Twitter服务。最初,这项服务只是用于向好友的手机发送文本信息。2006年年底,Obvious对该项服务进行了升级,用户不用借助手机号码即可通过即时信息服务和个性化Twitter网站接收和发送信息。

在中国,微博最早出现在2007年,以饭否网等相关网站的建立为标志。2009年8月,在新浪网推出自己的微博产品之后,国内各大门户网站都宣布要建立自己的微博平台,微博随之进入高速发展时期。2010年,微博成为我国当年发展最快的互联网应用,这一年也被称为"微博元年",新浪、腾讯、网易、搜狐等门户网站成为我国主要的微博平台运营公司。经过多年的竞争,目前除了新浪微博,其他微博平台的运营状况均不容乐观。新浪微博数据中心2020年3月发布的《2020年微博用户发展报告》显示,2020年9月,微博月活用户达到5.11亿人,日活用户为2.24亿;用户群体以“90后”“00后”为主，两者总占比接近80%[①]。虽然用户数量庞大，但在用户增速方面，微博市场的情况却十分堪忧。造成这一现象的主要原因是微信等依靠移动互联网为用户提供服务的手机应用对传统互联网造成了巨大的分流效应。尽管微博市场面临多重隐患，但毫无疑问，它目前仍是新媒体广告投放的一个重要阵地，也是各大公司营销方案中不可或缺的一个环节。

微博广告是广告主通过微博平台介绍自己推广的产品或提供的服务，是近年来兴起的网络广告的一种新形式。从狭义上看，微博广告是指广告主以微博为发布平台，利用微博的传播特质发布的劝服性信息，目的是提高品牌的知名度和美誉度，促进用户购买。微博广告以投放成本低、商业价值高、互动性强等优势成为目前广告商竞相投放的互联网广告平台。从以上关于微博广告的理解可以获知，微博广告是融于微博信息的一种信息传播活动，它并不一定是独立的商业文字或图片。此外，大多数微博广告由于融于微博这一社交媒体平台而具有了与微博平台上其他非商业信息类似的传播特质与传播优势。

15.1 微博广告概述

任何事物的诞生都绝非偶然，这一定律尤其适用于广告行业。广告主投入广告媒体的每一笔广告预算，背后都蕴藏着与之对等的商业期待。因此，只有广告传播效果好、广告转化率高的媒体才能获得广告主的青睐。在纷繁复杂的广告市场中，微博正是凭借平台自身特有的优势属性赢得了广告主的信赖，并由此逐渐发展为新媒体广告中的一个重要分支。

---

① 《2020年微博用户发展报告》，2021年3月19日，中文互联网数据资讯网，http://www.199it.com/archives/1217783.html，最后浏览日期：2021年4月1日。

15.1.1 微博平台的特点

经过十多年的探索与实践，目前，微博广告在发展过程中逐渐出现不同广告形式之间的融合以及新旧媒体微博广告之间的融合，它已不再拘泥于以前的单一广告形式。原因主要有三点：首先是互联网进入 Web 2.0 时代，信息科技迅猛发展；其次是 Web 2.0 时代的互联网广告传播方式已变成多对多的交互式传播；最后是微博广告的形式越来越多样化。在这个过程中，微博广告自身的特点逐渐显现出来。

1. 自由、平等的传播理念

微博是一个匿名的社交网络平台，信息在微博平台上的传播过程与现实生活中的人际传播十分相似。人际传播的一个重要特征就是自发性，排除外在强制力量的干扰后，人际间的信息交流完全依靠参与者自身的意愿发生。微博上的任何信息交流都是采取自主自愿的原则，关注、取消关注、转发、评论、点赞这一系列的行为基本上都遵循用户自身的意愿。在微博平台上，一条广告信息能否引起用户的关注与互动完全取决于他们自身的吸引力。此外，人际传播的一个非常显著的特点就是传受双方在传播过程中的地位近乎平等，没有特别明显的界限和区分。在很多时候，参与人际传播的用户往往既是传播者又是受传者。人际传播的这一特点在微博这一网络化的平台上表现得尤为突出。人们在浏览他人微博时还仅仅只是一个受传者，但在评论或转发微博后，就变成了传播者。同时，由于微博平台具有匿名性的特点，因此，与现实生活相比，在微博上的传播过程更能突出传受双方相互平等的特质。现实生活中人们地位与财富的差距在微博这一平台上被缩小，人们可以更加自由、平等地按照自己的真实想法进行社交活动。

2. 开放、自由的传播平台

微博的另外一个突出特征就是平台的开放性。在传统媒体中，往往只有接受过一定新闻传播训练的专业人士才能够进行新闻传播活动。同时，只有具有一定社会地位或财富的人才能在媒体中掌握话语权并为自己所代表的利益群体发声。因此，传统媒体的话语权在很多时候往往只掌握在少数精英人士的手里，大众传播媒介并不能完全代表广大受众的利益诉求。最典型的例子就是某些媒体记者在违反相关法规与职业道德的情况下，通过自己手中的媒体资源进行新闻买卖的行为。在微博上，这一情况得到了极大的改善，任何人都可以根据自己的需要申请微博账号并在上面自由地发表言论，只要发表的言论不含有违反法律的内容，就可以在微博上进行正常的信息传播。人们可以在法律允许的范围内发表内容，并以此为媒介与其他用户进行社交活动。这一特性颠覆了媒体精英化的一贯印象，新闻传播活动变成了人人都可以参与的活动。

3. 实时同步的传播时效

在互联网时代，人类社会的信息传播速度已接近同步，信息发出与信息接收之间的时间差大幅缩小，近乎零时差。同时，由于互联网对信息的审查相对宽松，只要不存在敏感关键词或违反相关法规的内容，基本上都可以顺利通过。事件的发生与信息的传播几乎完全同步，如此之快的传播时效是很多传统媒体所不能及的。以电视为例，一段电视新闻的播出需要经过拍摄、编辑、制作、审核等非常烦琐的过程，快则几小时，慢则一两天。同时，由于播出时间固定，很多当天的突发事件往往需要到第二天才能在电视上播放，新闻的时效性大打折扣。微博则由于实时同步的传播时效成为许多媒体选择的独家信息首发平台，尤其是在报道地震、火灾等灾难性突发事件时，微博的时效性特点更为突出。

4. 不受约束的时间与场景传播

智能手机与移动互联网的普及打破了人们沟通的场景限制。在人们的日常生活中，很多原来只有在固定的时间与场景中才能做的事，现在可以完全不受约束地在任何时间、任何地点进行。信息传播活动开始脱离时间与空间的限制，变成许多人的一种生活方式，微博这一社交平台很好地体现了这一移动互联网的特质。人们观看新闻不再需要正襟危坐地守在电视前，只要打开手机上的微博移动客户端，用户就可以随时随地、轻松地知晓近期发生的各种新闻事件。同时，与好友之间的互动也不再需要单独约时间、选地方,只要打开手机就可以与好友进行实时的互动与讨论。由于不受场景的限制,新闻传播的仪式感被削弱了,人人传播的观念也在这一过程中开始被越来越多的人接受。

5. 简洁精练的传播内容

微博与传统博客最大的区别在于它的信息体量大幅度减少。原始博客信息的主要载体是大篇幅的文章或一系列照片,但由于体量过于庞大,用户无法直观地获知自己所关注事件的最新进展,大篇幅的文章也与现代人碎片化的阅读习惯和生活情况不符。微博正是在这种情况下逐渐被人们接受,并日益取代博客,成为人们日常生活中非常重要的一种社交方式。微博对发布内容的字数有一定的限制,起初为 140 字。这就要求信息发布者的语言必须简洁精练,尽量展示重要信息。这种形式大大方便了受众的信息获取,人们可以在最短的时间内尽可能多地获得自己所需的信息。

15.1.2 微博对于广告主的价值

微博平台的种种特性使微博广告获得了广阔的发展空间,并逐渐成为各大广告商青睐的新宠。微博对于广告主的价值主要在于独特的受众价值。

1. 传受平等,提升受众的参与度

在微博平台上,传受双方遵循人际传播自由平等的规则,双方的角色在传播的过程中可以相互转换。广告主在微博上发布的广告信息被部分受众转发后,就进入了受众的人际关系网络。受众在不知不觉中完成了由受传者变成传播者的身份转化。在这一过程中,广告主与受众之间的联系逐渐加强。广告主成功进入受众的社交圈后,就与受众建立了类似朋友的关系,这为受众进一步参与后续的广告传播创造了前提。

2. 实时互动,增加受众的信任感

大多数的品牌都在微博上建立了自己的微博官方账号。这些官方账号除了发布常规的品牌信息与一些与受众兴趣点相对应的微博,还会经常制造一些供受众讨论的话题。当用户开始介入讨论并与官微展开实时互动的时候，双方的联系就随之加强了，类似朋友的亲密关系也就随之建立。以朋友的身份发布的信息能够消除广告主与受众之间的天然隔阂，提升用户对广告主的信任度，并在不知不觉中提升了用户对广告信息的接受度。

3. 信息简洁，便于形成信息流

一般情况下，信息的体量与信息量是成正比的，篇幅越大，受众能够获取的信息就越多。但是，假设受众在上网时看到一个自己感兴趣的标题，点击进入后却发现网页一直更新出不来，他很有可能会直接关闭网页继续浏览下一条信息，好不容易吸引到的注意力就由此付诸东流。同时，信息体量过于庞大的文章等也与目前受众碎片化的阅读习惯相悖。因此，微博对信息体量的控制保证了信息的精简，也保证了信息的有效到达。

15.1.3 微博广告的特点

随着微博用户数量的不断攀升，微博的营销模式和广告手段的不断创新，微博正在成为新媒体时代广告发布的重要平台，凭借其自身的便捷性、快速的传播速度、低廉的成本、强互动性等，显示出不同于传统广告媒体的传播特点及优势。

1. 传播速度快、范围广

传统广告模式是一种单向的信息传播模式，信息发布者向信息接收者传播信息，信息接收者只能被动地接受信息。这种传播模式传播速度慢，传播范围狭窄，传播效果不理想。微博广告借助互联网平台，信息传播范围大，传播速度远超传统广告的传播速度。一条微博广告在发布后可以被无数次地转发、评论，在转发和评论的过程中，信息被再度传播。这种传播模式有利于广告的发布和推广，可以取得较好的传播效果。

与传统广告的传播模式不同，广告发布者可以通过微博平台在任何时间和地点传播广告，用户可以通过电脑或手机接收广告，而不受时空限制。这种快速且大范围的传播模式提高了微博广告的价值，很多广告投放者开始通过在微博上投放广告加强对产品的宣传力度，微博广告已经成为当前品牌营销的有效途径。

2. 开放程度高、互动性强

在传统媒体的单向度广告传播模式中,信息的接收者无法及时反馈信息,导致很多广告的最终效果无法得到准确评估;用户没有自主权,对广告信息的接收是一种被动状态。而微博是一个开放性、互动性的网络平台,所有人都可以申请属于自己的微博账号,且都拥有在微博上评论的权力,使得微博成了一个潜力巨大的广告发布平台。微博的关注和评论功能赋予了微博广告较强的互动性,广告投放者可以更加迅速地获取大众的反馈信息,并根据受众意见进行适当的调整与升级,提升用户的体验,进一步刺激消费。因此,微博强大的互动性促使用户自愿成为广告的传播者,使微博广告取得了良好的传播效果,这对企业也具有一定的激励和监督作用。

15.2 微博广告的类型

微博广告依托微博平台的发展,经历了一个互动演化的过程。在不同时期,微博广告的投放重点和传播方式有很大不同,微博广告信息的呈现和来源均有较大差异。根据不同的分类标准,微博广告可以划分为不同类型。

15.2.1 根据微博广告的信息内容分类

根据微博广告的信息内容划分,可以分为产品广告、促销广告、品牌广告、活动广告四个基本类型。

1. 产品广告

产品广告一般用于新产品上市,重点介绍新产品的功能、外观、材料、技术创新等,着重突出产品在某一方面的特性,以吸引消费者的注意力,并促使消费者快速地了解产品,最终购买产品。广告主一般会为这类广告制作专门的配图与广告语,并在不同场景中使用相同的图文,以此加强消费者对产品的统一印象。以亚马逊的白色版 Kindle 读书器广告为例(图 15-1),它在图片中特别强调了产品颜色，突出了它在外观上的创新，进而吸引消费者的注意力。

图 15－1　亚马逊的白色版 Kindle 读书器广告

2. 促销广告

促销广告主要以活动的形式呈现，内容上包括促销活动、参与方式的介绍等。同时，大多数促销广告下方会附带相关的网址链接或二维码，有兴趣的消费者可以通过点击链接或扫描二维码来了解促销活动详情。促销广告通过微博上的人际传播，将促销信息以信息流的形式传向受众，可以在短时间内引发爆炸效应。促销广告效果的好坏在很大程度上取决于信息发布平台的选择以及促销力度的大小。以某三明治品牌为例，它在合肥新开的门店就以“美食合肥”为平台，发布了一个开业促销广告。作为发布平台的“美食合肥”是一个地方性的美食微博，它的主题与品牌的类别相符，同时，该微博的地方性也增加了广告信息的受众针对性。正确的平台选择和较大的优惠力度可以使促销广告取得良好的传播效果。

3. 品牌广告

品牌广告主要是借助微博平台，制造话题或网络事件，对品牌的历史、定位、内涵以及展望进行诠释，使消费者加深对品牌的理解并形成品牌忠诚度的商业宣传行为。品牌广告是一种长线投资，相对于提高销量，品牌广告更注重对品牌形象的塑造。在广告内容上，品牌广告较多地侧重于对品牌的解读，而不是对具体某件商品的推荐。以景田百岁山矿泉水为例，它在微博上发布的广告片并未对产品进行过多介绍，而是将大部分笔墨用在对品牌内涵的诠释上。唯美的画面风格与隐秘的叙事手法反而激发了网友的好奇心，促使网友对广告内容作出自己的诠释。这也使该广告获得了持续扩散的传播效果(图 15－2)。

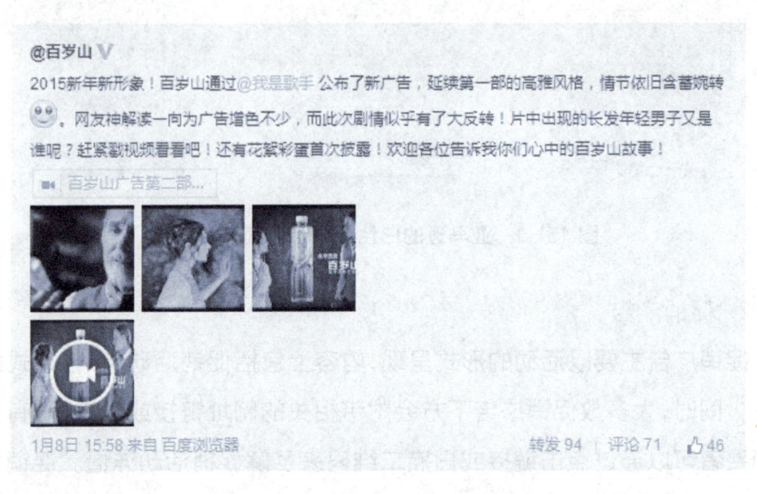

图 15－2　景田百岁山矿泉水在微博平台发布的品牌广告

4. 活动广告

活动广告与促销广告存在部分重叠，但二者在广告目的与广告主旨方面均有较大区别。活动广告旨在通过推广活动提高消费者对品牌的认知，促销广告则重在通过活动促进销量的增长，活动广告的内容一般是对活动内容、活动时间、活动地点等具体信息的介绍，活动常常与慈善公益等主题相联系。在大部分情况下，活动广告还会邀请名人代言，以提升活动的知名度与参与度，增加媒体曝光的机会。2014 年，厦门太古可乐品牌与壹基金合作推出了“为爱同行”，为贫困乡村和灾区儿童募集善款的活动(图 15－3)。该活动自 2013 年启动以来，截至 2014 年年底，共有 7 000 名爱心人士参与活动，为“净水计划”募集的善款总额超过 400 万元，所得善款大约可以帮助 4 万名贫困乡村和灾区儿童获得干净的饮用水。该可乐的品牌形象也在这一活动中得到了提升。

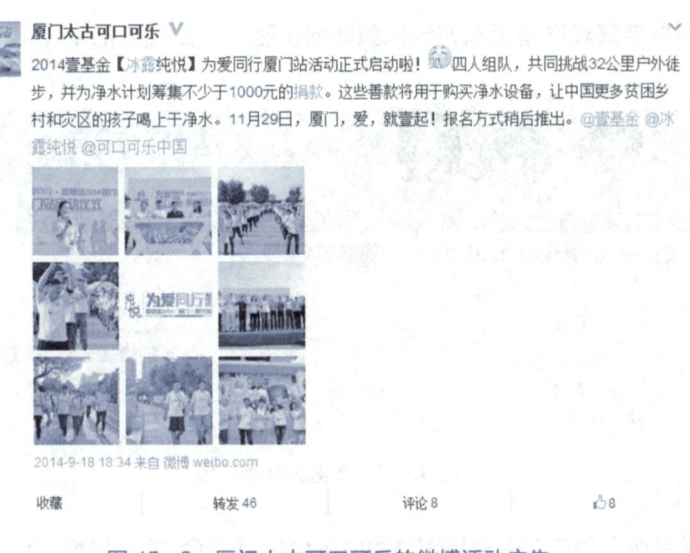

图 15－3 厦门太古可口可乐的微博活动广告

15.2.2 按照微博广告的信息发布来源分类

根据微博广告的信息发布来源，可以把微博广告分为通过微博平台发布的广告、通过意见领袖发布的广告、企业建立的官方账号自主发布的广告。

1. 通过微博平台发布的广告

通过微博平台发布的广告主要是指在微博平台上由微博运营方发布的广告。按照呈现形式，这类广告还可以细分为页面类广告（图 15－4）、平台嵌入类广告和内容推广类广告。

由于微博平台掌握一手的用户资料，可以对受众进行精确抓取与定位，因此，微博平台发布的页面类广告与门户网站上的页面广告相比更加智能化。它的本质还是网页类广告，并未利用微博的社交性与用户形成有效互动。这类广告虽然受众面较广，但是转化率有限。同时，由于采用 CPM 千人成本收费方式，覆盖面的扩大就意味着广告预算的增加。目前，微博页面上的主要广告位有微博登录页面广告、微博页面顶部广告、热门话题区广告、热门话题区下方的页面广告、微博页面底部的广告等。这些微博平台广告位可能会随着微博运营方经营策略的调整而产生相应的变化。

图 15-4　微博页面类广告

平台嵌入类广告主要是指与微博平台相互融合，成为微博平台一部分的广告。这类广告面向所有的微博用户，品牌更换频率较低，广告内容较为稳定。常见的嵌入式广告有微博模板广告、微博游戏植入广告等。这类广告的投放成本相对较高，但数额固定且不会随着曝光量的提高而增加（图 15-5）。

内容推广类广告是微博广告中效果相对较好的一种，广告主可以通过类似粉丝通的自助广告投放系统实现广告的智能化投放。精确抓取用户、成本可控是这类广告的主要特征。同时，由于广告以类似好友微博的方式呈现，因此可以获得较好的传播延展性，形成信息流，实现二次乃至多次的传播。这类广告的投放是否成功涉及两个非常关键的因素：一个是受众属性的抓取；另一个是广告内容的制作。新媒体广告与传统广告相比，最大的优势就是精确化的投放，最大的劣势也是精确化的投放。正确的受众属性选择将会为品牌创建与消费者直接对话的机会，使消费者对品牌产生信任感；错误的受众属性选择将会导致制作精良的广告变成一次可笑的对牛弹

图 15-5　微博平台嵌入类广告

琴。同时，广告内容是否具备社交网络的传播特质也会对广告效果产生巨大影响。一个优秀的广告案，首要任务就是引起消费者的认同感，与消费者实现有效的交流，进而促进广告信息的二次乃至多次传播。

2. 通过意见领袖发布的广告

1940 年，拉扎斯菲尔德在总统大选期间针对大众传媒的影响力进行了一项调查研究，并由此发现了意见领袖的存在。意见领袖是指在人际传播过程中，在某领域具有信息优势，可以为他人提供和解释信息并对他们施加影响的人。微博作为一个虚拟的社交网络，存在着许多意见领袖。微博上的意见领袖可以分为两类：一类是现实生活中的成功人士在微博平台上开设个人账号后，将线下的影响力带到线上，可以被称为精英意见领袖；另一类是在微博上通过定期发“段子”、爆料或提供有效信息等方式积累粉丝，从而获得广泛影响力的草根意见领袖。精英意见领袖的构成以演艺明星、商界人士以及某领域的专家等为主。需要注意的是，对于精英意见领袖而言，他们在线下的影响力并不完全等同于线上的影响力，两者之间的有效转化需要靠博主的用心经营与维护。草根意见领袖主要包括带有地方特色的区域性账号、信息集成账号、“段子”账号、爆料账号以及一些具有强大魅力的个人账号等。相较于精英意见领袖，草根意见领袖完全依靠内容获得影响力。

由于微博上的意见领袖大多数情况下都与粉丝有良好的互动关系，因此，通过意见领袖发布的广告信息往往可以比较快速地被受众接受，并促使粉丝产生对品牌较为强烈的好感度。通过意见领袖发布广告时，需要注意广告内容的编排与制作，切忌生硬说教。较为理想的状态是将广告与其他内容结合，让消费者在不知不觉中接受广告信息。在广告成本方面，大多数意见领袖都是根据账号的影响力进行收费的。

微博的影响力由多个要素共同组成，包括微博覆盖面、微博传播力、微博活跃度等。其中，最直观的要素当属微博覆盖面，有些人甚至将微博覆盖面当成评判微博影响力的唯一标准。微博覆盖面主要指微博有效受众的数量。在测算微博的覆盖面时，除了考虑粉丝数量，还要考虑粉丝的质量，排除僵尸粉等因素的干扰。微博传播力主要用来评判微博与粉丝之间是否形成了有效互动；微博活跃度则用来考察微博的日常活跃度，主要指标包括发博数量、评论数量、转发数量等。目前，新浪微博已经推出了微博风云这一平台，对各大微博的影响力进行了公开化、透明化的排名，人们可以在这个平台上轻松地查到各个微博大号的影响力数据及排名（图 15－6）。

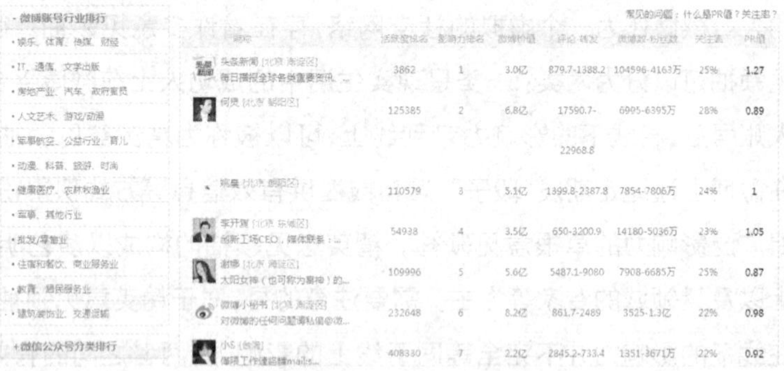

昵称	活跃度排名	影响力排名	微博价值	评论-转发	微博数-粉丝数	关注率	PR值
头条新闻 [北京 海淀区] 每日播报全球各类重要资讯…	3862	1	3.0亿	879.7-1388.2	104596-4163万	25%	1.27
何炅 [北京 朝阳区]	125385	2	6.8亿	17590.7-22968.8	6995-6395万	28%	0.89
姚晨 [北京 朝阳区]	110579	3	5.1亿	1399.8-2387.8	7854-7806万	24%	1
李开复 [北京 东城区] 创新工场CEO，媒体联系：…	54938	4	3.5亿	650-3200.9	14180-5036万	23%	1.05
谢娜 [北京 海淀区] 太阳女神（也可称为糊神）的…	109996	5	5.6亿	5487.1-9080	7908-6685万	25%	0.87
微博小秘书 [北京 海淀区] 对微博的任何问题请私信@微…	232648	6	8.2亿	861.7-2489	3525-1.3亿	22%	0.98
小S [台湾]	408330	7	2.2亿	2845.2-733.4	1351-3671万	22%	0.92

图 15－6 微博风云平台上各大微博的影响力排名

微博的影响力是广告主选择广告投放账号时的一个重要参考指标，意见领袖影响力的大小将在很大程度上决定广告的成功与否。除了影响力，另外一个主要的选择依据就是意见领袖的粉丝属性。除了个别的微博大号,绝大多数微博意见领袖的粉丝都具有某种程度的同质化特征。以"温州美食大全"这一地域性草根意见领袖为例,它的粉丝就具有明显的地域属性。

3. 企业建立官方账号自主发布的广告

企业以盈利为目的,一个企业开通微博后,通常会在上面设置自己的主页广告,可以根据自己不同的需求在微博首页设置不同的模块,如企业宣传图片、宣传视频、友情链接、产品介绍等。建立官方微博是目前许多企业采用的微博营销方式,通过这种方式,品牌可以获得与消费者直接对话的机会,通过涵化效应培养消费者的品牌好感度与忠诚度。官方账号的定位就是商业工具,与意见领袖相比,它发布的宣传信息在消费者心目中的合理性更强,信息的接受度也相对较高。此外,通过官方微博发布广告信息几乎不需要任何成本,可以大幅降低宣传费用。

通过官方微博发布的广告,效果的好坏直接源于账号影响力的大小。要想获得良好的影响力,就必须保持适当的频率,持续发布微博。同时,官方微博账号发布的内容要符合受众的兴趣点,能够引起受众的认同感,以确保发布的信息具有广泛传播的潜力。在日常运营的过程中,要利用官方微博账号与受众形成互动,切忌使官微变成广告文案的集散地。

15.3 微博广告的运作

微博广告的运作具有独特性,根据微博广告传播的信息内容及传播的方式,可以在四个方面进行有效的微博广告运作。第一,在微博平台上建立特定的圈子,培养受众的忠诚度,这是微博广告运作的基本前提;第二,运用符合微博话语体系的语言,形成受众认可的广告风格,这也是增强微博广告用户黏性的重要路径;第三,运用整合营销传播手段提高微博广告的传播力和品牌影响力,使其符合微博广告圈层营销的特性;第四,广告内容切合网络热点事件和网络热点问题，这与微博的功能性特征十分吻合，也与微博平台营销的内容生产机制相匹配。

15.3.1 建立特定的圈子

根据法国思想家托克维尔提出的“信息茧房”理论，人们在面对纷繁复杂的信息时，会根据自己的生活经历与背景选择自己感兴趣的信息，而对其他信息采取忽视的态度，并由此形成信息茧房。由于“信息茧房”具有排他性，人们固有的观念会在接触同类信息时不断被加强，并在这一过程中逐渐拉大与其他信息的隔离。

1. 信息茧房与圈子受众

在 Web 1.0 时代，“信息茧房”主要以各类论坛、聊天群的方式存在。在网络生活中，人们会根据自己的兴趣加入一些主题论坛或聊天群。在这类网络群体内，只有符合成员价值观的信息才可以获得持续的强调和传播，而这些持续获得强调和传播的信息又会反过来作用于成员的价值判断，并最终形成网络上的“信息茧房”。“信息茧房”会影响人们的价值判断，致使人们在有些时候错误地估计某些事物的重要性。同时，“信息茧房”还会导致人们出现盲目乐观、心胸狭隘等不良心理，严重的话，甚至致使人们出现某种极端心理。

2. 微博上的“信息茧房”现象

在微博上也存在“信息茧房”现象。微博用户往往会根据自己的兴趣点选择关注的对象，属性相同的人关注的对象也比较相近。志趣相投的人会由此形成一个相对封闭的社交圈，从而产生“信息茧房”。虽然微博上的“信息茧房”现象不如论坛、聊天群那样明显，但如果能在进行微博广告投放时考虑到“信息茧房”效应，并对这一效应进行有效利用，将会为微博广告的传播带来事半功倍的效果。

3. 圈子受众培养的典型案例

以品牌 gxg.jeans 在 2014 年 10 月“双 11 下雨就免单”的营销案为例

(图 15－7)。该品牌对自己的定位是时尚潮牌男装,目标消费者为具有一定购买力的城市时尚白领。该促销活动的实施平台是天猫商城,时间节点在“双 11”购物节。明确这些基本要素后,该品牌准备了 100 把设计独特的雨伞,伞面上印有“gxg. jeans＃双 11 下雨就免单＃”的字样,并将这些雨伞通过定时快递在 10 月 16 日当天分发给与该品牌交好的行业活跃分子、行业媒体人、时尚从业者以及天猫相关运营人士。这些雨伞促使这些微博意见领袖在当天集体发布微博,从而给目标消费者带来密集且内容类似的推广。关注这些意见领袖的消费者就会在不知不觉之中受到影响,从而提高对该促销活动的认知,并由此参与后续的品牌活动,最终做出购买行为。

图 15－7 gxg.jeans“双 11 下雨就免单”活动

同年 11 月 1—10 日,gxg. jeans 宣布只要选取商品并加入购物车就有机会抽取“双 11”下雨就免单的名额,活动的参与量高达 12 万人次。11 月 11 日当天,该品牌天猫店的总销售额为 4 348 万元,总浏览量为 892 万人次,转化率高达 8.3%[1]。gxg.jeans 的这一营销案在“双 11”前期就很好地完成了预热目标，通过微博在消费者中引起了不小的轰动。活动期间，货真价实的优惠力度使消费者对品牌的好感度大幅提升，并最终促使该品牌网店的营业额出现了爆发性的增长。

15.3.2 运用符合微博话语体系的语言

在微博广告的传播过程中，传播的一个前提是传受双方必须有共通的意义空间，否则就会传而不通，甚至有可能导致误解。因此，运用符合微博话语体系的语言来建构双方共通的意义空间是一个实用、有效的方法。

1. 共通的意义空间与传播语言的选择

共通的意义空间包含两个意义：一个是传播过程中传者使用的语言必须在传受双方可接受的范围内；另一个是传受双方要有大体一致的生活经验与生活背景。在微博上进行信息传播活动时，尤其要注意共通的意义空间这一问题。由于微博上的关注是用户根据自己的兴趣点自愿选择的，因此，可以默认关注某微博账号的用户与博主之间有着大体一致的价值取向。此时，传播语言的选择就成为传播过程通畅的关键因素。

2. 所用语言与微博的话语体系相符

作为一个虚拟的社交网络，微博拥有属于自己的独特话语体系。要想在这一平台上获得较强的传播力，首要条件就是在发布内容时要保证使用的语言与微博的话语体系相符合。通过观察微博上的流行语不难发现，拥有巨大传播力的微博内容的语言一般都具有简单、形象、平民化与幽默化的特点。有相当多的微博用户将“刷”微博作为一种休闲娱乐的方式。篇幅过大、语言过于艰深的微博由于不具备形成信息流的特质，很难在微博上形成广泛的影响力。

---

① 《双十一攻略：销售冠军讲解“策略 + 创意”》，2015 年 10 月 8 日，甩手网，http://www.shuaishou.com/school/infos14332.html，最后浏览日期：2021 年 4 月 1 日。

3. 巧用微博语言的典型案例

以阿里巴巴旗下品牌“阿里旅行 · 去啊”的微博平台推广活动为例(图 15－8)。该品牌以每个人都有看世界的美好梦想为前提,洞察消费者的旅行心理,提出了口号“只要决定出发,最困难的部分就已结束”,并以此为契机,在微博上推出广告语“去哪里不重要,重要的是去啊”。这句广告语看似简单却极具传播张力,在短时间内获得了网友们的广泛认同,并由此在微博上引发了连锁反应。它的同类竞争对手去哪儿、携程、在路上、途牛、同程等纷纷根据“去啊体”推出自己的广告语,在微博上引发“去啊现象”。

图 15－8 “阿里旅行 · 去啊”微博平台推广活动

15.3.3 整合营销传播手段

在新媒体时代,由于城市生活节奏的不断加快以及移动互联网带来的时空解放,人们接触媒体的方式与以往相比有了许多新的趋势。首先是媒体接触时间的碎片化,人们往往会选择在上下班路上、等待公交或电梯时打开手机应用进行社交或阅读。不同媒体的受众接触时间各不相同。其次是新媒体的丰富性带来了媒体间的自由切换。以社交网络为例,目前较为通用的社交网络包括腾讯旗下的微信与 QQ、新浪旗下的新浪微博、陌陌科技旗下的陌陌、百度旗下的百度贴吧等，大多数人都拥有多个社交网络账号。很多人往往是“刷”一会儿微博之后就开始“刷”朋友圈，朋友的动态都看完了，又开始“刷”贴吧，如此循环往复地在这几个平台之间来回切换。

就以上两种趋势而言，广告主在进行广告投放时必须要注意媒体间的组合，进行整合营销传播，对于不同媒体要根据自身特点进行投放时间以及投放内容的选择。需要注意的是，投放的内容形式虽然可以多样，但信息的重点必须统一且清晰明确，切忌每个平台上的信息重点不同，让消费者产生无所适从的感觉。

在整合营销方面，效果比较突出的是亚马逊的十周年店庆活动。2014年7月7日—8月17日这一个月的时间内，亚马逊整合了包括微博在内的多个新媒体平台资源，进行整合营销传播，涉及的新媒体平台有微博、视频网站、微信等，对消费者展开了全方位的宣传攻势。在不同的媒体平台上，亚马逊投放的广告内容各不相同，虽然形式多样，但每个信息的重点都十分突出，最终形成了“818”亚马逊购物狂欢节。

15.3.4 广告内容切合网络热点

微博是一个热点频现的网络平台，热点的主要来源有三个：一是线下热点的线上讨论；二是线下事件的线上热点制造；三是微博平台的自身热点。第一种情况中的微博热点事件往往也是线下政治、经济、文化生活中较为引人注目的事件，如每年的“两会”、某些影视剧的热播以及某些明星的八卦等。第二种情况中的热点事件一般为线下渠道无法解决的矛盾在线上的公开化，较为典型的有官员贪腐、民生矛盾等。第三种热点事件则主要指各类名人的微博骂战、各类网络热词与语体的流行等。

结合微博上的热点议题进行广告创意，有时会带来较为理想的话题效应。如果对热点话题的解读得当，往往会激发受众的认同感，进而促使其转发、评论，扩大传播效应。在选择热点问题进行广告创意时，也应考虑广告伦理问题的应对，一般而言，各类灾难事件、政治事件及突发性公共事件的相关话题不宜出现在广告宣传中。相对而言，热播影视剧、热门歌曲、明星八卦等题材比较适合出现在广告宣传中，可以更多地吸引受众的注意力。

以2014年年末出现的两个微博热点事件“什么仇什么怨”与“一百块钱都不给我”为例。这两个热点事件均来源于线下的社会新闻，在微博上通过网友们的积极转发后迅速发酵，并最终形成两个热门的网络用语。许多品牌都借助这两个热点事件进行广告宣传，并取得了良好的传播效果(图15-9)。

图15-9 苏宁手机网络热点事件广告

15.4 微博广告的监管

15.4.1 微博广告营销存在的问题

微博是Web 2.0时代的重要产物，微博广告凭借自身的优势将在未来进一步扩大影响力，但不可否认的是，微博广告在营销上尚存在很多明显的不足和问题。

1. 营销手段对微博社交本质的替代

微博自诞生之日起，对于广大用户而言，就是一个用来与朋友、家人联系，分享生活的社交平台，这也正是用户使用微博的初衷。但是，随着微博广告的发展，微博这一平台逐渐淡化其社交本质而成为一种广告营销手段，这就使得用户对微博广告的态度不容乐观。例如，如果我们有朋友在微信朋友圈做代购，并且频频发布广告信息，我们就会从内心深处产生反感和抵触情绪，因此，对于微博广告营销而言，广告的方式和手段十分重要。

2. 微博广告的营销效果有限

以新浪为例，新浪每年在微博运营上的投入高达数亿元，但是与成本相比，它带来的成效却并不尽如人意。由于长期缺乏有效的监管，微博广告内容的真实性在不断降低，虚假广告的盛行一度损害了微博用户的体验感，大量用户因此选择了放弃微博，这些因素综合起来导致了微博广告的营销效果大打折扣。

3. 微博广告中的不正当竞争

微博广告中的不正当竞争行为可以分为三类。其一是通过微博平台发布虚假信息，欺骗消费者购买与广告不符的产品。广告主在微博上发布虚假信息时，无须经过微博认证，在一定程度上增加了相关部门对微博广告的监管难度。其二，商家利用不当手段增加对应商品的搜索量。一些消费者在搜索商品信息时会习惯性地认为销量最多的商家往往拥有较好的信誉。因此，很多商家利用消费者的这种心理，通过不正当的竞争手段，将自己的产品信息放置在搜索结果的前几位，诱导消费者购买假冒伪劣产品。其三，一些商家为了提高自己的销量，雇佣网络水军辱骂对手。这种不正当竞争严重损害了双方的商业信誉，影响了消费者对产品质量的判断。

4. 广告内容的违法现象

微博广告鱼龙混杂的现象长期以来并没有得到真正解决，在一些关乎公共安全的领域，如药品、医疗器械、农药等特殊商品领域，不法分子利用人们缺乏专业知识的弱点，往往会炮制虚假信息在微博平台发布，既损害了消费者的利益，也破坏了微博平台的公信力。微博广告中关于特殊商品广告的监管不严，虚假广告较多，严重影响了微博广告的健康发展。相关部门应细化特殊商品广告的管理规定，建立更加严格的广告审查许可制度，净化微博广告的不良环境，制止微博广告中的违法行为。

5. 明星代言违法现象

明星代言是微博广告传播一个较为有效的方式。明星作为公众人物具有较高的知名度，粉丝众多，部分粉丝爱屋及乌，甚至会极力追捧明星代言的产品，形成粉丝效应。但是，部分明星在代言产品时，毫无社会责任意识，无视产品的实际应用价值，根据商家需要盲目地夸大产品的性能，既损害了自身形象，也破坏了微博广告的声誉。根据我国广告法的规定，明星在代言之前必须要亲自试用所代言的产品，若明星所代言的产品为假冒伪劣产品且损害了消费者的利益，就应当承担连带法律责任。

15.4.2 微博广告的监管机制及路径

1. 完善微博广告的相关立法

为了规范我国的微博广告市场，政府及相关广告管理部门应及时完善现行的广告法律法规，尤其是关于微博广告的法律法规。另外，由于网络环境的复杂性，追查微博广告发布者的身份较为困难，一旦出现虚假广告，责任归属就变得十分模糊。因此，在新的广告法律法规中，应确定微博广告的主要责任人，明确其应承担的法律责任。

2. 完善微博广告的审查制度

对微博广告的审查应采用事前和事后相结合的方式。事前的审查方式主要适用于已经登记的微博广告，即在进行登记时先将要审查的广告内容进行备份。由于发布者已经登记在册，一旦出现违法乱纪的现象，就可以迅速追究其责任。事前审查可以促使广告发布者自律，对虚假广告起到一定的威慑作用。对于一些未经登记批准的微博广告，可以采用事后审查的办法。由于目前微博广告的数量庞大且内容复杂，在审查过程中必须结合相应的广告审查制度进行事后审查，一旦发现广告存在违反法律的现象，就立即要求广告发布者撤销广告，并追究其法律责任。对于部分情节严重的发布者，可以永久禁止其发布广告，以净化网络环境。

3. 完善微博广告的监管机制

目前，我国微博广告的规范行为以政府为主导，但由于相关管理部门的职能划分不明确，很难监控复杂的微博广告。因此，可以建立一个专门监管微博广告的部门，加大对微博广告的监管力度，并培养一批专业能力、责任意识强的微博广告监管人员，努力提高相关执法人员的综合素质。由于微博广告的发展速度日益迅速，我国现有的法律法规尚不能跟上其发展步伐，导致微博广告在发展过程中出现了很多问题。为解决这些问题，应该完善我国现有的广告法律制度，并总结我国微博广告现有体系中存在的各种问题。通过完善微博广告的监管机制，不断净化微博广告市场，构建良好、健康的新媒体广告生态环境。

思考题

1. 微博作为广告平台具备哪些特点？
2. 简述微博广告的分类。
3. 简述微博广告的运作方式。
4. 简述目前我国微博广告营销中存在的问题。
5. 简述微博广告的监管机制及路径。

16 微信广告

随着数字化进程的不断加快，数字经济迅速发展，微信作为一种社交手段已经逐渐实现了对国内移动互联网用户的大面积覆盖，借助微信网络信息平台，微信广告也逐渐走入大众的视野。微信广告大致可以分为微信朋友圈广告、微信公众号广告及微信小程序广告。微信广告具有互动性好、信息传递快捷和信息投放精准等特点。微信广告在应用过程中，彰显出多级化、多元化、人性化的实效价值。微信广告借助腾讯强大的平台优势，在广告内容生产、精准传播和广告效果监测等领域，具有巨大的创新发展空间。2015 年 1 月 25 日，宝马中国、vivo 智能手机与可口可乐在微信用户的朋友圈投放了第一支信息流广告。微信朋友圈广告的出现标志着微信的商业价值开始得到进一步的关注、开发与利用。

16.1 微信广告概述

Web 2.0 技术下的信息传播由于互联网的聚合作用而大大加强，促进了新媒介生态环境的剧变。广告主也把主战场从传统的平面广告转向了网络新媒体，对网络、手机的利用无所不用其极，手机短信、微博等上面随处可见广告的身影。基于手机即时通信的广告投放目前渐成气候，已经为广告商所关注，微信广告已经成为即时通信广告的一种显性形态。

16.1.1 微信广告的发展

现代广告产生于传统媒体，又伴随着媒体形态的发展而不断延展，经历了曝光性广告、植入式广告和交互式广告三种发展形态。在传统媒体的广告海洋中，广告市场的竞争处于超饱和状态，网络新媒体的出现对于广告商而言无疑又开拓了一片广阔的蓝海。其中，微信广告的产生是新媒体发展的直接产物。

1. 基于微营销理论视野下的广告新模式

互联网科技迅猛发展带来的技术革命使大众之间的交流、互动和分享打破了时间和空间的限制，以博客、论坛、微博、微信等新媒介形态为载体的互动式广告传播方式，将体验式广告融入消费者的生活。这种体验式广告由参与者发布微内容的形式来定位广告传播行为，从而引发关注，并以此进行精准的微营销。在新媒体环境下，消费者已经不再是信息的被动接收者，而是扮演着信息生产者的角色。微信是由张小龙带领的腾讯广州研发中心产品团队于 2011 年 1 月 21 日推出的一个为智能终端提供即时通信服务的免费应用程序，微信广告的推出与流行是基于微营销理论视野下广告新模式的一种大胆尝试。

2. 基于智能手机的即时通信软件

微信是腾讯集团研发的一款基于智能手机的即时通信软件，在目前国内同类产品中影响最大。在微信诞生之前，国外已经在 2010 年推出了手机即时通信软件 Kik，该软件上线 15 天便吸引了 100 万用户。国内也相继推出了小米科技的米聊、盛大的 KiKi、开心网的飞豆等手机即时通信软件。腾讯在借鉴已有即时通信软件技术的基础上，经过观念和功能上的创新，后发制胜，上市短短数月便赢得了良好的市场口碑，在市场占有率和用户认同方面较之前者毫不逊色。

3. “微内容”成为连接人际关系的关键要素

基于信息传播的效率，使“微内容”的扩散作用通过日新月异的网络渠道发挥到了极致，作为跨平台的信息传播渠道，在移动终端的开发与精进之下实现了社会中人际关系在现实与虚拟层面上的融合。微信是基于手机通讯录直接与联系人建立连接的一款即时通信软件，它的推广是弥合现实世界与虚拟世界的一次试水，更是互联网发展的必然趋势。微信软件充分挖掘了手机通讯录的社交潜力，加上 2 000 米内的微信用户搜索功能及文字、图片、语音和视频的发送功能，很快便聚集了超高的人气。“微内容”成为新媒体时代连接现实与虚拟人际关系的关键要素，也自然成为广告传播的重要载体。

16.1.2 微信广告的概念

微信广告是新媒体环境下基于微营销理论视野运营的广告新模式，载体是伴随智能手机的广泛使用而开发的即时通信软件。在微信广告的实际运用中，“微内容”成为连接现实与虚拟人际关系的关键要素，也是认知微信广告传播价值的重要因素。

1. 微信广告的概念及运营逻辑

微信广告是一种基于微信平台，贴近用户生活方式的原生广告形式，主要是企业或个人利用图文、小视频等形式对企业形象或产品进行推广与宣传的一种信息传播活动。微信广告传播的渠道是微信公众平台，主要包括微信公众号和微信朋友圈。微信公众号和微信朋友圈聚集着优质的受众资源，这是微信广告得到广告主青睐的重要原因。

智研咨询发布的《2020—2026 年中国微信公众号行业市场经营风险及投资战略规划分析报告》显示，从 2011 年开始有记录的微信月活跃用户数，到 2020 年已经突破 11 亿，是中国用户量最大的 App[①]。自 2011 年问世至

① 《2019 年中国网民微信月活跃用户数、微信好友及未来微信发展趋势分析》，2020 年 2 月 21 日，产业信息网，https://www.chyxx.com/industry/202002/836124.html，最后浏览日期：2021 年 4 月 1 日。

今,微信在 10 年间已经成为一款国民级的 App,每天有 10.9 亿用户打开微信,3.3 亿用户进行视频通话,7.8 亿用户进入朋友圈,1.2 亿用户发布朋友圈。其中,照片 6.7 亿张,短视频 1 亿条,有 3.6 亿用户阅读公众号文章,4 亿用户使用小程序等①。微信真的成了一种生活方式。从微信用户的群体特征看,男女比例为 1.8 : 1,男性用户约占 64.3%,女性用户约占 35.7%;用户的平均年龄只有 26 岁,97.7%的用户在 50 岁以下,86.2%的用户年龄为 18—36 岁;在职业方面,80%的用户是企业职员、自由职业者、学生、事业单位员工。此外,80%的中国高资产净值人群在使用微信,25%的微信用户每天打开微信超过 30 次,55.2%的微信用户每天打开微信超过 10 次。微信作为一款强大的社交工具,接近一半的活跃用户拥有超过 100 位微信好友,57.3%的用户通过微信认识了新的朋友或联系上多年未联系的老友②。由此可见,微信已经融入广大网民的生活,其广告价值也日益显现。

2. 微信广告的关系链传播

微信上线至今已有 10 年时间,截至 2020 年第一季度,微信每月活跃用户达到 5.49 亿,用户覆盖 200 多个国家,超过 20 种语言,覆盖了 90%以上的智能手机。此外,各品牌的微信公众账号总数已经超过 800 个,移动应用对接数量超过 85 000 个,微信支付用户则达到 4 亿左右③。毫无疑问,微信已经占据了手机社交类应用的绝大部分市场。借助于微信的社交平台,微信广告基于微信强大的关系链不断发力,逐渐成为广告主推广商品和塑造品牌形象的重要手段。微信广告具有自身的发展优势,朋友圈广告和微信公众号广告成为圈层营销的重要工具。

---

①《张小龙：微信十年就这两个词!》,2020 年 1 月 20 日,百家号,https://baijiahao.baidu.com/s?id=1689416646437873812&wfr=spider&for=pc,最后浏览日期：2021 年 4 月 1 日。

②《腾讯微信用户大数据统计》,2020 年 3 月 18 日,百度文库,https://wenku.baidu.com/view/4570b9f6af51f01dc281e53a580216fc700a5314.html?fr=search-1-wk_es_paddleX-income9&fixfr=CpRmHdrly4WbYiB7coBdfA%3D%3D,最后浏览日期：2021 年 4 月 1 日。

③ 同上。

16.1.3 微信广告的优势

微信传播具有内容生产多源、传播速度快、传播范围广和受众特定等显性特征，微信传播借助腾讯强大的平台优势成为新媒体时代信息传播的一个主要通道，微信广告因而具有巨大的市场发展空间。

1. 强大的网络平台支撑

微信拥有腾讯这一强大的网络平台，天生具有优质资源的聚合力。腾讯在 20 多年的发展历程中积累了全球范围内的 10 亿 QQ 用户资源，旗下产品涵盖电子邮箱、网络游戏、腾讯拍拍、QQ 空间、QQ 农场和 QQ 校友等各类平台，仅利用这些平台进行广告推广，微信广告就已经占尽了先机。通过网络平台资源的有效整合，微信广告的市场营销力不断提升，市场份额不断扩展，强大网络平台的支撑使微信广告的市场竞争力不断增强。

2. 稳定的用户资源

微信具有腾讯稳定的用户资源优势，未来微信广告人气必将会持续走高。腾讯用户资源的情感黏性和感性意识较强，有利于基于现有用户展开“病毒式”传播，即凭借大众的力量，让信息接收者同时成为信息的发布者和转发者，利用大众的力量，以人际圈席卷模式携带信息迅速蔓延。对于腾讯旗下所有产品的用户群来说，已经成型的关系网络具有国内其他任何社交网络所无法比拟的稳定性。规模超大、黏性超强的用户群体成为腾讯微信得以迅速发展，微信广告能够大行其道的内部驱动力。

3. 有利的外部环境

微信具有适应通信科技发展的优势，微信广告的发展空间巨大。智能手机科技的迅猛发展和互联网通信催生的跨平台融合为微信的快速推广提供了有利的外部环境，iPhone、iPad 等便携式移动网络终端的推出和不断升级开启了移动互联网时代。因此，微信的潜在市场正是广告发展的浩瀚海洋，微信广告应用空间有待业内人士与专家学者的进一步挖掘。

4. 低流量、低成本

微信具有低流量、低成本的优势，有助于微信广告在用户间的传播。微信软件本身是完全免费的，使用任何功能都不会收取费用。用户使用微信产生的上网流量费由网络运营商收取，通过互联网后台运行，只消耗约2.4 KB/小时。以移动短信单条费用0.1元的计费为参照，对于微信来说，0.1元的流量可以发送上千条短信或数十张图片。因此，与飞信、彩信、微博等相比，微信在功能上的独特创新使人际沟通更加便捷，更具互动性和实效性，同时，低流量带来的低成本成为它的一大优势，为微信广告的声色传播铺平了道路。

16.2 微信广告的价值

微信广告主要采用故事营销、视频营销、文化营销等多种广告营销策略。在具体方法上采用与传统广告不同的形式，例如，商家通过发送漂流瓶的方式对自己的产品或服务进行推广，塑造企业形象，扩大社会影响。商家开通官方微信，吸引消费者的“关注”，成为品牌粉丝。随后，商家会定期或不定期地向粉丝推送广告。商家通过一对一的推送方式，与粉丝开展个性化的互动推广活动，达到广告宣传的目的。此外，还有陪聊式对话广告和会员卡式广告等多种形式，微信广告通过具体的广告传播形式和传播手段凸显了自身的功能价值。

16.2.1 微信广告的传播特点

从功能特点上看，微信不但集合了微博具有的互动性、信息传递快捷和信息投放精准的特点，而且将这些特点发挥得更为极致，并开创性地拥有了多级化、多元化、人性化和实效性的特征。

1. 实现多级化的传播

微信广告可借助微信实现多级化的传播，与三类好友群互通。微信的好友群包括手机通讯录联系人、腾讯 QQ 好友和2 000米以内微信用户三类受众群。信息的传播渠道较之微博更为广泛，多极化交流使得受众互动范围更广。多渠道的信息传播除了使微信广告的传播更为便捷,跨平台、跨人群、定点周边用户的优势也让微信打破了空间的阻隔,为即时性广告形式的推广提供了可能性,利用 2 000 米以内微信好友间信息传播功能的优势,对小范围内的广告营销活动将更为有利。另外,微信能够实现与腾讯微博的互通,这一点更有利于微信广告在微博上的二次传播,借助现已较为成熟的微博广告拓宽影响面,增强微信的广告效果。

2. 实现文字、声音和视频的多元化交流

微信广告的信息传播可以实现文字、声音和视频的多元化交流。微信不仅通过友好的界面、良好的互动为用户在信息沟通方面提供了很好的体验,更纳入“语聊”“图聊”“视频聊”等多种方式,不断翻新花样。信息的简洁化传播是社会效率发展的趋势,“词媒体”的出现足以说明凝聚信息的符号化社会走向。因此,传统的文字信息已经落后,取而代之的是附带意义的符号、图片、声音等信息的传递。借助于微信多元化的交流方式,微信广告信息的推广也更加便捷、多元,易于被广大受众接受。

微信的人性化特征有利于微信广告在用户中传播。微信的语音传递、漂流瓶、个性签名等功能使广告主可以针对微信用户的信息精确定位客户,从而缩小目标受众,对应用户需求进行精准广告销售,更加人性化。通过微信平台实现微信广告多元化信息传播,以此吸引受众的注意力,实现用户间的图文、视频等方式的传递,了解彼此的状态,这对于微信广告在群体中实现集群效应具有有效的助推效果。

3. 可以实现线上和线下的联动

线上、线下联动使得微信广告的时效性更加明显。在营销传播领域,要进行效果传播,首先要将时效性纳入考量,在消费者最接近消费的时间、地点进行传播。总体而言,效果营销更关注营销漏斗的末端。微信广告的推广依靠实际的和虚拟的社交圈实现,借助线下动作的助推,以微信的传播引起“微友”的迅速围观。微信 2 000 米以内的搜索功能更能引导潜在消费者实施行动。除了微博营销中体现出的线上互动,微信还能够将线上用户的情绪迅速转化为实际行动，尤其是在千米之内的好友圈中，转化率较高。在现阶段的营销策略中，利用微信进行拼友、团购的案例比较常见，比如同地点的微信好友拼车、拼团抢购等。

16.2.2 微信广告的投放效果

广告的投放平台从传统媒体转移到新媒体，广告的形式多种多样，但广告的目的均是售卖商品。现代的营销提倡消费者的互动、口碑式传播和体验式经济，归根结底，所谓的消费者自主引发的广告信息的传播、接收和互动，都是由广告主精心策划出来的，微信广告也不例外。

1. 对用户具有较强的吸引力

微信作为新的手机即时通信工具，利用用户潜意识中的传播欲，产生了强大的吸引力。受众具有普遍的猎奇心理，在这个阶段，微信广告的互动式投放自然会引起受众的好奇围观和实时互动。另外，微信是基于智能手机开发的一款即时通信软件，用户在使用智能手机的同时往往比较主动地注意对新功能的应用，这也为微信广告的信息推广，尤其是创意性的图片、视频等信息的传播提供了机会。用户会在试探性地分享内容的同时，提高了广告信息的传播力。从现有的微营销研究来看，用户已经熟悉了博客、论坛、微博等的传播方式。对这类用户而言，微信是一种更为便捷、时尚、新颖并能展现自我的新舞台。受众在潜意识的驱使下会自然而然地将自己在微博上的经验嫁接到微信上，把发布信息、分享内容作为自己在新平台上聚集人气的途径。这类博主往往已经具有各自的粉丝群体，这也为微信广告增加了人气。再加上广告主的线上推广策划，雇佣网络推手制造话题、跟进等形式，微信广告便在无形之中被用户自发地广为传播。利用这一因素，在微信广告推广的初期阶段进行广告投放的优势更加明显。

2. 准确锁定微信广告消费群

新媒体时代，人们生活的时间和空间日趋碎片化，受众的分众化和碎片化现象严重，如何精准地投放广告是广告主们绞尽脑汁的事情。目前，国内使用微信的消费人群大多是中青年群体，这部分人群的时尚观念较强，购买欲望旺盛，属于社会的中坚消费力量，而且极易受到外界信息的影响。微信广告的投放借助微信平台大大缩小了目标受众，尤其是在商圈、办公楼宇、社区、学校等特定商品对应的人群点，微信广告具有极强的精准信息传播优势。利用手机通讯录进行大规模的聚会信息发布，基于现实手机通讯录中的好友圈交集，实现交际圈的扩大。例如，商场开展限时抢购活动前，可以利用微信在目标人群集中的几个固定点发布购买信息，引导消费者前来购买；各类展销会可以利用微信广告实现快速推销，针对展销会展位繁杂的现象，对观展人群进行微友搜索，以微信平台发布展位信息或挑起搞笑或能引起关注的内容，可以有效地将人群聚拢。

3. 随时与受众进行信息互动分享

新媒体的生态环境为信息的传播搭建了互动的平台，更加能体现人性化的媒介接触。新媒体在当下如火如荼地传播着各种消费信息，围绕着网民、受众的生活轨迹为广告提供了自然的传播通道。新媒体使广告的传播面从大众到聚众，从单向渗透的传播模式转变为双向互动。利用手机的便携性和通讯录资源的优势，微信广告信息在熟人圈的传播增强了广告本身的信赖度。人们可以随时随地通过手机进行信息交流并分享体验，从而可以利用手机通讯录资源产生辐射作用，扩大微信广告的推广面，增强广告的有效到达率。手机微信广告推广的最大优势是移动性，现代社会的不同时间、不同场合，随处都可见手机的身影，玩儿手机也成为现代人休闲的一部分。因此，将广告填充在这部分领域，尤其是针对以休闲为目的的手机用户，使他们能够静下心来玩味接收到的信息，并且进行评论互动和分享，这样更有利于广告信息的传播。

4. 拓展广告主与目标受众的交流渠道

微信既是数字技术发展的产物，也是人际关系紧密化的阶段性工具。新的媒介生态系统的形成扩大了广告的应用空间，不仅为商业广告提供了新的传播方式，也拓展了广告发布者和目标受众的交流互动渠道，加快了信息传播效果的实现。同时,这也给广告的发展带来了新的挑战。信息的无序化现象严重,这为危机的出现提供了温床,也使得危机的突发性越来越强,传播速度越来越快,对于危机的预防和处理难度也同步加大。这就要求广告主在投放微信广告的同时,更加注重人性化的沟通,充分考虑用户的情感因素,协调、引导广告活动的有序进行。此外,应注意微信广告要数量适中、投放适度,以保持良好的移动网络终端环境与和谐的社会潮流风尚,使微信广告作为社会生活的优质符号而进行有效的人际传播。

16.3 微信广告的类型

目前,微信广告大致可以分为三种投放方式:一是广大用户熟知的微信公众号广告;二是近年来流行的朋友圈广告,即Feeds信息流广告;三是微信小程序广告。微信公众号广告的展示形态可分为微信公众号文中广告、文章底部广告、互选广告和视频贴片广告。朋友圈广告有五种广告形态,即图文广告、视频广告、基础式卡片广告、选择式卡片广告和广告主互动广告。图文广告包括外层文案、外层图片、文字链、用户社交互动,本地推广图文广告还包括门店标识,这是最常见的朋友圈广告形式。微信小程序广告有三种形式,即点击广告图片、开屏广告和轮播形式的广告(在首页上方设置滚动广告位)。

16.3.1 微信公众号广告

微信公众号广告是微信用户十分熟悉的广告形式,与微信内容的呈现形式密切相关。因为微信公众号广告内容与微信内容高度匹配,也有人将这种广告形式称为原生广告。

1. 微信公众号广告的概念

微信公众号广告是一种基于微信公众平台,以文章部分内容的形式出现在公众号文章中的一种广告形式。它是一种能为广告主提供多种广告投放形式，利用专业数据的处理算法来实现成本可控、效益可观、精准定位效果的广告投放系统。这种广告形式可以通过公众号进行品牌、企业、App 等推广，还可以支持多维度组合的定向投放，以寻求高效率的转化。目前，微信公众号已覆盖超过了 4 亿的活跃用户，拥有 7 000 多个流量主，整体流量已超过 4 亿，每则广告的平均点击率约为 2%。微信公众号广告具有多种广告形态，包括图文、图片、文字链接、关注卡片、下载卡片等，为用户提供了丰富、多元的选择。

2. 微信公众号广告的传播优势

公众号平台具有独特的优势，通过细化的用户分类与定位，根据用户的年龄、性别、地域、兴趣、操作系统甚至是网络状况等给他们推送信息。作为一种高效率、精准化的广告传播方式，微信公众号准确、细致的广告定向为各类广告主提供了无限的商机与可能。微信公众号广告的售卖策略大致可以分为两类。一类是 CPC 广告，它的底价是每次点击 0.5 元，采取自由竞价、曝光免费的方式，每次点击率按照价格因子乘以广告质量因子的公式(实际扣费低于广告出价，广告质量越好，广告因子值越小)进行扣费。广告质量的分值取决于素材点击率和历史投放累计质量度。广告曝光率取决于广告质量的分值和广告主的出价。素材点击率越高或历史累积质量度越高，曝光就越多。另一类是 CPM 广告，底价为每千次曝光 15 元，自由竞价。每千次可视曝光按照出价扣费 1 次，优先展示出价高的广告。可视曝光即广告完全加载并出现在用户屏幕。一天之内，同一个广告面向同一个用户，最多收费 6 次。一周之内，同一个广告面向同一个用户，最多收费 10 次。

16.3.2 微信朋友圈广告

2015 年 1 月，微信朋友圈出现了第一批商业广告，向不同消费者推送的宝马、可口可乐广告引起了较大的市场反响。微信朋友圈广告传播的理念就是要像用户身边的朋友一样，在朋友圈分享身边的故事和内容，倡导让广告出现在优质媒体内容里，让广告的内容成为一个话题，让广告的投放更简单。

1. 微信朋友圈广告的概念

微信朋友圈广告是指展示在微信朋友圈中的一种原生广告形式，朋友之间可以通过点赞、评论等方式进行互动，也可以通过社交关系链进行互动式传播。微信朋友圈广告主要是通过微信广告系统进行广告的投放与管理，广告本身的内容基于微信公众号的生态体系，以类似朋友的原创内容形式进行展现，基于微信用户画像进行定向。同时，通过实时社交混排算法，依托关系链进行互动传播。目前，Feeds 信息流广告是微信朋友圈广告的主要形式，移动 Feeds 信息流广告已逐渐成为 Facebook 社交网络收入的主要来源，企业与商家也对 Feeds 信息流广告的未来发展表示高度认可(图 16－1)。

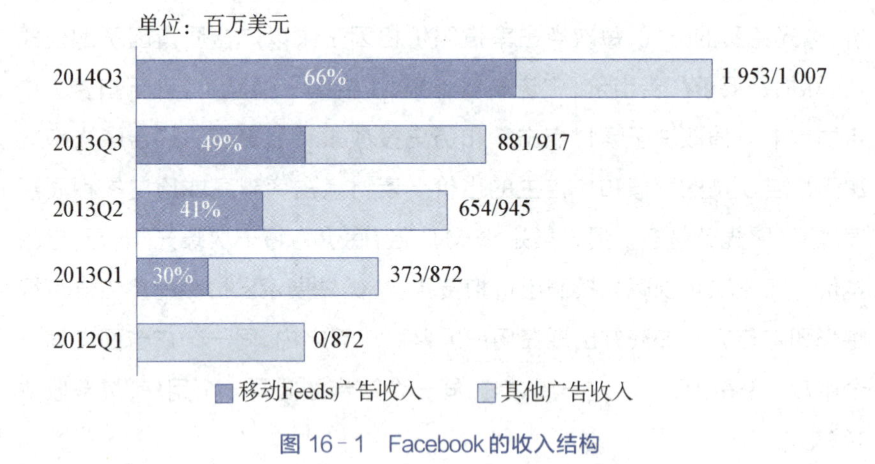

图 16－1　Facebook 的收入结构

2. 微信平台对广告主的选择

微信朋友圈广告主要是以 Feeds 信息流的形式出现在微信朋友圈，在一定程度上降低了对用户的骚扰。微信平台经过严格筛选，最终选择了 50 个品牌广告主，合作预算均在 1 000 万元以上，按照 CPM 曝光率计费。Feeds 信息流广告的形态类似于朋友圈用户正常发布的内容。广告主账号由用户头像加名称的方式构成，添加有推广标签与详情外链，并附有推广图片进行互动传播。用户既可以点击头像或名称进行自主关注，观看推广图片，点击详情外链进行全面、深度的了解；也可以点击标签进行推广或取消，点赞或评论感兴趣的内容，所有的点赞与评论均为好友可视状态。朋友圈广告利用广告引擎深度挖掘用户数据，筛选了一批高质量的种子用户进行 Feeds 信息流广告的投放与推广。依据用户活跃程度和参与广告互动频率两个维度进行评分，微信广告引擎精心挑选了一批高质量的种子用户，以他们作为广告的第一批曝光对象，并以他们为接触点，挖掘更多与他们兴趣相同的质量较高的好友，进行后续广告的投放与推广。如果你的好友看到一则广告并对它评论或点赞，你看到该广告的概率就会提升。微信朋友圈广告通过广告与用户的互动，增加了用户信任感。

16.3.3 微信小程序广告

微信小程序广告是 2018 年伴随着腾讯公司开发的微信小程序产生的，同样基于微信公众平台，并利用专业数据处理方法实现成本可控、效益可观。相比较而言，微信朋友圈广告主要以本地推广广告和原生推广页广告为主，以小视频、图文和 Feeds 广告为主要的广告形式。微信公众号广告选择纯图片形式、纯文字形式、图文结合形式或贴片形式为主要的广告投放方式。微信小程序广告则是以图片形式作为主要的广告投放方式。

16.4 微信广告的运作

微信首轮朋友圈广告采用了 Feeds 信息流内嵌的方式，与正常的单条朋友圈状态完全一样，由文字与图片构成，点击之后可进入完整广告的 H5 界面。用户可以进行点赞或评论，也可以看到自己好友的点赞与评论情况，通过一条广告，用户可得知朋友圈中哪位好友与自己接收到同样的广告。通过大数据的分析与参与，微信的广告投放更符合当下社交媒体平台传播的特性与需求。

16.4.1 微信广告的运作策略及收费模式

图 16-2 微信朋友圈的 Feeds 广告

2015 年 1 月 22 日，微信朋友圈迎来了广告上线，第一条由宝马、vivo 及可口可乐等品牌投放的朋友圈广告借助微信平台正式与微信用户见面。一时之间，微信朋友圈广告作为一种令用户耳目一新的广告投放形式瞬间火遍了大江南北(图 16-2)。

1. 微信朋友圈广告的首次五轮推送

作为微信朋友圈的首批广告主，vivo 智能手机收获了十分满意的广告效应。在广告投放至微信朋友圈后的 48 小时内，vivo 广告的总曝光量已接近 1.55 亿，用户点击 vivo 的 LOGO、点赞、评论等行为超过 720 万次，vivo 官方微信增加关注超过 22 万人①。腾讯内部团队对微信朋友圈广告的前景颇为看好，预计由此带来的营收增长可达 100 亿元。随后，微信朋友圈的第二轮广告来袭，广告主是长安福特与 OPPO 手机，紧接着第三轮、第四轮，广告主分别是凯迪拉克和耐克。“第一次，与独具风范的你，在这里相遇。”2015 年 2 月 9 日，一则凯迪拉克的广告在部分微

---

①《vivo 朋友圈广告曝光量接近 1.55 亿》，2015 年 1 月 28 日，ZAKER，http://www.myzaker.com/article/54c821b89490cb174800004a/，最后浏览日期：2021 年 4 月 1 日。

信用户朋友圈内推广，图文俱佳，音乐悠扬，高冷范儿十足。然而，与微信首批广告上线受到用户高热度刷屏讨论的待遇不同，这次的广告似乎只是安静地“路过”朋友圈。

2015 年 3 月 20 日，第五轮朋友圈广告出现，这次的广告主是海飞丝洗发水(图 16－3)。这是自迪奥 Miss Dior 香水之后，第二个将广告预算投到朋友圈的日化品牌。相比此前的宝马、英菲尼迪的群体标签大讨论和迪奥优雅的品牌传播效果，宝洁海飞丝一语三关的广告语引发了广告消费者的热议。

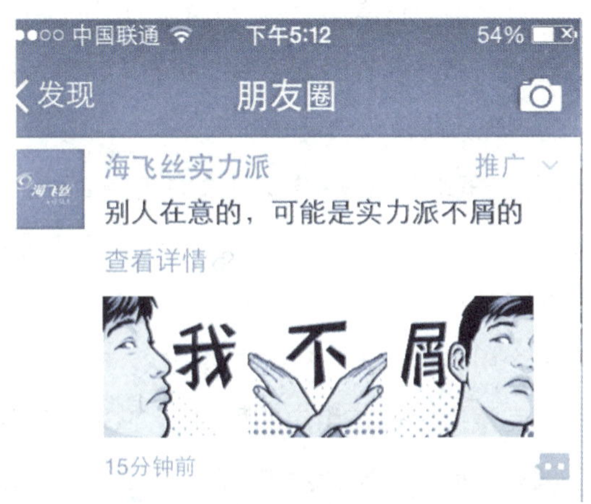

图 16－3 海飞丝在朋友圈的广告推广

2. 内容分享与广告传播的新路径

微信朋友圈商业广告的推送引起了极大的市场反响，也奠定了微信朋友圈广告推送的基本模式，内容分享与广告传播的互动成为微信广告传播的路径。微信首次五轮推送的 Feeds 信息流广告并非首次出现在中国的社交网络，而是在微博国内试水两年后的大举跟进，之所以受到如此程度的关注，与它自身的发展潜力关系密切。据中国电子商务研究中心的数据显示，微信上线至今，全球累计注册账户数 11.2 亿，每天朋友圈内仅分享链接内容的次数已经超过 30 亿次。日常使用中，76.4% 的用户会使用朋友圈来查看朋友动态或进行分享，微信朋友圈成为企业新的广告平台①。

3. 微信广告的曝光策略及收费模式

朋友圈广告的曝光策略是当有 4 条以上的新 Feeds 时会请求拉取广告；不少于 4 条新 Feeds 时，广告就放在第 5 条。若一条广告没有互动，6 小时后，广告消失；曝光后有互动，则广告不消失。一条广告的持续时间为 7 天，即 7 天内有效，对每个用户，48 小时内只推送一次。Feeds 信息流广告采取可视曝光，广告图片完整地出现在用户的屏幕上，它采用三种曝光形式，分别是信息流曝光、消息详情页曝光、传播曝光。朋友圈信息流曝光，每 10 分钟内最多计费一次；消息详情页曝光，每次打开 Feeds 计费一次；7 天内，单个广告订单在信息流、详情页曝光各自分别累计，最多扣费 4 次，转发动作则单独申请与扣费。

16.4.2 微信广告的售卖方式

微信广告通过大数据的分析与参与，其投放形式更符合如今社交媒体平台传播的特性与需求。它的销售和购买方式均以大数据分析为基础来进行成本控制，按照用户的点击量收取广告费用。

---

①《习惯微信广告了，可是它有用吗?》，2020 年 7 月 1 日，网易，https://www.163.com/dy/article/EFMORD4805448V0U.html，最后浏览日期：2021 年 4 月 1 日。

1. 微信广告的销售方式

根据腾讯公司对外发布的《微信广告系统介绍》,微信朋友圈广告采取CPM方式售卖：若定向北京、上海两座核心城市的用户,每千次曝光价格为140元;若定向其他一、二线重点城市的用户,每千次曝光价格为90元;若不定向区域推送,每千次曝光价格为40元;如果广告主在此基础上还需要定向性别推送广告,价格将上涨10%。换算下来,相当于用户每看一次有广告的朋友圈,微信至少向广告主收费4分钱。微信按照用户的点击量来收取广告费用,甚至打通广告与微店的连接。微信的营销空间不可限量,未来,潜力巨大的微信商业广告将为腾讯带来一笔相当可观的收入。

2. 微信广告的购买方式

一般而言,微信朋友圈广告多采取CPM购买方式,分为不定向区域、定向核心城市、定向重点城市三个收费层面。不定向区域以每千次曝光40元乘以性别定向1.10进行扣费;定向核心城市(北京、上海),以每千次曝光140元乘以性别定向1.10收费;定向重点城市,以每千次曝光90元乘以性别定向1.10收费,重点城市包括广州、深圳、成都、武汉、大连、沈阳、天津、杭州、宁波、南京、重庆、长沙、青岛、西安、厦门、苏州、哈尔滨。朋友圈广告的流量预估分为定向与不定向两种,定向则根据定向类别与具体条件进行流量预估。目前,微信朋友圈的定向纬度为地域与性别。在初期的运作过程中,为了鼓励和支持一些大客户,微信广告平台免费赠送两个新的定向纬度,包括年龄、学历、网络环境、操作系统,客户可从中进行选择。每期的广告推广结束后,微信广告系统会针对效果评估体系向广告主提供《品牌广告效果分析报告》。微信首次的广告投放量是每条广告推送给1000万个用户,这不仅是售卖广告位、发送广告这样简单的事情,微信销售的是一种营销推广的运作模式。它以广告为本,背后融合精准投放、二次营销、数据反馈与战略调整等策略,每个步骤都细致而微,最终能实现一鸣惊人的效果。微信首批的广告投放引起了微信朋友圈等各大社交网络的热议,人们争相转发、议论或点赞。微信用户的积极参与给微信广告做了很好的二次甚至是多次推广。毫无疑问,这次的微信营销是成功的。

16.5 微信广告的监管

当前,商业经营者只需注册官方微信,吸引用户关注,即可通过商业推送、话题探讨或资源共享等方式发布商业广告。在强制推销的广告中,有大量商品应依据现行的相关法律法规,在取得发布资格后才可发布广告。特别是药品、医疗器械、进口化妆品等的广告,在未经相关部门审核的情况下擅自发布,就违反了广告法的有关规定,会受到相应的惩罚。

经营者在微信广告或是变相的广告交流中夸大所销售产品的功能和疗效,往往会形成令人误解的虚假宣传。与此同时,经营者往往会借助微信广告这一传播形式为企业塑造良好形象,并诱使广大受众购买商品或选择服务。有些经营者还不时地利用微信广告进行产品与服务的宣传和推广,过程中甚至有意贬低竞争对手,恶意攻击或者编造、制作打压竞争对手的故事或视频,通过微信粉丝共享的方式传播与竞争对手相关的不实信息,试图诋毁竞争对手的商业信誉和商品声誉。微信广告具有发布简单、费用低廉、发布数量没有限制等特点。现实中,商家通过推送或“摇一摇”的方式给用户发送了大量“垃圾微信”,侵占了用户正常使用微信的时间,也破坏了用户使用微信的体验。

16.5.1 微信广告的监管难点

目前,通过微信发布广告不需要经过广告监管机关的审查,这使得部分微信广告存在虚假违法的情形,从而导致受众难以判断广告的真实性。

1. 微信广告监管存在灰色地带

微信不仅是一种广告媒介,更是一种通信工具,微信广告直接发送给特定用户,其他人群无法获知广告内容。此外,微信中包含大量的私人交流信息,微信广告缺乏明显标志,在传送过程中与普通的微信内容没有明显区别，工商机关很难开展有效的监管。微信广告是近几年来迅速兴起的新的广告形式，与传统广告最显著的区别是它的发布量和传播量都较大，经营者可借助智能手机终端随时随地发布微信广告。当前，基层工商机关的工作人员数量相对有限，加之日常监管任务繁重，很难将更多精力用于对微信广告进行监管。另外，工商机关现有的常规监测工具和技术手段也难以对其进行有效监控。

2. 对违法微信广告的追责存在难度

微信广告的广告主体具有虚拟化、跨行政区域的特点。微信广告依托网络发布，虽然发布对象相对容易确定，但在后期分享、转发、转载等过程中却不容易确定具体对象。因此，广告发布人所在地和接收用户以及转发者往往不同，行政区域跨度大，即使微信广告存在违法行为，工商机关对广告主、制作人、发布人、转载人进行追责处罚的难度也较大。

3. 微信广告的综合治理

首先，由于微信广告具有较强的隐蔽性，工商部门在实践中难以界定它是属于微信用户的个人行为还是广告行为。其次，部分微信广告尽管内容不违法，但微信的集中式发送造成了对消费者的骚扰，属于侵权行为，但《广告法》并没有对相关情形进行明确规定。再次，微信广告内容包罗万象，势必牵涉其他各类法规和规章，如《医疗广告管理办法》《化妆品广告管理办法》等，法律间的混乱交杂也需要系统和社会层面的综合治理。

16.5.2 微信广告的监管对策

进入社交媒体时代，面对更加复杂的网络广告监管形势，如何适应网络平台的新变化和微信广告传播的新需求，广告监管面临着新的挑战。

1. 完善《广告法》中有关微信广告的管理规定

根据微信广告快速发展中出现的问题，建议有关部门尽快修订完善《广告法》及相关法律法规，明确微信广告的相关概念和标准，规范微信广告制作、发布行为，界定违法微信广告范围和违法标准，明确其制作、发布是否需要审核备案，统一违法行为的管辖权限，设定对发布违法微信广告的处罚依据，使微信广告监管有法可依。

2. 执行《互联网广告管理暂行办法》的相关规定

2016年7月4日，国家工商行政管理总局令第87号公布的《互联网广告管理暂行办法》对互联网广告进行了界定："本办法所称互联网广告，是指通过网站、网页、互联网应用程序等互联网媒介，以文字、图片、音频、视频或者其他形式，直接或者间接地推销商品或者服务的商业广告。"该办法明确规定："互联网广告应当具有可识别性，显著标明'广告'，使消费者能够辨明其为广告。"这一规定适用于微信广告，但在实际操作过程中，尚需广告市场中各利益主体的共同努力，在互相监督下贯彻执行。

3. 加大市场执法监管的力度

微信广告具有较大的市场发展空间，将微信广告纳入日常监管体系，有利于未来广告市场的健康发展。各级管理部门可加大资金投入力度，加快培养适应现代广告监管需求的专门人才，配备专用监测设备，进一步充实监测力量，构建包括微信广告在内的互联网广告监管体系，强化对微信广告的监测管理，严厉打击未经审核擅自发布信息、虚假宣传、不正当竞争等违法行为，督促微信广告发布者自觉遵守法律法规。

4. 建立综合治理联动机制

工商管理部门应进一步加强与公安、通信、文化等相关职能部门的配合，通过建立例会制度、联合执法制度、信息通报制度和督查考核等制度，将微信广告纳入社会综合治理范围，加大对内容虚假和涉嫌不正当竞争的微信广告的查处力度，不断规范微信广告的发布行为。

5. 引导公众参与微信广告的监管

建立公众参与的微信广告监管常规机制。例如，可以充分发挥12315投诉举报网络机制，利用投诉举报电话、红盾网络论坛和手机维权等平台在线接受消费者举报，保留必要的证据。开发消费提示软件，提醒用户对微信广告保持谨慎态度，不主动转发违法违规的广告；提醒用户提高安全防范意识,通过宣传来引导公众参与微信广告的监管。

6. 夯实广告监管的信用基础

各级政府应深入落实《国务院关于促进市场公平竞争维护市场正常秩序的若干意见》,将微信广告的监管纳入全社会守信激励和失信惩戒机制。首先,充分发挥企业信用信息公示系统,及时并有效地公示被查处的违法微信广告名单,鼓励广大用户积极举报存在违法嫌疑的微信广告内容。其次,建立微信广告信用信息档案和交换共享机制,逐步建立含有电信、公安、工商登记、消费投诉、税收缴纳等方面的信用信息的统一共享平台。

相较于传统的广告传播媒体,网络广告具有得天独厚的优势,微信广告的发展便是抓住了与用户实时互动这一优势,无论是中小企业的扩展壮大,还是大公司开拓海外市场,微信都是实施现代营销战略的重要平台。在市场化的今天,传媒组织和数字交易平台面临着巨大的市场压力,为了经营目标会强行推送很多广告信息,不顾受众的感受,使微信广告面临巨大的发展风险。实际上,认真研究广告受众的心理特征,满足用户的心理需求,善用微信广告发布平台,创新微信广告发布形式,研发微信广告综合管理系统,提升微信广告的监管效果,这些才是微信广告企业和平台规避风险的有效路径。

微信自身的广告语宣称“微信,是一种生活方式”。新媒体时代,微信已然是一种时尚生活的象征,它正以一种前所未有的速度嵌入现代人的生活流程。微信广告的发展将为微信带来无限的商业价值,但同时也给微信的未来增加了更多的不确定性。如何将微信广告更好地融入大众生活?如何将微信广告转变为用户生活的增味剂?这也是广告商、数字交易平台、广告人和受众需要共同面对和思考的问题。

思考题

1. 简述微信广告的概念。
2. 简述微信公众号广告、朋友圈广告及小程序广告在广告投放方式上的区别。

3. 简述微信广告的优势。

4. 简述微信广告的运作方式。

5. 微信广告的监管难点主要体现在哪些方面?

6. 简述微信广告的售卖方式。

17 信息流广告

信息流广告是建立在对用户的文本分析的基础上，定位目标消费者，利用互联网媒体，并向用户的新鲜事栏推送广告的一种新型广告形式。信息流广告又被称为社交媒体广告，是一种在社交媒体平台上针对不同用户群体的特点进行智能推广的广告形式，是原生广告的一种类型。以微博为代表的全开放式平台、以微信为代表的半开放式平台和垂直型的移动 App 也为信息流广告提供了很好的载体。信息流广告为受众提供的是有价值、有意义的内容，而不是单纯的广告信息；信息流广告在不破坏用户阅读习惯的前提下，能为广告品牌提供较有针对性的宣传服务，也能满足用户对衣食住行各方面的信息需求。

17.1 信息流广告概述

随着移动互联网时代的到来，各种移动互联网客户端呈井喷式发展，传统 PC 网络用户不断向移动互联网转移，移动互联网用户的基数不断增大，因此，基于流量中心化的产品也越来越多。移动互联网的迅猛发展使得信息生产呈现出社会化的趋势，也使得任何个体都可以随时随地参与信息的生产。信息生产主体由媒介结构、媒介组织逐渐扩展到任何组织和个体，同时信息消费也呈现出相应的变化。随着信息生产的社会化和草根化，信息消费模式则逐渐转向动态的信息流，信息流广告也随之应运而生，并逐渐应用于各大社交媒体平台。

"信息流"最早是由美国传播学者罗杰斯提出的，与"影响流"一起成为其"N级传播模式"的组成部分，是拉扎斯菲尔德"二级传播模式"的发展，即信息的传播可以是"一级"的，而影响的传播则是多级的。广义上的信息流是指信息的传播与流动，信息流是物流过程的流动影像，它分为采集、传递和加工处理三个过程。这里所说的信息流广告翻译自"news feed"，业界目前译为"信息流"，有时也被称为新闻推送或新闻源，是指网站上发布的最新内容的列表，终端用户订阅网站的"News Feed"后就可以接收新的内容。信息流广告又被称为社交媒体广告，它是一种在社交媒体平台上针对不同用户群体特点进行智能推广的广告形式，是原生广告的一种类型。与市场中传统的铺天盖地的广告相比，信息流广告已逐渐成为产品品牌宣传的一个重要渠道，信息流广告不会破坏用户的阅读习惯，同时能够为广告品牌提供较有针对性的宣传服务。在未来的发展中，信息流广告必将全面发展，并终将成为一种显在的广告类型。

17.1.1 信息流广告的缘起

信息流广告的历史并不长，它主要是伴随互联网背景下社交媒体的发展而不断发展演化的。学界和业界公认的信息流广告最早出现在 2006 年的 Facebook 上，最初以 Feeds 广告的形式出现在用户查看好友动态时的栏目中，并依据社交群体属性和用户偏好进行精准推送，广告形式主要以文字、图片加链接为主。2011 年，Twitter 也正式推出广告平台"Promoted Tweets"，信息流广告初露端倪。这种广告的运行方式是按照粉丝参与程度收费，在关注了某企业的 Twitter 用户粉丝的信息流中显示该企业广告。2012 年，Twitter 开始允许广告主根据用户的推文所呈现的兴趣向用户发送相关广告，同时也允许广告主根据地理位置投放广告，广告投放更具体，也更有针对性。

Twitter 可以说是信息流广告的创始者，Facebook 则将这种广告形式发展得更完善，更具规模。Facebook 推出的“Sponsored Stories”广告模式，就是在用户的新鲜事一栏插入广告。例如，用户在一家餐馆签到，这就是一个广告；“赞”了一个品牌，这也可以算是一个广告。广告商可以从用户缺乏完整性的信息中直接提取目标用户，在信息流中传递高度相关的广告，从而使用户可以远离社交网络中广告围墙的包围。

17.1.2 信息流广告的定义

信息流广告是一个较新的概念，目前学界与业界并未提出一个明确的定义。与它相关度较高的是“原生广告”，一般认为信息流广告是原生广告的一种类型。

1. 信息流广告的概念

信息流广告又被称为社交媒体广告，是一种在社交媒体平台上针对不同用户群体的特点进行智能推广的广告形式，是原生广告的一种类型。路透社专栏作家菲利克斯·萨尔蒙认为，原生广告能让消费者阅读并与之互动，甚至去主动分享它，它能够在特定时间段中占据用户的全部注意力，传统的网络横幅广告永远做不到这一点。从这种意义上讲，电视广告也是原生的，因为观众观看电视广告的行为与看电视并不会有什么两样，篇幅很长的印刷广告也是如此。《VOGUE》杂志上的时装广告可谓原生广告中的极品，它们往往比社评还好看，因此，读者在广告上花的时间并不比在其他内容上少。

2. 信息流广告与原生广告

此前，在互联网时代尚未全面开启之时，原生广告主要以电视、杂志等传统媒体为投放平台，新媒体的广泛应用为原生广告提供了崭新的广告载体。2011 年 9 月，风险投资公司创始人弗雷德·威尔逊在 OMMA 全球会议上提出，新的广告形式将存在于网站的"原生变现系统"。肯特州立大学的柯林·坎贝尔认为，原生广告是基于许可的品牌传播活动，这种传播由品牌商发起，随后在消费者的社交网络中传播。新闻聚合网站副总裁威尔·海沃德认为，原生广告就是通过社交网络进行分享的赞助性内容。营销专家肖明超则认为，只要是通过非商业手段达到商业目的的各种形式都可以称为原生广告。美国互动广告局召集了一个由64位专家组成的特别小组，在2013年12月4日发布了《原生广告手册》，称原生广告既是一种'愿望'，也是一系列广告产品类型。所谓的"愿望"，是指广告主和发布商希望广告投放能够做到三个一致：与页面内容一致，与网页设计一致，与受众在平台上的行为一致[①]。在互联网领域的原生广告就好比报纸上的"软文"，以报道内容的形式出现，并标注"广告"字样。由此可以看出，信息流广告就是建立在对用户的文本分析基础上，定位于目标消费者群体，利用互联网媒体向他们的新鲜事栏推送广告的一种广告形式。

3. 流动的时间广告

与传统媒体上刊载的一览无余的静态展示型"空间广告"相比，信息流广告是一种"流动"的"时间广告"，它搭载的广告信息会随着信息流的逐步展示而得以显现。从理论上讲，只要信息流不断，信息流广告就会有无限的广告位置，因此时间就成了一种稀缺性资源，它的广告容量从理论上讲是无限的。

17.1.3 信息流广告的分类

在国内互联网的广告市场中，越来越多的广告主渐渐看重信息流广告的传播方式与广告价值，其广告存在的形式和类型也日益受到关注。信息流广告的分类可从传播平台与传播形式两方面进行考察。

1. 信息流广告的传播平台

社交媒体的独特性能成为信息流广告的主要依托平台，其中有以微博

① 李佳佳：《移动原生广告的创意原则初探》，郑州大学2017年硕士学位论文，第5页。

为代表的全开放式平台和微信为代表的半开放式平台，还有垂直型的移动App也为信息流广告提供了很好的载体。

(1) 依托开放式的社交媒体

开放式的社交媒体最为典型的是微博平台，与其他平台相比，微博是早期从PC跨越到移动端的媒体平台，从微博平台本身而言，它也是属于较早完成用户积累的一个平台。2013年，微博起步于对平台经验和对用户的认知，它参照Facebook的体系引入了信息流广告。微博平台当时对自己旗下的品牌速递、粉丝通等产品的体系不断进行升级，微博每月的活跃用户数量都较高，加上微博用户本身的松散和形态多样(如兴趣小组、粉丝团等)，能直接广泛地覆盖并定向投放多形态的广告。经过不断发展，微博挖掘出潜在用户及活跃粉丝，并针对他们推出不同类别的信息流广告，同时也在具有影响力的官方账号之间实现社交关系传播的转化，通过官微快速覆盖有效用户。新浪微博是较早进入信息流广告领域的，后期由阿里巴巴对部分股权进行收购，两大强势平台整合，使淘宝网上的广告可以以信息流广告的形式插入新浪微博。当这一信息流广告在微博平台投放时，它的信息曝光量和产生的话题及阅读量也在不断攀升，类似“病毒式”信息传播。若微博上的目标客户与信息流广告内容进行互动，与之相关的推广微博也会在粉丝的微博页面上展示，这样就达到了信息流广告传播的效果。

(2) 依托封闭式的社交媒体

微信的加入对信息流广告具有重要的意义，在某种程度上重新定位了信息流广告在市场格局上的地位，是一种新形势概念的广告植入。微信平台的积累主要是通过平台的经验及深层次的用户数据积累，用户一般都集中在移动端。微信采用的是朋友圈之间的传送，信息流相对封闭，但用户之间的沟通联系相对密切。朋友、熟人之间对广告的评价产生的效果要好很多，这就进一步加强了微信的竞争力，广告效益也随着朋友圈之间的传送显得丰富多彩。微信平台本身拥有用户海量，而且微信又属于人际关系链中联系较为紧密的平台。此外，信息流广告在朋友圈体现的形式是封闭式的，这也意味着用户对广告的干扰意识敏感程度高于其他的平台。因此，微信平台若要降低这样的干扰，就必须抓住用户的心理消费层面从而达到精准投放，这样才能更好地使用户对信息流广告产生兴趣，也有利于微信平台实现对用户系统的准确管理，这也意味着微信必须更深层次地挖掘用户的私人信息，所以微信抓取用户信息时应更加谨慎、严格。可以说微商刷屏类的信息流广告宣传更是充分地体现出这一广告形式的普遍性，其中的信息流广告站在巨大市场的前沿，因为数据积累和社交场域的差别，深刻地影响着市场的竞争策略和势力版图。

(3) 依托移动端 App

垂直型的移动端 App 也是信息流广告的一大依托平台，比如天气信息查询软件墨迹天气会为受众提供化妆指数、紫外线指数等信息，在提供信息的同时会推荐一些防晒用品、空气净化器等产品广告。在今日头条中，《享超 13 万补贴，启辰晨风搬家开回家，再不买就没了》《上海家博会，家居品牌全场直降 30%》等类似新闻标题经常出现在列表中，实则是信息流广告的推广。

2. 信息流广告的传播方式

信息流广告依托网络平台进行信息传播，它的存在形式在空间和时间上都有无限的可能性，但在具体的广告实践中，信息流广告传播的主要方式包括围观式、体验式、场景式等具体形态。

(1) 围观式

社交媒体一般采用的是围观式进行信息流广告的投放，以粉丝好友为一个体验单元进行围观，微信平台帮助广告投放商在用户范围内扩大宣传，可以极大地增强产品品牌营销的曝光度。2015 年的 1 月 25 日，微信首次在朋友圈植入“vivo 智能手机”的广告，有用户的朋友圈则显示了奔驰汽车的广告。这对于微信平台而言都是经过精心布局的，发送哪些广告给不同的用户，他们会产生什么样的反应等，这些信息都能反映微信此次投放的成败。微信平台第一次投放信息流广告时，在广告的形式与内容上都尽量与朋友圈发布的信息类似，即简单的文字加配图，希望用户能更容易接受这些信息，从而引起受众的留言、回复，扩大宣传效果。

（2）体验式

体验式的信息流广告主要体现在软件的皮肤、用户的虚拟装扮以及各项功能上。比如，有道词典与宝马的合作就是比较成功的推广案例，推广方式主要是在有道词典客户端首页的“每日英语”进行中英文的阅读介绍，借助词典的划词、取词功能进行英语词汇的学习和问答。根据有道词典后台数据库资料显示，在投放的一周时间内，每天对宝马进行宣传的有效答题人数超过 10 万，新增有效查询 BWM 的、次数约为 5 000 次，可见传播效果之明显。

（3）场景式

即根据不同的信息打造场景式广告，如地理位置广告、纪念日广告、日期相关的信息流广告，将用户带入其中。基于功能场景分析的多维度信息组合形式的功能开发，大大丰富了信息流广告的广告位数量与使用度，充分发挥了时间轴功能和空间轴功能。

QQ 空间开发了“那年今日”的功能——“那年今日，是他和她的第一次见面纪念日。那年今日，是在北京城的一处星巴克。”那么，在信息流里面，星巴克的地理位置广告无疑是一个浪漫的地标。假如那天他送给她的礼品是 Tiffany，那么无疑 Tiffany 的信息流广告也代表着浪漫的回忆。还有地理位置的广告投放——一位旅行者向他崇拜的意见领袖或朋友的空间位置前进，当他看到朋友记载的某个美食时，根据位置出现的美食广告恰恰就是他需要的信息内容。

17.2 信息流广告的传播

根据威尔伯·施拉姆关于传播的要素理论，可从传播信源、传播内容、传播渠道和传播信宿来分析信息流广告的传播模式。

17.2.1 传播信源

在广告中,传播信源主要是指广告主,传统广告中的资金投入、投放定位和曝光量是广告主需要考虑的三大问题。传统广告的局限性限制了广告的进一步发展,信息流广告颠覆了传统广告传播的局限性。

1. 低门槛准入

信息流广告的灵活性强,制作成本低,这样的特性对于中小企业来说再适合不过了,比如,新浪微博"粉丝通"的企业和用户可以自行设置广告费用上限,控制成本预算。传统媒体上的广告发版后很难更改,即使可改动,往往也须付出很大的经济代价,而社交平台上的广告能按照广告主的需要及时变更广告内容。这样一来,经营决策的变化也能及时实施和推广。

2. 精准化需求

深度挖掘用户数据并与广告主需求匹配是传统广告面临的难题,对习惯于传统营销方式的广告主而言,它们期待网络广告平台能帮助自己找准营销对象,有标准化的投放流程、清晰的效果统计工具以及合理的结算方式。社交媒体平台根据用户的属性、特征、喜好等有更明确的分类和统计,为广告的精准投放提供了条件。信息流广告基于扎实的用户平台数据分析,能够精准挖用户的习惯,从而使产品得到更好的宣传。

3. 曝光量保证

将广告信息植入在用户视觉的焦点内容中,丰富的展示能为之带来更好的点击率和更高的流量变现效率,曝光得到保证的情况下,信息流广告的流量变现效率是传统展示广告的 10 倍。此外,将广告智能地投放于潜在用户群体,能为信息流广告主提供更加广阔的平台,使信息流广告实现有曝光、有回报的投放效果,并实现"品效合一"的营销目标。信息流广告已经成为移动端相对主流的广告形式,它以不打扰用户的体验为前提,在用户查看好友信息时插播的推广信息,与社交媒体有着天然的匹配度。总体而言,信息流广告的渠道更全面,覆盖更准确。

17.2.2 传播内容

从内容传播角度来说，信息流广告拥有彰显信息与品牌价值，实现广告主需求与宣传的融合以及表现形式多元的特点。

1. 价值性

信息流广告为受众提供的是有价值、有意义的内容，不是单纯的广告信息，而是能够为用户提供满足其生活形态、生活方式的信息。信息流广告能够很好地实现品牌承诺带给消费者的最终利益，从而使消费者坚信该品牌提供的最终利益是独有的、独特的和最佳的。一个产品具有它的品牌形象，而消费者购买的是产品所能提供的物质利益和心理利益，不是产品本身，因此信息流广告为树立和保持品牌形象打下了基础。

2. 融合性

内容的植入和呈现要与页面融为一体，不应为了抢占消费者的注意力而突兀呈现，破坏画面的和谐。例如，QQ 空间的一则化妆品广告嵌入在一篇化妆教程的文章中，对化妆感兴趣的用户点击进去就可以在了解所需信息的同时，了解相关产品的信息。广告投放会根据目标消费者的需求进行分化、聚合，形成新的媒介定位，在此定位基础上进行差异化的营销传播。而信息流广告就是通过资源的规模化来实现用户的规模化，利用各种丰富的信息资源将尽可能多的受众吸引过来，并将他们逐渐发展成社交媒介的忠实受众群体。这有助于挖掘潜在的信息流广告受众，并为受众的重聚提供一个最大化的平台。

3. 多元性

信息流广告的呈现不拘泥于形式，关键在于如何有效、全方位地展示产品，可以利用积分墙、插屏、网幅广告、视频、主题皮肤等多种表现形式。移动互联网的突起使移动广告流量、优质视频流量、社交广告流量大大增加，广告的呈现越发多屏化，广告主的需求也发生了重要变化。

17.2.3 传播渠道

信息流广告的传播渠道相对固定，主要依托于一站式信息流广告平台进行投放。在具体的广告实践中，信息流广告的传播渠道则呈现出多元化聚合的情景。

1. 海量抵达

一站式的信息流广告投放平台从海量、精准、可控、透明四个维度为企业提供服务，使信息流广告可以精准、快速地抵达目标受众。社交媒体的用户数量之大，能够保证信息流广告的传播量，手机 QQ 空间的信息流广告可以达到每天超过 3 亿次的展示。随着微信朋友圈广告功能的发布，4.4 亿的月活跃用户群瞬间将腾讯移动信息流广告的资源总量摆在了全行业领跑者的位置。

2. 跨屏整合

PC 端、手机、平板电脑具有不同的特性，同一则广告在不同平台上的表现形式也是不同的。在新浪科技频道的首页上，《华为 P7 曝光》的标题赫然在列，不仔细看，很容易把它当作一般的报道。类似的信息还出现在新浪微博中，呈现为一则微博，而在手机 WAP 端和新浪新闻 App 上则又是另外的形式。

3. 多向互动

信息流广告的表达更加生动，互动的功能为消费者带来的富有生动性和趣味性的体验，会使消费者在实现自我价值的同时对产品或服务留下深刻的印象，并对品牌产生好感，点赞、转发、签到等互动方式增强了用户的参与感。信息流广告充当了传播过程中的一个重要角色，让受众产生兴趣，激起了他们的兴奋点。信息流广告受众的高度性参与会为其本身留下深刻的印象，还能提高他们对产品或品牌的亲切度。

17.2.4 传播接收者

信息流广告的内容经过加工处理后，插入在用户想要阅读的信息中，从而降低用户的排斥心理。在用户放松警惕时，信息流广告就可以起到很好的广告宣传作用，它不仅催生了当下社交媒体信息的爆炸式更新换代，也因为在实际的发展中运用科学化的运作模式而完全融入了每个用户的社交生活。因此，在品牌传播渠道及其重要的今天，信息流广告早就与用户的生活融为一体，在广告传播中，用户更喜欢选择具有自主性、趣味性、分享性以及能满足用户身份认同的广告信息。

从心理学的角度来讲，单向的信息传出达不到沟通交流的目的，只有含有传输、接收、反馈三项内容才能使信息的传输变成交互式的过程。信息流广告正是打破了传统广告单向灌输的压迫式传播形式，通过受众的主动参与，实现了广告主与受众的双向沟通。信息流广告的传播形式使受众发生了角色的转换，受众从传统广告中的被动接收信息，变成在信息流广告中主动参与广告传播，进行信息接收并给出反馈。这使得受众对信息流广告和产品，服务产生了良好的印象，消除了他们在传统广告中被动接受信息的厌烦心理，实现了更好的传播效果。

17.3 信息流广告的影响

乔布斯曾说他站在科技与人文的十字路口，广告营销也同样站在技术与人文的十字路口。信息流广告既要利用好技术的高效率，更要重视人文。这种人文，就是用户体验。广告追求的目标应该是效率与用户体验的统一。从广告的传播实践看，目前信息流广告对社会各方面的影响力都日益增强，广告的正面影响和负面影响都客观存在。

17.3.1 信息流广告的正面影响

在社会转型时期，到处充斥着过度商业化的气息，消费者对随处可见的广告容忍度日益降低，加上广告本身的表现形式有限，更容易被用户识破。传统媒体一般选择预先将广告信息从用户的阅读习惯中剔除，从而导致了广告被关注的可能性大幅下降，这是它衰退的原因，也是信息流广告的诞生背景。融入信息流的广告主要针对传统广告形式而有所改变，在互联网行业中不仅解决了企业盈利的商业化新途径问题，也解决了广告的新形态创新的问题，信息流广告的正面影响逐渐显现。

1. 人文关怀与情感共鸣

当今的数字化技术发展十分迅速，用户可以通过社交媒体数据预测公众热点，通过搜索引擎发现客户的偏向、喜好，通过数据挖掘来实现产品的优化和服务的设计，了解更多潜在用户的重要信息。新媒体时代，广告营销除了要提高效率，更看重提升用户的消费体验。例如，在广告消费体验中，用户可能会更喜欢可口可乐的微信小游戏，而不是一封“越过垃圾邮件封锁线”的保险广告邮件。消费者从被迫接收广告到主动分享、传播品牌信息的行为转变，就是用户体验发挥的作用。信息流广告潜移默化地将封闭式的朋友圈商业化，它的表现手法往往隐藏于用户的阅读体验，不容易被发现，这样既能捕捉用户的注意力，又能发挥自身的优势，因此备受互联网企业的追捧。信息流广告根据用户需求来投放的方式改变了传统广告大范围灌输广告信息的传播理念。信息流广告体现的民主、平等理念让人们从被动的受众变为主动的用户，精准的定位让用户避免了不感兴趣的广告的打扰，这也是信息流广告受到用户欢迎的一个重要原因。

2. 场景营销与数据共享

新媒体的迅猛发展使人们对智能手机和平板电脑的依赖逐渐超过对电脑的依赖。在移动互联网市场中，传播着大量的信息流广告产品。在数据积累方面，与 PC 端相比，移动场景相对更复杂，用户往往会频繁更换移动终端，广告主很难跨终端长期关注、了解用户。这时，社交账号的通用优势就显现了。以腾讯为例，无论用户如何更换移动终端，都会登录 QQ、QQ 空间或微信与好友进行互动，都会打开腾讯新闻客户端浏览新闻，通过 QQ 音乐倾听音乐。以账号为入口，社交大数据相互打通，无论终端如何更换，用户数据都不会丢失，这对广告主而言是不可错过的宝藏。同时，腾讯在多终端上的产品布局，使得它的数据积累维度更加丰富，对于营销来说更是利好消息。据了解，目前广告主可以通过广点通平台，在QQ、QQ空间、微信、腾讯新闻客户端、QQ音乐等数十个社交平台进行广告投放，通过腾讯社交大数据，广点通可以更好地帮助广告主了解用户，从而进行高效的营销。

17.3.2 信息流广告面对的问题

信息流广告在传播过程中也面临着用户体验方面的人文关怀至上和技术至上的选择。实际上，在互联网平台，信息流广告与用户的完美融通还需要时间的检验。

1. 营销过剩

信息流广告的营销过剩主要指通过传递与消费者兴趣高度相关的内容，采用极具新奇性和趣味性的创意以及设置便利的分享功能，过度利用用户的社会关系网络，将其变成广告传播的渠道。社交媒体一方面扩展了广告推广的渠道，增加了广告的曝光量；但另一方面，铺天盖地的宣传、夸张的表达会扰乱消费者的鉴别能力，导致他们无法甄别什么是有价值的信息。短期来看，这样的营销行为可能会实现一定的效果，但长此以往一定会造成用户的反感。

2. 隐私侵犯

信息流广告本质上是定向投放的广告，比起展示性广告，信息流广告的定向投放需要更丰富、更即时的用户数据，因此不可避免地造成了对用户隐私更为强烈的侵犯。基于大数据的信息流广告在精准营销的同时，引起的是人们对自己隐私泄露的担忧。微信朋友圈中的广告会通过大数据分析掌握用户的喜好，把用户平日里的好友信息、支付信息、打车信息、订阅关注信息等进行搜集和综合分析，这对用户的隐私构成一定程度的侵犯。

3. 属性辨识

信息流广告是有商业价值的信息，人们对媒体的理解会影响他们对其附带信息流广告的理解。例如，一个新品上市的信息或一个试驾活动的通知，这种既具备商业价值，同时又具备可读性的广告，推广者一旦认为它对用户有帮助，就自然而然地把它作为正常内容推荐给用户，这就很容易混淆信息流广告与信息的概念。一些推广平台为了避免使消费者把广告当作新闻来看待，会给广告贴上消费者能够识别的标签。这些广告标签是否真的能够帮助消费者有效辨识信息的商业属性尚存疑问。

互联网的发展为信息流广告传播提供了更广阔的空间和更丰富的形式，为广告发展带来了新的动力。但是，渠道拓展带来的负面影响也是不可小觑的，未来信息流广告的可持续发展需要解决三个平衡关系：显性与隐性的平衡、信息与广告的平衡、公共领域与私人领域的平衡。广告主应着重对信息流广告中的信息进行把关，提升传播标准，才能更好地提升信息流广告的传播效率。

17.3.3 信息流广告的营销策略

5G时代的来临标志着以人为中心的营销传播时代开启，社交媒体通过吸引大量用户并搜集用户资料，在后台对用户个人信息进行精确化分析，瞄准个体兴趣点，充分挖掘用户需求，以此提供精确化、细节化、定制化、互动性强的广告信息推送服务。信息流广告是在新媒体语境下诞生的广告形式，它主要遵从用户本位的原则，通过场景匹配、深度互动、多层次传播及用户满足等策略实现广告的传播与运作。

1. 广告内容与场景匹配策略

传统广告在投放之前一般要先进行整体的广告规划，包括目标市场选择、广告产品定位、广告战略选择、广告策略制定、广告创意、媒体选择、广告效果评估等若干环节。在广告投放之前，由于目标受众的不确定性，广告主很难把握广告传播的过程和实际效果。总体而言，广告策划和广告传播是分离的，但信息流广告改变了这种传统的广告运作模式。信息流广告在广告制作阶段就已经能够根据目标受众所在的不同场景选择相应的媒体平台，并通过不同的创意模式与受众接触，从而把广告策划过程和广告传播融合为一个有机整体。广告运作的重点也由广告创意、媒体排期转变为如何让广告内容与广告场景相匹配，精准到达目标受众。

在信息流广告投放过程中，信息与界面、用户心态、接受心理等共同构建了独特的广告场景，只有准确把握用户所处的场景，并让广告产品或服务信息融入该场景，让目标用户在场景中接受广告信息，才能到达事半功倍的效果，才能让目标用户在潜移默化中增加对广告产品的好感。因此，场景匹配策略意味着信息流广告在创意上要能够满足场景融入的特定条件，要能够让目标用户接收到不同的个性化广告信息。在广告形式上，信息流广告具有场景融入的独特优势。以今日头条为例，它依据用户的阅读兴趣偏好推送相应的信息流广告，建立在对用户兴趣的精准洞察的基础上，不同的广告信息可以根据用户所在的不同场景进行精准投放。受众在自上而下的阅读过程中会主动点击自己感兴趣的内容，因此在很大程度上规避了误点的风险，增强了用户体验感。此外，信息流广告的展现形态与场景融合，如文字、图片、视频等均可以被关注、点赞、评论和转发，这样会给用户提供一种从阅读场景转换到广告语境的代入感。但仅仅是形式上的融入并不能保证信息流广告的成功，因为广告内容构建的语境影响着场景中的用户体验，决定着用户是否可以保持“在场”状态。这就意味着信息流广告需要针对不同场景中的用户设计不同的广告创意。根据用户需求的不同，信息流广告可以在任何场景中投放，广告主可以根据自己的需要进行选择，要想有效运用信息流广告，广告主还必须准确把握特定场景下的受众需求。

此外，LBS 技术可以让用户所在的线下场景也能被准确掌握，结合线上、线下场景，向用户推送他们需要的广告信息，以最大化地发挥信息流广告的效果。此外，在信息爆炸的时代，广告只有精准投放才能实现对受众注意力的有效利用。基于用户线上、线下的个性化行为及个性化表达，根据用户的兴趣、收入、年龄、地理位置等的不同，每个人都能被贴上许多不同的身份标签，反映出每个人的不同消费需求。因此，广告主要根据这些不同的身份标签，选择相对应的目标用户，让用户接触个性化的广告信息，完成信息流广告的准确投放。只有当信息流广告的内容与相应场景中的个性化用户匹配时，才能获得预期的广告传播效果。

2. 深度互动及多层次传播策略

从营销的角度看，广告传播是买卖双方的信息交流过程，是广告主通过各种媒体渠道与用户进行的信息交流，这种双方交流的质量会直接影响广告传达效果。在传统媒体时代，单向度、线性的信息传播模式往往导致交流双方信息的不对称或不对等状态。互联网，尤其是移动互联网时代的到来，让信息的全方位展示以及买卖双方的实时互动成了可能。移动互联网把随时随地沟通的特点发挥到了极致，当营销与移动互联网结合，用户的参与、互动与分享也就变得更加简单、快捷。这往往成为当下广告传播成功与否的决定性因素，因为即使受众没有被广告信息打动，也常常会因为他人的评价而作出选择。

"总体而言，传统媒体在功能价值的传达上无疑具有巨大优势，但在情感价值和自我表达价值的传播上却收效甚微。"①传统广告在信息传递上是单向度和线性的模式，很难在品牌与消费者之间建立一个平等交流的空间。互联网的交互性则弥补了传统媒体的不足，它为用户提供了在线交流的条件，移动端则实现了用户之间的"在场"交流。在信息流广告的传播过程中，首先，用户可以方便地与广告主互动，由于反馈机制的存在，用户可以选择主动关闭在传播过程中的信息流广告，而广告主可以根据用户的反馈信息实时调整、优化信息流广告。其次，用户也可以通过点击广告进入落地页，实现与广告主的交流，并可以直接在广告页面通过点赞、评论等行为发表自己的观点，广告主同样可以通过这些观点及时优化广告、产品、服务等。当广告抓住用户内心的痛点时，很容易引发受众的分享，相对于其他形式的网络广告，信息流广告的独特优势在于它的广泛覆盖性，并且它能够在精准抵达目标用户的同时兼顾用户体验，因而在形式和体验层面上提高了用户分

① 张佰明：《"格式塔"品牌与消费者共创价值生态——基于价值连接的视角》，《现代传播（中国传媒大学学报）》2016 年第 6 期。

享的概率。

信息流广告在被用户主动分享后就能带来一定的口碑效应。罗杰斯在20世纪60年代提出的“创新扩散”理论揭示了大众传播和人际传播合力带来的传播效果。广告传播在一定程度上也是一种“创新扩散”,但用户接收到新的广告信息后,如果触动了他们的分享行为,他(她)就成为多次传播的主体,通过社交媒体在虚拟世界里进行人际传播,让更多的朋友知晓广告信息,最终实现广从信息告知到沟通、劝服的功能。用户的主动分享和多次传播行为能够让口碑成为品牌传播的一种强大工具。

3. 用户满足策略

在传统媒体广告时期,广告主通常需要投入大量的广告费用以增加用户与广告接触的概率;媒体为了获取更多的广告费用,通常会在有限的空间中插入更多的广告,但这种行为往往以损害媒体本身的形象为代价。互联网时代,广告开始朝着原生化的方向发展,当用户自主选择成为一种常态后,信息广告运用大数据和定位技术,把场景因素和用户的个性化特点纳入广告投放所考虑的因素,把握广告受众的特征和实时状态,最大限度地让广告受众的信息需求、娱乐需求及消费需求获得在场性满足。信息流广告正是在满足用户信息、娱乐、消费需求的基础上,让广告主和广告媒介的商业需求得到满足。不过,如此一来,用户在海量的信息资讯中获得满足的难度反而变大了。但是,信息流广告具备的信息“过滤”功能能够过滤与消费者无关的信息,解决了无限的信息和有限的用户接受能力之间的矛盾。信息流广告力求形式、内容的原生,淡化了广告信息给用户带来的干扰,强化了内容属性,针对用户的需求提供解决方案,注重与用户的信息沟通,从而增强了用户的体验感。基于信息传达功能,信息流广告也可以满足用户在娱乐、互动、社交等方面的需求,让他们获得视觉、听觉、触觉等感官上的愉悦体验,从而深化对品牌的认知。在满足用户消费需求方面,信息流广告的最大优势在于降低了用户的选择成本,它能够针对用户当下所处场景,以碎片化社交、阅读配套的方式实时为受众推荐适合他们的产品或服务,促使其完成从广告受众到消费者的转变，从而获得消费满足。通过用户满足策略，信息流广告有效地利用了用户的注意力价值，使广告主的商业价值及广告平台的资源价值得以发挥。

对于广告平台而言，信息流广告的投放摆脱了空间的限制，理论上讲，只要广告内容足够丰富，它们拥有的是无限的信息流广告位。由于展现内容的形式多样，信息流广告也可以随之不断更迭，最初的信息流广告以文字、图片为主，随着互联网技术的发展，尤其是进入新媒体时代以后，以视频形式展现品牌内容的信息流广告越来越普遍。信息流广告的形式较为友好，在很大程度上缓解了传统媒体广告时代过度的广告展示对媒体形象的损害。随着新媒体的发展，信息流广告所占的比重越来越大，它优于传统广告的特征也越来越凸显。对广告主而言，信息流广告具有低门槛、精准化的特征，并能满足广告主对曝光量的需求；其传播内容的价值性、融合性和多元性特点则满足了用户的需求。信息流广告充分体现了人文关怀，它将成为移动营销的新趋势。但是，在发展过程中要注重显性与隐性的平衡、信息与广告的平衡、公共领域与私人领域的平衡，努力减少负面影响，使信息流广告在可持续发展道路上越走越远。

思考题

1. 分别从广义和狭义的角度简述信息流广告的内涵。
2. 信息流广告的传播信源有哪些特点？
3. 信息流广告在传播内容上有哪些特点？
4. 信息流广告的传播渠道有哪些特点？
5. 简述信息流广告的负面影响。

18 网络行为广告

网络行为广告是一种利用用户行为数据，有针对性地投放相关信息的广告形式。网络行为广告可有效地实现广告的精准投放，增加网络平台的浏览量，提高用户的决策效率，是新媒体时代广告分众化、个性化发展的必然产物。网络行为广告与精准营销理念、消费者行为研究、用户画像工具等紧密结合，实现了广告的精准定向传播，代表着未来广告的发展方向。

18.1 网络行为广告概述

随着大数据时代的到来，广告运作逐渐从传统的以专业经验为核心转变为以数据管理为核心。传统广告运作侧重广告策划和创意环节，严重依赖广告人的从业经验和专业技能，大数据的挖掘和运用则大大改变了传统广告的运作模式。网络行为广告就是在这种背景下产生和发展起来的。目前，对大数据的运用逐渐成为广告业的主流思维模式，一方面，大数据能够使广告主在准确的时间、地点，把准确的广告信息精准地传达给目标消费者，降低了广告的投放成本，提高了广告的传达效果；另一方面，大数据能够大大缩短消费者的信息搜集过程，节约了消费者的时间成本。

18.1.1 网络行为广告概念的演进过程

在了解网络行为广告的含义之前，首先要区分网络广告、行为定向广告及在线行为广告之间的联系和区别。

1. 网络广告

从字面意思上理解，网络广告就是指在网络新媒体上投放的广告类型。我国有学者认为，网络广告是"商品经营者或者服务提供者(广告主)承担费用，通过网络媒介直接或者间接地介绍自己所推销的商品或者所提供的服务的商业广告"①。这种看法代表了国内大多数学者的共识，反映了网络广告的基本特征。

2. 网络行为定向广告

行为定向，是指通过对用户行为的跟踪和分析对其偏好、需求特征进行判断，然后选择合适的营销信息与之进行沟通。行为定向广告则指广告主通过各种手段，掌握每个用户的具体行为，通过分析得出用户的特点，有针对性地进行广告推送。

行为定向广告有时也被称为"行为广告"，但通常意义上的行为广告是指通过将行为艺术和商业元素进行有机结合或精心策划之后所产生的广告类型。这类广告的表现形式夸张，以人为载体，与行为定向广告有本质的区别。

3. 在线行为广告

作为世界互联网和广告业都高度发达的国家，美国新媒体广告近年来发展迅猛，在线行为广告(online behavioral advertising，简称 OBA)是其中之一。美国联邦贸易委员会这样定义在线行为广告："是通过收集和使用消费者在特定的计算机或设备上浏览网页的行为数据，来预测用户的偏好或利益，进而提供有针对性的商业信息的广告方法和行为。"②在线行为广告的出

① 黄河、江凡、王芳菲：《中国网络广告十七年(1997—2014)》，中国传媒大学出版社 2014 年版，第 1 页。

② "FTC Staff Revises Online Behavioral Advertising Principles，"参见美国联邦贸易委员会官网(www. ftc. gov)。

现与大数据技术的运用直接关联。

4. 网络行为广告

当前,国内外学者对网络广告的研究较多,但他们对网络行为广告却有不同的认知,目前关于网络行为广告尚未有一个被学术界普遍认可的定义。综合上述网络行为广告的演进过程,可以大致对网络行为广告进行界定网络行为广告,即指广告主通过网络技术追踪并收集网络用户在计算机或其他电子设备上的行为数据,推断网络用户的特征、兴趣爱好,再根据上述推断出的信息,有针对性地投放相关信息的广告表现形式。

18.1.2 网络行为广告的特点

网络行为广告最大的特点是精准化和个性化。

1. 实现广告的精准投放

对于广告主而言,基于深度用户行为分析的网络行为广告,使广告主可以精准地将产品或服务的广告信息投放给真正对其感兴趣的目标消费群体,实现了广告主从购买特定内容和广告版面到购买"受众"的转变,大大提高了广告投放效率,减少了资金的浪费。研究表明,网络行为广告可以大大减少广告成本,在较大程度上促成用户的购买行为。

2. 增加网络平台的浏览量

对于广告发布者而言,由于网络行为广告对目标用户的精准识别,推送至用户后会获得较高的点击率,从而使网站平台的浏览量大大增加,提高网站的流量、知名度与收益。

3. 提高用户的决策效率

对于用户而言网络信息是海量的,他们短时间内在网络平台上很难高效率地找到自己所需的产品及信息。网络行为广告则可以通过发挥大数据与技术的优势,向消费者推送最适合且优质的广告信息,从而提高目标用户的购买决策效率,使他们获得更好的网络购物体验。

18.1.3 网络行为广告产生的背景

网络行为广告的产生，一方面与网络技术的迅速发展密切相关，即各种网络技术手段使对用户信息的搜集和分析成为可能；另一方面，在市场细分的基础上，精准营销概念的进一步发展也在一定程度上催生了网络行为广告。

1. 网络技术的发展

网络技术的发展使广告主可以利用技术手段对用户信息进行搜集，同时也满足了广告主和受众对广告信息传播的共同需求。

(1) 第三方 cookie

cookie 也称 HTTP cookie(注意不要与"cookie"的字面意思"小甜点"混为一谈)，当用户浏览网页时，网站会发送数据，这些储存在浏览器上的数据就是 cookie。用户每次登录某一网站时，浏览器会将 cookie 反馈给服务器，从而获得在该网站上的用户网络行为。cookie 是各网站记录站点信息以及用户浏览活动(包括点击某按钮、登录、用户数月甚至数年内的浏览记录)的重要工具。

cookie 最早来源于术语"magic cookie"。1994 年，当时就职于美国网景公司(Netscape Communications)的电脑程序员卢·蒙特利(Lou Montulli)等人在为美国世界通信公司研发电子商务程序的期间，制定了网景公司最早的 cookie 规范。1995 年 10 月，微软公司发布第二代 Internet Explorer 浏览器，其中明确支持 cookie 技术。1996 年 2 月 12 日，英国《金融时报》在一篇文章中对 cookie 进行了详细解读。自此，cookie 开始为公众所了解。

一般情况下，如果一个 cookie 的域名和浏览器地址栏显示的域名一致，这个 cookie 就被称为第一方 cookie。而第三方 cookie 是指域名和浏览器地址栏显示的域名不相同。服务器可以通过第三方 cookie 追踪用户的浏览历史，广告主可以根据这些浏览历史向各个用户发送与浏览历史相关的广告。

(2) 苹果和谷歌的网络追踪新技术

2007 年，苹果公司开始发布 iPhone 手机，并开创性地禁止 iPhone 中的第三方 cookie。随着智能手机和平板电脑的快速普及，cookie 的作用开始式微，因为 cookie 在同一台机器上并没有在浏览器与应用之间分享发送数据。因此，它们与移动设备的关联性微乎其微。在这种情况下，一些大的移动设备运营商开始研发自己的追踪方式以替代 cookie。

苹果公司的追踪技术主要集中在两方面，即用户的邮件地址和用户的 iTunes 账号。用户的登录身份被绑定为苹果公司对用户的广告推荐身份，这个身份被称为 IDFA（identifier for advertising，即广告客户标识符）。当苹果公司的广告推荐网络 iAd 开始工作的时候，就能够决定向用户推送的广告内容。这些都是根据每个用户在苹果的庞大网络系统中的行为而确定的。

与此同时，谷歌正在研制一个匿名的广告身份验证 AdID。这个 AdID 能够代替 cookie 获取用户的上网习惯、兴趣爱好等数据信息，并根据用户的综合信息达到广告推荐的目的。

同时，谷歌也有自己的安卓手机操作系统，从而能够将每个用户都对应为一个谷歌广告推荐对象。谷歌的许多广告推荐产品，如 AdSense、AdMob 和 DoubleClick 等，都会得到这些用户的应用数据。

结合以上两大平台从网络账号数据中获取的信息，包括搜索数据、声音数据，以及用户的手机操作数据，谷歌公司能够汇总每一个用户的档案，并形成 AdID。这些用户访问过的网站、应用等都会告诉谷歌很多信息，从而让谷歌有针对性地对每个用户推荐广告，并通过用户正在使用的移动设备反映出来。

2. 精准营销的提出

20 世纪 50 年代，美国市场营销学家温德尔・史密斯（Wendell R. Smith）提出了市场细分的概念。市场细分是指企业在对市场进行调研的基础上，针对消费者的人口统计学特征，按照消费者的需求、消费能力和购买行为等方面的差异，运用系统方法把整体市场划分为两个以上不同类型的消费者群，再把每种需要或欲望大体相同的消费者细分为以消费者群为标志的子市场。

一方面，随着市场细分理论的不断发展，各种市场细分手段和模式已经相当成熟，但随着市场趋于同质化，营销推广的成本逐渐上升；另一方面，Web 2.0 时代改变了受众接触信息的行为方式，他们不再一味被动地接受信息，而是能够主动地掌握和控制信息，甚至参与信息的传播。在网络营销环境更加注重双向沟通的新趋势下，广告主利用 cookie 技术和庞大的数据库开始进行互联网营销。

18.2 网络行为广告的营销

网络行为广告营销的核心是通过用户画像进行精准营销。精准营销运用于广告投放后，企业依据对用户网络行为的分析研究，判断用户的年龄、性别、学历、兴趣爱好等特征信息，通过精准定位实现对广告的精准投放。这不但可以大大降低广告的投放成本，还能实现产品的传播目的。

18.2.1 网络行为广告的特点

网络行为广告是广告界新兴的一种广告形式，它基于消费者的网络活动数据进行个性化推荐，以求广告信息符合消费者的兴趣偏好。网络行为广告作为网络新媒体时代的产物，具有不同于传统广告的特点。

1. 精准性

网络行为广告是一种一对一的广告形式，基于信息跟踪与数据挖掘而实现广告内容与消费者的高度匹配，即广告主通过分析单个用户的个性化上网行为，结合用户当前浏览的网页和环境，进行个性化的广告推送。

2. 机械性

网络行为广告依据数据进行针对性的广告推送，但单纯的网络数据无法真实地反映人类现实生活的复杂性，因此容易在判断过程中出现误差。例如，某著名篮球运动员一直无缘进入 NBA 分区决赛，有网民根据这一情况在淘宝制作了“分区决赛地板”的购买页面，甚至煞有其事地标出“地板”价格。一些用户出于好奇而点击这些页面，随后他们开始不断看到淘宝推送的地板广告，然而，实际上他们中的绝大多数人并不需要购买地板。在这里，网络行为广告的局限性很明显地表现出来。电脑并非人脑，它只能收集用户浏览“地板”广告页面的数据，然后作出相应的措施，但是数据背后的复杂原因是机器无法反映的。电脑只能通过收集数据知道这些用户搜索过“地板”，却不能知道他们为什么搜索，更不会知道他们并非真的有购买地板的意愿。

18.2.2 淘宝和京东的网络行为广告

2003 年 5 月 10 日，淘宝网成立。仅仅三年后，它超越日本亚马逊，成为亚洲最大的购物网站。2012 年 1 月 11 日，淘宝商城更名为天猫。目前的淘宝已从最初的购物网站变成亚太地区较有影响力的综合性零售商圈。1998 年诞生的京东公司，最早在光磁产品领域成为最具影响力的代理商。2004 年，京东进军电子商务领域，经过十多年的发展，目前它是我国最大的自营式电商企业，在线销售的包括数码产品、家电、家居用品、食品、书籍等超过 3 000 万种商品。

作为当前国内最成功的两大购物类网站，淘宝和京东在广告领域也展开了竞争。然而，在网络时代对精准营销的需求越来越高的情况下，两家网站不约而同地将目光投向网络行为广告。

1. 淘宝的网络行为广告

当前，淘宝的网络行为广告几乎无处不在，但凡网民在淘宝(天猫)浏览过某种商品，接下来浏览很多网站时都能看到淘宝广告推送类似商品，令网民感叹“隐私无处可遁”。淘宝广告技术部定向广告算法负责人王勇睿在一次主题演讲中把淘宝的这种行为定向广告定义为利用淘宝庞大的数据库，通过创新的多维度人群定向技术，锁定目标客户，将广告主推广的宝贝展现在目标客户浏览的网页上，通过用户的行为，构建用户模型，将用户兴趣和需要映射到广告分类体系，将类目宝贝主动推荐给用户，实现精准营销。

在这一过程中，淘宝首先将海量的广告信息进行分析、聚类，对广告点击率、点击转化率进行预估算。随后，一方面分析广告主信息，另一方面对浏览者(即用户)的行为数据(包括浏览、收藏、查询、购买、长短期行为等)进行分析,预测用户的特征和兴趣,并结合当时所处的环境(比如季节变化就是一个重要的环境因素)推送相应的产品。

2. 京东的网络行为广告

当淘宝的各类广告在各种网站上层出不穷时,京东也不甘人后。在新浪、搜狐等门户网站的新闻页面大量投放京东的广告。淘宝的一对一广告推送主要以用户在淘宝及天猫的行为数据为基础。与淘宝有所不同的是,京东网络行为广告推送的数据来源更广泛,除去抓取用户在京东的浏览记录进行推送,还有另外三种情况。

第一,根据用户在百度等搜索引擎上的搜索记录进行针对性推送,用户如果在某一段时间频繁地搜索某个关键词,那么京东会推送相关同类型的商品。

第二,根据用户正在浏览的网页,夹杂推送与网页内容有关的商品。例如,在新浪网的一条报道格力电器最新动向的新闻中,京东广告推送的六件商品中就出现了空调(图 18-1)。

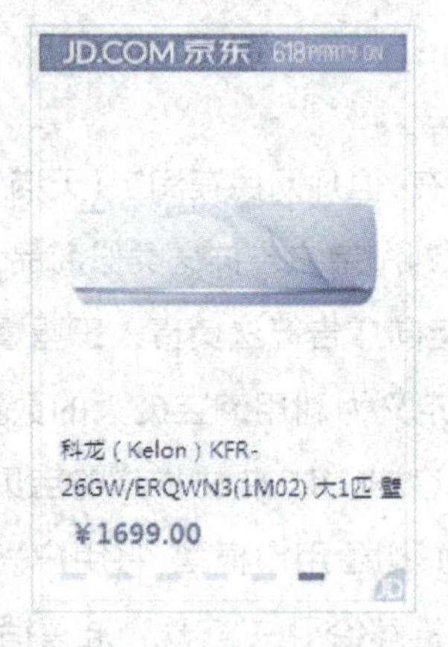

尽管卸下200亿的包袱，让格力的经销商们可以在2015年喘一口气，但营收达到2000亿元的远期目标并没有变。董明珠在股东大会上表示："我们2018年的规划没有发生变化(指实现2000亿营收的目标)，相信能够如约完成。"

多元化成为董明珠选择的实现路径。

在她独自带领格力的这三年中，一直坚持专业化的格力形成了格力空调、晶弘冰箱以及大松小家电并存的多元化格局。

她在股东大会上也坦言，未来实现2018年的目标也需要多元化，"我们的目标是希望再造两个世界品牌"。

图 18-1 新浪网上一篇报道格力集团的新闻页面上出现的京东推送的空调广告

第三，京东将数据捕捉的触角延伸到它的对手——淘宝。针对平常较少使用京东的用户，京东开始抓取这类用户在淘宝的浏览记录进行行为广告推送。这种广告对于用户颇有诱导性，并且除去内容，在广告设计上也有深意，不仅字体偏小，而且在相关配色上也与天猫接近。

3. 京东和淘宝网络行为广告的特点

无论是淘宝还是京东的网络行为广告都比较重视用户体验，在版式设计方面，尽量在引起用户注意的同时，又避免带来过度的视觉干扰。例如，淘宝和京东在新浪的新闻页面上都有网络行为广告，京东广告嵌在新闻页面左下方或正上方，而淘宝的广告通常是在右边，与新闻排行、视频推荐、专题策划交替穿插(图 18－2)。这样的设计既能保证广告不影响用户关注的重点——新闻信息，又能让观众注意到广告内容。

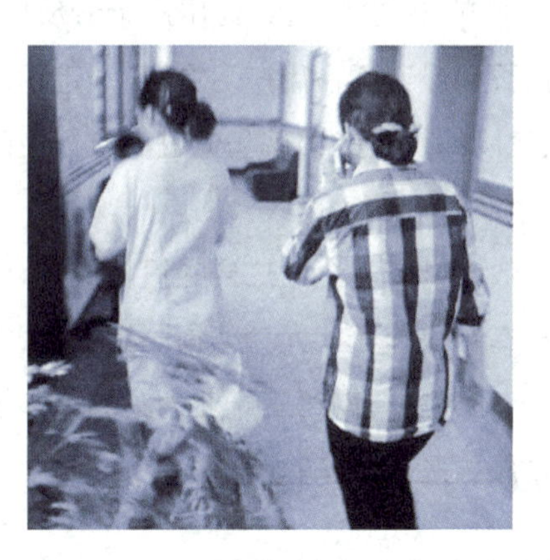

图 18－2　页面左边是新闻内容，右边是淘宝广告(这样的设计减少了对用户浏览的干扰)

在广告推送方式上，如果用户在一段时间持续浏览同一家网站(如新浪)，那么京东会按照上述的三种情况进行轮换式广告推送，避免短时间内连续推送相同的广告内容。这种做法有利于使用户产生新鲜感，在短时间内对更多广告产生关注。

18.3 网络行为广告的效果

网络行为广告作为正在发展的新生事物,面对的问题和挑战较多。一方面,网络行为广告推动了广告产业和社会经济的发展;另一方面,网络行为广告在发展过程中造成的企业利益与用户隐私的冲突也越来越令人担忧。

18.3.1 网络行为广告的积极作用

网络行为广告以 cookie 等网络技术为基础,以精准营销为宗旨,通过收集用户的上网信息,推测用户的个性特征,进而对单个用户推送他(她)想看的广告。曾几何时,网站上充斥着强制性的弹窗式广告,让用户十分反感,而网络行为广告在内容上投用户所好,页面设计配合用户习惯,在一定程度上减少了用户的排斥心理。这对于改善网络广告的口碑和促进广告行业的发展都有积极意义。

网络行为广告一改广撒网模式,有效地减少了企业广告的投放成本,促进了营销的发展,对于社会经济的发展有积极作用。尤为值得一提的是,在我国经济快速发展,正在从第一、第二产业为主转向第三产业为主的大环境下,网络行为广告对我国第三产业的发展更是有潜在的推动意义。

18.3.2 网络行为广告存在的现实问题

网络行为广告存在的现实问题与网络行为广告的网络运行特性相关联,消费者画像可以帮助广告主实现精准营销,但也带来数据孤岛、用户隐私泄露等诸多问题。

1. 数据孤岛问题

所谓“数据孤岛”,指在智能媒体营销时代,各大网站在建立用户数据库或使用第三方数据库时出现的数据重复、数据类型不匹配和数据平台不互通等现象，从而导致网站对用户网络行为数据的分析仅停留于单方面、浅层次的水平上。这一问题已经成为网络行为广告难以全面、高效地识别用户的首要难题。

2. 容易引发用户隐私泄漏问题

由于网络行为广告的基础是各企业利用 cookie 等技术收集网络用户的个人信息，因此网络安全问题逐渐受到用户关注，并且从一开始就伴随着各种争议，隐私保护主义者更是视其为洪水猛兽。网络行为广告是基于收集用户网站浏览行为数据来分析用户的一种技术手段，但在任何网络平台上，这种数据收集行为本身都是在用户不知情的情况下进行的，用户在接收到网络行为广告时会明显感受到自己的行为及隐私受到了监控和侵犯，进而导致用户对网络行为广告产生消极态度甚至抵触心理，使得广告效果大打折扣。20 世纪末，cookie 刚刚诞生之时，舆论就开始关注它与用户隐私之间的潜在冲突。网民关注的问题主要有网络公司的这一行为对网民的隐私权造成的侵害程度；个人信息一旦落入不法分子手中将会造成何种程度的危害等。

3. 用户行为分析技术运用中的问题

目前来看，网络行为广告的用户网络行为分析技术需要进一步优化，比如用户浏览页面的时间过短，甚至页面刚打开就被关闭等，仅通过链接点击行为显然最多只能反映用户对该链接的文本感兴趣，但不能反映用户对页面广告内容是否感兴趣。因此，如果不加选择地对这些页面进行处理，则会导致数据收集的质量问题。同时，在消费者购买广告推送的产品后，网站还会继续向用户推送与其兴趣相关的同类产品，所以技术上存在一定的延迟性。此外，目前的网络行为广告技术只可以根据用户检索的关键词进行同类型和初步的关联性商品推荐，并不能进一步预测用户更深度的消费需求。

18.3.3 网络行为广告的改进措施

为解决以上冲突和问题，网络企业、各国政府部门都在寻求各种解决办法。"Do Not Track"按钮的出现一度为解决这一冲突带来了曙光,但由于微软过于偏向用户利益的做法,它的实际推广并不顺利。与此同时,美国、日本等发达国家和地区,则通过制定法律、行政管理等措施,强化用户隐私的重要性。

1. "Do Not Track"(不追踪)按钮

2007年,一些消费者团体向美国联邦贸易委员会提出倡议,要求为在线广告创建"Do Not Track"(以下简称DNT)列表。2009年,隐私保护主义者克里斯托弗·索菲安(Christopher Soghoian)和希德·施塔姆(Sid Stamm)、丹·卡明斯基(Dan Kaminsky)开发了一款DNT的插件原型。2010年12月,美国联邦贸易委员会在一篇隐私报告中要求设计DNT系统,目的在于让用户能够控制自己在网络上的隐私信息。随后,各大浏览器纷纷添加对DNT的支持功能。微软公司曾表示,将在第10代IE浏览器和Win 8操作系统中默认DNT。这一做法虽然让用户叫好,却有违业界制定的标准,引发了广告商的普遍不满,他们认为用户应该自主选择是否使用DNT,而非自动激活。火狐浏览器和谷歌的主要收入来源是广告,它们也站在广告主一边。最终,微软在2015年4月3日宣布,Win10浏览器默认将不打开DNT功能,把是否打开DNT的决定权交给用户。

广告商的盈利与用户隐私的有效保护,在网络行为广告的发展中就像一对矛盾体。最理想的境界自然是广告商通过获得用户信息赚钱,同时有效平衡这一行为造成的负面影响。但是,微软的做法打着"为保护用户隐私"的旗号,虽然很讨用户(特别是对广告有先天偏见的用户)的喜欢,却显得过于极端。业界各方的反对声音看似唯利是图,但实际上,如果允许微软在用户的利益面前完全妥协,一刀切地断绝所有广告商对用户的信息抓取,网络广告行业将面临毁灭性的打击。如果大量用户使用DNT,广告商无法获取精准的信息,网络广告很可能回到过去的"广而告之"时代,事倍功半。谷歌等巨头尚能想出更多办法,但对于一些刚起步的小型公司而言,推广DNT可能意味着它们将永无出头之日。在网络行为广告的发展过程中,如何做到广告商与用户之间的双赢，就目前的情况来看，DNT 尚没能给出一个令人满意的答案。

2. 数据平台互联

要解决上述提到的数据孤岛问题，就要加强各企业之间的数据互联，通过对跨领域、高价值、高密度的数据整合、治理和建模分析，实现个人用户数据的融合，全方位地描述个人用户的移动端行为轨迹和线下消费特征等。例如，腾讯利用庞大的数据库与其他网络数据库进行互联，从而产生用户多元立体数据，全面绘制用户画像。因此，在实现数据平台互通互联的基础上，网络行为广告对于目标用户的识别将会更加精准。

3. 建构用户隐私保护体系

精准分析用户数据是网络行为广告提高广告转化率的前提，用户数据安全也因此成为关注点。许多关于网络信息安全的法律规定，任何网购平台及第三方数据外包商的用户数据使用行为必须合法、合规。此外，在网络平台界面设计上应标注用户数据及隐私受到安全保护，不会被用于其他用途等相关提示，以减少用户的担忧。同时，还可以通过人工智能手段使用较少的用户数据建立用户行为模型，实现用户完整画像，从存量的角度进行用户分析，有效地减少用户隐私关注。

4. 广告内容与用户兴趣的契合

基于云计算和人工智能技术，对用户在购物网站的浏览及使用行为建立更加智能化和个性化的用户识别及推荐系统，甚至还可以通过计算机实现人脑思维模式，进而分析探索用户的深度需求及兴趣，在对用户兴趣进行深度挖掘及预测的基础上实现广告内容与用户兴趣的契合，有助于用户发现兴趣并激发购买欲望。因此，智能媒体时代的网络行为广告的投放能在更大程度上减少广告成本的浪费。

18.3.4 发达国家对用户隐私的保护措施

理想的状态下，用户的个人信息应该只用于广告主进行商业宣传活动，如果需要用于广告之外的其他目的，广告主应该明确提醒用户，将选择权交给用户。然而，近几年来，未经用户授权非法转让个人信息的情况时有发生。在我国，甚至有人将用户的个人信息明码标价，非法地在网上叫卖，这一现象与各方对个人信息的保护不严有关。随着网络行为广告对用户隐私的影响越来越大，各国纷纷采取措施，力求在维护广告主基本利益的前提下，也不损害用户的基本利益。

1. 美国的用户隐私保护措施

时至今日，美国并没有一部针对个人网络隐私保护的专门性联邦法律，而是散见于宪法、联邦和州政府制定的各种类型的隐私和安全条例。但是，联邦贸易委员会被认为在行使网络隐私权保护过程中发挥了重要作用。联邦贸易委员会主要使用隐私权政策，要求网上的零售商公布隐私保护政策，如果拒绝提供，联邦贸易委员会可能会对其进行制裁。2001—2009 年，联邦贸易委员会针对没能有效保护网络消费者网上和线下敏感信息的公司，做出了 23 次处罚行动。另外，联邦贸易委员会还针对儿童群体制定了《儿童网络隐私保护法案》，防止网站在没有经过家长许可的情况下获取儿童的个人信息。2006 年，联邦贸易委员会针对在线行为广告举行专门的听证会。之后，他们开始积极推动在线行为广告自律体系的形成。联邦贸易委员会要求行业内部进行更严格的自律，督促其形成一整套自律体制。

2. 欧盟的用户隐私保护措施

欧盟在 1995 年制定《欧盟隐私保护指令》（以下简称《指令》），其中对成员国在涉及收集和持有个人数据的问题上作了以下明确规定：第一，数据的加工应当公平、准确；第二，只能给予特定和合法的目的才能收集个人数据，且不得违背这些目的对所收集的数据进行进一步的加工；第三，数据必须充分，具有关联性且不能超出被许可收集或进一步加工的目的进行收集或加工；第四，所收集或持有的数据应准确，必要时应予以更新；第五，收集和持有数据不能超出识别数据主体（身份程度）的所需要保留的必要的限度。

《指令》还规定，只有满足一定条件才能对个人数据进行个人加工。除了《指令》，欧盟还颁布了《电子通信资料保护指令》和《欧洲电子商务行动方案》，这两项法规中涉及隐私权的内容是对《指令》的补充。

3. 日本的用户隐私保护措施

日本在 1982 年制定了《个人数据信息处理中隐私保护对策》，确立限制材料利用、限制收集、个人参与、责任明确、正确管理五项原则。1998 年，日本通过了规制公共机构的《有关行政机关保有的与计算机处理有关的个人信息保护的法律》，但对于民间机构，目前只有起指导作用的《有关民间机构计算机处理中的个人信息保护的指针》，尚无具有强制约束力的法律出台。

4. 我国有关网络隐私的管理情况

网络广告在我国尚属于新兴产业，对于网络广告的监督管理也处于起步阶段。目前我国尚无针对网络广告管理的全国性法律法规，只有部分省份的工商管理部门制定了地方性管理法规。与其他国家一样，如何既保护用户的合法权益，又充分发挥网络行为广告对经济的促进作用，也是摆在立法者面前需要权衡的问题，一味偏向任何一方都非可行之计。

网络行为广告的崛起无疑是广告发展历史上的一次非常重要的突破，作为信息时代的产物，精准性是它最大的特点。我们要注意到网络行为广告对当前社会经济的推动作用，但也要认识到网络行为广告对广大网民个人隐私确实存在威胁。我们不能因为一些不法分子的做法而一概否定网络行为广告的积极作用，也不能为了发展经济而完全无视网络用户的基本权益，实现企业和用户的双赢应该是网络行为广告未来努力的方向。

在智能媒体时代，网络行为广告依据对潜在用户的精准识别，实现了较高的广告转化率和触达率，成为现代市场营销的一个重要营销利器和营销手段。但由于技术条件限制而导致的数据孤岛、隐私安全及对用户特征挖掘不足等问题，使得网络行为广告也面临着种种挑战和质疑。因此，如果能够依托智能媒体时代下数据挖掘与云计算等技术，加强数据平台的互联，发展用户隐私保护体系以及精准特征分析算法等，就能在更深层次上解决网络行为广告目前存在的许多问题,促使它在更加广阔的空间发挥积极作用。

思考题

1. 简述网络行为广告的定义。
2. 简述网络行为广告的基本特点。
3. 简述京东和淘宝网络行为广告的不同特点。
4. 网络行为广告的负面影响主要体现在哪些方面?
5. 简述我国关于网络隐私的管理情况。

参考文献

[1] 张萍. 行为定向的网络广告营销研究[D]. 厦门：厦门大学,2009.

[2] 高兰兰. 基于行为定向的精准广告投放系统的研究与实现[D]. 北京：北京邮电大学,2012.

[3] 高丽华,赵妍妍,王国胜. 新媒体广告[M]. 北京：北京交通大学出版社,2011.

[4] 史达. 网络营销[M]. 3 版. 辽宁：东北财经大学出版社,2013.

[5] 方兴东,王俊秀. 博客——E 时代的盗火者[M]. 北京：中国方正出版社,2003.

[6] 杜庆杰. 博客初探[M]. 合肥：安徽教育出版社,2008.

[7] 杜林涓. 论网络游戏广告的特征、功能及发展趋势——基于广告效果的维度[D]. 湖南：湖南师范大学,2014.

[8] 范高宁. 网络游戏植入式广告的传播特性研究[D]. 北京：北京邮电大学,2013.

[9] 薛维珂. 影响美国的 100 个专利[M]. 北京：北京大学出版社,2007.

[10] [美]Miguel Todaro. 网络营销的奥秘[M]. 吴业臻,译. 北京：人民邮电

出版社,2010.
[11] 刘晓明. 许可式邮件营销在电子商务行业的应用研究[D]. 上海：华东理工大学,2014.
[12] 张晓杰. 以客户价值为中心的电子邮件营销的研究[D]. 上海：上海交通大学,2007.
[13] 程曼丽,乔云霞. 新闻传播学辞典[M]. 北京：新华出版社,2012.
[14] 丁俊杰. 现代广告通论——对广告运作原理的重新审视[M]. 北京：中国物价出版社,1997.
[15] 刘庆振,赵磊. 计算广告学：智能媒体时代的广告研究新思维[M]. 北京：人民日报出版社,2017.
[16] 刘鹏,王超. 计算广告：互联网商业变现的市场与技术[M]. 北京：人民邮电出版社,2015.
[17] 舒咏平. 新媒体广告[M]. 北京：高等教育出版社,2010.
[18] [美]肯特・沃泰姆,伊恩・芬威克. 奥美的数字营销观点：新媒体与数字营销指南[M]. 台湾奥美互动营销公司,译. 北京：中信出版社,2009.
[19] 郑欣. 空间的分割：新媒体广告效果研究[M]. 北京：中国传媒大学出版社,2008.
[20] 仇勇. 新媒体革命：在线时代的媒体、公关与传播[M]. 北京：电子工业出版社,2016.
[21] [英]马克・汤普森. 皆为戏言：新媒体时代的说话指南[M]. 李文远,魏瑞莉,译. 杭州：浙江大学出版社,2018.
[22] 舒咏平,陈少华,鲍立泉. 新媒体与广告互动传播[M]. 武汉：华中科技大学出版社,2006.
[23] 陈刚. 新媒体与广告[M]. 北京：中国轻工业出版社,2002.
[24] 李良荣. 网络与新媒体概论[M]. 北京：高等教育出版社,2014.
[25] 许正林. 新媒体新营销与广告新理念[M]. 上海：上海交通大学出版

社,2010.

[26] 邱林川,陈韬文.新媒体事件研究[M].北京:中国人民大学出版社,2011.

[27] [美]约翰·帕夫利克.新媒体技术——文化和商业前景[M].2版.周勇,等译.北京:清华大学出版社,2005.

[28] [美]约瑟夫.塔洛.分割美国:广告与新媒介世界[M].洪兵,译.北京:华夏出版社,2003.

[29] 陈玲.新媒体艺术史纲:走向整合的旅程[M].北京:清华大学出版社,2007.

[30] 范卫锋.新媒体十讲[M].北京:中信出版社,2015.

[31] 石磊.新媒体概论[M].北京:中国传媒大学出版社,2009.

[32] 王菲.媒介大融合——数字新媒体时代下的媒介融合论[M].广州:南方日报出版社,2007.

[33] 张向南,勾俊伟.新媒体运营实战技能[M].北京:人民邮电出版社,2017.

[34] 童芳.新媒体艺术[M].南京:东南大学出版社,2006.

[35] 匡文波.新媒体概论[M].北京:中国人民大学出版社,2012.

[36] 陈刚.网络广告[M].北京:高等教育出版社,2010.

[37] 李开复.微博:改变一切[M].上海:上海财经大学出版社,2011.

[38] 明学海.信息流广告实战[M].北京:清华大学出版社,2020.

[39] [美]汤姆·斯丹迪奇.从莎草纸到互联网:社交媒体2000年[M].林华,译.北京:中信出版社,2015.

[40] 张家平.新媒体广告经典评析[M].上海:学林出版社,2010.

[41] [美]乔·拉多夫.游戏经济:以社交媒体游戏促进业务增长[M].汤韦江,等译.北京:电子工业出版社,2012.

[42] [英]克里斯蒂安·福克斯.社交媒体批判导言[M].赵文丹,译.北京:中国传媒大学出版社,2018.

[43] [美]迪亚兹·耐萨蒙奈.精准投放：个性化数字广告一册通[M].杨懿,译.北京：中国人民大学出版社,2019.

[44] 阳翼.数字营销[M].北京：中国人民大学出版社,2015.

[45] [美]保罗·莱文森.新新媒介[M].2版.何道宽,译.上海：复旦大学出版社,2014.

[46] [英]尼古拉斯·盖恩,戴维·比尔.新媒介：关键概念[M].刘君,周竞男,译.上海：复旦大学出版社,2015.

[47] [英]马丁·李斯特,乔恩·多维,塞斯·吉丁斯,伊恩·格兰特,基兰·凯利.新媒体批判导论[M].2版.吴炜华,付晓光,译.上海：复旦大学出版社,2016.

[48] [美]帕维卡·谢尔顿.社交媒体：原理与应用[M].张振维,译.上海：复旦大学出版社,2018.

[49] [丹麦]克劳斯·布鲁恩·延森.媒介融合：网络传播、大众传播和人际传播的三重维度[M].刘君,译.上海：复旦大学出版社,2012.

后记

本书系统勾勒了新媒体广告发展的历史脉络，详尽阐释了新媒体广告的内涵和外延，从创意引领、品牌传播、技术赋权等层面对新媒体广告的基本问题和本质特征进行了深入解读，以全新的视角总结概括了新媒体广告发展演变的规律和特点，从理论和实践两个维度回答了新媒体广告快速发展的时代选择性和历史必然性。

本书对新媒体广告发展演变过程中的技术应用、资本运作、行业规制、受众导向等关键要素进行了探讨，重点分析了不同类型的新媒体广告形态所呈现的场景建构等重要问题。通过探讨新媒体广告场域运行的行业特征和时代特征，观察技术、资本、规制、受众等要素在新媒体广告场域中的功能和地位，分析新媒体广告发展的内在动因和外在表现，帮助人们理解新媒体广告的运作模式和盈利模式形成的市场机制和社会逻辑。

本书关注新媒体广告发展的前沿问题，梳理了不同时期新媒体广告运营的典型案例，用鲜活的资料佐证新媒体广告的市场发展理念和技术运用特质，描绘了新媒体广告发展形态的丰富性、场景场域的多样性、平台融合的延展性，较为直观地展现了新媒体广告产业链中流量聚集、分发和变现的联动过程。

本书是一部运用全新视角研究新媒体广告的专著型教材，理论紧密地联系实际，案例鲜活，适合广告、营销、公关、传播等学科的研究者及高校师生阅读，从事新媒体广告运营、品牌传播和平台管理的业界人员也可参阅。

本书的大纲框架由我拟定并负责定稿通审，同时撰写各章的主要内容。闫彩蝶、刘伟、侯君、张硕洋、查伟诚、诸蔚冰、姜雯静、张明龙、周达昌、李微楠、项来婷、吴云学、樊建敏、周创、左倩、张青、孔静、牟文迪、杜梦楠、鲍坤子、龚媛媛、李瑶璐、王亭亭等参与了本书案例的收集整理工作，在此一并致谢。

感谢复旦大学出版社刘畅老师为本书付出的辛勤劳动。本书的出版得到了上海大学研究生院出版基金和上海大学新闻传播高峰高原学科科研基金的立项资助，在此谨表感谢。

杨海军

2021 年 6 月 11 日

图书在版编目(CIP)数据

新媒体广告教程/杨海军著. —上海：复旦大学出版社，2021.9
新媒体内容创作与运营实训教程
ISBN 978-7-309-15796-3

Ⅰ.①新… Ⅱ.①杨… Ⅲ.①传播媒介-广告-教材 Ⅳ.①F713.8

中国版本图书馆 CIP 数据核字(2021)第 128857 号

新媒体广告教程
XINMEITI GUANGGAO JIAOCHENG
杨海军 著
责任编辑/刘 畅

复旦大学出版社有限公司出版发行
上海市国权路 579 号 邮编：200433
网址：fupnet@ fudanpress. com http://www. fudanpress. com
门市零售：86-21-65102580 团体订购：86-21-65104505
出版部电话：86-21-65642845
上海四维数字图文有限公司

开本 787 × 960 1/16 印张 29.25 字数 404 千
2021 年 9 月第 1 版第 1 次印刷

ISBN 978-7-309-15796-3/F · 2812
定价：68.00 元